"十二五"职业教育国家规划教材
经全国职业教育教材审定委员会审定

养牛生产技术

第3版

刘太宇　郑　立　主编

中国农业大学出版社
·北京·

内 容 提 要

全书共分为7章，内容包括养牛生产基本知识、养牛生产基本技术、奶牛饲养管理岗位技术、肉牛饲养管理岗位技术、繁殖员岗位技术、挤奶岗位技术和经营管理岗位技术。章前在岗位群分析的基础上，提出了知识目标和技能目标，章后设置了目标检测，各岗位技术列有实训指导，利于知识的掌握和技能的训练。内容贯彻“标准化生产，健康生态养殖”的理念，注重养牛生产与技术教育相结合，融“教、学、做”为一体，使理论课程实践化、实践课程实训化，强调了工学结合，突出了实践能力培养，体现了高职教育的岗位性、职业性、技术性、适应性和灵活性的专业特点。

图书在版编目(CIP)数据

养牛生产技术/刘太宇，郑立主编. —3版. —北京：中国农业大学出版社，2015.2(2019.12重印)
ISBN 978-7-5655-1164-6

Ⅰ.①养… Ⅱ.①刘…②郑… Ⅲ.①养牛学 Ⅳ.①S823

中国版本图书馆CIP数据核字(2015)第016366号

书　名 养牛生产技术　第3版
作　者 刘太宇　郑　立　主编

策划编辑 康昊婷　　**责任编辑** 石　华
封面设计 郑　川　　**责任校对** 王晓凤
出版发行 中国农业大学出版社
社　址 北京市海淀区圆明园西路2号　　**邮政编码** 100193
电　话 发行部 010-62818525，8625　　读者服务部 010-62732336
编辑部 010-62732617，2618　　出　版　部 010-62733440
网　址 http://www.cau.edu.cn/caup　　**e-mail** cbsszs@cau.edu.cn
经　销 新华书店
印　刷 涿州市星河印刷有限公司
版　次 2015年2月第3版　2019年12月第2次印刷
规　格 787×1 092　16开本　19.75印张　487千字
定　价 50.00元

编审人员

主　编　刘太宇（河南牧业经济学院）

郑　立（河南牧业经济学院）

副主编　姜明明（黑龙江农业经济职业学院）

唐洪峰（郑州种畜场）

孙王良（濮阳畜产品质量安全监测检验中心）

叶　果（安钢集团附属企业有限责任公司奶牛场）

参　编　王　煦（伊犁职业技术学院）

陈腾山（黑龙江农业职业技术学院）

任建存（杨凌职业技术学院）

邓红雨（河南牧业经济学院）

周桂平（河南花花牛实业总公司）

张　震（河南省奶牛生产性能测定中心）

闫跃飞（河南省奶牛生产性能测定中心）

杨文华（河南省鼎元种牛育种有限公司）

姚登科（河南省郑州市种畜场）

刘　杨（河南花花牛实业总公司）

主　审　阎慎飞（河南农业职业学院）

前　言

根据《教育部关于加强高职高专教育人才培养工作的意见》《教育部关于全面提高高等职业教育教学质量的若干意见》《关于加强高职高专教育教材建设的若干意见》文件精神，围绕高职高专畜牧兽医类专业人才培养方案，结合高职高专畜牧兽医类专业教学改革的实际需要，贯彻"工学结合"思想，加大课程建设与创新力度，突出实用性、应用性、先进性和操作性，不断丰富课程内涵，拓展课程知识延伸，组织了多所高职高专具有丰富教学经验和一线生产实践能力的教师编写了本教材《养牛生产技术》。

本教材以养牛生产岗位能力需求为指导，以生产规程为基础，以工作任务过程为导向，以提高牛奶和牛肉生产的数量和质量为目的，研讨奶牛、肉牛繁育技术与管理、饲料与营养、饲养管理、健康管理、经营管理和环境管理技术。养牛生产技术是高等职业教育畜牧兽医类专业的主要专业技能课之一，按照"以能力为目标，以学生为主体，以教师为主导，以项目为载体"的要求，围绕养牛生产岗位群的需要，确定教学目标和教材内容。教材注重理论联系实际，客观准确地从"生源质量定位、专业定位、岗位定位、发展定位"等方面着手，结合农科专业教学特点，以生产规程为基础，贯彻执行"以工作任务过程为导向"的编写要求。

本教材的编写提纲由刘太宇教授提出，经中国农业大学出版社和教育部职教司审核，编委会讨论通过后正式分工编写。书稿形成后，由刘太宇负责统稿，邓红雨和郑立负责校对和绘图，阎慎飞担任了本书的主审。本教材编写过程中，参阅了许多专家的研究成果和著作，本教材的编写和出版工作，得到了中国农业大学出版社的大力支持和各参编单位的热心帮助，在此一并表示诚挚的谢意！

由于编写时间仓促，加之编者水平和经验所限，书中缺点和错误难免，敬请读者批评指正。

编者

2014 年 6 月

目录

第一章

养牛生产基本知识

知识目标

1. 了解当前国家畜牧业的发展现状与趋势及世界各国养牛业概况等。

2. 了解牛种的分类以及各品种资源现状。

技能目标

1. 掌握乳用品种、肉用品种和兼用品种及我国黄牛品种的原产地、外貌特征、生产性能与杂交改良效果。

2. 能够根据本地实际选择适宜的奶牛、肉牛品种和个体。

3. 掌握专业信息的收集、整理、归纳与综述。

第一节　养牛业现状与趋势

一、发展养牛业生产的重要意义

牛是一种多用途的草食家畜，能产奶、产肉，提供役力，又能为加工工业提供原料，有利于促进国际贸易和生态农业建设；是世界上分布最广泛的动物种群，包括普通牛、水牛、瘤牛、牦牛以及各种野牛。世界上畜牧业发达的国家，都非常重视养牛业，其在畜牧业中的地位举足轻重。

1. 养牛业有利于节粮高效畜牧业的发展

粮食安全是保证一个国家稳定的大事。随着生产的发展，经济的繁荣，人畜争粮的矛盾日趋凸显。解决这一矛盾行之有效的办法就是大力发展节粮高效畜牧业，在生产上，要充分发挥牛羊等草食家畜的优越性和生产潜力。牛是反刍家畜，具有特殊结构的消化系统和生理机能，对饲料中粗纤维的消化率高，能充分利用各种粗饲料。牛能利用尿素等非蛋白含氮物，在瘤胃中分解释放氨，合成菌体蛋白，在真胃和小肠中消化吸收，最后为牛体利用。各种畜禽将饲料中的营养物质转化为人类可利用的能量和蛋白质的效率，除蛋鸡外，以奶牛为最高，分别为

17%和25%。

2. 养牛业有利于促进现代化农业进程

现代化农业的重要标志之一是畜牧业总产值占农业总产值的比重相对较大，发达国家一般在50%以上，养牛业占畜牧业的60%。目前，畜牧业产值占农业产值的比重：丹麦90%、瑞典79%、法国56%，美国、意大利、西班牙等国也都超过50%。而我国仅为38%(2012年)，且养牛业占畜牧业产值的比例仅为5%～8%。农业产业结构调整的核心问题是发展畜牧业，提高畜牧业产值在农业总产值中的比重。从产值结构来讲，农业现代化国家的农业中处于第一位的是牛奶，占总产值的20%左右；第二位的是牛肉，也占20%左右。养牛业产值占畜牧业产值的比例：德国、美国为60%，挪威、瑞典、芬兰占80%，新西兰、瑞士、丹麦达90%以上。而我国牛奶在农业中所占比例约为5.4%。我国养牛业与畜牧业发达国家还存在较大的差距，发展潜力巨大。大力发展养牛业可有效促进现代化农业进程。

3. 养牛业有利于生态农业建设

生态农业具有综合性、多样性、高效性和持续性四大特点。退耕还林、林间种草、荒山荒坡栽种优质林草等，都为发展现代设施养牛提供了良好的饲料来源。这些措施在为农户带来丰厚收入的同时，也提供了大量的有机肥料，进而又有效推动了高效种植业发展，实现“林草—养牛—高效种植业”的良性循环和农村经济的可持续发展。大力发展人工种草，不但可以增加土壤中的有机质，改良土壤结构，提高土壤肥力，而且可以避免水土流失，改善生态环境。发展养牛业可以有效转化农副产品，把原本放火烧掉的秸秆转变为奶和肉。同时，还可以增加有机肥，减少或不使用化肥，促进生态农业建设。

4. 养牛业有利于加工业发展和促进国际贸易

现代养牛生产的目的主要是获取乳、肉等产品，且90%以上作为商品出售，为加工工业提供丰富的原料。因此，发展养牛业，可以促进我国食品工业、制革工业、纺织工业、医药工业的发展。同时，能扩大对外贸易，出口创汇。

5. 养牛业有利于增加农民收入、改善人们膳食结构和提高国民体质

牛的饲料是以青粗饲料和农副产品为主，奶牛的饲料转化率高，成本低，收益大。农民养牛还可以充分利用各种农作物秸秆资源等，促进生态农业建设，增加农民收入。牛奶营养丰富，每500 mL牛奶所含的营养物质，能满足人体每天50%的动物蛋白质、30%的热能和50%的钙需要量。其蛋白质含有维持人类生命所必需的全部氨基酸，而且比例搭配和谐；其脂肪含有较多的短链脂肪酸，易于消化，且胆固醇大大低于其他动物性食品；其碳水化合物主要是乳糖，在小肠中转化为乳酸后能维护肠道良好的微生态环境；其钙、磷比例恰当，对预防儿童和老人缺钙症极为重要。牛奶同时也是维生素的重要来源，对促进儿童的身体和智力发育有良好作用。

多年来，许多国家积极扩大本国的奶产品生产和消费。日本二战后，通过实施“一杯牛奶强壮一个民族”行动，极大地改善了国民的身体素质，儿童平均身高已超过我国。泰国1985年成立了泰国国家喝奶推广委员会，经过15年的努力，终于取得了令人瞩目的成就，18岁男青年身高增长4 cm，女青年增长3 cm。正因为奶在人类进步与社会发展中的重要地位，世界卫生组织早已将人均奶产品消费量作为衡量一个国家人民生活水平的主要指标之一。

二、世界养牛业发展现状和趋势

(一)世界养牛业发展现状

1. 牛的存栏数量

2012 年,全世界牛的存栏数量为 1 443 亿头,其中水牛 1.78 亿头,奶牛 2.74 亿头。由于世界各地的地理位置、自然环境、经济发达程度的不同,人民的文化习惯与生活水平有一定差异,不同牛种的分布呈现典型的地区差别。发达国家的牛群以奶牛和肉牛为主,而水牛和役用牛等则主要分布在亚洲和非洲的发展中国家。从牛的绝对数量看,养牛最多的国家是印度,约 1.93 亿头。

2. 养牛生产水平

养牛生产水平在不同的地区和国家间亦有显著的差别,如西欧诸国、美国、加拿大等国奶牛与肉牛的生产水平都比较高,而亚洲与非洲的生产水平相对较低。2012 年世界奶类总产量 7.3 亿 t,其中印度第一,1.15 亿 t,美国第二,0.85 亿 t,中国第三,0.39 亿 t。全世界奶牛平均年产量为 3 356 kg,中国为 3 850 kg,以色列最高达 10 421 kg,韩国为 9 053 kg,美国为 8 431 kg,加拿大为 7 501 kg。2006 年全球生产牛肉 6 103.3 万 t,平均胴体重达 204 kg。牛胴体重超过 300 kg 的国家有日本 423 kg、以色列 366 kg、加拿大 349 kg、美国 336 kg、德国 308 kg、韩国 300 kg,中国肉牛的胴体重仅为 143 kg。牛群生产水平的这种差异,一方面与经济条件、自然条件有关;另一方面则受品种类型和饲养管理水平的影响。不同地区牛奶与牛肉的生产水平详见表 1.1。

表 1.1 不同地区牛奶与牛肉的生产水平比较

地区	牛奶			牛肉		
	总产量/($\times 10^4$ t)	年平均单产/kg	人均占有量/kg	总产量/($\times 10^4$ t)	胴体重/kg	人均占有量/kg
欧洲(欧盟)	21 003	4 557	290	1 160	226	15.99
北美洲	9 985	4 763	195	1 481	304	28.89
南美洲	476	1 353	130	1 306	212	35.56
澳大利亚	10 125	4 125	513	203	232	103.03
亚洲	11 531	1 361	30	1 269	139	3.28
非洲	2 180	472	25	423	149	4.86

3. 牛奶和牛肉的消费水平

2010 年全世界人均牛肉占有量 9.97 kg,较高的国家是新西兰(179.3 kg)、澳大利亚(102.1 kg)、阿根廷(69.5 kg)、加拿大(44.9 kg)、巴西(43.0 kg)。全世界人均奶类占有量 106 kg,发达国家人均奶类占有量 285 kg,发展中国家人均奶类占有量 50 kg。人均奶占有量较高的国家是新西兰(3 785.9 kg)、爱尔兰(1 375.3 kg)、荷兰(659.4 kg)、瑞士(547.2 kg)和澳大利亚(521.1 kg)。

(二)世界养牛业的发展趋势

1. 牛的数量保持相对稳定

虽然在发展中国家牛的数量持续增加,但是在一些牛业发达国家,奶牛和肉牛的饲养量呈现下降的趋势。这一方面是由于牛生产力的提高,另一方面则是处于对产品的需求和对环境控制的需要。在西欧和北美,奶牛的数量总体呈下降态势,而牛场的规模则越来越向中小型方向发展。

2. 乳、肉牛品种特色明显和生产性能稳步提高

世界著名的奶牛品种,主要有荷斯坦牛、娟姗牛、更赛牛、爱尔夏牛和瑞士褐牛等。由于荷斯坦奶牛产奶量高、生长发育快、生产每单位牛奶所需的饲料费用低、瘦肉率高,并且荷斯坦牛具有广泛的适应性和风土驯化能力,所以,目前荷斯坦牛已成为世界各国发展奶牛的首选品种,并在奶牛中饲养的比例不断增加,其他奶牛品种则日渐减少。大多数国家,如美国、加拿大、荷兰、丹麦、澳大利亚、新西兰、日本、以色列等国,饲养比例均占奶牛饲养总量的90%以上。我国除了草原牧区外,在大中城市郊区和大部分农区发展奶牛业同样有单一发展荷斯坦品种的趋势。

在肉牛业中,近年从原来发展体型较小、易肥、中早熟的海福特、安格斯、短角牛等英国品种转向欧洲大陆的大型品种,尤其以法国的夏洛来、利木赞,意大利的契安尼娜、皮埃蒙特,瑞士的西门塔尔等品种发展很快,这些品种具有体型大、增重快、瘦肉多、脂肪少的特点。国外对肉牛质量指标的一致要求是肥育期短,上市年龄早,瘦肉和优质肉比例高,日增重大,饲料报酬高。近年来,各国都非常注重"向奶牛要肉",即把乳用品种的淘汰牛、奶公犊用来肥育,奶、肉兼得。欧洲共同体国家所产牛肉的45%,日本所产牛肉的55%都来自奶牛。荷兰90%用于生产牛肉的牛来自乳用品种,该国红白花牛占35%左右,与黑白花牛相比,产奶量低,但更适宜用作肉牛饲养。

近10年来,世界奶业的持续发展中,水牛奶的产量增长趋势更快,各国对奶水牛产业高度重视。2000—2005年,世界水牛存栏量增加了961.1万头,产奶量增加943.9万t 2005年水牛奶产量达到7 708万t,占全球奶类总产量63 012万t的12.2%(牛奶产量占84.5%),占亚洲奶类总产量20 736.3万t的37.2%。

3. 生产方式向规模化、专业化、集约化和自动化方向发展

根据美国《农业收入和经济展望》的调查发现,美国的奶牛场规模在500头以上时,平均产奶成本最低。因此,在1997—2001年间500头以上的大型奶牛场增加了20%,奶牛场由20多年前的3 000万家减少到现在的200多万家,其中饲养1 000头左右的大型奶牛场有几万个;饲养5 000头以上的特大型奶牛场也有几十个,大型奶牛场奶牛存栏数达到总存栏数的35%。在美国,户养2 000~5 000头肉牛为中等规模,大户则养20万头以上,提供美国市场70%以上的牛肉。目前,我国奶牛养殖小区的建设为集约化、专业化和自动化又提供了一个可行的发展模式。

4. 高新技术的应用,养牛生产效益提高

奶牛、肉牛养殖与产品加工的规模化,不但提高了企业的市场竞争力,而且极大地推动了企业的技术更新。在养牛生产中,牛配合日粮的应用,大大地提高了牛群的生产性能。在有些奶牛企业推广应用的牛全混合日粮(TMR),提高了奶牛的干物质摄入水平,降低了奶牛代谢

病的发生率。牛的选种技术不断进步，如各国的奶牛联合育种体系、公牛的后裔评价体系、奶牛群改良计划(DHI)，提高了奶牛选育的可靠性与准确性，而MOET育种体系，对奶牛的育种工作，尤其是种公牛的选择提供了新途径。挤奶机械的不断革新，配合不断改进的奶牛卫生与挤奶消毒程序，不但提高了劳动生产率，而且奶牛乳腺炎的发生率持续降低，提高了新鲜牛奶的质量。越来越先进的乳品加工设备，大大提高了乳品加工的效率与乳品品质。大力推行HACCP，实行奶牛养殖与乳品加工的规模化、标准化管理，从而实现了对牛只个体和牛产品的可追溯性，有效地控制了牛各种传染病的传播，提高了牛产品的质量。计算机技术应用于牛的选育、饲料配制、疾病预防、牛场的经营与管理等许多方面，同样在乳品加工业上也得到广泛应用。围绕牛的养殖与产品加工技术的研究不断深入，高新技术已经成为养牛业发展的主要原动力。

5. 重视健康养殖与环境和谐

在养牛业发达国家，都十分重视养牛业发展过程中对环境的影响研究，尽可能减少养牛业给环境带来的副作用，而且也都有比较完善的环境保护法规进行规范。因此，一方面，在牛场与加工企业规划建设时，十分重视对环境影响的评估，防止可能带来的对环境的污染或破坏；另一方面，在牛场与加工企业生产过程中，尽量减少对环境的影响，如尽可能使牛的营养平衡，以防止因为营养素不平衡对环境的污染；尽可能处理好企业的废弃物，特别是做好水的循环再利用。

养牛业是畜牧业重要组成成分，它的持续稳定发展，影响到畜牧业的整体发展，与人类的物质生活有密切的关系。重视牛的健康、福利，重视牛与环境和谐，不断在养牛业生产中开发、应用新的科学方法与管理技术，实施健康养殖，可以生产更多优质安全的牛产品，使牛更好地为人类服务。

三、我国养牛业现状和发展对策

我国是世界上的养牛大国，2012年牛的存栏总数近1.08亿头，是世界总数的1/10。其中，黄牛饲养量近0.8亿头，位居世界第三位，仅次于印度和巴西；水牛饲养量约2 283万头，仅次于印度和巴基斯坦，位居世界第三位；奶牛饲养量1 500多万头，位居世界第五位。世界牦牛的90%以上分布在我国，2010年约为1 000万头。近20年，我国养牛业的总体特征表现为牛总数稳步增长，牛的生产性能逐步提高。增长速度以奶牛最快，黄牛次之，而水牛数量相对稳定。

(一)黄牛与肉牛

1. 我国黄牛业现状

我国的黄牛数量最多、分布最广。中国的黄牛是一个统称，其包括黄、黑、褐和红等毛色。我国“黄牛”与外国“肉牛”两者的区别，只是主要用途上的不同，是不同培育方向的结果。黄牛是我国传统的役用畜，也是重要的肉品来源，今后我国黄牛改良工作的重点将是提高其肉用性能为主导方向。我国的肉牛业发展历程，大体可分为以下三个阶段：一是保护耕牛阶段(20世纪50—60年代)。二是品种改良与肉牛发展阶段(20世纪70—80年代)。三是快速发展阶段(20世纪90年代至今)。2010年，我国牛肉产量为685万t，仅次于美国(1 056万t)和巴西(768万t)，已成为世界第三大牛肉生产国。但人均却仅为5.5 kg。

2. 我国肉牛业现状

(1)我国肉牛生产状况　肉牛生产的区域布局与牛肉产量份额，随着牛肉需求的增加，我国的肉牛生产逐渐从牧区向农区转移，依靠本地区的资源优势形成了中原、东北、西北、西南4个明显的区域。据统计，2012年肉牛优势区域共存栏7 200万头，占全国肉牛存栏头数的70%；优势区域牛肉产量为500万t，占全国牛肉总产量的80%。目前，母牛存栏下滑威胁产业的健康发展，根据王明利等(2009)研究，中原肉牛带能繁母牛下降最快，只相当于20世纪90年代能繁母牛存栏数的30%左右。

肉牛养殖方式与养殖规模，目前我国肉牛养殖是以分散、小规模的农户养殖为主，根据2008年中国畜牧年鉴，我国肉牛散养户(10头以下)的牛出栏量占总出栏量的60%左右，养殖规模在10～49头的饲养户出栏牛数量占总出栏量的22.35%，100头以上的养殖者肉牛出栏所占比例不到18%，分散和小规模的肉牛生产制约产业发展，但是，随着产业的发展，肉牛生产组织化程度不断提高，培育了一大批养牛专业合作社和养牛协会，广泛推行"公司＋合作组织＋农户"的组织化模式，肉牛生产与市场衔接日益紧密。

(2)我国肉牛屠宰加工状况　我国肉牛屠宰加工逐渐由简单向精细加工方向发展，随着产业的发展和人们对高质量牛肉需求的增加，肉牛屠宰加工条件逐步由开放的手工屠宰向封闭的机械屠宰过渡，由热分割向冷分割过渡，由简单分割向精细分割过渡。一些规模大、效益好的品牌加工企业在优势区内崛起，这些企业的发展推动了肉牛屠宰加工的进步。2008年国内大中小型屠宰肉牛企业约1 000家，屠宰能力1 200万头左右，产能占全国肉牛出栏量的20%左右；单个企业最高屠宰量15万头，总产量不到100万t，只占全国牛肉总产量的13%左右。部分企业已具备了国际先进的屠宰加工水平，并已初步培育出一些全国性的知名品牌。

(3)我国牛肉的消费状况　我国牛肉的消费水平低于发达国家，但牛肉消费需求呈现不断提高、城镇居民消费水平远高于农村的特点。我国牛肉人均消费水平约为5.5 kg/年，远低于美国(44.1 kg/年)、加拿大(39.2 kg/年)等在20世纪末的水平，即使与日本(8.9 kg/年)相比也有很大差距。根据统计年鉴显示，自1990年以来，牛肉的消费水平在所有肉类产品中增长幅度最大，但2008年我国城镇人口人均牛肉消费水平也仅为2.22 kg，占肉类消费总量的7.2%。与城镇居民的牛肉消费相比，农村居民牛肉消费水平虽然也在增加，但消费水平增长缓慢，农村居民人均牛肉的消费水平约为0.68 kg/年。此外，我国牛肉的需求不仅体现在总量水平上，而且对中高档牛肉有更大的需求。

(4)肉牛产业的进出口状况　我国牛肉的生产绝大部分用于满足国内的消费，牛肉的进出口量占国内产量的比例都很低。我国肉牛产业相关的进出口产品主要包括活牛、鲜冷牛肉、鲜冷牛杂碎及其制品，中国牛肉进口来源国主要有澳大利亚、新西兰、巴西、巴拉圭等国家；而牛肉产品出口目的地国家相对多，贸易区域遍布亚洲、非洲、欧洲、南美洲和北美洲。尽管进出口涉及的国家比较多，但进出口数量相对小，根据最近10年的海关统计资料，我国近10年牛肉的年进出口量均不到产量的2%，进出口对我国肉牛产业的影响非常小。

3. 我国肉牛业发展对策

(1)扶持建立肉牛生产基地　充分利用河南、山东、安徽、河北等省黄牛资源丰富、品质好和粮食及饲草饲料资源充足的优势，集中资金培植肉牛产业带，力争在10年内形成优质出口肉牛产业带。也要发挥东北地区精饲料充足的优势，发展东北肉牛带。建立一批"公司＋农户"的基地；抓好良种繁育体系建设。在农牧交错地带建设一批养牛示范县，推行退耕还草。

建立健全母牛繁殖基地，实施良种母牛补贴政策，提供优质架子牛。

(2)培育龙头企业，发展产业化经营　培育辐射能力强的肉牛产业化龙头企业，通过多种形式的合作，延长产业链条，使企业和农民结成利益联盟，增强抵御市场风险的能力，形成我国牛肉的多层次生产经营体系，满足高、中、低档牛肉消费市场。要有计划、有选择、有特色地建设几个在国内外有一定知名度和较强竞争力的龙头企业，以龙头带基地，基地连农户，促进地区和全国肉牛业的大发展。积极搞好与准出口国的优秀贸易公司、肉食加工企业的联合。以八大菜系或著名老字号为龙头，开发出系列肉食成品、半成品，配以注册老字号商标，逐渐扩大民族牛肉产品的出口。

(3)增加科技投入，提高牛肉的质量　扩建肉牛纯繁场，增强主要引进良种肉牛供种能力，加快地方良种黄牛的改良步伐，并培育我国的优良肉牛品种，夏南牛肉牛新品种，2007 年 5 月在河南省泌阳县培育成功，为我国利用地方优良品种资源培育肉牛新品种提供了有益的经验，必将极大推进我国肉牛产业化进程。加大良种黄牛品种保护的力度，加强地方良种黄牛选育。开展牛肉质量、卫生安全标准、检测技术的研究；开展重大疫病的监控与研究；研究推广肉牛生产配套技术。要尽快制定牛肉产品的生产、加工、出口检验检疫标准，与国际惯例接轨。要尽快制定出活牛分类标准、牛肉分级标准、牛肉及其制品的质量标准及卫生标准。

(4)加快无公害畜产品基地和检测体系建设　加快建设无规定动物疫病区和无公害畜产品基地。加快在肉牛集中产区的中心城市建设畜产品检测中心。加强对肉牛及牛肉产品产地环境、投入品、生产过程、包装标识和市场准入等环节的监管，严格实施检疫、检验制度。

(5)制定切实可行的肉牛产业稳定发展政策　在资金和政策上积极引导肉牛养殖、加工的适度规模发展，一是通过各种方法促使肉牛养殖的适度规模经营，提高农户的养殖效益；二是扶持规模化养殖和加工企业，同时采取技术和经济方法，使规模小、条件不够的屠宰企业、加工企业逐渐退出市场。出台符合我国实际的肉牛产业可持续发展政策，母牛养殖是产业最基础的环节，建议国家做好能繁母牛补贴工作，从供给源头把握肉牛产业变动；此外，产业的稳定发展与适宜的价格调节机制是相辅相成的，相关部门应制定并出台相关的价格调控机制，以保证产业的稳定发展。积极探索产业链利益分配合理机制，提高肉牛产业化发展水平。合理的产业链利益分配是保证产业稳步发展的关键之一，而产业化发展则是促进利益合理分配的有效形式。

(6)提升肉牛屠宰、牛肉保鲜和加工技术　实行专门化屠宰场屠宰、加工，从而保证宰杀、分割和冷冻的质量。进行精加工和深加工，提高产品附加值。引进了符合欧盟标准的牛肉屠宰、分割、包装设备，加快牛肉分割和加工保鲜技术研究与应用，生产高质量的牛肉制品，从而摆脱发达国家技术壁垒的限制。

(7)市场信息服务体系和外贸体制的建立　建立一个自由流通和公平竞争的市场体系，做好信息服务体系建设。建立与国际市场接轨的进出口外贸体制。

(二)奶牛

1. 我国奶业现状

我国奶牛的主要品种是荷斯坦牛及其杂交改良牛，分布在全国各地，可分为以下 5 个奶业优势产区，即大城市郊区、东北内蒙古、华北、西北和南方奶业产区。其中以东北内蒙古地区最大，占全国牛奶总产量的 45%，其次是河北、河南、山东、新疆和陕西 5 省区，占全国牛奶总产量的 34.7%，南方产区仅占全国牛奶总产量的 7%。2012 年我国奶牛存栏 1 460 万头，牛奶产量 3 744 万 t，全国乳制品工业销售产值 1 891 亿元；进口 84.5 万 t，合 22 亿美元；出口 3.6 万 t，合 0.48 亿美元。

改革开放以来，我国奶业得到快速发展，我国奶业的发展表现出了四个阶段，第一阶段为迅速发展阶段(1979—1992 年)，年末奶牛存栏和奶类总产以年均 14.4%和 16.9%速度递增；第二阶段为调整发展阶段(1993—1998 年)，年末奶牛存栏和奶类总产以年均 4.3%和 5.8%速度递增；第三阶段为快速发展阶段(1999—2006 年)，年末奶牛存栏和奶类总产以年均 22.3%和 17.4%速度递增；第四阶段为转变增长方式阶段(2007 年至今)，从数量扩张向整体优化转变，从传统奶业向现代奶业转变，奶业步入了转变增长方式的关键时期。

我国奶制品加工业起步较晚，整体水平较低，且产品品种较为单一，我国市场上的奶制品品种主要有巴氏消毒奶、超高温灭菌奶、保鲜奶、酸奶以及奶粉、炼乳等品种。我国奶制品加工企业的分布具有很明显的地域特征，我国内蒙古、黑龙江、河北、河南、山东等既是主要的奶源基地，也是乳制品加工企业比较集中的地区。我国奶制品加工企业总数超过 2 000 家，但大多数是中小规模企业，行业集中度低，竞争激烈。由于我国奶业市场潜力巨大，更由于国际资本的流动性加强，我国的奶制品市场已经或必将成为国际奶业巨头争夺的焦点。

2. 我国奶业发展的主要对策

(1)加强奶源基地建设，打牢奶业发展基础　奶源基地建设是奶业发展的基础。要根据大城市郊区、东北、华北、西北、南方奶业产区的布局，科学规划奶源基地，充分发挥各奶业产区的优势，立足于不同奶业资源条件、市场潜力和龙头加工企业的规模实力，因地制宜，建设高水平的奶源生产基地，促进奶源生产向专业化、规模化、区域化发展，提高奶牛生产水平。因此，要重点做好以下几方面的工作：创新养殖模式，实现规模化养殖；推进品种改良，提高良种覆盖率；加强疾病防治，防范奶业风险；改善饲料品种结构，提高饲养水平；重视环境保护，发展循环经济。

(2)加快乳品加工企业改造与技术升级，增强市场竞争能力　发挥乳品加工企业龙头作用是奶类持续稳定发展的关键。目前，我国多数乳品加工企业规模小、经济实力弱，技术水平与设备相对落后，是制约我国乳制品质量提高与国际竞争力增强的重要因素。要进一步整合资源，扩大企业经营规模；加快企业技术改造与设备更新；实施品牌战略，增强市场竞争力，逐步形成具有较强国际竞争力的世界知名品牌。

(3)建立奶农和乳制品企业共同利益关系，提高产业化经营水平　在奶业产业化过程中，一是要发挥龙头企业的作用，引导龙头企业带动牛奶生产、优化奶业结构、开拓奶业市场、运用奶业科技的作用，密切与奶农的关系，为建立奶农与乳制品加工企业共同利益关系构筑平台。二是要提高奶农组织化程度，引导推进奶业合作社、奶农协会和专业服务组织的建设，把分散的奶农组织起来，提高组织化程度，使其成为连接奶农和乳制品加工企业的纽带。三是采取多种形式建设奶农与企业利益共享机制。通过建立合同或合约，使龙头企业与奶农的经济利益连接在一起，形成风险共担、利益均沾的一体化关系，实现产业化经营。

(4)引导消费，开拓市场　加强宣传，科学引导消费。各种媒体要把宣传奶类营养知识，作为一项重要的工作内容长期坚持不懈。积极开拓市场。企业必须及时把握市场脉搏，分析研究消费热点，掌握现代消费者的消费趣向，以及消费者崇尚营养、卫生和方便的市场需求特点，调整乳品结构，满足不同群体的消费需要。根据乳制品的产品特性，提高营销队伍素质，改善乳制品的供应方式，采用先进的营销技术为消费者提供更加方便的购买渠道。

(5)加强原料乳和乳制品质量控制，保障质量安全　必须高度重视乳制品质量安全问题，采取多方面措施。重点需要加强原料乳质量控制，尽快制定和建立良好的奶牛饲养规范，实行标准化生产，推广机器挤奶；建立质量监测网络，将乳和乳制品质量管理纳入法制化、规范化管理轨道；建立权威的第三方监测机构，对奶业生产各环节的产品进行检测，为加强管理和监督提供依据；推行奶业生产企业质量认证，如 GMP、GAP 和 HACCP，加强行业自律，树立企业诚信形象；建立市场准入制度督促乳品营销企业建立和落实商品质量进货检查验收制度。

(6)加强科技投入，为奶业发展提供科技支撑　加强奶业基础技术研究，加强奶业科技人才队伍建设。重点加强奶牛良种快速繁育关键技术、奶牛营养需要与饲料安全高效利用技术、乳品质量安全监测关键技术、疾病快速诊断和防疫技术的研发；加强国家奶业科技平台建设；加强与发达国家的技术交流和合作，同时加强人才队伍建设。

(7)加强政策倾斜和投入力度，为奶业发展创造良好环境　政策扶持是奶业发展的根本保证。目前，各级政府虽然高度重视奶业发展，有一定的保护支持政策，但与国外相比仍有一定差距。建立完整的政策保护体系，完善相关法律与标准体系建设，为奶业发展创造良好的环境条件十分必要。因此政府需要加强对奶业投入；扶持建立奶牛保险制度，奶牛饲养存在疫病、自然条件和市场等多重风险，应采取国家、地方和奶牛养殖者共同出资的办法，建立奶牛保险制度，增强抵御风险的能力。

(三)水牛

据 FAO 统计，2005 年中国水牛存栏 2 274.52 万头，约占全国牛总数的 16.2%，其数量仅次于印度(9 770 万头)和巴基斯坦(2 550 万头)，饲养量居世界第三位。我国水牛主要分布在黄河以南的 17 个省、市、区，广西最多，2005 年为 423.5 万头，其他省份依次为云南、贵州、四川和湖南。

全国奶水牛饲养量约 2 万头，水牛奶产量 126 万 t，主要集中在广东、广西、云南和福建等地，主要是从印度引进的摩拉水牛和从巴基斯坦引进的尼里—拉菲水牛及其与中国水牛杂交后代。奶水牛饲养成本低，产品质量好，经济效益高，为农村产业结构调整和农民致富开辟了新路。因此，加快改良南方水牛，发展水牛奶业，培育中国乳肉兼用水牛品种(品系)，促进中国特色的水牛奶业的发展。

(四)牦牛

牦牛被誉为“高原之舟”，中国是世界上牦牛数量最多的国家。据统计，全世界现有牦牛 1 700 多头，而 80%在中国，大多分布于藏区及周围海拔 3 000 m 以上的高寒地区。牦牛作为一种稀缺的物种资源，具有广阔开发前景。牦牛生长区域是一片难得的净土，生态环境决定了牦牛体内蕴藏着高营养、多功能的有机成分。专家测算，如对牦牛皮、毛、肉、骨进行综合开发，可获得 5 倍的高增值效益。资源的稳定性和不可复制性是牦牛产业的核心优势。处理好牦牛产业与生态环境之间的关系是牦牛产业可持续发展的关键。

第二节 牛品种识别

养牛生产中品种的使用是前提，不同的牛品种或类型，是人类长期改造自然和辛勤选育的产物。全世界现有牛品种 1 000 多个，其中分布较广的约有 250 个。

一、牛种分类

1. 牛的动物学分类

牛在动物分类上属：脊索动物门-脊椎动物亚门-哺乳纲-真兽亚纲-偶蹄目-反刍亚目-牛科-牛亚科。牛亚科下又分为牛属和水牛属。“属”下面还有不同的“种”。牛属包括普通牛、瘤牛和牦牛，普通牛在世界上分布范围极广，在人类长期精心定向选育下，分别向乳用、肉用和兼用方向发展，分化成许多专门化品种，普通牛和瘤牛在国内一般统称为黄牛。水牛属有亚洲水牛、菲律宾水牛和印尼水牛三种。

2. 牛的经济学分类

畜牧学上按照主产品的种类、数量和用途，将牛品种划分为不同的经济类型，即乳用、乳肉兼用、肉用和役用牛。不同经济类型的牛，在品种改良、饲养技术与管理方法的改进和养牛效益增进等方面，往往呈现不同的特点。

在世界范围内，专门化乳用品种相对较少，主要有荷斯坦牛、娟姗牛、更赛牛、爱尔夏牛等，其中，荷斯坦牛以产奶量高著称，饲养量最多；娟姗牛以乳脂率高，脂肪球大而闻名。

肉用牛品种按其来源、体型大小和产肉性能，可分为中小型早熟品种、大型欧洲品种和含瘤牛血液的品种三类。

二、国外牛品种

(一)主要乳用牛品种

乳用牛品种是经过长期精心选育和改良，最适于生产牛奶的专门化品种。世界较著名的乳用牛品种是荷斯坦牛，在世界各国的饲养量最多。

1. 荷斯坦牛

(1)原产地及分布　荷斯坦牛原产于荷兰北部的北荷兰省和西弗里生省，又称荷斯坦-弗里生牛，为世界著名的主要乳用牛品种。因其毛色具有黑白相间、界限分明的花片，故又普遍称之为黑白花牛。荷斯坦牛的群体平均产奶量和最高个体产奶量都为各种奶牛品种之冠。

该品种一般认为起源于欧洲原牛，其培育经历了 2 000 多年的悠久历史，早在 15 世纪就以产乳量高而闻名于世。荷斯坦牛被各国引入后，又经长期选育或同本国牛杂交而育成适应当地环境条件、各具特点的荷斯坦牛，如美国荷斯坦、中国荷斯坦等。目前世界上的荷斯坦牛，由于各国对其选育方向不同，牛群状况各有其特点。最具代表性的是：乳用型的美国荷斯坦牛和乳肉兼用的荷兰及欧洲地区国家的荷斯坦牛。

(2)外貌特征　具有典型的乳用型牛外貌特征，成年母牛体型侧望、前望、上望均呈明显的楔形结构，后躯较前躯发达。体格高大，结构匀称，皮薄骨细，皮下脂肪少。乳房庞大，前伸后延，乳静脉粗大而多弯曲。头狭长清秀，背腰平直，尻方正，四肢端正。被毛细短，毛色呈黑白花片，界限分明，额部有白星，腹下、四肢下部及尾帚为白色。

乳用型荷斯坦成年公牛体重 900～1 200 kg，体高平均为 145 cm，体长 190 cm，胸围 226 cm，管围 23 cm；成年母牛依次为 650～750 kg，134 cm，170 cm，195 cm，19 cm。犊牛初生重平均为 40～50 kg，约为母牛体重的 7%。

(3)生产性能　荷斯坦牛产奶量为各乳牛品种之冠。美国 2000 年登记的荷斯坦牛平均年产奶量为 9 777 kg，乳脂率为 3.66%，乳蛋白率为 3.23%。创世界个体纪录的是美国一头名叫“Muranda Oscar Lucinda-ET”3 岁 4 个月的成年母牛，于 1997 年一个泌乳期产奶量达 30 833 kg。

荷斯坦牛生产性能高，遗传性稳定，性情较温顺，易于管理，适应性强，抗寒但不耐热，夏季高温时产奶量明显下降。乳脂率较低，对饲草料条件要求较高，适宜于我国饲草料条件好的城市郊区和农区饲养。

2. 娟姗牛

(1)原产地及分布　娟姗牛属小型乳用品种，原产于英吉利海峡的娟姗岛。娟姗牛性情温顺、体型轻小、乳脂率较高。现分布于世界各地。

(2)外貌特征　娟姗牛体格小，清秀，轮廓清晰，具有典型的乳用型牛外貌特征。头小而轻，眼大而明亮，额部稍凹陷。角中等长，呈琥珀色，而角尖呈黑色。胸深而宽，背腰平直，后躯发育好，四肢较细，关节明显。乳房容积大，发育匀称，形状美观，乳静脉粗大而弯曲，乳头略小。皮薄，骨骼细，被毛细短而有光泽，毛色为深浅不同的褐色，以浅褐色最多。鼻镜及舌为黑色，嘴、眼周围有浅色毛环，尾帚为黑色。

成年活重，公牛平均为 650～750 kg，母牛为 340～450 kg；成年母牛体高为 120～122 cm，体长 130～140 cm，胸深 64～65 cm，管围 15～17 cm；犊牛初生重为 23～27 kg。

(3)生产性能　娟姗牛的最大特点是单位体重产奶量高，乳汁浓厚，乳脂肪球大，易于分离，风味好，适于制作黄油，其鲜奶及乳制品备受欢迎。平均产奶量为 3 000～4 000 kg，含脂率为 5%～7%，为世界乳牛品种中乳脂产量最高的一种。

(4)杂交改良效果　娟姗牛成熟较早，初次配种年龄为 15～18 月龄。耐热和乳脂率高为其特点。世界上不少国家引入后，除进行纯种繁育外，用该品种同乳脂率低的品种进行杂交，改良当地乳牛的乳脂率，取得了良好的效果。我国有少量引入，用于改善牛群的乳脂率和耐热性能。

(二)主要肉用牛品种

肉用牛品种是经过选育和改良，在经济及体型结构上最适于生产牛肉的专门化品种。据估计，全世界有 60 多个专门化的肉用品种。

1. 夏洛来牛

(1)原产地及分布　夏洛来牛是现代大型肉用育成品种之一。原产于法国中部的索恩—卢瓦尔省夏洛莱地区和涅夫勒省。主要是通过本品种严格选育而成。该品种现占法国牛只总头数的 15%，占肉用牛总头数的 37.8%，已输出到世界 50 多个国家和地区。

(2)外貌特征　体格大，体质结实，全身肌肉非常丰满，尤其是后腿肌肉圆厚，并向后突出，形成“双肌”特征。头中等大,颜面部宽,嘴宽而方。角圆、长,向两侧并向前伸展,角为蜡黄色。颈粗、短,胸深,肋圆,背部肌肉厚。体躯呈圆筒状,四肢正直,蹄为蜡黄色。公牛常见有双鬐甲和背凹者。被毛细长,毛色为白色。成年公牛活重为1 100～1 200 kg,体高、体长和胸围分别为142 cm、180 cm和244 cm;成年母牛活重700～800 kg,体高、体长和胸围分别为132 cm、165 cm和203 cm。初生重公犊牛为45 kg,母犊牛为42 kg。

(3)生产性能　生长速度快,眼肌面积大,瘦肉产量高。在良好的饲养条件下,平均日增重6月龄公犊牛为1 296 g,母犊牛为1 062 g;8月龄相应为1 175 g和946 g。初生至12月龄活重见表1.2。屠宰率一般为60%～70%,眼肌面积为82.90 cm^2,胴体瘦肉率为80%～85%。夏洛莱母牛平均产乳量为1 700～1 800 kg,个别母牛超过2 500 kg,乳脂率为4.0%～4.7%。

表1.2　夏洛来牛初生至12月龄活重　kg

性别	测定头数	月龄				
		初生	3	6	8	12
公	1 288	45	152	256	319	378
母	3 807	42	135	219	265	321

(4)繁殖性能　夏洛莱母牛初次发情在396日龄,初次配种年龄在17～20月龄。法国多采用小群自然交配,公母牛配种比例为1∶(10～30)。繁殖方面的缺点是难产率高(平均为13.7%)。

(5)杂交改良效果　目前夏洛来牛在中国比较受欢迎,其杂交改良牛超过百万头,仅次于西门塔尔牛。在黑龙江、辽宁、山西、河北、新疆等省区用夏洛来牛同当地黄牛杂交,杂种牛体格明显加大,增长速度加快,杂种优势明显。由于夏洛来牛晚熟,繁殖性能低,难产率高,不宜作小型黄牛的第一代父本,应选择与体型较大的经产母牛杂交,在肉牛经济杂交生产中适宜作“终端”公牛。

2. 利木赞牛

(1)原产地及分布　利木赞原产于法国利木赞高原,并由此而得名。原为役肉兼用牛,逐步培育成现在的专门化大型肉用品种。其群体数量70余万头,在法国仅次于夏洛来牛,居第二位。

(2)外貌特征　体躯呈圆筒形,头短、嘴较小,额宽,母牛角细向前弯曲,公牛角粗而较短,向两侧伸展,并略向外卷曲。胸宽深,肋圆,背腰较短,尻平,背腰及臀部肌肉丰满。四肢强壮,较细。全身骨骼较夏洛来牛略细。被毛为黄棕色。法国比较好的成年公牛活重为950～1 200 kg,母牛为600～800 kg。成年公牛体高为140 cm,母牛为130 cm。初生重公犊牛为36 kg,母犊牛为35 kg,这种初生重小,成年体重大的相对性状,是现代肉牛业追求的优良性状。

(3)生产性能　产肉性能高,眼肌面积大。肉嫩,脂肪少而瘦肉多,肉的风味好。该品种的特点是小牛产肉性能好,为生产早熟小牛肉的主要品种。8月龄小牛就具有成年牛大理石纹状的肌肉,肉质细嫩,沉积脂肪少,瘦肉多(占80%～85%)。3～4月龄活重为140～170 kg的小公牛,屠宰率为67.5%。在良好的饲养条件下,哺乳期平均日增重860～1 000 g,公牛10月龄体重即达408 kg,周岁时达480 kg左右,胴体产肉率74%。成年母牛平均产乳量为

1 200 kg，乳脂率为 5%，个别母牛产乳量达 4 000 kg，乳脂率为 5.2%。

(4)繁殖性能 利木赞牛一般在 21 月龄开始配种，2.0～2.5 岁产第一胎。母牛利用年限为 9 岁，平均产犊 6.4 头。难产率极低，是利木赞牛的优点之一，无论与任何肉牛品种杂交，其犊牛初生重都比较小，一般要轻 6～7 kg。其初产牛的顺产率也较高，为杂交体系提供了方便，为当今高效肉牛所必须。

(5)杂交改良效果 我国 1974 年首次从法国引入，因毛色接近中国黄牛，比较受群众欢迎，是用于改良本地牛的主要引入品种。改良我国地方黄牛时，杂种后代体型改善，肉用特征明显，生长快，18 月龄体重比本地黄牛高 31%，22 月龄屠宰率达 58%～59%，既可用于开发高档牛肉和生产小牛肉，又能改善黄牛臀部发育差的缺点，是优秀的父本品种。

3. 安格斯牛

(1)原产地及分布 安格斯牛全称阿伯丁-安格斯牛，因无角，毛色纯黑，故也称无角黑牛。原产于苏格兰北部的阿伯丁、安格斯和金卡丁等郡，是英国最古老的小型肉用品种之一。目前，安格斯牛分布于世界大多数国家。在美国肉牛总头数中占 1/3，是澳大利亚肉牛业中最受欢迎的品种之一。

(2)外貌特征 无角、黑毛是重要外貌特征。体格较低矮，体质结实。头小而方，额宽。颈中等长，背腰平直丰满。体躯宽而深，呈圆筒状。四肢短、较直，全身肌肉丰满，具有典型的肉牛外貌。皮肤松软，富弹性，被毛光泽而均匀整齐。安格斯牛群体中，在 B 位点以一定的频率潜存着隐性的非黑色基因 b，所以牛群中偶有红色个体，曾一度被认为是失格而淘汰。但澳大利亚的有关育种学家发现，部分红色安格斯个体牛生长快、肉质好，并加以保留，选育成红安格斯牛。我国近年从澳大利亚已引进红安格斯牛。安格斯成年牛活重，公牛为 800～900 kg，母牛为 500～600 kg。犊牛平均初生重 25～32 kg。成年体高公、母牛分别为 130 cm 和 118 cm。

(3)生产性能 安格斯牛具有良好的肉用性能，被认为是世界上专门化肉牛的典型品种之一。表现出生长发育快、早熟易肥、胴体品质好、出肉率高、肉的大理石纹状好等特点。屠宰率一般为 60%～65%。哺乳期日增重 900～1 000 g，育肥期日增重平均为 700～900 g。

(4)繁殖性能 安格斯牛早熟易配，12 月龄性成熟，常在 18～20 月龄初配。美国培育的较大型安格斯牛 13～14 月龄初配。发情周期为(20±2)d，发情持续期为 6～30 h(平均 21 h)。妊娠期为(279±47)d。产犊间隔期在 10～14 个月的占 87%，一般都是 12 个月左右，产犊间隔短，连产性好，难产极少。在国外肉牛杂交中多以安格斯为母系。

(5)杂交改良效果 我国于 1974 年从英国、澳大利亚等国开始引入，其中包括红安格斯牛，改良我国小型黄牛效果显著，目前主要分布在北方各省。

4. 海福特牛

(1)原产地及分布 海福特牛原产于英格兰西部的海福特郡，是英国最古老的中小型早熟肉牛品种。海福特牛以优良的种质特性驰名全球，现分布于世界许多国家，成为欧、美洲的四大肉牛品种之一。

(2)外貌特征 具有典型的肉用牛体型，分为有角和无角两种。头短额宽，公牛角向两侧伸展，稍向下方弯曲，母牛角尖有向上弯曲的。颈短、粗而多肉，垂皮发达。胸深，肋开张，躯干呈圆筒状。背腰宽而平直，臀部肌肉发达。全身骨骼细，四肢短而粗。从牛的体侧看，体型呈矩形。全身被毛柔软，毛色主要为暗红色，具“六白”特征，即头、颈下、腹下、四肢下部、鬐甲和尾帚一般为白色。鼻镜呈粉红色。凡背部有白毛片、腹侧白毛片较高、四肢白毛片过高、鼻镜呈黑色者均属不理想之列。海福特牛的体尺和活重，见表 1.3 和表 1.4。

表 1.3　海福特成年牛的体尺和活重

性别	体高/cm	体长/cm	胸围/cm	管围/cm	活重/kg
公	134.4	169.3	211.6	24.1	850～1 100
母	126.0	152.9	192.2	20.0	600～700

表 1.4　海福特牛各月龄的体尺和活重　cm/kg

性别	月龄	体高/cm	体长/cm	胸围/cm	活重/kg
公	初生	65.8	57.7	79.7	36.7
	6	98.5	114.5	149.0	249.0
	12	110.5	131.0	170.0	397.0
	18	122.0	153.0	190.0	542.0
	24 以上	127.5	169.0	221.0	855.0
母	初生	63.1	60.1	72.2	32.8
	6	93.6	106.9	132.9	183.5
	12	107.1	125.3	162.5	344.5
	18	112.0	139.8	177.8	444.0
	24 以上	120.0	154.0	207.8	622.8

(3)生产性能　海福特牛增重快，肉质柔嫩多汁，肌肉呈大理石纹状，屠宰率一般为 60%～65%，净肉率达 57%。据英国资料，海福特牛 12 月龄日增重为 1.4 kg，18 月龄时活重达 725 kg。我国黑龙江省的资料，哺乳期平均日增重公犊为 1.14 kg，母犊为 0.89 kg，7～12 月龄平均日增重公、母犊相应为 0.98 kg 和 0.85 kg。海福特母牛年产乳量 1 100～1 800 kg。

(4)繁殖性能　海福特牛小母牛 6 月龄开始发情，15～18 月龄（活重达 500 kg）可初次配种，发情周期为 21 d(18～22 d)，发情持续期 12～36 h，妊娠期平均为 277 d(260～290 d)。在欧美提倡早配，2 岁左右产犊。

(5)杂交改良效果　我国各地用于杂交改良本地黄牛，海杂一代表现体格加大，体型改善，具有明显的杂种优势，与延边牛为母本的杂交一代，肥育期日增重比母本提高 29.11%。一般用作经济杂交的父本及中小型黄牛向肉用方向发展的改良者，有希望成为中国肉牛的有效配套品种。

5. 皮埃蒙特牛

(1)原产地及分布　皮埃蒙特牛原产于意大利北部的皮埃蒙特地区，是意大利的新型肉用牛品种。由于其具有“双肌”基因，是目前国际公认的终端父本，已被世界 20 多个国家引进，用于杂交改良。

(2)外貌特征　体格大，体质结实，背腰较长而宽，全身肌肉很丰满，体躯呈圆筒状。管围很细，皮薄。有角，中等大小，角形平出，稍前弯，角尖黑色。毛色为白晕色或浅灰色，公牛性成熟时，眼圈、颈及肩部、四肢下部为黑色。母牛全白，有的个体眼圈为浅灰色，耳廓为黑色。犊牛出生至断乳阶段毛色为乳黄色，4～6 月龄胎毛褪去后，呈成年牛的毛色。公、母牛的鼻镜部、蹄及尾帚均呈黑色。成年公牛活重不低于 1 100 kg,母牛平均为 500～600 kg。公、母牛平均体高分别为 150 cm 和 136 cm。平均初生重公犊牛为 41.3 kg,母犊牛为 38.7 kg。因有的犊牛初生重大,初生死亡率达 4%,成活率 95%,流产率 1%。

(3)生产性能　皮埃蒙特牛以屠宰率、净肉率高,眼肌面积大,肉质鲜嫩而著名。由于选育注重肌肉发达程度和皮薄骨细,该品种胴体含骨量较小,脂肪低,屠宰率及瘦肉率高,比较适合当今国际肉牛市场的需要。其纯种屠宰结果:胴体重 329.6 kg,屠宰率 68.23%,胴体瘦肉率 84.13%,含骨率 13.6%,脂肪仅占 1.5%,眼肌面积为 98.3 cm^2。经后裔测定的种公牛,平均日增重可达 1.38 kg,其中留种用公牛为 1.51 kg,生长速度为肉用品种之首。公牛屠宰适期为 550～600 kg 活重,一般在 14～15 月龄即可达到此值。母牛 14～15 月龄,体重可达 400～450 kg。母牛年平均产乳量为 3 500 kg,乳脂率 4.17%。

(4)杂交改良效果　我国 1986 年开始从意大利引进皮埃蒙特牛的冻精及胚胎。在山东省高密市、河南省南阳市及黑龙江省齐齐哈尔市等地设有胚胎中心,不断扩繁种群,可以提供冻精和胚胎,已推广到我国的主要牛肉产区(或肉牛带),对我国的肉牛生产将起到一定的作用。与南阳牛杂交,杂种公牛在适度肥育下,18 月龄活重达 496 kg。于 1997 年开展三元杂交或四元杂交,已取得一定的改良效果。皮埃蒙特牛与西门塔尔牛和本地牛的三元杂交组合的后代,在生长速度和肉用体型上都有父本的特征。其级进杂交的后代已与皮埃蒙特牛纯种性状十分接近。其他肉用牛品种,见表 1.5。

表 1.5　其他肉用牛品种简介

品种	原产地	外貌特征	生产性能
德国黄牛	德国和奥地利,其中德国数量最多,系瑞士褐牛与当地黄牛杂交选育而成	毛色为黄色或棕黄色。眼圈周围颜色较浅。体躯长而宽阔,体格大,胸深,背直,四肢短而有力,后躯发育好,全身肌肉丰满,蹄质坚实,呈现黑色。母牛乳房大,附着结实	成年公牛体重 1 000～1 300 kg,母牛 700～800 kg。体高公牛 145～150 cm,母牛 130～135 cm。母犊初生重 38 kg,公犊 42 kg,难产率极低。去势小公牛肥育后,18 月龄活重达 600～700 kg。公牛 500 日龄活重为 537 kg,141～500 日龄平均日增重为 1.16 kg。该牛增重快,屠宰率高,平均屠宰率为 63.7%,净肉率 56%以上。另外德国黄牛的乳用性能好,母牛产奶量可达 4 164 kg,乳脂率 4.15%
比利时蓝白花牛	比利时王国的南部	毛色主要是蓝白色和白色,也有少量带黑色毛片的牛。牛体大、圆形,体躯强壮,背直,肋圆。全身肌肉极度发达,表现在肩、背、腰和大腿肉块重褶。臀部丰满,后腿肌肉突出。尻部倾斜,皮肤细腻,有白、蓝斑点或有少数黑色斑点	成年体重:公牛 1 250 kg,母牛 750 kg。早熟,幼龄公牛可用于育肥。经育肥的蓝白牛,胴体中可食部分比例大,优等者,胴体中肌肉 70%、脂肪 13.5%、骨 16.5%。胴体一级切块率高,即使前腿肉也能形成较多的一级切块。肌纤维细,肉质嫩,肉质完全符合国际市场的要求

续表1.5

品种	原产地	外貌特征	生产性能
契安妮娜牛	意大利多斯加尼地区的契安尼娜山谷	体躯长，四肢高，体格大，体躯结构良好，但胸部不够深。毛色为纯白色，尾毛呈黑色。犊牛出生时被毛为黄色到褐色，在60日龄内逐渐变为白色。与其他品种杂交时，白毛色呈隐性，带色素的皮肤呈显性性状 契安尼娜牛适应性强，适宜放牧，抗日晒或防暑	优秀公牛的女儿，18月龄活重可达成年牛活重的64%～71%，初生至18月龄生长速度最快。1周岁的幼牛，平均日增重为1.23 kg。肉品质好，具有大理石纹状结构，而且细嫩。胴体瘦肉比例高，出现沉积脂肪（或长肥肉）的年龄较晚；早熟，母牛繁殖力强，很少有难产，一次配种的受胎率达85%
日本和牛	日本九州、九国、鹿儿岛、兵库等	体型中等大，肌肉丰满，骨骼较细；全身毛色为黑色，有时略显褐色；角短，向前向上弯；无肩峰	成年公牛体重700 kg，体高为137 cm；母牛体重为400 kg，体高为124 cm；屠宰率在60%以上

（三）主要兼用牛品种

兼用品种即具有两种或两种以上主要用途的品种，由于其生产方向有主辅的不同，体型上也有所偏向，主要指乳肉或肉乳兼用品种。

1. 西门塔尔牛

(1)原产地及分布　西门塔尔牛原产于瑞士阿尔卑斯山区。该品种原为役用牛，经长期本品种选育而成为大型乳肉兼用品种。西门塔尔牛的优良性状及其宝贵种质，成为许多国家培育本国西门塔尔牛及同当地牛杂交进行肉乳生产的基础，并具有培育国的品种名称。目前，西门塔尔牛已成为世界第二大牛品种，其头数仅次于荷斯坦牛。瑞士西门塔尔牛占全国牛总头数的50%，德国占37%，奥地利占62%。由于西门塔尔牛适应各种气候条件的能力很强，所以从加拿大到南美、从西伯利亚到南非都有分布。

(2)外貌特征　西门塔尔牛头较长，颜面部宽，眼大有神。角细、呈白色，向外向上弯曲，角尖稍向上。颈中等长，与鬐甲结合良好。体躯长，肋骨开张，有弹性，胸部发育好，尻部长而平，四肢端正结实，大腿肌肉发达。乳房发育较好，向后伸展。毛色为黄白花或红白花。头、胸部、腹下和尾帚多为白色，肩部和腰部有条状白毛片。被毛柔软而有光泽。成年公牛体重1 000～1 300 kg，母牛600～800 kg；公牛体高142～150 cm，母牛134～142 cm；犊牛初生重为30～45 kg。

(3)生产性能　西门塔尔牛产乳、产肉性能均较高。欧洲各国西门塔尔牛的平均产乳量为3 500～4 500 kg，乳脂率3.64%～4.13%。四胎以上平均产乳量为5 274 kg，乳脂率4.12%，乳蛋白率3.28%。平均排乳速度2.27～2.60 kg/min。

犊牛在放牧条件下日增重可达800 g，舍饲肥育条件可达到1 000 g，1.5岁活重为440～480 kg，3.5岁活重公牛为1 080 kg，母牛为634 kg。公牛肥育后屠宰率为65%左右，一般母牛在半肥育状态下，屠宰率为53%～55%。该品种牛产奶量虽然尚低于专用的乳用牛，但产肉性能远远高于奶牛，生长速度与其他大型肉用品种接近。

(4)繁殖性能　西门塔尔母牛常年发情，发情持续期 20～36 h，一般的情期受胎率在 69% 以上，妊娠期 284 d。成年母牛难产率低。种公牛每年能生产 11 000 mL 左右的精液，是产量比较大的牛种，对改良黄牛十分有利。在中国，西门塔尔牛已具备自我供种能力，繁育西门塔尔牛较早的省区都能提供种畜或冷冻精液。

(5)杂交改良效果　西门塔尔牛体质结实，产肉、乳性能好，适应性强，性情温顺，耐粗饲或适宜放牧饲养，与我国黄牛杂交，杂种后代体格增大，生长快。在肉牛杂交体系中，适合作"外祖父"角色。近年来，也在"合成系"中作母系，与专门的父系杂交，组成高产的肉用生产配套系。

2. 丹麦红牛

(1)原产地及分布　丹麦红牛(Red dane)来源于丹麦的非英岛、西兰岛和洛兰岛上所产的岛牛。以泌乳量、乳脂率及乳蛋白率高而闻名于世，现在世界许多国家都有分布。

(2)外貌特征　体格大，体躯深、长，胸宽。背长、腰宽，尻宽平，四肢结实。乳房大、发育匀称。常见有背线稍凹，后躯隆起的个体。全身肌肉发育中等。皮肤薄、有弹性。毛色为红色及深红色。鼻镜为瓦灰色至深褐色。成年牛活重，公牛为 1 000～1 300 kg，母牛为 650 kg；体高相应为 148 cm 和 132 cm。犊牛初生重为 40 kg。12 月龄活重，公牛为 450 kg，母牛为 250 kg；24 月龄活重相应为 720 kg 和 425 kg 左右。

(3)生产性能　产肉性能好，屠宰率一般为 54%～57%。在用精料肥育下，12～16 月龄的小公牛，平均日增重为 1 010 g，屠宰率为 57%，胴体瘦肉率为 72%；22～26 月龄的去势小公牛，平均日增重为 640 g，屠宰率为 56%，胴体中肌肉占 65%(脂肪占 17%，骨占 18%)。犊牛哺乳期平均日增重为 1 020 g。年平均产乳量 6 712 kg，乳脂率 4.31%，乳蛋白率为 3.49%。最高生产乳量 100 000 kg 以上。

(4)杂交改良效果　丹麦红牛性成熟早，乳、肉生产性能均较高，生长速度快，肉品质好。体质结实，耐热、抗寒、耐粗饲、采食快。目前该品种被许多国家引入。1984 年我国首次引进丹麦红牛 30 余头，繁育在西北农业大学和吉林省畜牧兽医科研所等单位。在陕西省关中地区、甘肃庆阳市、宁夏、吉林、辽宁瓦房店市、内蒙古赤峰市、河南等省区同当地黄牛杂交，杂种牛体格增大，产乳性能大幅度提高，适应性好，抗病力强，取得显著的效果。

3. 短角牛

短角牛原产于英格兰的诺桑伯、德拉姆、约克和林肯等郡。短角牛的培育始于 16 世纪末 17 世纪初，最初只强调育肥，到 20 世纪初，经培育的短角牛已是世界闻名的肉牛良种了。1950 年，随着世界奶牛业的发展，短角牛中一部分又向乳用方向选育，于是逐渐形成了近代短角牛的两种类型：即肉用短角牛和乳肉兼用型短角牛。在此重点介绍肉用短角牛。

(1)外貌特征　肉用短角牛被毛以红色为主，有白色和红白交杂的沙毛个体，部分个体腹下或乳房部有白斑；鼻镜粉红色，眼圈色淡；皮肤细致柔软。该牛体型为典型肉用牛体型，侧望体躯为矩形，背部宽平，背腰平直，尻部宽广、丰满，股部宽而多肉。体躯各部位结合良好，头短，额宽平；角短细、向下稍弯，角呈蜡黄色或白色，角尖部为黑色，颈部被毛较长且多卷曲，额顶部有丛生的被毛。该牛活重：成年公牛平均 900～1 200 kg，母牛 600～700 kg；公、母牛体高分别为 136 cm 和 128 cm。

(2)生产性能　早熟性好，肉用性能突出，利用粗饲料能力强，增重快，产肉多，肉质细嫩。

17 月龄活重可达 500 kg，屠宰率为 65%以上。大理石纹好，但脂肪沉积不够理想。

(3)与我国黄牛杂交效果　短角牛是世界上分布很广泛的品种。我国曾多次引入，在东北、内蒙古等地改良当地黄牛，杂种牛毛色紫红、体型改善、体格加大、产乳量提高，杂种优势明显。我国育成的乳肉兼用型新品种——草原红牛，就是用乳用短角牛同吉林、河北和内蒙古等地的土种黄牛杂交而选育成的。其乳肉性能得到全面提高，表现出了很好的杂交改良效果。

三、中国牛品种

(一)中国良种黄牛品种

“中国黄牛”是我国固有的，曾经长期以役用为主的黄牛群体的总称。中国黄牛广泛分布于各省和自治区。根据《中国牛品种志》按“地理分布区域”对黄牛的划分，中国黄牛包括中原黄牛、北方黄牛和南方黄牛三大类型。下面介绍我国五大良种黄牛品种(表 1.6)，大多具有适应性强、耐粗饲、牛肉风味好等优点，属于役肉兼用体型，后躯欠发达，成熟晚、生长速度慢。其他黄牛品种可参阅《中国牛品种志》。

表 1.6　我国黄牛主要品种

品种	原产地	外貌特征	生产性能	杂交效果
南阳牛	河南省南阳地区白河和唐河流域的广大平原地区。现有 145 万头	毛色以深浅不一的黄色为主，另有红色和草白色，面部、腹下、四肢下部毛色较浅。体型高大，结构紧凑，公牛多为萝卜头角，母牛角细。鬐甲较高，肩部较突出，公牛肩峰 8～9 cm，背腰平直，荐部较高，额部微凹，颈部短厚而多皱褶。部分牛胸欠宽深，体长不足，尻部较斜，乳房发育较差	产肉性能良好，15 月龄育肥牛屠宰率 55.6%，净肉率 46.6%，眼肌面积 92.6 cm^2	全国 22 个省已有引入，杂交后代适应性、采食性和生长能力均较好
秦川牛	因产于陕西关中的“八百里秦川”而得名。现群体总数约 80 万头	体型高大，骨骼粗壮，肌肉丰厚，体质强健，前躯发育良好，具有役肉兼用牛的体型。角短而钝、多向外下方或向后稍弯。毛色多为紫红色及红色。鼻镜肉红色。部分个体有色斑。蹄壳和角多为肉红色。公牛颈上部隆起，鬐甲高而厚，母牛鬐甲低，荐骨稍隆起。缺点是后躯发育较差，常见有尻稍斜的个体	在中等饲养水平下，18 月龄时的平均屠宰率为 58.3%，净肉率为 50.5%	全国有 21 个省、自治区曾引进秦川公牛改良本地黄牛，效果良好
晋南牛	主产于山西省西南部的运城、临汾地区。现有 66 万余头	毛色以枣红为主，红色和黄色次之。鼻镜粉红色。体型粗大，体质结实，前躯较后躯发达。额宽，顺风角，颈短粗，垂皮发达，肩峰不明显，胸宽深，臀端较窄，乳房发育较差	18 月龄时屠宰，屠宰率 53.9%。经强度肥育后屠宰率 59.2%。眼肌面积 79.00 cm^2	曾用于四川、云南、陕西、甘肃、安徽等地的黄牛改良，效果良好

续表1.6

品种	原产地	外貌特征	生产性能	杂交效果
鲁西牛	主产于山东省西南部的菏泽、济宁地区	毛色以黄色为主，多数牛具有“四粉”特征，即眼圈、口轮、腹下与四肢内侧毛色较浅，呈粉色。公牛多平角或龙门角；母牛角形多样，以龙门角居多。公牛肩峰宽厚而高。垂皮较发达。尾细长，尾毛多扭生如纺锤状。体格较大，但日增重不高，后躯欠丰满	18月龄育肥，公、母牛平均屠宰率为57.2%，净肉率为49.0%，眼肌面积89.1 cm^2	
延边牛	主产于吉林省延边朝鲜族自治州以及朝鲜	牛头方，额宽，角基粗大，多向外后方伸展呈“一”字形或倒“八”字形。母牛角细而长，多为龙门角。毛色为深浅不一的黄色，鼻镜呈淡褐色，被毛长而密。胸部宽深，皮厚而有弹力。公牛颈厚隆起，母牛乳房发育良好	18月龄育肥牛平均屠宰率57.7%，净肉率47.2%，眼肌面积75.8 cm^2	耐寒、耐粗，抗病力强，适应性良好。善走山路

(二)培育牛品种

1. 中国荷斯坦牛

中国荷斯坦牛有一百多年的历史，它是引用国外各类型的纯种荷斯坦公牛与本地母牛高代杂交经长期选育而成，是我国唯一的乳牛品种，现已遍布全国，主要集中在牧区、农区和城市郊区。据报道，2006年我国共存栏奶牛1 330万头。在奶牛饲养数量的分布上，牧区的内蒙古、新疆，占全国奶牛总数的36%；在农区饲养数量较大的省份有黑龙江、河北、山东、山西和陕西省，奶牛数量占全国的38%；大中城市郊区以北京、上海、天津饲养量最大，占全国的4%。我国黑白花奶牛的体型特征和生产性能基本符合国际黑白花奶牛及荷斯坦牛的品种要求，1987年由农业部命名为中国黑白花奶牛，1992年由农业部更名为中国荷斯坦牛。

(1)外貌特征　体质结实，结构匀称，后躯比前躯发达，侧望体躯呈楔形。毛色黑白相间，花片界限分明，额部多有白斑，腹下及乳房、四肢下部(前肢腕关节以下，后肢跗关节以下)及尾端均为白色。角由两侧向前向内弯曲，角体呈蜡色，角尖呈黑色。皮肤有弹性，被毛细短，皮下脂肪少，骨骼较细，背腰平直，腹大不垂，尻部宽长，平而不斜。乳房大而不垂，附着良好，乳房形状呈浴盆或圆形，乳头大小适中，分布均匀，乳静脉粗大，弯曲多。四肢结实，站立端正，蹄底圆正。

由于各地引用的荷斯坦公牛和本地母牛类型不同，以及饲养环境条件的差异，我国荷斯坦牛多为乳用型，乳用特征明显，但体格不够一致，基本上可划分为大、中、小三个类型。大型：主要引用美国荷斯坦公牛与北方母牛长期杂交和横交培育而成，成年母牛体高为136 cm以上。中型：主要引用日本、德国等中等体型的荷斯坦公牛与本地母牛杂交及横交培育而成，成年母牛体高133 cm以上。小型：主要引用荷兰等国欧洲类型的荷斯坦公牛与本地母牛杂交，或引进荷斯坦公牛与体型小的本地母牛杂交而成。成年母牛高130 cm左右。

(2)生产性能　中国荷斯坦牛泌乳性能良好，泌乳期305 d，平均乳脂率为3.5%，平均年产乳量 4 554 kg。饲养条件好的奶牛场全群年平均产乳量可达 7 000 kg 以上。中国荷斯坦牛有较好的产肉性能,未经肥育的母牛和去势公牛屠宰率可达 50%以上,净肉率 40%。对公犊、淘汰母牛进行肥育可获得较好的经济效益。

(3)繁殖性能　初情期在 6～9 月龄,随饲养和环境条件不同而有差异,发情周期 15～24 d,平均 21 d。妊娠天数:母犊为 277.5 d,公犊为 278.7 d。

(4)适应性能　中国荷斯坦奶牛分布在 40～－40℃的气温条件下,由于各地的饲料种类、饲养管理和环境条件的差异很大,因此,在各地的表现也各有不同,据初步测定,中国荷斯坦奶牛在高温条件下的适应性能较差。但气温降至 0℃以下,产乳量则无明显变化。当气温在 17～20℃时,荷斯坦奶牛的饲料利用率最高,每千克代谢体重所需的维持净能为最小,气温高于或低于临界温度都会多耗能量。高温对产奶量、受胎率有显著的影响。在温度为 29.5～32.9℃,产乳量明显下降,母犊牛的初生体重降低。

其他培育牛品种,见表 1.7。

表 1.7　国内其他培育牛品种简介

品种	原产地及分布	外貌特征	生产性能	主要特点及培育过程
三河牛	原产于内蒙古呼伦贝尔草原的三河地区。主要分布在呼伦贝尔盟及邻近地区的农牧场。目前,大约有 11 万头	被毛为界限分明的红白花,头白色或有白斑,腹下、尾尖及四肢下部为白色。角向上前方弯曲。体格较大,平均活重公牛 1 050 kg,母牛 547.9 kg。犊牛初生重公牛 35.8 kg,母牛 31.2 kg	平均年产乳量为 2 500 kg 左右,在较好的饲养条件下可达 4 000 kg。乳脂率 4.10%～4.47%。产肉性能良好,2～3 岁公牛屠宰率为 50%～55%	耐粗饲,耐严寒,抗病力强。生产性能不稳定,后躯发育欠佳。是我国培育的第一个乳肉兼用品种,含西门塔尔牛的血统。1986 年 9 月 3 日通过验收,并由内蒙古区政府批准正式命名为“三河牛”
中国草原红牛	原产于吉林、辽宁、河北和内蒙古。主要分布于吉林白城地区、内蒙古赤峰市、锡林郭勒盟南部和河北张家口地区。目前,大约有 14 万头	毛色多为深红色,少数牛腹下、乳房部分有白斑,尾帚有白毛。全身肌肉丰满,结构匀称。乳房发育较好。成年公牛体重 825.2 kg,成年母牛体重 482 kg。犊牛初生重,公犊 31.9 kg,母犊 30.2 kg	泌乳期 220 d,平均产奶量 1 662 kg,乳脂率 4.02%,最高个体产奶量为 4 507 kg。18 月龄的阉牛,经放牧育肥,屠宰率为 50.8%。短期催肥后屠宰率为 58.1%	耐粗抗寒,适应性强。生产性能不稳定,后躯发育欠佳。1985 年 8 月 20 日,经农牧渔业部授权吉林省畜牧厅,在赤峰市对该品种进行了验收,正式命名为“中国草原红牛”。含有乳肉兼用型短角牛血统
新疆褐牛	原产于新疆伊犁、塔城等地区。主要分布于全疆南北。现有牛数约 45 万头	被毛为深浅不一的褐色,额顶、角基、口轮周围及背线为灰白色或黄白色。肌肉丰满。头清秀,嘴宽。角大小中等,向侧前上方弯曲,呈半椭圆形。成年公牛体重 951 kg,母牛 431 kg	舍饲条件下平均产乳量 2 100～3 500 kg,高的可达 5 162 kg,乳脂率 4.03%～4.08%。放牧条件下,2 岁以上牛的屠宰率为 50%以上	适应性好,耐严寒和酷暑,抗病力强,宜于放牧,体型外貌好。但其生产性能尚不稳定。1983 年经新疆畜牧厅评定验收并命名为“新疆褐牛”。含有瑞士褐牛血统

续表1.7

品种	原产地及分布	外貌特征	生产性能	主要特点及培育过程
科尔沁牛	主产于内蒙古东部地区的科尔沁草原。1994年末约有8.12万头	被毛为黄(红)白花,白头,体格粗壮,结构匀称,胸宽深,背腰平直,四肢端正,后躯及乳房发育良好,乳头分布均匀。成年公牛体重991 kg,母牛508 kg。犊牛初生重38～42 kg,	280 d产奶量3 200 kg,乳脂率4.17%,高产达4 643 kg。在常年放牧加短期补饲条件下,18月龄屠宰率为53.3%,经短期育肥屠宰率可达61.7%	适应性强、耐粗抗寒、抗病力强、宜于放牧。于1990年通过鉴定,由内蒙古区政府正式验收命名为"科尔沁牛"。以西门塔尔牛为父本,蒙古牛、三河牛为母本,采用育成杂交方法培育而成
中国西门塔尔牛	建立有山区、草原、平原类群,核心群达2万头,在太行两麓半农半牧区已经建立了40万头杂交繁育区,皖北、豫东、苏北农区25万头改良区,松辽平原、科尔沁草原建立了50万头级进杂交改良群体	毛色为红(黄)白花,花斑分布整齐,头部白色或带眼圈,尾帚、四肢和肚腹为白色,角形外展,角蹄蜡黄色,鼻镜肉色,乳房发育良好,结构均匀紧凑	成年公牛体重850～1 000 kg,体高145 cm,母牛550～650 kg,体高130 cm。育种核心群2 178头,平均产奶量为4 300 kg,乳脂率为4.03%。最高个体产奶量达11 740 kg,乳脂率4.0%。中国西门塔尔牛产肉性能良好	中国西门塔尔牛具有适应性强,耐高寒,耐粗饲,寿命长等特点,抗逆性强,适宜我国广大地区饲养。是20世纪50年代至80年代初,集中引进欧洲西门塔尔牛,在中国的生态条件下,经过与本地黄牛级进杂交选育而成。2001年10月通过国家品种审定,目前有山地型、草原型、平原型三大类群
夏南牛	主产于河南省泌阳县,19年间,在泌阳县以本地南阳牛为母本、法国夏洛来牛为父本的导血配种88万头,其中杂交配种40万头、回交配种26万头、横交配种22万头	被毛呈黄色,以浅黄、米黄居多;体躯呈长方形;胸部深而宽,背腰平直,肉用特征明显;尻部长、宽、平、直;四肢粗壮,强劲有力;母牛乳房发育较好	成年公、母牛体重分别为650 kg和850 kg;公犊平均初生重38.5 kg,母犊平均初生重37.2 kg;母牛初情期平均432 d,发情周期平均20 d,初配时间平均490 d,妊娠期平均285 d;17～19月龄的未肥育公牛,屠宰率60.13%,净肉率48.84%,眼肌面积117.7 cm^2,优质肉切块率38.37%	夏南牛适应性好,有生长发育快、易育肥等特点。以夏洛莱为父本,南阳牛为母本,采用导入杂交、正反回交、横交固定三阶段开放式育种方法,培育而成的中国第一个肉牛新品种

四、其他牛品种

(一)水牛

水牛是热带、亚热带地区特有的畜种,主要分布在亚洲地区,约占全球饲养量的90%。水牛具有乳、肉、役多种经济用途，适于水田作业。水牛奶营养丰富，脂肪、干物质及总能量都高于荷斯坦牛牛奶。

水牛按其外形、习性和用途常分成两种类型，即沼泽型水牛和河流型水牛。沼泽型水牛有泡水和滚泥的自然习性。这类水牛细胞染色体核型为 $2n=48$。体型较小，生产性能偏低，适应性强，以役用为主。主要分布于中国、泰国、越南、缅甸、老挝、柬埔寨、马来西亚、菲律宾、印度尼西亚和尼泊尔等国家，沼泽型水牛一般以产地命名。河流型水牛原产于江河流域地带，习性喜水。这类水牛细胞染色体核型为 $2n=50$。体型大，以乳用为主，也可兼作其他用途。这类水牛主要分布于印度、巴基斯坦、保加利亚、意大利和埃及等国家。我国已引进了世界著名的乳用水牛品种摩拉水牛和尼里一拉菲水牛。主要水牛品种介绍，见表 1.8。

(二)牦牛

(1)牦牛的分布与分类　中国是世界上牦牛数量最多的国家，现有牦牛 1 377.4 万头，约占世界牦牛总头数的 92%，主要分布在我国青藏高原、川西高原和甘肃南部及周围海拔 3 000 m 以上的高寒地区，其中青海 480 万头、四川 400 万头、西藏 380 万头、甘肃 90 万头、新疆 22 万头、云南 5 万头。其次是蒙古国，约有牦牛 60 万头。目前，全世界约有牦牛 1 500 万头。

表 1.8　主要水牛品种

品种	原产地及分布	外貌特征	生产性能	主要特点
摩拉水牛	原产于印度西北部。饲养有摩拉水牛 3 000 万头，占其水牛总数的 47%。	毛色通常为黑色，尾帚为白色，被毛稀疏。角短、向后向上内弯曲，呈螺旋形。尻部斜，四肢粗壮。公牛头粗重，母牛头较小、清秀。公牛颈厚，母牛颈长薄，无垂皮和肩峰。乳房发达，乳头大小适中，距离宽，乳静脉弯曲明显。我国繁育的摩拉水牛成年公、母牛体重分别为 969.0 kg 和 648 kg	平均泌乳期为 251～398 d，泌乳期平均产奶量 1 955.3 kg。个别好的母牛 305 d 泌乳期产奶量达 3 500 kg。公牛在 19～24 月龄育肥 165 d，日增重平均为 0.41 kg；屠宰率为 53.7%	耐热、耐粗饲、抗病力强、适应性强。但摩拉水牛性情偏于神经质，应加强调教和培育。我国于 1957 年开始从印度引进摩拉水牛，数量有逐年上升的趋势。南方各省均有饲养，尤其以广西较多
尼里-拉菲水牛	原产于巴基斯坦旁遮普省中部的尼里河与拉菲河流域一带。约占全国水牛总头数的 70%	外貌近似摩拉水牛。毛色为黑色，部分为棕色。特征性外貌为玉石眼（虹膜缺乏色素），前额、脸部、鼻端、四肢下部有白斑，尾帚为白色。角短，角基粗，角向后朝上卷曲，呈螺旋状。头较长，前额突出。体躯深厚，体格粗壮。前躯较窄，后躯宽广，侧望呈楔形。乳房发达，乳头粗大且长，乳静脉显露、弯曲。尾端达飞节以下。成年公、母牛体重分别为 800 kg 和 600 kg	平均泌乳期为 316.8 d，泌乳量为 2 262.1 kg，平均日产奶 7.1 kg，最高日产量达 18.4 kg，优秀个体泌乳量可达 3 400～3 800 kg 与巴基斯坦原产地选育的核心牛群平均泌乳量基本相近。公牛在 19～24 月龄育肥 168 d，平均日增重 0.43 kg；屠宰率、净肉率分别为 50.1%、39.3%	耐粗饲、群性好、耐热和抗病力强、适应性强。其体态比原产地水牛更加丰满，性情也更温顺。1974 年，巴基斯坦政府赠送给中国政府 50 头尼里-拉菲水牛，分配给广西、湖北各 25 头。据 1988 年不完全统计，尼里-拉菲水牛在中国已发展到 209 头

续表1.8

品种	原产地及分布	外貌特征	生产性能	主要特点
中国水牛	主要分布于淮河以南的水稻产区，其中广西、云南、广东、贵州、四川数量最多	全身被毛深灰色或浅灰色，且均随年龄增长而毛色加深为深灰色或暗灰色，被毛稀疏。前额平坦而较狭窄，眼大突出。角左右平伸，呈新月形或弧形。颈下和胸前多有浅色颈纹和胸纹，皮粗糙而有弹性。鬐甲隆起，肋骨弓张，背腰宽而略凹。腰角大而突出，后躯差，尻部斜。尾粗短，着生较低，四肢粗短	宜于水田作业，使役年限一般为12年。泌乳期8～10个月，泌乳量500～1 000 kg，乳脂率7.4%～11.6%。乳蛋白率为4.5%～5.9%。肉用性能较差，屠宰率46%～50%，净肉率35%左右	中国水牛属沼泽型水牛。湖北的滨湖水牛、四川的德昌水牛、云南的德宏水牛和广西的西林水牛为典型代表。我国水牛数量约为2 280.9万头，仅次于印度和巴基斯坦，我国有18个省区有水牛分布

我国饲养牦牛历史悠久，已形成10个优秀的类群。分别是四川的麦洼牦牛、九龙牦牛，甘肃的天祝白牦牛，青海的环湖牦牛、高原牦牛、西藏的亚东牦牛，高山牦牛、斯布牦牛，新疆的巴州牦牛及云南中甸牦牛等。

(2)牦牛的生物学特性与经济价值　牦牛比普通牛胸椎多1～2个，荐椎多1个，肋骨多1～2对，胸椎和荐椎大1～2倍，胸部发达，体温、呼吸、脉搏等生理指标也比普通牛高。因此，其能很好的适应高寒地区的环境条件。牦牛常被誉为“高原之舟”。牦牛作为原始品种，具有产乳、毛、肉、皮、绒等多种经济用途，也可作为役力。牦牛毛和尾毛是我国传统特产，以白牦牛毛最为珍贵。

(3)牦牛的外貌特征　牦牛外貌粗野，体躯强壮，头小颈短，嘴较尖，胸宽深，鬐甲高，背线呈波浪形，四肢短而结实，蹄底部有坚硬的突起边缘，尾短而毛长如帚，全身披满粗长的被毛，尤其是腹侧丛生密而长的被毛，形似“围裙”，粗毛中生长绒毛。有的牦牛有角，有的无角。毛色主要以黑色居多，约占60%，其次为深褐色、黑白花、灰色及白色。公母牦牛两性异相，公牦牛头短，颈宽，颈粗长，肩峰发达。母牦牛头尖，颈长角细，尻部短而斜。成年公牦牛体重为300～450 kg，母牦牛为200～300 kg。

(4)牦牛的生产性能　成年牦牛的屠宰率为55%，净肉率41.4%～46.8%，眼肌面积50～88 cm^2。泌乳期3.5～6个月，产奶量240～600 kg，乳脂率5.65%～7.49%。剪毛量，公牛产毛3.6 kg，绒0.4～1.9 kg，母牛产毛1.2～1.8 kg，绒0.4～0.8 kg。负载60～120 kg，日行走15～30 km。

第三节　选育与杂交改良利用

一、牛的引种

牛的引种是指将区外(省外或国外)牛的优良品种、品系或类型引入本地，直接推广或作为育种材料。引种既可引入活体,也可引进冻精和胚胎。任何一个品种都有其特定的分布范围,当一个牛种引入到新的地区,包括气候、温度、湿度、海拔和光照在内的自然条件、饲料及饲养管理方式都不同,因此,引入品种有一个风土驯化和适应的过程。要求引入品种不仅能够生存、繁殖和正常生长发育,并且还能够将其固有的特征和优良的生产性能表现出来。引种的主要原则是:第一,要根据国民经济发展的要求和育种的需要选择引入品种,并考虑原产地的自然环境条件。大规模引种前可先引入少量个体进行适应性观察,然后再确定是否大规模引种。第二,要严格进行系谱审查,选择祖先和亲属表现良好的个体,避免引入有亲缘关系的个体;严格选择个体本身,防止引入遗传缺陷病和其他疾病。第三,严格检疫,按进出口动物检疫法程序进行。到达引入地后要进行严格的隔离观察,确信无任何疫病后,方可用于生产。第四,加强引入后的饲养管理。为了加强风土驯化,尽量创造一个与原产地相似的微气候环境和饲养条件,并逐渐过渡到引入地的正常状态,使之逐渐适应新的环境条件。对引入品种要加强统一管理,制定统一的育种措施,逐渐扩大种群数量,建立品系,保持和进一步提高其生产性能。

二、牛的选种选配

选种和选配是相互关联和相互促进的两个方面。选种可以增加牛群中高产基因的比例,选配可有意识地组织后代的基因型。

(一)种公牛的选择

选择种公牛,主要依据外貌、系谱、旁系和后裔等几个方面的材料进行选择。

(1)外貌选择　种公牛的外貌,不表现产乳能力,也很难确切反映产肉能力,主要看其体型结构是否匀称,外形及毛色是否符合品种要求,雄性特征是否突出,有没有明显的外貌缺陷(四肢不够健壮结实、肢势不正,背线不平、颈浅薄、狭胸、垂腹、尖尻等),凡是体型结构、局部外貌有明显缺陷的,或者生殖器官畸形(如单睾、隐睾)的,一律不能做种用。种公牛的外貌等级不得低于一级,种子公牛要求特级。

(2)系谱选择　系谱选择是根据系谱中记载的祖先资料,如生产性能、生长发育及其他有关资料,进行分析评定的方法。在审查公牛系谱时,应特别引起重视的是:虽然祖先的代数愈远,对个体的影响愈小,但是不能忽略远祖中的某一成员可能携带隐性有害基因。同时,还要逐代地比较,看其祖先的生产力是否一代胜过一代,注重分析其亲代与祖代。种公牛的父、母必须要求是良种登记牛。若系谱中父系和母系双方出现共同祖先,还应进一步分析其近亲程度。种公牛的系谱必须记录详明,至少三代以上清楚。

凡在系谱中,母亲的生产力大大超过全群的平均数,父亲又经后裔鉴定证明是优良的,或者父亲的姐妹是高产的,这样的系谱应予以高度的注意,选这种系谱的牛作种牛,对后代的影响是可靠的。

在进行系谱选择时,还应考虑到与生产性能有关的饲养管理。因此,研究祖先的生产性能时,最好能结合当时饲养管理条件进行分析。

(3)旁系选择　在选择后备公牛时,除审查本身外貌和系谱外,可分析其半同胞的泌乳性能(肉用种公牛可分析其同胞或半同胞产肉性能的成绩),借以判断从父母接受遗传性的好坏。旁系亲属与公牛的关系越近,它们的各种表型资料对选择的参考价值越大。应用半同胞资料选择后备公牛的优点是:对后备公牛可进行早期鉴定,比后裔鉴定至少要缩短 4 年多。对遗传力中等偏低的性状，如产乳量，比根据母亲的表型值选留更为可靠。

(4)后裔测定　种公牛后裔测定，是选择优良种公牛的主要手段和最可靠的方法。

后裔测定的方法，以奶牛为例，根据中国奶牛协会育种专业委员会 1992 年 10 月制定的《中国荷斯坦牛种公牛后裔测定规范(试行)》(此规范已由农业部作为法规发布)，后裔测定方案可按图 1.1 进行。

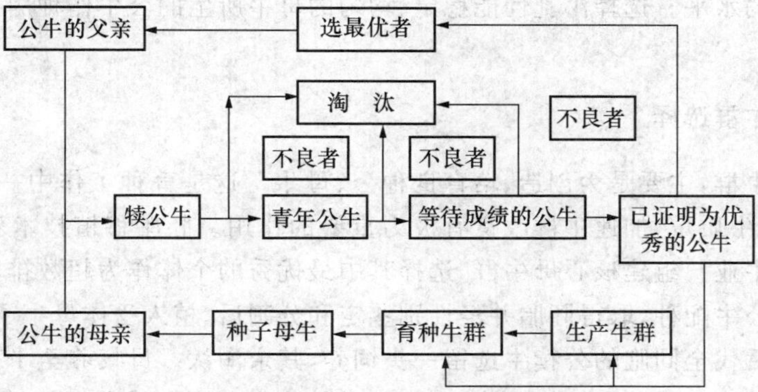

图 1.1　种公牛后裔测定方案

规范规定，①被测公牛系谱必须三代清楚，并按系谱指数的大小结合公牛本身的条件进行选择，即其初生重在 38 kg 以上，6 月龄体重 200 kg 以上，12 月龄体重 350 kg 以上；体质健壮，外貌结构匀称，无明显缺陷；经检验无任何疾病；在 16～18 月龄采精，精液品质符合国家标准要求。②种子母牛所产的公犊，分两个阶段选择，最后选出 1/3 参加后裔测定；待后裔测定成绩公布后，再从中选出 1/3 作为继续使用的良种公牛。③参加后裔测定的公牛一般在 16～18 月龄采精，冷冻 1 000 头份，并集中在 3 个月内完成随机配种，应至少配孕母牛 100 头以上，其女儿的分布必须跨越省界并总共不少于 10 个牛场，分布场数越多越好。被测公牛的全部女儿满 15～18 月龄进行配种，待其分娩产奶后详细记录生产性能和外貌鉴定成绩。被测公牛的女儿在完成第一个泌乳期后，应及时汇总资料并公布后裔测定结果。

种公牛后裔测定有多种方法。最早用母女对比法、同期同龄女儿对比法，现在，许多国家采用复合育种值选择公牛。最佳线性无偏预测值(BLUP)法，被认为是目前估测公牛育种值最好的方法。肉用种公牛的后裔测定，可采用上述乳牛的同期同龄女儿对比法，根据被测公牛的后代与对照公牛同期同龄后代的生长发育性能、肥育性能或屠宰测定成绩进行比较。

(二)生产母牛的选择

(1)产乳量　按母牛产乳量高低次序进行排队，将产乳量高的母牛选留，将产乳量低的母牛淘汰。

(2)乳的品质　除乳脂率外，乳中蛋白质含量和非脂固体物含量也是很重要的性状指标。乳脂率的遗传力为 0.5～0.6，乳蛋白和非脂固体物的遗传力都为 0.45～0.55。由此可见，这些性状的遗传力都较高，通过选择容易见到效果，而且乳脂率与乳蛋白含量之间呈 0.5～0.6 的中等正相关，与非脂固体物含量之间也呈 0.5 的中等正相关。这表明，在选择高乳脂率的同时，也相应提高了乳蛋白及非脂固体物的含量。但要考虑到乳脂率与产乳量呈负相关，二者要兼顾，不能顾此失彼。

(3)饲料报酬　饲料报酬较高的乳牛,每产 1 kg 4%标准乳所需的饲料干物质较少。

(4)排乳速度　排乳速度与整个泌乳期的总产乳量之间呈中等正相关(0.571)。排乳速度快的牛,其泌乳期的总产奶量高。同时,排乳速度快的牛,有利于在挤奶厅集中挤奶,可提高劳动效率。

(5)泌乳均匀性　产乳量高的母牛,在整个泌乳期中泌乳稳定、均匀、下降幅度不大,产乳量能维持在很高的水平。选择泌乳性能稳定、均匀的母牛所生的公牛作种用,在育种上具有重要意义。

(三)核心母牛群选择

建立核心母牛群,主要是为创造、培育良种公、母牛。这是育种工作中一项重要的基本建设,对不断提高种牛质量,加速牛群改良有极为重要的作用。胚胎移植技术获得了巨大成功,并广泛应用于养牛业。组建核心母牛群,选择其中最优秀的个体作为超数排卵的供体母牛,与选出的最优秀的公牛配种,取得胚胎并经性别鉴定和分割后,植入受体母牛子宫中发育成长至分娩。从得到的后代全同胞的公犊牛选留一头饲养,其余淘汰。母犊养至 15～16 月龄时进行配种,这样到 2.5 岁时已应有 90 d 的产奶纪录,将这些母牛的生产性能即产奶量、乳成分、饲料采食量、排乳速度、抗病力和体型外貌等性状按家系进行比较,根据生产性能的好坏决定是否将它们全同胞中所留的公牛淘汰。这些母牛再使用最佳公牛配种,通过胚胎移植生产第三世代。数个世代后,核心牛群选出的公牛、母牛的平均育种值将优于商品牛群的牛只,甚至可优于提供精液配种的原公牛。这样选择出的优秀公牛就可以为其他牛群提供优良精液了。

核心母牛群种子母牛的选择标准是:群体中产奶量和乳脂率最高的 5%头胎牛或成年产奶量在 9 000 kg 以上、乳脂率在 3.6%以上、外貌评分在 80 分以上的母牛。

(四)冻精选择及系谱资料

公牛冻精系谱资料与质量,具体由种牛站负责。这是关系到牛的繁殖率与繁殖后代质量的关键因素。

公牛冻精主要有两种形式:颗粒和细管。现阶段主要采用细管冻精,因为细管冻精制作设备昂贵,不容易有假,质量更可靠。其表面有种牛的资料,包括种公牛品种、个体号、冻精日期、生产单位等,利于选种选配。冻精质量参照国家标准执行。

牛的系谱资料,应全面、系统,充分体现个体的各项性状,反映其生产性能和生产潜力。

不同品种公牛的系谱资料,内容和方法略有区别。荷斯坦种公牛的资料包括:其父、母、祖父以及与他们性能的一致性;其后裔测定成绩,主要有产乳性能,包括产乳量、乳脂率、乳蛋白浓度、排乳速度、乳中细菌含量与体细胞数;奶牛体型外貌,包括乳房、骨盆的结构、乳区均匀度;奶牛的繁殖性能,包括繁殖率、分娩难易度、利用年限。其中,牛的体型外貌由专家评估。同时,综合以上性状成绩,计算出奶牛乳用育种值和复合育种值,确定该公牛的种用价值。美国、法国、英国等发达国家的育种公司,会通过月报、季报、年报的形式定期向社会发布种牛的上述信息及种牛的排名。

(五)选配方案及其实施

选配的方法有个体选配和群体选配之分。个体选配就是每头母牛按照自己的特点与最合适的优秀种公牛进行交配;群体选配是根据母牛群的特点选择多头公牛,以其中的一头为主、其他为辅的选配方式。在选配和制定选配计划时,应遵循以下基本原则:

第一,要根据育种目标综合考虑,加强优良特性,克服缺点。

第二,尽量选择亲和力好的公母牛进行交配,应注意公牛以往的选配结果和母牛同胞及半同胞姐妹的选配效果。

第三,公牛的遗传素质要高于母牛,有相同缺点或相反缺点的公母牛不能选配。

第四,慎重采用近交,但也不绝对回避。

第五,搞好品质选配,根据具体情况选用同质选配或异质选配。

为将选配方案制定好,首先必须了解和搜集整个牛群的基本情况,如品种、种群和个体历史情况、亲缘关系与系谱结构,生产性能上应巩固和发展的优点及必须改进的缺点等,其次应分析牛群中每头母牛以往的繁殖效果及特性,以便选出亲和力最好的组合进行交配。要尽量避免不必要的近交与不良的选配组合。

选配方案一经确定,必须严格执行,一般不应变动。但在下一代出现不良表现或公牛的精液品质变劣、公牛死亡等特殊情况下,可作必要的调整。

三、牛的杂交改良

我国黄牛和水牛虽然具有适应性强、耐粗饲等优点,但乳、肉性能都不高。牛的改良须采用本品种选育提高和杂交改良相结合的方法,并因牛因地制宜。

(一)黄牛的改良与新品种的形成

我国早在20世纪30年代就开始,但有组织、有计划、大规模地开发这项工作是在20世纪70年代末,先后引进乳用荷斯坦牛、乳肉兼用西门塔尔牛及肉用的夏洛来牛、利木赞牛等十多个品种公牛改良我国黄牛。主要采用的杂交方式主要有以下几种。

(1)导入杂交　当一个品种已具有多方面的优良性状,其性能已基本符合育种要求,只是在某一方面还存在个别缺点,并且用本品种选育的方法又不能使缺点得以纠正时,就可利用具有这些方面优点的另一品种公牛与之交配,以纠正其缺点,使品种特性更加完善,这种方法称作导入杂交。

中国良种黄牛在传统上普遍存在尻部尖斜、股部肌肉欠充实、乳房发育较差等缺陷。为了迅速改进这些缺陷,进一步提高其产肉性能,各品种育种组织根据各自的具体情况和育种方向,引用适当的国外品种对本品种进行导入杂交,如秦川牛、南阳牛、鲁西牛、晋南牛、延边牛等,为提高其生产性能,导入利木赞牛、夏洛来牛、丹麦红牛、短角牛等的血液,吸收其某些优点,改进了体型结构,提高了产肉性能。为了提高中国草原红牛的产奶性能,1985年内蒙古赤峰地区开始导入丹麦红牛血液,其一代杂种犊牛尻部宽长而平直,原有局部缺点得到明显改进,且产奶量(初产)提高33.54%。

在安徽、河北、湖北、甘肃等省,还利用国内地方品种秦川牛、南阳牛等改良当地黄牛,也普遍加大了体型,增强了挽力,提高了产肉性能,黄牛的低产种质发生了根本变化。

(2)级进杂交　这是用高产品种改造低产品种的最常用方法,即利用高产品种的公牛与低产品种的母牛一代一代地交配(杂种后代都与同一品种的不同个体公牛交配)。这种方式杂交一代可得到最大的改良。随着级进代数的增加,杂种优势逐代减弱并趋于回归。因此,级进杂交并非代数越高越好。实践证明，级进至3～4代较好，级进三代并加以固定可育成品种。

级进杂交在我国很早就用来改良黄牛。我国的草原红牛就是以短角牛为父本、蒙古牛为母本，级进杂交至第三代后横交固定的结果。不少地区的奶牛是利用荷斯坦牛对本地区黄牛实行级进杂交发展起来的。通常一代杂种的产奶量能达到纯种奶牛产量的一半以上，三代以上有时产奶量由于杂种优势而超过纯种牛。各地黄牛用荷斯坦公牛级进后，除牛奶含脂率有逐步下降的趋势外，其产奶量一般随着杂交代数的增加而不断提高，但其耐粗性、适应性可能有所下降，所以一般认为，级进到三四代，即外血含量为75%～87.5%为宜。中国荷斯坦牛就是在级进杂交高代牛群的基础上繁衍而来的。利用乳用型荷斯坦公牛对本地牛实行级进杂交，级进到三四代后，经鉴定符合中国荷斯坦牛标准的便可晋级升为良种牛，不符合标准的继续级进杂交。

(3)育成杂交　这是用2～3个以上的品种来培育新品种的一种方法。这种方法可使亲本的优良性状结合在后代身上，并产生原来品种所没有的优良品质。育成杂交可采取各种形式，在杂种后代符合育种要求时，就选择其中的优秀公母牛进行自群繁育，横交固定而育成新的品种。育成杂交在某种程度上有其灵活性，例如在后代杂种牛表现不理想时，就可根据它们的特征、特性与自然条件来决定下一步应采取何种育种方式。

在我国，第一个乳肉兼用品种三河牛，就是由分布于呼伦贝尔草原的蒙古牛和许多外来品种经过半个多世纪的杂交选育而成。中国草原红牛和新疆褐牛也是采用育成杂交的方法，分别引用乳肉兼用型的短角牛和瑞士褐牛及含有瑞士褐牛基因的阿拉托乌牛对本地黄牛进行长期改良，级进至3或3代以上横交固定，经长期选育而成的。我国第一个肉牛新品种夏南牛，2007年在河南省泌阳县采用杂交、正反回交、横交固定三个阶段，经20年的群选群育培育而成。

(二)商品肉牛杂交生产

目前，我国牛肉生产以杂交改良牛为主。肉牛杂交生产中母系和父系的基本要求是：①母系必须有终身稳定的高受孕力；②以每头母牛计算的低饲养成本和低土地占用成本，一般要求体型较小的个体；③性成熟早而不易难产；④良好的泌乳性能；⑤适应粗放和不良的条件；⑥体质结实，长寿；⑦高饲料报酬，鲜嫩的肉质；⑧较好的屠宰性状等；⑨父系必须具有快速的生长能力；⑩改进眼肌面积的高强度优势；⑪高屠宰率和高瘦肉率；⑫硕大的体型；体早熟等。

肉牛杂交体系建设的原则：①在引入品种改良本地黄牛的基础上继续组织杂交优势；②用对配套系母系的要求选择具备有理想母性的母牛，用对配套系父系的要求选择具有理想长势和胴体特征的公牛，利用其互辅性，保持杂交优势的持续利用；③组装或结合两个或两个以上品种的优势开展肉牛配套系生产，在可能的情况下形成新的地方类群；④杂种母牛本身具有杂种优势，应当很好的利用，杂种公牛中也往往有很好的优秀个体，可走北美的杂种公牛作种用之路，逐渐形成综合杂交或合成系的做法。我国商品肉牛杂交生产的主要方式有以下几种。

(1)经济杂交　这是以生产性能较低的母牛与引入品种的公牛进行杂交，其杂种一代公牛全部直接用来肥育而不作种用。其目的是为了利用杂交一代的杂种优势。如夏洛来牛、利木赞牛、西门塔尔牛等与本地牛杂交后代的肥育。

实验表明，杂交牛较我国黄牛的体重、后躯发育、净肉率、眼肌面积等均有不同程度的改良作用。据报道，夏洛来牛与蒙古牛、延边牛、辽宁复州牛及山西太行山区中原牛的杂交一代，12月龄体重分别比本地同龄牛提高77.6%、19.9%、27.1%和81.4%，体现出明显的杂交优势。

(2)轮回杂交 这是用两个或两个以上品种的公母牛之间不断地轮流杂交,使逐代都能保持一定的杂种优势。杂种后代的公牛全部用于生产,母牛用另一品种的公牛杂交繁殖。两品种轮回杂交,如图1.2所示。据报道,两品种和三品种轮回杂交可分别使犊牛活重平均增加15%和19%。

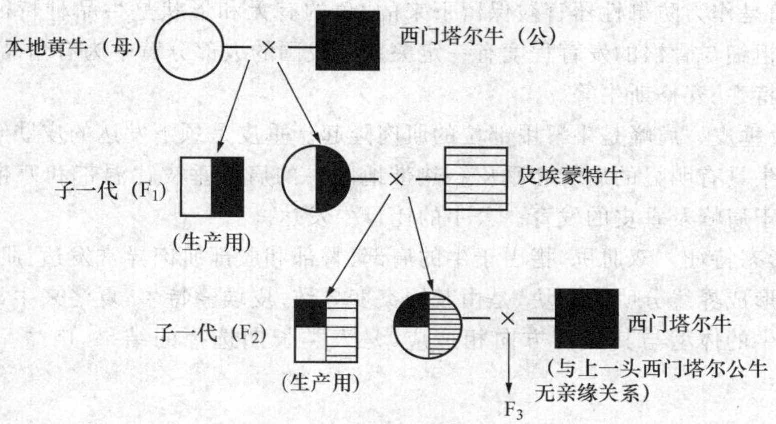

图1.2 两品种轮回杂交

(3)"终端"公牛杂交 "终端"公牛杂交用于肉牛生产,涉及3个品种。即用B品种的公牛与A品种的母牛配种,所生杂一代母牛(BA)再用C品种公牛配种,所生杂二代(ABC)无论雌雄全部肥育出售。这种停止于第三个品种公牛的杂交就称为"终端"公牛杂交体系。这种杂交体系能使各品种的优点相互补充而获得较高的生产性能。

(4)轮回-"终端"公牛杂交 这种方式是轮回杂交和"终端"公牛杂交体系的结合,即在两品种或三品种轮回杂交的后代母牛中保留45%继续轮回杂交,以作为更新母牛之需;另55%的母牛用生长快、肉质优良的品种之公牛("终端"公牛)配种,以期获得饲料利用率高、生产性能更好的后代。据报道,两品种和三品种轮回的"终端"公牛杂交体系可分别使犊牛平均体重增加21%和24%。

知识拓展 牛的生物学特性及常见指标

牛只与生俱来的、特有的内在特性或在某种条件和环境中长期养成的习性统一表现出来,包括形态特征、生理特性及行为特点等,只有熟悉牛的生物学特性,才能更好地对其进行科学的饲养和管理,并尽可能地提高其福利。

(一)牛的形态特征

形态特征是在当地的自然条件和社会经济条件下,经过长期自然选择和人工选择而形成的,它或是直接的经济性状,或是品种特征而具有间接地经济价值。

(1)毛色的多样性 毛色一般无直接经济意义,但在热带与亚热带地区,毛色与调节体温以及抵抗蚊蝇袭扰的能力有关。浅色牛比深色牛更能适应炎热的环境条件。亚热带地区的瘤牛常具有浅色毛即可能与这种适应性有关。夏季牛虻的趋光特性也使得深色牛难以适应。某些黄牛的皮革品质与毛色有关。毛色是品种的特征标志，也是外部识别标志。比如有黑白花色、黄色、红色、白色等毛色。

(2)角　角是作为防御性器官被保留下来的；角的有无和形状是牛品种特征的表现；角的质地和角基的粗细与骨骼的发育程度有一定关系。我国的大部分黄牛为有角品种。常见的无角品种有海福特牛、安格斯牛等。

(3)肩峰及垂皮　肩峰是牛鬐甲部位的肌肉隆起。垂皮是颈下发达的皮肤皱褶。瘤牛、黄牛特别是南方牛具有明显的肩峰和垂皮。热带地区牛的肩峰垂皮比温带和寒带地区牛发达。雄性激素有助于肩峰及垂皮的发育。公牛的比母牛发达。

(4)其他形态特征　双肌尻，指由于牛的肩部、臀部和股部肌肉异常发达，肌肉块之间因缺乏脂肪组织而形成界线分明的突块，是由基因突变导致，皮埃蒙特牛、夏洛来牛常见。

肉牛和奶牛的体型与其经济方向相适应，是人类长期选择的结果，肉牛呈矩形，奶牛呈楔形。

(二)牛的主要生理指标

(1)血液　血液组成与机体的新陈代谢密切相关。初生犊牛机体内部的氧化还原过程比成年牛强烈，对初生犊牛适应复杂的外界环境具有重要意义。随年龄增长，血液中的白细胞、红细胞以及血红素含量显著降低，与机体的代谢速度减慢有关。血液成分还受性别、饲养条件、气温、湿度、光照强度、海拔高度等生态条件的影响。

(2)脉搏、呼吸和体温　牛的正常体温为37.5～39.1℃，不随年龄变化。脉搏次数犊牛为70～80次/min，成年牛为40～60次/min。呼吸次数为20～28次/min。

(三)牛的生态适应性

牛的分布很广，从南到北、从高山到平原都有牛的足迹。牛喜欢安静的环境，噪声会影响牛的生长和生产性能的发挥。

(1)环境温度　牛能在低温环境中维持体温恒定，但不能耐受35℃以上的高温，当外界气温高于其体温5℃便不能长期生存。高于25℃以上就会降低公牛精液品质和母牛的受胎率，并使牛的采食量大幅度下降，导致肉牛生长发育迟缓和奶牛的泌乳量下降。低温在0℃以下时，为保持体温恒定，需增加采食量提高产热，且低温抑制母牛的发情和排卵。

(2)空气湿度　高温高湿，抑制蒸发散热，对牛的热调节不利，加剧热应激。低温高湿，加快非蒸发散热，牛体散热量增大，促使产热量提高。牛对湿度的适应性取决于环境气温。凉爽干燥的环境适宜于牛发挥最大生产力。

(3)海拔　海拔越高，空气含氧量越少，植被条件越差。由于长期风土驯化产生了高海拔品种。比如瑞士褐牛，夏季在2 000 m以上的山地牧场放牧，冬季转移低海拔的冬季牧场过冬。牦牛，终年3 000 m以上高海拔地区。

(四)牛的消化特征

牛在整个生命活动过程中，要不断地从外界摄取营养物质，以供其生长、发育、繁殖及组织修补等一系列新陈代谢活动的需要。消化系统的功能是从外界摄取食物,经消化、吸收其营养物质,并将食物残渣排出体外。

1. 消化系统的组成

消化道由口腔、食管、复胃、小肠、大肠组成,如图 1.3 所示。消化过程为咀嚼、分泌唾液、反刍、消化、吸收、排泄。

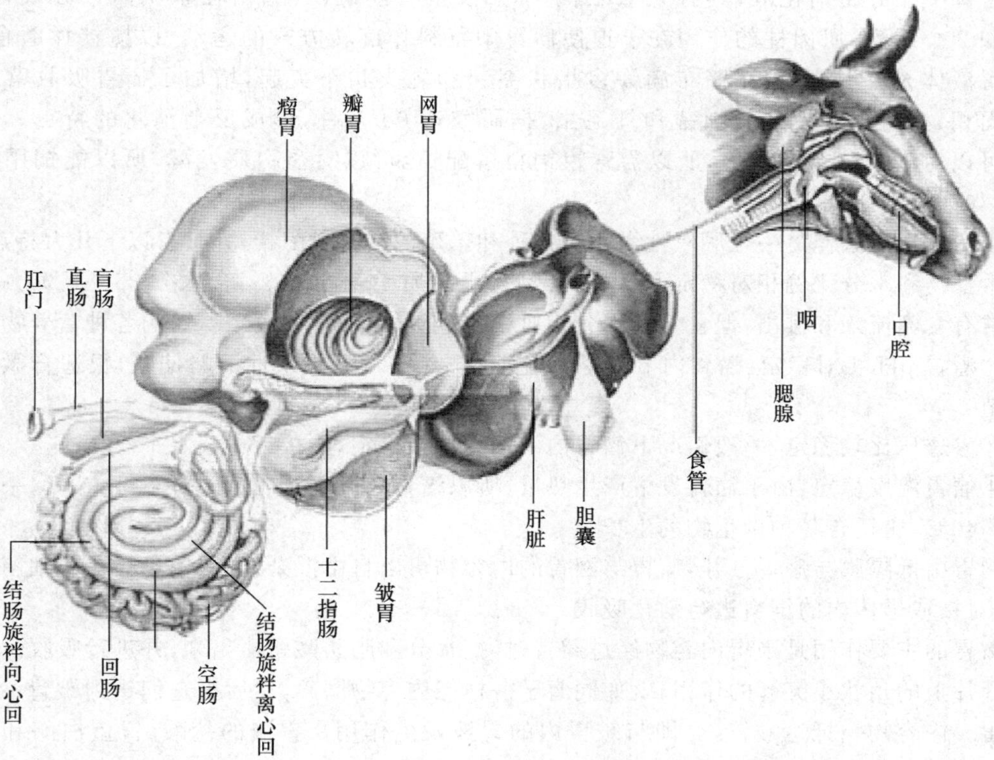

图 1.3　牛的消化系统

(1)口腔　牛的口腔是吞食、咀嚼、混涎和进行反刍的器官,包括口、舌和牙齿。牛没有上切齿和犬齿,牛采食的时候依靠上颌的坚韧肉质齿和下颌的切齿,以唇、舌的协同动作完成采食。

唇,牛的唇部肌肉发达,并有一定的软骨成分,有角质感。主要作用是帮助采食饲料,配合齿、舌动作咬住饲草并用力将其扯断,然后送入口腔。

舌,肌肉性组织,表面粗糙,具有许多突起,当舌受到磨损时不会损伤下层组织。舌对采食饲料有重要作用,牛从草架上采食干草时伸出舌裹住少量干草,协助唇和齿把草拉下送入口腔。放牧时,牛把舌头伸出裹住青草,用牙齿半扯半咬地进行采食。

牛的牙齿很特殊,上颌无切齿,只有坚硬的牙床,下颌 8 个切齿,主要作用是协助唇和舌扯断饲草。后部上下颌各 6 枚臼齿,下颌左右活动,以转动式的搓磨动作来磨碎食物。牛采食时先把饲料粗略地撕扯到可以吞咽的程度,当反刍时再把食团反上来进行更细致的咀嚼。每一次反刍食团大约要咀嚼 50 次才重新咽下。

(2)唾液腺和食道　唾液腺可分泌唾液,唾液一般具有润湿饲料,溶解食物和杀菌保护口腔的作用。食道指连接口腔和胃之间的管道，由横纹肌组成，有使食团从瘤胃逆呕出来送到口腔的功能。

(3)牛胃　它由4个胃室组成

即瘤胃、网胃(又称蜂巢胃或第二胃)、瓣胃(亦称第三胃)和皱胃(又称真胃或第四胃)，其前三胃又称前胃，瘤胃、网胃又称反刍胃。

瘤胃不能分泌消化液，具有大量贮积、加工发酵食物的功能；由柱状肌肉带分成背囊、复囊和2个后囊；肌肉柱的作用在于迫使瘤胃中草料作旋转方式的运动，以搅拌揉磨食物，与瘤胃液体充分混合；瘤胃壁布满许多指状突起和乳头状小突起，增加了瘤胃吸收营养物质的面积；瘤胃含有大量的细菌和纤毛虫，据研究达60多种，形成反刍消化的特点。牛瘤胃既可以对碳水化合物发酵，所以需青粗饲料搭配；也可以对蛋白质发酵，所以能饲用非蛋白质，如尿素等。

牛的瘤胃可看作是一个厌氧性微生物接种和繁殖的活体发酵罐，并具有以下几大特点。

①食物和水分比例相对稳定：瘤胃内容物含干物质10%～15%，含水分85%～90%。虽然经常有食糜流入和排出，但食物和水分相对稳定，能保证微生物繁殖所需的各种营养物质。

②瘤胃pH相对稳定：瘤胃内pH变动范围是5.0～7.5，呈中性而略偏酸，很适合微生物的繁殖。

③渗透压比较稳定：一般情况下瘤胃内渗透压比较稳定，约接近血浆水平。

④瘤胃温度稳定：由于瘤胃发酵产生热量，所以瘤胃内温度通常超过体温1～2℃，一般为38.5～40℃，正适合各种微生物的生长。

网胃由低隔膜与瘤胃分开，瘤胃与网胃的内容物可以自由混杂；网胃中也存在着细菌和纤毛虫，对摄取进体内的饲料进行消化吸收。

瓣胃的主要作用是当胃内容物经过瓣胃时，把水分和脂肪酸挤压出来，并进行吸收。瓣胃内的叶片上的角状小突起的作用，就如同磨子一样把内容物磨碎，然后把它们送到皱胃——牛的真胃。内容物一抵达皱胃，立即与皱胃内的胃液发生作用。胃液的盐酸、胃蛋白酶和凝乳酶，可以将内容物分解消化成易于吸收的食糜。

(4)肠道　牛的肠道很发达，成年牛的消化道长度平均56 m，其中小肠40 m，大肠10～11 m。犊牛刚出生时，肠道占消化道的比例达70%～80%，此时小肠在营养消化中起着极其重要的作用。

2. 特殊的消化生理现象

(1)反刍　牛采食后休息时，在瘤胃中经过浸泡的食团刺激瘤胃前庭和食道沟的感受器，兴奋传至中枢，引起瘤胃的逆蠕动。通过逆呕反送到口腔，再咀嚼，混入唾液，再吞咽，这一整个过程为反刍。牛生长到9～11周龄时出现反刍，健康牛在采食后0.5～1 h出现反刍，每日反刍9～16次，每次反刍15～45 min，总反刍时间4～9 h。

反刍频率和时间受年龄、牧草质量、日粮类型等因素影响。幼牛反刍次数高于成年牛，粗劣牧草增加反刍次数和时间，精料比例高减少反刍次数和时间；发情期，饥饿，疾病等因素扰乱或停止反刍。

(2)嗳气　瘤胃中寄居的大量细菌和原虫的发酵作用，使瘤胃内产生挥发性脂肪酸和多种气体CO_2、NH_3等，导致胃壁张力增加，刺激兴奋压力感受器及嗳气中枢，使瘤胃由后向前收缩，压迫气体向瘤胃前庭，部分气体由食管进入口腔吐出，这一过程为嗳气。牛平均每小时嗳气 17～20 次。

在嗳气过程中，部分气体在咽喉部通过开放的喉头转入气管和肺，进入肺的某些气体成分可被吸收进入血液，因此嗳气可能影响乳的气味。当牛采食大量带有露水的豆科牧草和富含淀粉的根茎类饲料时，瘤胃发酵作用加剧，所产生气体来不及排出，就发生瘤胃鼓气。

(3)食道沟反射　食道沟始于贲门，延伸至网瓣胃口，它是食道的延续；收缩时呈一中空闭合的管子，可使食物穿过瘤网胃而直接进入瓣胃。哺乳期犊牛，吸吮乳汁时，引起食道沟闭合，称为食道沟反射。这样可防止乳汁进入瘤网胃中由细菌发酵而引起腹泻。

(五)牛的行为特征

牛的大多数特征行为都源于自然条件或半自然条件下生活的野生原牛、肉牛或杂种牛(表 1.9)。

表 1.9　奶牛常见生理指标

项目	指标	项目	指标
体温/℃	成年牛 38～39	脉搏/(次/min)	成年牛 60～80
	犊牛 38.5～39.5		犊牛 90～110
站立姿势/(h/d)	12.5～13.5	躺卧姿势/(h/d)	10.5～11.5
采食时间/(h/d)	6～7	闭目或睡眠/(次/d)	6～8
闭目和睡眠/(h/d)	1.5～3	闭目或睡眠/(min/次)	10～30
站立休息/(h/d)	2～4.5	躺卧休息/(h/d)	3～4.5
躺卧反刍/(h/d)	4～7	站立反刍/(h/d)	2～3
日反刍时间/(h/d)	6～10	反刍/(次/d)	7～15
食后开始反刍时间/min	30～60	反刍持续时间/(min/次)	40～50
每食团咀嚼次数/min	30～40	每食团咀嚼时间/s	50～60
瘤胃容积/L	150～200	饮水量/(L/d)	50～120
瘤胃温度/℃	39～41	瘤胃酸碱度/PH	5.5～7.0
唾液量/(L/d)	60～90	唾液酸碱度/PH	8.2～8.5
嗳气/(次/h)	17～20	嗳气量/(L/d)	600～130
排粪/(次/d)	10～20	排粪量/(kg/d)	29～42
排尿/(次/d)	7～12	排尿量/(L/d)	17～25
第 1 次发情时间/年	0.6～0.8	发情周期/d	21
发情持续时间/h	12～18	妊娠期/d	282

(1)行为感知　在野生原牛向牛进化的过程中，为寻找食物以及与牛群之间进行交流的目的，牛的感知器官都发育得相当完善。

牛的视力范围在 330°～360°之间，而双眼的视角范围为 25°～30°(图 1.4)。牛能够清楚地辨别出红色、黄色、绿色和蓝色，但对绿色和蓝色的区分能力很差。同时，也能区分出三角形、圆形以及线形等简单的几何形状。

牛的听觉频率范围几乎和人一样，而且能准确地听到一些人耳听不到的高音调。但由于牛的听觉只能探测远的范围，因而，对那些偏离这个角度范围而离牛体很近的声源发出的声音反而难以听到。

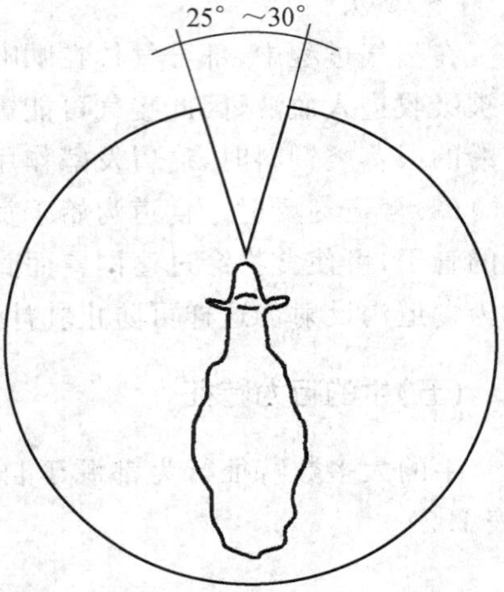

图 1.4　牛的视力范圈

牛的嗅觉和味觉发达，能够根据味觉寻找食物和使用气味信息与同伴进行交流，母牛也能够通过嗅觉寻找和识别小牛。味觉对牛选择食物非常重要，牛喜食甜、酸类食物，但不喜欢苦味和含盐分过多的食物。

牛的触觉也很灵敏，能像人一样通过痛苦的表情和精神萎靡等方式将身体的损伤、疾病和应激等表现出来。

(2)攻击性行为　牛只间的攻击行为(图 1.5)和身体相互接触主要发生在建立优势序列(排定位次)阶段。牛只的排序通常由其年龄、体重、脾气以及在牛群中的资历等因素决定。通过这种方式，年长和体型大的牛只通常会拥有较高的优势地位，而年幼、体轻和新转入群体内的母牛的地位较低。

a　　b　　c

图 1.5　攻击性行为

a. 正面打斗　b. 侧面攻击　c. 示威性行为

另外牛只自身活动(躺卧、站立和伸展等)所需要的空间范围和同伴之间所要保持的最小距离空间范围受到了侵犯，牛会试图逃跑或对“敌对势力”进行攻击。牛所需的空间范围一般以头部的距离计算。通常在放牧条件下，成年母牛的个体空间需求为 2～4 m。如果密度过大限制了其自由移动，牛只就会产生压力，并表现出相应的行为。诸如食物、饮水和躺卧位置等资源条件受到限制，可能会激发牛只间大量的、剧烈的攻击性行为。因而在牛场设计时，考虑牛的空间需求是很有必要的。

(3)躺卧行为　牛有明显的生理节律，其休息、采食和反刍等主要行为会按照一个固定模式交替进行。同时，牛又是群居动物，因此一群成牛有时会在同一时间段进行相同的行为活动。这种生理节律是很难改变的，因此在舍饲饲养过程中就可能会引起问题，例如在奶牛场设计时，自动挤奶设施或者饲料通道等都是以个体行为模式为依据来进行设计的，而没有充分考虑奶牛群居的习性和行为的统一性，从而导致数量和面积等指标相对较小，限制了奶牛的部分行为和活动。

犊牛每天的躺卧次数为 30～40 次，总时间达到 16～18 h。奶牛的躺卧时间会随着年龄的增大而减少，成年母牛每天的躺卧时间为 10～14 h，躺卧次数为 15～20 次。牛的躺卧时间和次数决定于年龄、热循环和健康状况，另外还会受天气、牛床质量、饲养工艺方式和饲养密度的影响。

(4)摄食行为　牛依靠高度灵活的舌头采食饲料，把草卷入口中，然后匆匆咀嚼，吞咽入胃。每天4个采食高峰期，日出前不久，上午的中段时间，下午的早期，近黄昏；日出前和近黄昏时采食持续时间最长。成年牛采食时间4～9 h/d。日采食鲜草量为体重的10%，折合干物质含量为体重的2%。饮水1～4次/d，夏季饮水次数增多。

(5)排泄行为　牛的正常排粪姿势举尾，弓背，后腿向前撇开，之后完成排泄。因牛群居性和模仿性，牛群倾向于聚集在一处，导致大量粪便淤积一个地方。

专项实训　牛品种识别

一、实训目的

掌握主要奶牛、肉牛和兼用牛品种的一般外貌特征、生产性能及优缺点，能识别主要牛品种。

二、实训条件

奶牛、肉牛和兼用牛品种图片、幻灯片或者视频资料。

三、实训内容

①参观牛场认识品种。

②看幻灯、录像、图片认识品种。

四、操作要点

①由教师讲解乳用牛(以荷斯坦牛为代表)、肉用牛(以夏洛来牛为代表)、乳肉兼用牛(以西门塔尔牛为代表)及中国黄牛(以南阳牛为代表)的一般外貌特征、生产性能及优缺点等，结合讲解品种产地与分布状况。

②结合讲解内容，放映有关牛品种的视频片段、幻灯片或观看图片等。

③反复观看不同经济类型牛的视频片段、幻灯片或图片，以比较品种外貌特征间的差异。

五、实训作业

每人随机抽取牛图片20张，识别品种，考核如下：

回答完全正确者为优秀。

回答16个以上者为良好。

回答14个以上者为中等。

回答12个以上者为及格。

回答11个以下者为不及格。

目标检测

一、填空

1. 我国五大黄牛品种有(　　)、(　　)、(　　)、(　　)、(　　)。

2. 牛的胃分(　　)、(　　)、(　　)、(　　)，幼犊时期(　　)所占容积最大，成年时期(　　)所占容积最大。

3. 选择种公牛主要依据(　　)、(　　)、(　　)、(　　)等方法进行选择。

4. 荷斯坦牛原产国家为(　　)，是(　　)用品种，体型呈(　　)形，成年母牛体重一般为(　　)。

二、简答

1. 乳用型品种与乳肉兼用型品种间区别，描述其典型外貌。

2. 我国五大黄牛品种的优缺点及主产区。

3. 种公牛与生产母牛的选择标准。

4. 引种的主要原则。

5. 杂交改良方法。

6. 核心母牛群种子母牛的选择标准。

三、实践

1. 收集当前行业发展材料，推荐几个适合本地的牛品种，撰写有关本地养牛业现状和未来发展趋势及对策的综述性文章。

2. 提供典型牛品种图片、模型等，至少识别 3 种以上牛品种。

第二章

养牛生产基本技术

知识目标

1. 熟悉牛体各部位名称。
2. 了解牛的常用饲料种类及其营养特点。
3. 了解牧场环控设备类型及污物处理方法。
4. 了解牧场投资估算及生产效益分析,掌握牧场选址原则及规划设计报告的书写。

技能目标

1. 掌握牛的外貌鉴定技术和方法。
2. 掌握牛粗饲料的加工调制技术及日粮配合方法。
3. 掌握全混合日粮(TMR)配制、加工、饲喂和管理等技术要点。

第一节　牛的体形、外貌评定技术

个体的体形、外貌表现是其遗传基础与其所处的外界环境条件,尤其是饲养管理等条件相互作用的结果。而体形、外貌与牛的生产性能密切相关,是选择和鉴定牛体质和生产潜力的手段之一。牛的体形、外貌评定技术主要是探究牛的外部形态,包括整体结构和局部外貌特征,以揭示其生产性能的相互关系,从而探索其中的内在联系与变化规律,为通过外貌来间接选择生产性能提供科学依据。

一、牛的体形、外貌特征

(一)牛体各部位特征

从牛的整体看可将牛体分为头颈、前躯、中躯和后躯四大部分。了解和熟悉牛体各部位名称是进行外貌鉴别和体尺测量的基础,牛体各部位名称,如图 2.1 所示。

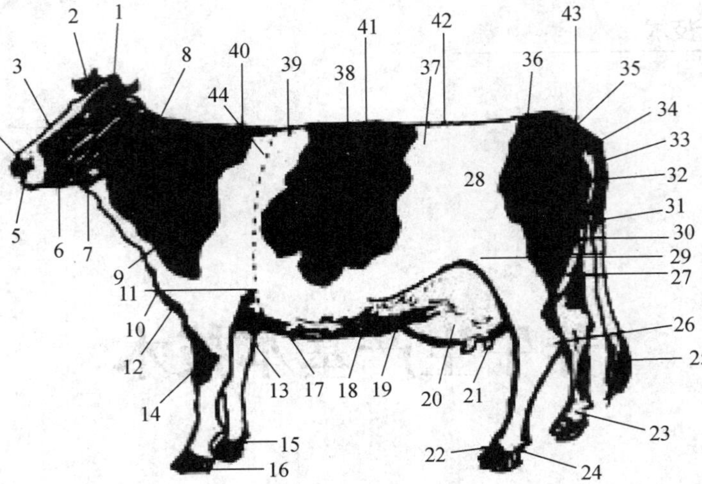

图 2.1　牛的体表部位名称

1. 头顶　2. 额　3. 颜面　4. 鼻镜　5. 鼻孔　6. 颚　7. 颚垂　8. 颈　9. 肩端　10. 胸垂　11. 肘端　12. 胸前　13. 胸底　14. 前膝　15. 蹄踵　16. 蹄底　17. 乳井　18. 乳静脉　19. 前乳房附着部　20. 前乳房　21. 乳头　22. 蹄　23. 系　24. 副蹄　25. 尾帚　26. 飞节　27. 后乳房　28. 肷　29. 后膝　30. 腿　31. 后乳房附着部　32. 臀　33. 尾　34. 坐骨端　35. 尾根　36. 髋　37. 腰角　38. 肋　39. 肩后　40. 鬐甲　41. 背　42. 腰　43. 尻　44. 胸围

1. 头部

头部以头骨为其解剖基础，并以枕骨嵴与颈部分界。头部所表现的品种特征最为明显，亦可用以区别牲畜用途和性别特征。头形首先要符合性别特征：公牛头较宽短而深、粗重，眼大，鼻孔大，嘴宽；皮厚毛粗，颈部多卷毛，具有雄性姿态，母牛头轻狭长，清秀细致，具有母牛的形象。如牛头公母不分，甚至公牛母相或母牛公相，都是严重缺点。

不同品种或不同地区培育的牛，其头形也各具一定的特征：早熟品种的牛，头短而宽，而晚熟品种的牛则多狭而长。低地品种牛的头多细长，山区品种牛的头则较粗短。不同用途的牛，其头形也不相同：役牛头较粗重，肉牛头短宽、多肉，奶牛头多细长、清秀。

牛的头形，有轻重、长短、宽窄和粗细之分。所谓轻重，是指头的大小与躯体大小相适应的程度。牛头的长短，是指头的长度与体斜长的百分比而言，品种、用途不同，其要求的比例也不一样。一般标准是：头长与体斜长之比如超过 34％时为长头，不足 26％者为短头。头的宽狭是指头宽与头长之比，一般头宽正常的牛，最大额宽与头长之比为 47％，最小额宽与头长之比为 37％～40％。如头宽与头长之比小于或大于以上最低或最高标准时，则分别称为窄长头和宽短头。

(1)角　角的形状和长短是品种的特征之一。角的质地能表示出牛的产奶及产肉性能：角轻小、致密、光润，一定是皮薄、毛细，生产性能高，反之，角质粗糙，无光泽，则皮厚毛粗，生产性能低。公牛角较粗、直而短，母牛角多细长、致密，阉牛角也较细而长。

(2)耳　头形良好的牛，耳中等大，薄而灵活。低地品种的牛，耳毛较稀，山地品种耳毛多而粗硬。

(3)眼　眼有圆大、明亮而灵活有神的，有细小、无神而呆滞的，有眼球暴露现出凶相的。

公牛的眼要大而明亮，不显凶相的母牛眼宜明亮而温和。

(4)和鼻　口宜宽阔，口裂深，下唇整齐、坚强，下颚发达，表示吃草快，消化器官发达。鼻梁要正直，鼻镜要宽平，并具有本品种固有的颜色。鼻孔也要大。

2. 颈

颈的外貌因牛的种类、品种、性别及生产类型的不同而有长短、粗细、平直、凹陷与有无皱纹之分。颈长一般为体长的27%～30%，超过此限制为长颈或短颈。一般役用牛和肉用牛的颈较粗短，肌肉发达，乳用牛颈较薄长，两侧有许多皱纹。公牛颈比母牛粗短而隆起，颈峰明显。颈与躯干连接要自然，结合部位不应有凹陷。

3. 鬐甲

亦称肩峰，是以第2～6背椎棘突和肩胛软骨为其解剖基础，是连接颈、前肢和躯干的枢纽，有长短、宽窄、高低和分岔等几个类型，它连接的好坏，对能否保证前肢自由运动至关重要。

公牛的鬐甲要比母牛的高而宽，役牛鬐甲较奶牛、肉牛高，肉牛及乳肉或肉乳兼用牛的鬐甲比奶牛及役牛的要宽、厚。

总之，长鬐甲是任何用途牛的共同要求，而分岔鬐甲、尖锐鬐、短薄鬐甲、低凹鬐甲对任何生产用途的牛均不适宜。因为这些不良鬐甲说明它解剖基础上的结构不良，从而影响其生产性能。

4. 前肢

它包括肩、臂、前臂、前膝、前管、球节、系、蹄及胸等部位。

(1)肩　肩部是以肩胛骨为其解剖基础，它的形态决定于肩胛骨的长短、宽窄、着生状态及其附着肌肉的丰满程度而有狭长肩、短立肩、广长斜肩、瘦肩、肥肩和松弛肩等不同类型。

①狭长肩：肩狭而长，肌肉欠丰满。

②短立肩：肩短而直立，步幅小，伸展不畅，役用性能低。

③广长斜肩：肩部长、广而适当倾斜，与鬐甲结合良好，肌肉发达，任何用途的牛均要求具有这样的肩。

④瘦肩：肩胛棘显露，两侧凹陷成沟，多见于营养不良的牛。

⑤肥肩：鬐甲丰满圆润，富于脂肪，肉牛多具有此种肥肩。

⑥松弛肩：肩胛骨上缘突出，软弱无力，常与分岔鬐甲相伴随，是役牛的严重缺点。

(2)臂　介于肩关节与肘关节之间，有长、短、肥、瘦等不同类型，以紧贴体壁而有适当的倾斜度者为最好。

(3)下前肢　包括前臂、前膝、前管、球节及系、蹄等部位。

①前臂：要有适当的长度，肌肉发达，正直，并与地面呈垂直的方向。

②前膝：要整洁、正直、坚实、有力。弯曲成弓膝、凹膝、内弧或外弧，则软弱无力，容易疲劳。

③前管：管部要光整，筋腱明显，管长约为2/3，但由肘端至前膝的距离，约等于前膝到地面的距离。

④球节及系：球节要强大、光整而结实有力，并与地面呈45°～55°的角度。短系多直立，缺乏弹力，反之，长系软弱无力，易形成卧系。

⑤蹄：蹄应圆大、厚实，与地面呈45°～50°的角度。蹄缝应紧，蹄壁致密、坚硬而无裂缝，并具有品种固有的色泽。

前肢肢势应端正，肢间距离宽，四肢站立姿势正确时，从前面看，前肢应遮住后肢，前后肢的四蹄应与躯体中轴平行，不向左右偏；如膝关节靠近时，则前肢形成外弧（X形）肢势，两前肢相距很近，这就会影响胸部的发育。站在牛的侧方鉴别前肢肢势时，可由由肩胛骨上部1/3处向下引一垂线，如经过肘关节、腕中央和踵，将前肢平分，则可认为是端正的肢势。倘腱和关节发育不良，腕和蹄向前突出而超过垂直线时为前踏肢势，如向后突出则为后踏肢势。这两种肢势都表示前肢虚弱，结构不良。

5. 胸

胸位于两肢之间，其容积的大小是说明心、肺发育程度的标志。因此要特别注意胸的形状和容积，亦即胸的深度和宽度。胸要宽大，并有足够的深度。从前面看，可以看出胸的宽度和肋骨的扩张情况。肋骨扩张愈好，弯曲成弓形，则胸部呈圆筒形，胸腔的容积大，因而其心、肺也较发达。由侧面看，可以看出胸的深度和长度。

一般役牛和肉牛的胸部比奶牛宽、深而丰满；公牛的胸部比母牛要宽而深，圆筒形更为明显。幼牛在较好的饲养条件下，特别是用富于蛋白质的日粮培育和运动充足时，则胸部宽深多否则，体躯狭浅，胸部紧缩，形成狭胸平肋。这样的牛体质衰弱，生产力低。

6. 背

背是最后7～8个背椎为基础的体表部位，有长、短、宽、窄、凹、凸和平直等几个类型。良好的背应该是长、直、平、宽，与腰结合良好，由鬐甲到十字部呈一水平线，不可有凹陷或拱起。背的长短，与背椎体本身的长短和椎体间的间隔大小有密切关系。背椎椎体长或椎体间间隙大，易形成长背，反之，则为短背。背椎间距离短，则牛背坚实，体质健康，这对役牛尤为重要。犊牛在培育期如用大量粗料和多汁饲料进行饲养，不仅能促进犊牛消化器官的发育，使腹腔宽大，而且还能形成长背。但牛背过长，且伴有狭胸平肋，则为体质衰弱的表现。

背的宽狭决定于肋骨的弯曲程度。弯曲度大为宽背，反之为窄背。背的平直和凹凸主要取决于背椎体的结构、背椎肌肉与韧带的松弛程度。背椎体结合不良，背椎肌肉和韧带松弛，可表现为背部的上拱、下陷、瘤状突起、波浪弯曲和鞍形凹凸等不同形式而分别构成鲤背、垂背、瘤背、波浪背和鞍背等，不利于后肢力量的向前传导，不宜于任何用途的牛。长背牛、老母牛和分娩次数多的母牛，由于运动不足，背部韧带松弛，往往形成凹背。长期下痢的牛及配种次数较多的公牛也能造成凹背。在不良饲养条件下培育的牛和使役过度的役牛则往往形成鲤背。这种背多与狭背相伴随。无论是凹背或凸背都表示骨骼结构不良，体质衰弱，生产力不高。

7. 腰

腰在背之后，十字部之前，是以6个腰椎为基础的体表部位。它因腰椎的形状和结构情况的不同而有长、短、宽、窄、凹、凸之分。腰椎体的长短和椎体间隙的大小，是决定腰部是否平直、健壮和凹凸的主要因素。有时腰椎过长，同时两侧肌肉又不发达，则形成锐腰，是体质不良的表现。凹腰与凸腰多由腰椎体结合不良所致，是腰部软弱无力的表现。

8. 腹

腹在背腰下侧无骨部分。腹内有消化器官，故应充实，容积宜大，呈圆筒形，不应有垂腹或卷腹。

垂腹也叫“草腹”，表现在腹部左侧显得特别膨大而下垂，多由于幼年期营养不良，采食大量质量低劣的粗料，瘤胃扩张，腹肌松弛的结果。这种现象在农村特别普遍。垂腹多与凹背相伴，是体质衰弱、消化力不强的标志。尤其对于公牛，垂腹妨碍交配（采精），不宜选作种用。

卷腹牛食欲低，消化器官不发达，容量小，体质弱，役牛缺乏持久力，奶牛则产奶量低。是牛的严重缺点。

9. 尻部

尻部由骨盆、荐骨及第一尾椎连接而成，有长、短、高、低、平、斜、窄之分。尻部要求长、宽、平直，肌肉丰满。母牛尻部宽广，有利于繁殖和分娩，而且两后肢相距也宽，有利于乳房的发育，产肉量也多。这对乳用牛和肉牛尤为重要。如果尻部狭窄呈锥状，短而倾斜，或荐椎高耸，尻部由两侧倾斜，呈屋脊状，都是尻部的严重缺点。这些缺点往往会造成后肢软弱和肌肉发育不良。原始品种的我国黄牛多为尖尻。培育品种的公牛，在生长期缺乏良好的饲养管理，也往往会造成尻部的上述缺陷。如荐骨及尾根高于腰角，则形成高尻。长期卵巢囊肿的不孕牛，因经常爬跨他牛，尾根高举，久之腰与尻结合部下陷，也易形成高尻。

10. 臀部

臀部位于尻的下方，由坐骨节结及两后大腿形成。臀的宽窄决定于尻的宽窄。宽大的臀对各种用途的牛都适合，特别是对肉牛更要求臀部宽大，肌肉丰满多表示优质肉产量高。

11. 乳房

乳房是母牛的重要器官，特别是对乳用牛和乳肉兼用牛夕更要求乳房形状巨大，乳腺发达，结缔组织不宜过分发达。鉴别乳房时应注意其形状、大小、品质和乳腺的发育情况，乳头的形状、大小、位置及乳静脉、乳井的发育情况等。对役用母牛来说，同样要求发育良好的乳房，以便有足够的奶汁哺育犊牛。

12. 生殖器官

鉴别时，要注意公、母牛生殖器官的发育情况。公牛应有发育良好的睾丸，两侧大小、长短一致，副睾发育良好夕包皮没有缺陷。母牛要有发育良好的阴门，以利分娩。

13. 后肢

它包括大腿、小腿、飞节、后管、后系和后蹄六部位。

（1）大腿　大腿是以股骨为其解剖基础，亦称股部。它生长发育的好坏，主要取决于股骨的长短、着生的位置以及所附肌肉的丰满程度。大腿宽而深，是任何用途牛的共同要求，而其厚度则因牛的用途不同而有所差别。一般来说，奶牛要求大腿四周肌肉适当的薄，以便容纳庞大的乳房，肉牛要求大腿厚实而丰满，是多肉的象征，役牛要求适当的厚度而有线条，是强有力的表现。

（2）小腿　小腿是以胫骨为其解剖基础。它生长发育的好坏取决于胫骨的长短、斜度及其所附肌肉的丰满程度。发育良好的小腿，要求胫骨长度适当，与股骨构成 100°～120°的角度，以保证后肢步伐伸畅、灵活、确实、有力。

（3）飞节　飞节是以跗关节为解剖基础的体表部位。着生的位置要高低适度，才能保证运步良好。飞节的角度也要大小适中，以 140°～150°为宜，否则不是形成“直飞”就是形成“曲飞”。“直飞”牛的股骨较短，步幅小，伸展不畅，推进力弱，“曲飞”则与之相反，由于后膝向前，常伴随卧系，软弱无力。

（4）后管　后管介于飞节与球节之间，它和前管一样，其骨骼和肌腱的发达程度，是牛体中最易被觉察出来的部位。后管比前管长，两者都是侧面宽而前面或后面细，肌腱愈发达，则侧面愈宽，是强壮有力的象征。如管部呈圆形，则是管部肌腱发育不良的表现。

(5)后系　其要求与前系同，与地面所成的角度以45°～50°为最适宜，忌“卧系”及“立系”。

(6)后蹄　后蹄较前蹄稍长，其要求同于前蹄。

鉴别后肢肢势时，可从坐骨端向下引一垂线，如此垂线接触飞节，从后面看，平分后肢，则为肢势端正。如果飞节远离垂线，后蹄踏向前方，则为前踏肢势，如果飞节突出于垂线后方，管骨下部的位置向后，则为后踏肢势。这两种肢势的牛步幅均小，力量不大，役用能力低。

14. 尾

尾的长短、粗细肥瘦，因品种、性别、体质而不同。尾椎体长，距离宽，则尾细长，反之则较粗短。尾根粗细是体质和骨骼粗糙、细致的标志，一般要求尾根不宜过粗，要着生良好，粗细适中。如尾粗皮厚，尾毛粗刚，体质多属粗糙型，反之，同时尾过分细长的，则是体质弱的表示。

15. 皮肤和被毛

皮肤的厚薄，依牛的品种和用途而不同。一般奶牛和肉牛的皮肤较薄，富弹性，役牛则较粗厚。全年放牧以及生长在寒冷地区的牛，皮较粗厚，被毛粗长。

被毛的粗细，与皮肤厚薄有关，皮厚则毛粗，皮薄则毛细。一般奶牛和肉牛被毛较役牛细致、柔软。被毛平整、光润的牛，表示健康良好，换毛进行得较快而均匀，而患病和体弱消瘦的牛则被毛粗乱、刚硬，缺乏光泽，换毛也进行得较慢。

被毛的颜色是牛的品种特征之一，与生产力无关，鉴别时对毛色要求不宜过严。但如被鉴别的牛的品种过去在育种和选配工作中对毛色严格要求时，则应要求每一头牛都具有该品种所特有的毛色，特别是对种公牛的毛色要求应较严格。但是，如果对毛色要求过严，要求牛体的一定部位必须具有一定的颜色，那也是错误的。牛在幼年时期，毛色尚未固定，在一般情况下，犊牛初生后毛色较浅，以后随着年龄的增长，毛色逐渐变深。

(二)乳用牛外貌特征

1. 乳用牛的外貌要求

乳用牛的外貌从整体看被毛细短，具有光泽，皮肤薄，致密而有弹性。骨骼细致而坚实，关节明显而健壮，肌腱分明，肌肉发育适度，皮下脂肪少，血管明显，体态清秀优美。头小而狭长。颈狭长而较薄，颈侧多纵行皱纹，垂皮较小。鬐甲长平，肩肩不太宽而稍倾。胸部发育良好，肋长，适度扩张，肋骨倾向后方伸展。背腰平直，腹大不下垂。尻长、平、宽、方，腰角明显。尾细，毛长，尾帚低于飞节。四肢端正、结实。蹄质坚实，两后肢间距较宽。乳房发育充分，皮肤薄软，毛短而稀，四个乳区发育匀称。乳房前部附着腹壁深广，后部附着高，向两后肢后方突出。乳镜充分显露。乳头分布均匀，呈圆柱状，粗细长短适中。乳静脉粗大、弯曲多，乳井大而深。

20世纪80年代有的学者又提出了“腹围型”学说，该学说认为腹围型是奶牛的理想型。具体要求是：腹围率等于125%或略高于此；躯长率为120%或略高于此。腹躯率为122.5%，属于此种类型的牛一般为高产牛，也为培养和选种之方向。腹围率：(腹围÷胸围)×100%；躯长率=(体斜长÷体高)×100%，腹躯率=(腹围率+躯长率)/2。腹围测定的最恰当的时间是在产后2个月内饱腹以后测定其最大围度。

“腹围型”学说被认为比三角形更全面地研究了奶牛外部形态与内部机能、各部分与整体的关系。因为腹围型的牛既要具有圆大的腹围又要求它与胸围有正常的比例。就是说高产奶牛应该具有庞大的腹腔，以保证胃肠的形态与机能的充分发展，能够采食、消化和吸收大量的饲草饲料，从而为大量泌乳奠定坚实可靠的物质基础，同时又要保证奶牛具有相应发达的胸腔,使它的代谢系统——心、肺得以相应地发育,使其具备消化吸收大量饲草、饲料所必须具有的代谢能力。此外,在要求奶牛有一定的腹胸比例时,又要求奶牛体躯有一定的长度,即躯长率,以保证整个有机体的协调性,躯长又是腹腔、胸腔扩大之保证。

奶牛从侧望、前望、上望均呈"楔形"。必须指出的是:"楔形"所表示的前躯较浅、较窄的外貌,绝不是浅胸平肋的绝对孤立现象,而是指前后躯相比较来说的,否则,如果片面追求后躯而忽视前躯必然导致胸腔狭小,心肺不发达,不仅不能提高产奶量,反而成为提高产奶量的障碍。实际上,高产奶牛的胸腔很发达,解剖之会发现其肺脏很发达,鼻孔大,气管长而粗,心脏也很发达,血管粗而明显。

(1)侧望　将背线向前延长,再将乳房与腹部线连成一条长线,延长到牛头前方,而与背线的延长线相交,构成一个楔形。从这个体形可以看出奶牛的体躯是前躯浅,后躯深,表示其消化系统、生殖系统和泌乳系统发育良好,产乳量高。

(2)前望　由鬐甲顶点做起点,分别向左右两边下方作直线延长,而与胸下的直线相反,构成一个楔形。这个楔形表示鬐甲和肩胛部肌肉不多,胸部宽阔,肺活量大。

(3)上望　由鬐甲分别向两腰角引两条直线,与两腰角的连线相交,构成一个楔形。这表示后躯宽大,发育良好。

2. 乳用牛乳房的要求

(1)乳用牛发育良好的乳房的要求　前乳房应向前延伸至腹部和腰角部垂线之前,后乳房应向股间的后上方充分延伸,附着极高,使乳房充满于股间而突出于躯体的后方。①方圆乳房:结缔组织支撑良好,整个乳房牢固地附着在两大腿之间而成半圆形,四个乳区发育匀称,四个乳头大小长短适中而呈圆粒状,乳头间相距 8～12 cm,若大于 15 或小于 8 时,挤乳时乳头要弯曲,影响乳的排出,乳房底线要求平坦,乳房底部略高于飞节。②腺质乳房:乳房皮肤薄而细致,乳静脉发达,腹下静脉粗大弯曲、乳房静脉粗大弯曲交织成网状,乳井粗,这在腹下静脉位于深层暴露不明显时,乳井粗就说明了腹下静脉粗大。这种乳房的内部结构:腺体组织 75%～80%;结缔组织 20%～25%。这种乳房富于弹性,挤乳后乳房后部有许多皱褶。③腺体乳房:腺体组织发达。乳头距地面高度为 40～45 cm,乳头长度 5～7 cm,有利于乳杯吸附和手工挤奶,放乳速度快。过低、过高、过长、过短、过粗、过细均不利于人工挤奶和机器挤奶。④畸形乳房:它是指在外形和内部结构上发育不正常的乳房。其在外形主要表现为前后乳区和左右乳区明显平分,或各乳区发育不匀称,大小不等或乳头大小数目失常等情况,内部结构上主要表现在腺体组织与结缔组织的比例失常或内部韧带松弛而形成的肉质乳房,悬垂乳房,漏斗乳房。⑤肉质乳房:乳房内部脂肪分布较多。⑥悬垂乳房:乳房底线远远超过正常飞节。前后乳区发育不匀称。⑦漏斗乳房:呈漏斗状。

(2)乳静脉　它是从乳房沿下腹部,经过乳井到达胸部,汇合胸内静脉,再穿过胸壁而入心脏的静脉血管,分为左右两条。它们是乳房向心脏输送大量血液的主要脉管。一般青年牛或初产牛乳静脉较细,富有弹力。分娩之后,乳静脉逐渐变粗,直到完全成熟为止。高产牛的乳静脉应粗大,弯曲而且分支多,这是血液良好的标志。

(3)乳井　是乳静脉在第 8 条肋骨进入胸腔所经过的孔道。它的粗细说明乳静脉大小的标志,在鉴别乳静脉时,尤其是在深层乳静脉表现不明显的情况下,就要借助于乳井的触摸来鉴定乳静脉的发育情况。

另外,在育种过程中应加强选择的几个性状:悬韧带、后乳房宽度、乳房纵沟深、乳头长度、乳头直径，这些性状是影响产奶量的主要性状，特别是后乳房宽、乳房纵沟深、乳头直径。后乳房宽即后乳房左右两附着点之间的距离，乳房后宽度理想为 25 cm，过窄影响了乳房的容积；后乳房高即后乳房附着点至飞节的距离，后乳房高度理想为 15 cm；乳房纵沟深即悬韧带沟底与乳房底平面之间的距离；后乳房深即乳房底平面与飞节间的距离。后乳房深可以说明悬韧带的松紧程度。

高产奶牛不仅外貌好、高产，而应胎胎高产且长寿。长寿是对生产寿命(在群能力)而言的，通过外貌鉴定即可间接了解其生产寿命，即附着坚实的乳房、坚实的蹄腿、大的体躯和良好的乳用特征。

(三)肉用牛外貌特征

(1)从整体上看，肉牛的体形、外貌特点　不论侧望、上望、前望和后望，其体躯均呈明显的矩形或圆筒状；体躯低垂，皮薄骨细，全身肌肉丰满，疏松而匀称，属细致疏松体质类型。

(2)从局部看，肉牛的体形外貌特点　侧视、背视、前视、后视体躯都呈圆筒形。

①从侧面看，颈短而宽，垂皮发达，前胸突出，胸深，尻深，背线、腹线平行，股后平直，肋骨弯曲，呈圆筒形。

②背视鬐甲宽平，背腰宽，尻部平而广阔，肋骨弯曲、腹部充实，形成圆筒形；前视鬐甲宽平，胸宽而深，胸底部稍平，两侧肋骨开张，呈圆筒形。

③后视尻部宽而平，后档宽，股间肌肉丰满而深，后视呈圆筒形。

④肉牛头较宽而颈粗短，皮下结缔组织发达，角细致光滑，眼睛大而明亮，鼻孔大，口裂深。颈宽短，与鬐甲、肩结合平滑丰满。

⑤鬐甲宽厚多肉，与背腰成一条直线，前胸饱满，突出于两前肢之间，垂肉垂肉细软，中等发达，肩直立，肋骨长而弯曲，使胸宽而深，肋间肌肉充实，肩颈、肩胸结合平滑丰满，肋骨外观不明显。

⑥背腰宽广、平直、丰满多肉，腹线平直充实，脊柱两侧和背腰的肌肉由于非常发达而呈复背、复腰，腰角宽。腹部大小适中，不下垂、不卷腹，腹壁厚，肷窝丰满。

⑦尻部宜宽长平直、丰满，肌肉一直延伸到飞节处。两腿宽而深厚，腰角钝圆，坐骨端距离宽，厚实多肉。四肢粗短而正立，上部肌肉丰厚，前后档宽，关节筋腱明显，飞节和系部角度适当，蹄圆结实，蹄壁细密而富于光泽。

我国广大人民群众在长期的饲养实践中，对肉牛的外貌特征用“五宽五厚”四个字加以表述，即“额宽颊厚，颈宽垂厚，胸宽肩厚，背宽肋厚，尻宽臀厚”。

(四)兼用牛外貌特征

兼用牛根据其兼用类型的不同，主要分为乳肉兼用型，如小荷兰牛、瑞士褐牛；肉乳兼用型，如短角牛；乳肉役兼用型，如西门塔尔牛等。

①乳肉兼用型的外形更趋向于乳用型，要求体格健壮，骨骼较粗壮，肌肉发达，鬐甲与背腰成一直线，尻部长、宽，乳房较大，附着良好。

②肉乳兼用型的外形和乳肉兼用型基本相似，但具有较多的肉用特征，它的背、腰、肋、尻、大腿等产肉部位的肌肉更发达些，而乳房及腹部相对差些。

③乳肉役兼用牛除应具有乳肉兼用的体型外，还必须具有发达而坚实的肌肉和粗壮的骨

骼，鬐甲和肩发育良好，具有前强体型。所有兼用牛应背腰平直，肢势端正，关节整洁，筋腱明显，蹄大而圆，蹄壁致密而坚实。

（五）奶水牛外貌特征

产乳性能高的奶水牛具有头颈清秀、皮下血管明显、眼大凸起、口阔岔口深，鼻镜宽、鼻孔大，颈细、头肩结合好，皮薄细致，富有弹性，毛色光亮，蹄质坚实，四肢健壮，关节明显。乳房发育良好，外表大而深，底线平呈碗状，前乳区向腹部前方延伸，后部乳房向股间后上方突出，四个乳房发育均匀，4 个乳头呈柱状，大小适中。乳房皮薄，被毛稀短，乳静脉粗而弯曲，分支较多，乳井深，乳镜宽。乳房腺体组织发达。

二、牛的外貌评定方法

牛的外貌评分鉴定是根据牛的不同生产类型，按各部位与生产性能和健康程度的关系，分别规定出不同的分数和评分标准，进行评分，最后综合各部位评得分数，即得出该牛的总分数，以此划分牛的外貌等级。

（一）奶牛外貌评分鉴定

（1）鉴定准备　鉴定前对牛的品种、年龄、胎次、产犊日期、泌乳天数、妊娠日期、健康状况、体尺体重、产乳量及饲养管理等情况要逐项调查清楚并进行登记。

（2）鉴定方法　使被鉴定牛自然站立在宽广平坦的场地，鉴定人员站在离牛 4 m 左右处，然后对牛的整体轮廓进行观察，最后，走近牛体按鉴定标准对牛评分。

下面是中国荷斯坦牛外貌鉴定评分标准，见表 2.1 至表 2.2。

表 2.1　母牛外貌评分鉴定

项目	基本要求	标准分
一般外貌与乳用特征	头、颈、鬐甲、后大腿等部位棱角和轮廓明显	15
	皮肤薄而有弹性，毛细而有光泽	5
	体高大而结实，各部结构匀称，结合良好	5
	毛色荷斯坦，界限分明	5
体躯	长、宽、深	5
	肋骨间距宽，长而开张	5
	背腰平直	5
	腹大而不下垂	5
	尻长、平、宽	5
泌乳系统	乳房形状好，向前后延伸，附着紧凑	12
	乳房质地：乳腺发达，柔软而有弹性	6
	四乳区：前乳区中等大，四个乳区匀称，后乳区高、宽而圆，乳镜宽	6
	乳头：大小适中，垂直呈柱形，间距匀称	3
	乳静脉弯曲而明显，乳井大，乳房静脉明显	3

续表2.1

项目	基本要求	标准分
肢蹄	前肢：结实，肢势良好，关节明显，蹄质坚实，蹄底呈圆形	5
	后肢：结实，肢势良好，左右两肋间宽，系部有力，蹄形正，蹄质坚，蹄底呈圆形	10
合计		100

表 2.2　公牛外貌评分鉴定

项目	基本要求	标准分
一般外貌	毛色荷斯坦，体格高大	7
	有雄相，肩峰中等，前躯较发达	8
	各部位结合良好而匀称	7
	背腰平直而结实，腰宽而平	5
	尾长而细，尾根与背线呈水平	3
体躯	中躯：长、宽、深	10
	胸部：胸围大，宽而深	5
	腹部：紧凑，大小适中	5
	后躯：尻部长、平、宽	10
乳用特征	头、体型、后大腿的棱角明显，皮下脂肪少	6
	颈长适中，垂皮少，鬐甲呈楔形，肋骨扁长	4
	皮肤薄而有弹性，毛细而有光泽	3
	乳头呈柱形，排列距离大，呈方形	4
	睾丸：大而左右对称	3
肢蹄	前肢：肢势良好，结实有力，左右两肢间宽；蹄形正，蹄坚实，系部有力	10
	后肢：肢势良好，结实有力，左右两肢间宽；飞节轮廓明显，系部有力，蹄形正，蹄质坚实	10
合计		100

根据外貌评分结果，按表 2.3 评定等级。

表 2.3　奶牛外貌等级评定

性别	特等	一等	二等	三等
公	85	80	75	70
母	80	75	70	65

注：对公、母牛进行外貌鉴定时，若乳房、四肢和体躯其中一项有明显生理缺陷者，不能评为特级；两项时不能评为一级；三项时不能评为二级。

犊牛初生时进行鉴定选留，以后分别在 6 月龄、12 月龄、18 月龄进行鉴定。鉴定等级标准见表 2.4。

(二)测量鉴定

1. 体尺测量

体尺测量是牛外貌鉴别的重要方法之一，其目的是为了掌握牛体各部位生长发育状况及各部位之间相对发育的关系，矫正肉眼鉴别的误差。由于体尺测量的目的不同，因而测量的部位多少也不同。乳用牛一般测量体高、十字部高、体斜长、胸围、腹围、管围、坐骨宽、腰角宽、尻长等项目；肉用及兼用牛还需测量体直长、腿围等指标。

表 2.4　乳用犊牛、育成牛外貌鉴定评级标准　kg

等级	外貌发育	初生重		6 月龄重		12 月龄重		18 月龄重	
		公	母	公	母	公	母	公	母
一等	发育良好，肢势正常，体型外貌良好	40	38	200	180	350	295	480	400
二等	发育正常，体形、外貌无明显缺陷	38	36	190	170	340	275	460	370
三等	发育一般，体形、外貌无严重缺陷	36	34	180	160	320	260	440	340

①体高(鬐甲高)　由鬐甲最高点至地面的垂直距离。

②体斜长　从肩端到坐骨端的距离。

③体直长　从肩端到坐骨端后缘直线的水平距离。

④胸围　肩胛骨后缘胸部的圆周长度。

⑤背高　最后胸椎棘突后缘到地面的垂直距离。

⑥腰高　两腰角的中央到地面的垂直距离，亦称十字部高。

⑦尻高　荐骨最高点的高度。

⑧臀端高　坐骨结节的高度。

⑨胸深　沿着肩胛骨后方，从鬐甲到胸骨的垂直距离。

⑩胸宽　左右第 6 肋骨间的最大距离，即肩胛后缘的距离。

⑪尻长　从腰角前缘至臀端后缘的直线距离。

⑫尻宽(髋宽)　髋的最大宽度。

⑬腰角宽(后躯宽)　腰角处的最大宽度。

⑭管围　左前肢管骨最细处的围径。

⑮腿围　由一侧后膝前缘绕臀后至对侧后膝前缘的水平距离。

⑯臀端宽　两坐骨端间的距离。

⑰乳房围　乳房最大的周径。

⑱乳房深度　后乳房基部至后乳头基部的距离。

⑲乳头间距　分前后乳头间距和左右乳头间距。

2. 体尺指数的计算与分析

体尺指数是各项体尺之间的相对关系，用于表达不同体躯部位的相对发育程度。用百分率表示。这些指数可综合地用来研究牛种的专用性能。如肉用型、乳用型等。

(1)体长指数　体长指数＝体长/体高×100％

肉用牛的体长指数一般大于乳用牛，胚胎期发育不全的牛，该指数高于品种的平均值，如果生后发育受阻，则此指数低于平均数，该指数随年龄增大而增大。

(2)体躯指数　体躯指数＝胸围/体长×100％

它表示体躯的发育程度。一般肉牛、役牛的体躯指数大于乳牛。

(3)胸围指数　胸围指数=胸围/体高×100%

它表示役牛役用能力的大小。

(4)管围指数(骨指数)　管围指数=管围/体高×100%

它表示体躯骨骼的相对发育情况。役牛的管围指数最大,乳牛次之,肉牛最小。

(5)尻宽指数　尻宽指数=坐骨端宽/腰角宽×100%

它反映尻部发育是否匀称。一般乳牛、肉牛的尻宽指数大于役牛,高度培育的品种大于原始品种,公牛较母牛的大。尻宽指数对乳牛的意义大,它愈大,表明泌乳系统愈发达,>67%时为宽尻,<50%时为尖尻。

(6)产肉指数　产肉指数=后腿围/体高×100%

它表示后肢肌肉的发育程度。产肉指数对于肉牛具有重要意义,而且与净肉率关系密切。

体尺指数除了以上六个指数外,还有以下几个指数:

肢长指数=(体高-胸深)/体高×100%

胸宽指数=胸宽/胸深×100%

尻高指数=尻高/体高×100%

髋胸指数=胸宽/腰角宽×100%

3. 活重测定

测定牛的体重的有实测法和估测法两种。

(1)实测法　实测法最准确,应空腹称重,以减少肠胃内容物对体重的干扰,一般在早晨饲喂、饮水前称重。如果是乳牛,还应在挤乳后进行,连续 2 d 称重,取平均值作为体重。如果连续两天称重误差超过5%时,应连续 3 d 称重取其平均值。

实测时一般用平台式地磅,在称犊牛时可用小型磅秤,以减少误差。

(2)活重估测法　在没有地磅的条件下,只有采用估测法。估重公式是根据实重与体尺的相关得出的,常用的估重公式为:

①乳用牛估测公式:体重(kg)=胸围^2(m)×体直长(m)×87.5

②肉用牛估测公式:体重(kg)=胸围^2(cm)×体斜长(cm)÷10 800

③水牛估测公式:体重(kg)=胸围^2(cm)×体斜长(cm)÷12 700

④黄牛估测公式:体重(kg)=胸围^2(cm)×体斜长(cm)÷估测系数

我国黄牛曾长期用肉牛的估测公式(估测系数按 10 800 算)估测牛的体重,但在实践中发现误差较大,一般得出结果较实测重偏高,这可能是由于黄牛体况偏瘦的原因,故式中估测系数需根据具体情况予以修正,即:

估测系数=胸围^2(cm)×体斜长(cm)/体重(kg)

经过修正后的估测公式应用效果较好。

(三)奶牛体况评分鉴定

奶牛的体况评分即膘情评定,它反映了奶牛身体能量储备状态,是衡量奶牛营养代谢正常与否、饲养效果及健康状况的标尺。体况评分是指根据观察和触摸尾根、后躯和腰区的皮下脂肪蓄积量而进行的直观评分。

(1)奶牛体况评分时间　青年母牛从 6 月龄开始每隔 1～2 个月进行 1 次体况评定。重点评定时间为 6～12 月龄、第 1 次配种和产前 2 个月。成年奶牛最好每月进行 1 次，实践中在干奶中期、产犊时、泌乳 45 d、泌乳 90 d、泌乳 180 d、泌乳 270 d 进行体况评定。

(2)奶牛体况评分部位及标准　体况评分是以肉眼观察母牛关键骨骼部位的脂肪多少来判断体况，主要的部位有髋骨、臀角和尾根。另外，腰椎上的脂肪量也被用于评分指标。

评定时首先观察奶牛整个躯体的大小、全貌、肋骨的显露程度和开张程度，背线、腰角、坐骨及尾根等部位的肥瘦程度。同时，还需要考虑被毛光泽及顺逆、腹部的凹陷程度。现介绍以色列的奶牛体况评分标准，见表 2.5。

表 2.5　奶牛体况评分标准

部位	评分				
	1	2	3	4	5
脊峰	尖峰状	脊突明显	脊突不明显	稍呈圆形	脊突埋于脂肪中
两腰角之间	深度凹陷	明显凹陷	略有凹陷	较平坦	圆滑
腰角与坐骨	深度凹陷	凹陷明显	较少凹陷	稍圆	丰满呈圆形
尾根部	凹陷很深呈“V”形	凹陷明显，呈“U”形	凹陷很少，稍有脂肪沉着	脂肪沉着明显凹陷更小	无凹陷，大量脂肪沉积
整体	极度消瘦，皮包骨之感	瘦但不虚弱，骨骼轮廓清晰	全身骨节不甚明显，胖瘦适中	皮下脂肪沉积明显	过度肥胖

按此标准，奶牛体况评定侧重于背线、腰臀及尾根等部位的肌肉和脂肪沉积程度。它将牛体的前、中、后躯评定有机地结合起来，也将局部评定和整体印象结合起来，达到准确、科学评定的目的。如果背腰部评分与后躯部评分相差一个单位以上，应使后躯评分增减半分，以此作为体况的最后评分，举例见表 2.6。

表 2.6　背腰部评分与后躯部评分的校正

后躯评分	背腰评分	差值	调整	最后得分
4.0	2.5	1.5	−1.5	3.5
3.0	2.5	0.5	0	3.0

成母牛每年体况评定 4 次。分别在产犊、泌乳高峰、泌乳中期和干奶期进行，后备牛在 6 月龄、临配种时和产前 2 个月时进行评定，各时期的适宜体况评分见表 2.7。奶牛在不同时期应有一合适的体况，以使其产奶能力最大限度发挥，同时又能保证繁殖消化机能的正常以及奶牛健康不受影响。如果奶牛的体况评分不符合要求时，应该采取必要的饲养管理措施加以调整。

(四)奶牛外貌的线性评分鉴定

传统的体形外貌评定方法一般属于“经验性”，即以选择“理想型”牛体为指导思想。这些鉴定受主观意识影响很大，因人而异，重复性较差。近年来普遍推行的线性评定方法是根据奶牛的生物学特性进行的，因此被誉为“功能型”鉴定方法，其最大特点是其客观性。

表 2.7 奶牛各时期适宜体况评分

奶牛阶段	评定时间	适宜体况评分
成母牛	产犊(围产期)	3.5
	泌乳前期	2.75～3.0
	泌乳中期	3.0～3.25
	泌乳后期	3.25～3.5
	干奶期	3.5
后备牛	6～13 月龄	2.0～3.0
	第一次配种	2.5～3.0
	产犊(分娩期)	3.5

1. 奶牛线性鉴定意义

第一，从育种目标上考虑，人们需要的是高产、健康、长寿的牛群。而实践已经证明，具备合格的功能体形牛群生产性能好，经济效益高，选出优秀体形的牛群，可以提高全群的产奶量。例如在奶牛业先进的国家和地区，各种赛牛会很多，参赛的未经产牛追踪其表现也很好，如日本北海道赛牛会上的后备母牛，在投产后的奶量都大大高于同期同龄牛。另外，许多试验也证明，体形性状的表现与健康状况、寿命长短及繁殖率都有很大的相关

第二，由于社会和奶牛业的发展，机械化集约化程度的提高，要求有标准体形以适应机械化挤奶和高效率生产管理。

第三，通过体型评定，可以缩短育种年限，提早选育公牛。例如，有后裔测定成绩的公牛至少已 7 岁，而采用 MOET 系统，可以在公牛 4 岁时进行选育，由于对功能体形成熟的研究，公牛在 2 岁时进行鉴定，已可对公牛性能进行大致评估。

奶牛体形外貌线性记分方法最早由美国农业部经荷斯坦奶牛协会(1967 年)提出，国际上 20 世纪 80 年代初成功地用于所有奶牛品种。如美国已用于更赛牛、爱尔夏牛、瑞士褐牛、娟姗牛。欧洲各国和日本的黑白花牛、德国和奥地利的弗列克维牛、瑞士的西门塔尔牛也各自采用修改方案以适应品种改进的需要。我国于 1987 年开始用于黑白花牛，1992 牛用于西门塔尔牛。1994 年 7 月中国奶业协会育种专业委员会制定了《中国荷斯坦牛体型线性鉴定实施方案(试行)》，要求各奶牛饲养单位存栏的全部成年母牛，必须在第 1～4 胎分娩后 30～150 d 内在挤奶前进行鉴定，用最好胎次的成绩代表该个体的水平。1996 年 5 月又对部分性状的评分标准做了必要的调整，并决定线性鉴定评分 50 分制和 9 分制在我国同时使用。2003 年中国奶业协会育种专业委员会决定在全国推广 9 分制线性鉴定评分。

2. 线性评定方法

奶牛体形、外貌线性评定方法，着重那些对奶牛生产经济效益以及对奶牛生产性能的发挥起明显作用，而又可以通过育种手段改进的体形、外貌性状进行评定。将模糊概念(性状的具体表现状态)数量化，从一个极端到另一个极端，然后对照奶牛活体，按线性方式排列比较，最后根据实际的表现判分。

3. 评定个体及评定性状

体形、外貌评定的主要对象是产乳母牛，而公牛则以其女儿体形、外貌平均得分为评定依

据，公牛自身的外貌评分也可做参考。

①功能分：体形线性评分所表现的生物学状态之功能评分，功能分最高的体形线性评分为该性状的最佳评分。

②加权分：线性评分的功能分乘以该性状在部位评分中的权重，即为该性状在所属部位的权重分数。如：体高，某一头牛线性评分为 6 分，其功能分为 90 分，体高在躯体结构/容量评分中的权重为 15％，那么，它的加权分即为 90 分×15％＝13.5 分；所有加权分均这样计算；之后得出总分进行等级划分。具体操作步骤见附录。

4. 评定注意事项

①奶牛线性外貌评定的主要对象是母牛，从第一胎开始到第五胎止，每胎鉴定一次，从中取一最高成绩认定为该牛终身的成绩。一般对公牛个体本身不进行线性鉴定。

②评定季节以春秋季为宜，冬夏季会掩盖或夸大其棱角性，影响评定的准确性。

③多数的体型性状的线性评分应与奶牛的年龄、泌乳阶段和饲养管理水平无明显的关系，不过为了提高评定的一致性和准确性，一般在每胎产后第 30～150 d 之间鉴定，最佳最理想的鉴定个体应处在头胎产犊后 90～120 d，以求获得较精确的后乳房宽。在干乳期、围产期、疾病期以及 6 岁以上的奶牛不宜作评定对象。

④对体躯左右侧都有的某些性状，如蹄角度、后肢侧视等，应鉴别健康的、有利于牛体得分的一侧。

⑤鉴定员要注意安全。

(五)肉牛外貌评分鉴定

根据肉眼观察以及触摸和必要的测量，按照肉牛外貌鉴定标准进行评分。肉牛传统的外貌评分鉴定方法即百分法，是将牛体各部位依其重要程度给予一定分数，即得出该牛的总分数，表 2.8 和表 2.9 为我国肉牛繁育协作组制定的肉用种牛外貌评分鉴定和等级评定。

表 2.8　肉用种牛外貌评分鉴定

部位	基本要求	满分	
		公	母
整体结构	品种特征明显，结构匀称，体质结实，肉用体型明显，肌肉丰满，皮肤柔软有弹性	25	25
前躯	胸深宽，前胸突出，肩胛平宽，肌肉丰满	15	15
中躯	肋骨开张，背腰宽而平直，中躯呈圆筒形，公牛腹部不下垂	15	20
后躯	尻部长、宽、平，大腿肌肉突出延伸，母牛乳房发育良好	25	25
肢蹄	肢蹄端正，两肢间距宽，蹄形正，蹄质坚实，运步正常	20	15
合计		100	100

表 2.9　肉牛外貌等级评定

等级	特等	一等	二等	三等
公	85	80	75	70
母	80	75	70	65

(六)肉牛外貌的线性评分鉴定

意大利人 V·法罗巴，于 1993 年肉用牛体型线性评分法标准。该方法的原理是按生物学性状的两个极端表现，采用连续变化顺序打分，而不是像过去的体型评分那样，按理想性状的最高分的原理评定的。该种评分方法呈在皮埃蒙特牛的选育中发挥了良好的作用。在肉用牛品种上，此法是并行于标准体型评定法的有效新方法。

评定的项目是按肉用牛评定的要求，分为肌肉发达程度、骨骼的粗细和皮肤的厚薄，并针对特殊需要对一些部位进行挑选后确定的，共四类 16 项。原法为 9 分制，我国在推行奶牛体型线性评分时都介绍 50 分制，并已打下了较好的基础。因此，我国学者在介绍肉用牛体型线性评定法时，也折合成 50 分制。

四个系统包括结构、肌肉、细致度和乳房，其中结构包括头大小、腰平整、尻倾斜，后肢姿势和系部 6 项；肌肉度包括鬐甲、肩部、腰宽、腰厚、大腿肌肉和尻形状 6 项；细致度包括骨骼和皮肤；乳房包括附着伸展和容量、乳头。下面简介具体的评分方法，参见表 2.10。

(七)奶水牛外貌评分鉴定

奶水牛除具有本品种的特征外，还应体质健壮，外貌无明显的缺陷，外貌平分标准如表 2.11 所示。

表 2.10　肉用牛体型线性评分标准

系统	性状	评分方法	评分标准				
			45 分	35 分	25 分	15 分	5 分
结构	头大小	头越小得分越高	非常小	小	适中	大	非常大
	腰平整	侧观胸后到十字部的背线	弓背非常严重	呈弓形	水平	下塌	严重下塌
结构	尻倾斜度	侧观，以坐骨端高得高分	坐骨端非常高	水平	坐骨端低于腰角一个拳头	坐骨端很低	非常低斜
	前肢势	前观	两肢下部外倾，关节内靠呈 X 形	两肢外倾	两肢前观端正	两肢蹄部较近	两肢呈严重 O 形
	后肢势	侧观	后腿端直，呈象腿状	后腿较直	后腿肢势正确，即坐骨端后缘向下的垂线过飞节中部于后蹄之后落地	后腿呈镰刀状	后腿严重镰刀状，即过度前伸或向后伸
	系部	侧观	系部过短，呈直系	系较短	系部端正，即略微呈弓形	系部长而软	系部过长出现严重卧系

续表2.10

系统	性状	评分方法	评分标准				
			45分	35分	25分	15分	5分
肌肉度	鬐甲部	纵观	非常宽，呈倒盆底形	宽阔	适中，即呈圆弓弧形	窄	尖瘦
	肩肘部	侧观	肌肉块特别明显	肌肉块发达	肌肉可见，但分块不明显	肌肉瘦弱	特别瘦弱
	腰宽	纵观	特别宽	宽度好	适中，即比腰角宽略狭窄	狭窄	很窄
	腰厚	侧观	特别厚实	厚度好	一般，即接近三指厚	薄	非常薄
	大腿肌肉	后观	后躯极粗宽	后躯左右宽略小于腹	后躯肌肉适中，即髋部窄于腰角	髋部肌肉不明显	后躯明显消瘦
	尻形状	侧观	后躯分块明显，肌肉极发达	后躯肌肉较发达	中等，即大腿上部肌肉不发达	肌肉瘦，大腿平乏无肉感	大腿部消瘦
细致度	骨骼	管围部、关节和尾骨	非常细	较细致	适中	有粗壮感	非常粗糙
	皮肤	提肩胛后的皮肤	非常薄，易拉起且弹性好	薄，易拉有弹性	一般	有厚重感，不易拉起，缺乏弹性	非常厚拉不起，无弹性
乳房	附着	侧观上底部	前延后伸极好	伸展大	一般，即呈圆形乳房	窄而弱	非常弱，呈山羊乳房状
	乳头	侧观	非常大	大	适中	较细小	很小

表 2.11　奶水牛外貌评分标准

项目	满分标准	满分	
		公	母
整体结构	体质结实，结构匀称，发育良好，特征显著，毛色、体态、头形和角型等具有品种特征	20	20
头部	口方大，眼大有神，头颈结合良好。公牛头粗重，颈短粗；母牛头颈清秀、细长，具典型的性别特征	10	10
躯体	胸部宽深，肋骨开张，背腰长且宽平，腰荐结合良好，尻部宽广稍斜。公牛腹部适中，母牛腹大而不垂，后躯发达	35	30
睾丸、乳房	睾丸大小适中、匀称、垂而不松弛，包皮及阴鞘短。乳房发达、附着良好、皮薄有弹性，乳静脉弯曲明显，乳头大小适中，分布均匀	20	30
四肢	四肢骨骼粗壮，结实有力，系短，肢势良好。蹄形圆大，质地坚实	15	10
合计		100	100

第二节　牛的生产力评定技术

一、奶牛生产力评定

(一)牛乳的物理特性

牛乳是一种具有胶体特性的液体，是多种成分的混合物。牛乳主要由水分、乳脂肪、蛋白质、乳糖、盐类、维生素、酶类及气体等。

1. 色泽

全脂牛乳的色泽呈乳白色或淡黄色。乳白色主要是乳中非水溶性物质，尤其是干酪素与磷酸钙结合的极微细颗粒引起光折射而形成的，而淡黄色的深浅与牛乳中含脂肪的多少有关。例如，稀乳油呈浓郁的蛋黄色泽，脱脂乳呈白色。牛乳中脂溶性的胡萝卜素和叶黄色，在奶牛体内不能合成，是由饲料中转入到牛乳中的。所以，夏季饲喂大量青绿饲料，牛乳的颜色一般比冬季深。

2. 气味与滋味

正常牛乳含有一种天然香味，其来源为乳脂肪中的挥发性脂肪酸。若牛乳酸度不高，有臭味，则可能是由外来因素而引起。例如，乳桶洗涤不干净，牛舍空气不清洁，这与乳脂肪酸可溶性、挥发性以及吸附性有关。

3. 冰点与沸点

冰点又称凝固点。牛乳的冰点通常为－0.565 ～－0.525℃，平均为－0.540℃。牛乳冰点的高低与牛乳中乳糖、无机盐含量有关。在一般情况下，牛乳中乳糖、无机盐含量越高，冰点越低；相反，冰点则越高。冰点也可受到其他因素的影响。例如，牛乳经过 70℃以上消毒，其中一部分可溶性盐类将变成不溶性盐类，从而使牛乳冰点增高；乳中掺水，也可使牛乳冰点增高。牛乳中掺水 1%，冰点可升高 0.005 5℃。所以，测定冰点也可检查出牛乳中是否掺水。牛乳的沸点在一个大气压下为 100.55℃。

4. 酸度

牛乳酸度是衡量牛乳质量的一项重要指标。测定牛乳酸度，可检查牛乳新鲜度。在正常情况下，牛乳略带酸性。pH 为 6.6～6.7，当 pH 超过 6.7 时，则可能是乳腺炎乳。pH 低于 6.5，则可能混有初乳或牛乳中已有细菌繁殖而产酸，使酸度逐渐增高。这两种乳均不符合卫生标准，不能作为乳制品加工的原料。

(二)奶牛产乳性能测定指标

奶牛产乳性能测定是奶牛场的基础技术工作之一。要对牛群进行遗传改良、改进饲养技术、制订生产计划、提高养牛效益和产品质量，都必须对牛群体及个体产乳性能进行科学测定。现将有关测定指标及计算方法介绍如下。

1. 个体产乳量

每头牛各泌乳期的挤乳量是乳量统计计算的基础。准确的方法是逐头牛记录汇总逐日逐次挤乳量，然后统计各月和全泌乳期的总乳量。实践中，用这种方法工作量很大。根据试验，中国奶牛协会建议每月记录 3 次，每次之间相距 9～11 d，将每次（日挤乳量）所得数乘以相隔天数，然后累加，可得出每月及全泌乳期的总乳量。其计算公式是：

$$月产奶量(kg)=M_1\times D_1+M_2\times D_2+M_3\times D_3$$

式中：M_1、M_2、M_3 为月内 3 次测定日全天乳量，D_1、D_2、D_3 为本次测定与上次测定间的相隔日数。实践证明，用这种方法计算的产乳量，同每日实测所得的周期产乳量差异很小。用这种方法先计算出各月泌乳量；然后按全泌乳期月份，总加出全泌乳期乳量。

（1）305 d 产乳量　根据理想设计，母牛年产 1 胎，干乳期 60 d，实际挤乳 305 d，综合效益最好。由此而统计每头牛每一泌乳期中的 305 d 泌乳量。

计算方法是：当实际挤乳天数不足 305 d 时，以实际乳量作为 305 d 乳量，而超过 305 d，则从 305 d 后的乳量不计在内。国内外有的牛场对个别特高产的牛只，还统计 365 d 产乳量。

（2）305 d 校正产乳量　为了奶牛育种工作的需要，经过广泛研究，中国奶牛协会制订了统一的校正系数表，使用 240～370 d 产乳量记录的奶牛可统一乘以相应系数，获得理论的 305 d 产乳量。表中天数以 5 舍 6 进方法。如某牛产乳 275 d，用 270 d 校正系数；产乳 276 d 的用 280 d 校正系数（表 2.12 和表 2.13）。

表 2.12　泌乳不足 305 d 的校正系数

泌乳天数	240	250	260	270	280	290	300	305
胎次：1	1.182	1.148	1.116	1.036	1.055	1.031	1.011	1.000
2～5	1.165	1.133	1.103	1.077	1.052	1.031	1.011	1.000
6 以上	1.155	1.123	1.094	1.070	1.047	1.025	1.099	1.000

表 2.13　泌乳超过 305 d 的校正系数

泌乳天数	305	310	320	330	340	350	360	370
胎次：1	1.000	0.987	0.965	0.947	0.924	0.911	0.895	0.881
2～5	1.000	0.988	0.970	0.952	0.936	0.925	0.911	0.904
6 以上	1.000	0.988	0.970	0.956	0.900	0.928	0.916	0.993

注：表 2.12 与表 2.13 均由中国奶牛协会拟定。

（3）全泌乳期产乳量　统计从产犊后到干乳期为止的全部产乳量。

（4）终生产乳量　一头奶牛从开始产犊到最后淘汰时的各年（胎次）总加的实际产乳数量。

（5）乳脂量和乳蛋白量　中国奶牛协会提出：在母牛的第 1、3、5 胎次，各胎次的第 2、5、8 乳月，各测定一次乳的含脂率和含蛋白率，再算出总乳脂和乳蛋白产量。乳脂量和乳蛋白量是衡量奶牛产乳质量的两个重要指标。

2. 群体平均产乳量

（1）成年母牛全年平均产乳量　为进行成本核算，提高管理水平和总体效益，需要计算成年母牛的全年平均产乳量，其公式如下：

$$成年母牛全年平均产奶量(kg/头)=\frac{全群全年总产奶量(kg)}{全年平均每天饲养的成年母牛头数(头)}$$

式中：分子部分是全年中每头产奶牛在该年度内各月实际产乳量的总和；分母部分则是全部在群成年母牛在群天数总和(d/头)，除以365(1年)天所得的值，故分母部分也允许有小数点值。成年母牛包括泌奶牛、干奶牛以及其他2.5岁以上的在群母牛及买进卖出的母牛。

(2)泌乳牛平均年产乳量　计算公式如下：

$$泌乳牛平均产奶量(kg/头)=\frac{全群年产奶总量(kg)}{全年平均每天饲养泌乳牛头数(头)}$$

式中：分母是每头泌乳牛在该年度内在群天数的记录总和，为全群泌乳牛在群总天数，然后除以365(天/1头)所得值(头)。

3.4%乳脂标准乳

4%乳脂标准乳也称作4%乳脂校正乳。由于乳中固形物(干物质)变化较大，而且乳脂含热能大约占全乳热能值的一半，由热能值而导出的不同乳脂率(F)和乳量(M)相当于含脂4%的等热量乳量(FCM)。这在比较不同乳脂率乳量的母牛生产性能方面很有参考价值，多年来为各国所采用。

FCM计算公式如下：

$$\text{FCM}=M\times(0.4+15F)$$

式中：M为泌乳期产乳量，F为该期所测得的平均乳脂率，FCM为乳脂校正乳量(相当于4%乳脂率的乳量)。

4. 排乳性能

包括单位时间排乳量大小和乳房四个乳区排乳量的均衡性等。

(1)排乳速度　在机械化挤乳条件下，奶牛排乳速度对于劳动生产率的提高很有影响。据研究，至少包括四个方面的指标：完成挤乳的时间长短($h_2=0.02\sim0.30$)、平均排乳流量($h_2=0.30\sim0.40$)、挤乳过程中任一单位时间(1 min最大流量，$h_2=0.35\sim0.45$)和2 min内挤出乳量($h_2=0.35\sim0.45$)。

美国已定出了排乳速度的要求，如荷斯坦牛为3.61 kg/min，西门塔尔牛为2.08 kg/min。

(2)前乳房指数　指一头牛的前乳房的挤乳量占总挤乳量的百分率，一般范围在40%～46.8%。理论上说，该指数大了较好，说明前后乳区的发育更为匀称。

5. 饲料转化率

奶牛不仅要求具有很高的产乳能力，而且还要求具有经济有效地将饲料转变为乳的能力。因此，奶牛饲料转化率的高低，是鉴定奶牛品质好坏的重要指标之一，也是育种工作的重要内容之一。

饲料转化率的计算有下列两种方法：

(1)每千克饲料干物质生产若干千克牛乳　将母牛全泌乳期总产乳量用全泌乳期实际饲喂各种饲料的干物质总量来除，即：

$$饲料转化率=\frac{全泌乳期总产奶量(kg)}{全泌乳期饲喂饲料干物质(或仅计精料干物质)量(kg)}\times100\%$$

(2)每生产 1 kg 牛乳消耗若干饲料干物质　将全泌乳期实际饲喂各种饲料的干物质重量(kg)，除以同期的总乳量(kg)，即：

$$饲料转化率=\frac{全泌乳期实际饲喂各种饲料的平均干物质总量(kg)}{全泌乳期总产奶量(kg)}\times 100\%$$

6. 产乳指数(MPI)

它指成年母牛(5 岁以上)一年(一个泌乳期)平均产乳量(kg)与其平均活重之比(表 2.14)，这是判断牛产乳能力高低的一个有价值的指标。

表 2.14　不同经济类型牛(品种)产乳指数(MPI)值

经济类型	产乳指数(MPI)范围	经济类型	产乳指数(MPI)范围
(专门化)乳用牛	＞7.9	肉乳兼用牛	2.4～5.1
乳肉兼用牛	5.2～7.9	肉(或役)用牛	＜2.4

(三)原料乳的质量监控

合格的原料奶是生产优质奶制品的前提条件，而只有正常奶才是合格的原料奶。所谓正常奶指在正常饲养管理条件下，无传染病和乳腺炎等侵害的健康母牛在产犊 7 d 以后至干奶期前整个泌乳期所产的奶。正常奶的化学成分及其性质基本保持稳定，物理、感官及微生物指标也都符合国家规定的鲜奶质量标准；异常奶指牛奶生产过程中其成分和性质发生变化，偏离规定的质量标准范围的乳统称异常奶。按异常奶产生的原因常分为 4 种情况：①生理异常奶：初乳、末乳、营养不良乳；②病理性异常奶：乳腺炎奶，其他病原菌污染奶；③生物化学异常奶：高酸度奶、酒精阳性奶、低成分奶和冻结奶等；④掺杂奶：如掺水、米汤、豆浆、石灰水等。异常奶一般不适于加工成奶制品，但仍有一定的其他利用价值。

1. 原料乳的质量标准

可参考我国《生鲜牛乳收购标准》(GB 6914—86)、无公害食品—生鲜牛乳(NY 5045—2001)规定了理化指标，感官和细菌指标等(附录)。

2. 原料乳的质量保证措施

(1)环境与工艺要求　奶牛饲养场的环境质量应符合《农产品安全质量 无公害畜禽肉产地环境要求》(GB/T 18407.3—2001)的规定。牛舍内空气质量应符合《畜禽场环境质量标准》(NY/T 388)的规定。牛场、奶产品加工厂应取得畜牧兽医行政主管部门核发的《动物防疫合格证》。

(2)引种要求　需要引进种牛或精液时，应从具有种牛经营许可的种牛场引进。引进种牛，应按照《种畜禽调运检疫技术规范》(GB 16567)进行检疫。引进的种牛，隔离观察至少 30～45 d，经兽医检疫部门检查确定为健康合格后，方可供繁殖使用。不应从疫区引进种牛。

(3)饲养条件　饲料和饲料添加剂的使用应符合《无公害食品　奶牛饲养饲料使用准则》(NY 5048)的规定。奶牛的不同生长时期和生理阶段应达到《奶牛营养需要和饲养标准》(第 3 版)要求。

(4)兽药使用　对于治疗患疾病奶牛及必须使用药物处理时，应按照《无公害食品　奶牛饲养兽药使用准则》(NY 5046)执行。

(5)免疫要求　牛场应依照《中华人民共和国动物防疫法》及其配套法规的要求，根据动物防疫监督机构的疫病免疫计划，制定具体的免疫方案，定期做好免疫工作。牛群的免疫符合《无公害食品 奶牛饲养兽医防疫准则》(NY 5047)的要求。

(6)饮水　场区应有足够的生产和饮用水，饮水质量应达到《无公害食品 畜禽饮用水水质》(NY 5027)的规定。

(7)疫病监测　牛场应依照《中华人民共和国动物防疫法》及其配套法规的要求，根据动物防疫监督机构的疫病监测计划，制定具体的监测方案，定期做好监测工作。牛场应取得动物防疫监督机构核发的《奶牛布病结核监测合格证》。动物防疫监督机构定期或不定期进行疫病监督抽查，提出处理意见，并将抽查结果报告当地畜牧兽医行政主管部门。

(8)卫生消毒　选择适宜的消毒剂，采用正确的消毒方法和完善消毒制度。

(9)饲养管理　包括总体管理、人员管理、饲喂管理和挤奶管理。

3. 保证牛奶质量的方法

(1)控制牛奶中的微生物　原料鲜乳在没有制成成品之前为什么会存在这么多的细菌呢？实际上牛奶在挤奶前就已经被细菌污染了，但主要是在挤奶当中和挤奶之后被细菌污染的机会最多，而且严重。

①减少牛奶中微生物的数量。牛舍必须保持清洁卫生；牛体要经常刷洗，冬季干刷，夏季用水刷，尤其是体躯后部；挤奶用具要保持清洁卫生，牛乳的污染程度和细菌群落的形成除与母牛的环境卫生有密切关系外，主要的还取决于挤奶过程中与牛乳相接触的容器表面的清洁程度；控制蚊蝇及细菌的繁殖，弃掉每次挤的头3把奶。

②制止微生物繁殖。不论是使用挤奶机或是手工挤奶，都必须保证奶中没有杂质；挤出的牛奶必须马上冷却。

(2)保证牛群健康，注重乳腺炎的防治　保证牛群健康是生产优质牛乳的先决条件。奶牛场必须建立健全疾病预防制度，检疫制度。培育无病源牛群，外地引入奶牛必须隔离饲养，待确诊无病时再混入牛群。

乳腺炎是奶牛场最易发、最常见的一种疾病，给生产优质牛乳带来许多困难。例如，某年某市因患乳腺炎病而淘汰的奶牛占淘汰牛总数的7.8%，可见造成的损失之大；因此，对防治乳腺炎，必须给予足够的重视。

(3)管好药房，正确使用药物　为了使牛乳不产生异味，必须管理好药品和消毒剂，以免药剂和消毒药气味进入牛乳。同时，使用化学消毒剂，必须按照说明所规定的浓度和方法正确使用。正在接受药物治疗的母牛，所生产的牛乳不得出售。按规定，在最后一次治疗结束后，至少须经三昼夜后所产牛乳方可出售。

(4)正确处理和保存牛奶　牛乳温度对细菌繁殖生长影响甚大，所以牛乳挤出后要迅速冷却到4℃以下。如处理和保存不当，牛乳中细菌数将会急剧增加。

二、肉牛的生产力评定

(一)生长肥育期的评定

(1)初生重　犊牛生后吃初乳前的活重。

(2)断乳重　一般用校正断乳重，国外用205 d，国内可考虑用210 d或205 d的校正断乳重，其公式如下：

210 d 校正断奶重＝(断奶体重－初生重)/断奶时日龄×210＋初生重

如用 205 d 校正断乳重，则只要将上式 210 d 改成 205 d。

(3)哺乳期日增重　断乳前犊牛平均每天增重量。

哺乳期日增重＝[断奶体重－初生重(kg)]/断奶时日龄(d)

(4)育肥期日增重　按以下式计算。

育肥期日增重(kg)＝[期末重(kg)－育肥初体重(kg)]/育肥期天数(d)

(5)饲料利用率　饲料利用率与增重速度之间存在着正相关，是衡量牛对饲料的利用情况及经济效益的重要指标。应根据总增重、净肉重及饲养期内的饲料消耗总量来计算每千克体重(或净肉重)的饲料消耗量，多用干物质或能量表示。计算公式如下：

①增重 1 kg 体重需饲料干物质(kg)或能量(MJ)＝饲养期内共消耗饲料干物质(kg)或能量(MJ)/饲养期内净增重(kg)

②生产 1 kg 肉需饲料干物质(kg)或能量(MJ)＝饲养期内共消耗饲料干物质(kg)或能量(MJ)/屠宰后的净肉重(kg)

(二)肥度评定

目测和触摸是评定肉牛肥育程度的主要方法。目测主要观察牛体大小、体躯宽窄和深浅度，腹部状态、肋骨长度和弯曲程度以及垂肉、肩、背、腰角等部位的肥满程度。触摸是以手触测各主要部位的肉层厚薄和脂肪蓄积程度。通过肥度评定，结合体重估测，可初步估计肉牛的产肉量。

肉牛肥度评定分为 5 个等级，标准见表 2.15。

表 2.15　肉牛宰前肥度评定标准

等级	评定标准
特等	肋骨、脊骨和腰椎横突都不明显，腰角与臀端呈圆形，全身肌肉发达，肋部丰满，腿肉充实，并向外突出和向下延伸
一等	肋骨、腰椎横突不显现，但腰角与臀端末圆，全身肌肉较发达，肋部丰满，腿肉充实，但不向外突出
二等	肋骨不甚明显，尻部肌肉较多，腰椎横突不甚明显
三等	肋骨、脊骨明显可见，尻部如屋脊状，但不塌陷
四等	各部关节完全暴露，尻部塌陷

(三)屠宰测定

1. 屠宰指标测定

(1)宰前活重　称取停食 24 h、停水 8 h 后临宰前体重。

(2)宰后重　称取屠宰放血后的重量或宰前重减去血重。

(3)血重　称取屠宰放出血的重量，即宰前活重与宰后重之差。

(4)胴体重　称取屠体除去头、皮、尾、内脏器官、生殖器官、腕跗关节以下四肢而带肾脏及周围脂肪的重量。

(5)净肉重　称取胴体剔骨后的全部肉重。

(6)骨重　称取胴体剔除肉后的全部重量。

2. 胴体测定

测量方法见图2.2。

(1)胴体长　自耻骨缝前缘至第1肋骨前缘中点的长度。

(2)胴体深　自第7胸椎棘突体表至第7胸骨体表的垂直深度。

(3)胴体胸深　自第3胸椎棘突的胴体体表至胸骨下部体表的垂直深度。

(4)胴体后腿围　在股骨与胫腓骨连接处的水平围度。

(5)胴体后腿长　耻骨缝前缘至跗关节的中点长度。

(6)胴体后腿宽　去尾的凹陷处内侧至同侧大腿前缘的水平距离。

(7)大腿肌肉厚　大腿后侧胴体体表至股骨体中点垂直距离。

(8)背脂厚　第5～6胸椎处的背部皮下脂肪厚。

(9)腰脂厚　第3腰椎处皮下脂肪厚。

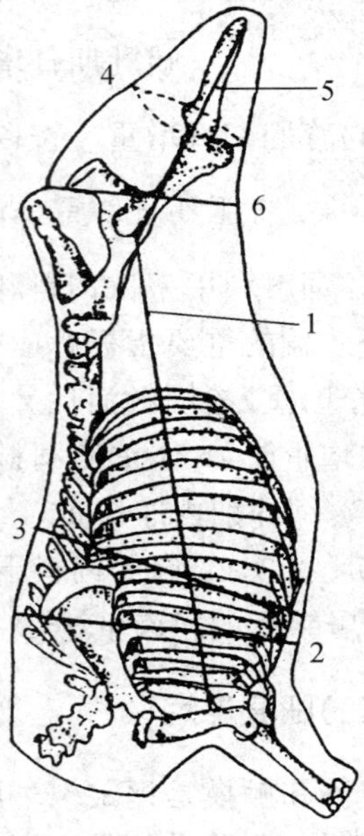

图2.2　胴体测量示意图

1. 胴体长　2. 胴体胸深　3. 胴体深
4. 胴体后腿围　5. 胴体后腿长
6. 胴体后腿宽

3. 产肉能力的主要指标计算

(1)屠宰率　计算公式：屠宰率＝胴体重/宰前活重×100％

肉用牛的屠宰率为58％～65％，兼用牛为53％～54％，乳用牛为50％～51％。肉牛屠宰率超过50％为中等，超过60％为高指标。

(2)净肉率　计算公式：净肉率＝净肉重/宰前活重×100％

良种肉牛在较好的饲养条件下，肥育后净肉率在45％以上。早熟种、幼龄牛、肥度大和骨骼较细者净肉率高。

(3)胴体产肉率　计算公式：胴体产肉率＝净肉重/胴体重×100％

胴体产肉率一般为80％～88％。

(4)肉骨比　又称产肉指数。计算公式：肉骨比＝净肉重/骨重

肉用牛、兼用牛、乳用牛的肉骨比分别为5.0、4.1和3.3。肉骨比随胴体重的增加而提高，胴体重185～245 kg时，肉骨比为4∶1，310～360 kg时为5.2∶1。

(5)眼肌面积　眼肌面积是评定肉牛生产潜力和瘦肉率大小的重要技术指标之一。它是指倒数第1和第2肋骨间脊椎上背最长肌(眼肌)的横截面积(cm^2)。

测定方法是：在第12、13肋骨间切开，在第12肋骨后缘用硫酸纸将眼肌面积描出，用求积仪或方格透明卡片(每格1 cm^2)计算出眼肌面积。

三、牛肉的质量评定

通过测定牛肉样的嫩度、系水力、大理石纹评分等牛肉质量指标，掌握牛的胴体分级、肉质评定的基本方法和相关仪器设备的使用方法。

(1)系水力的测定　使用 343 N(35 kgf)压力测定肌肉失水率，失水率越高系水力越低。取第 1～2 腰椎背最长肌，切成 1.0 cm 厚的薄片，再用直径为 2.52 cm 的圆形取样器(面积 5 cm^2)取样，称重并记录，上下各垫 18 层滤纸，然后用膨胀压缩仪加压 343 N(35 kgf)，持续 3 min，撤除压力后称取肉样重，并记录。计算肌肉失水率，再根据肌肉含水量的实测值计算系水力，其公式为：

系水力＝(肌肉含水量－肉样被压出水量)÷肌肉含水量×100％

或　　系水力＝(压前肉样重－压后肉样重)÷压后肉样重×100％

(2)嫩度的测定　将测试样品按与肌纤维平行的方向用 1.27 cm 直径的圆形取样器顺肌纤维方向横切肉样块，做 10 个重复。按嫩度测定仪使用说明书操作。测定是切刀与肉样垂直，打开电源开关，切断肉块，直接从表盘读取最大用力值即剪切值。记录 10 个肉块的剪切力值，计算算术平均数。单位用牛顿(N)或 kgf 表示。

(3)大理石纹评分测定　使用国际标准的大理石纹评分图板，对照眼肌横截面的肌肉间脂肪的含量及分布情况进行主观打分。

(4)pH 测定　取牛肉 5～10 g，放入 100 mL 烧杯中，加入蒸馏水 5～10 mL，在匀浆机中打碎，放离心机中离心后取上清液用 pH 仪测定(或用直插式酸度仪测定)。

第三节　牛的日粮配合技术

牛日粮配合是指将干草、青贮饲料、青绿饲料、糟渣类饲料、各种精料原料，以及矿物质、维生素和饲料添加剂混合饲料按照科学的营养配方，配合成营养平衡的全价配合饲料。

一、牛的常用饲料及其调制技术

传统的养牛业是以放牧或饲喂单一的饲料形式出现，这种经营方式往往造成养牛生产水平低下，经济效益差，饲草浪费和草地退化。随着科学技术的不断提高，可以作为牛饲料的种类越来越多，这些饲料包括青绿饲料、青贮饲料、粗饲料、蛋白质饲料、维生素饲料、矿物质饲料、添加剂饲料、非蛋白氮饲料等。为了合理利用饲料，必须深入了解不同饲料的性质和营养特点，以便在生产中科学应用。

(一)青绿饲料

青绿饲料是指天然水分含量在 60％以上的青绿多汁饲料，富含有叶绿素。

1. 营养特点

①含水量高。含水分高(约在 75％～90％)，能值低，消化能只有 300～600 大卡，粗纤变

化大,10～30%,任食也不能满足高产家畜需要。

②粗蛋白质含量较为丰富,品质较好。蛋白质含量较高,来源丰富,价格便宜。按干物质算,比禾本科籽实高。豆科类可高达20%以上,近似豌葫豆,足以满足动物需要。其中非蛋白氮大部分是游离氨基酸和酰胺,对牛羊的生长、繁殖和泌乳均有良好的作用。

③微量营养素较丰富。青绿饲料中含有丰富的维生素,特别是维生素A源,即胡萝卜素,每千克饲料中可达50～80 mg,远超过需要(2 000～13 500 IU或5～34 mg)。其他维生素也较丰富,如苜蓿中维生素B_2平均4 mg/kg。矿物质、微量元素含量基本上能满足动物需要,钙很丰富。

④粗纤维含量低,适口性好。青草的粗纤维含量约占干物质的30%,无氮浸出物含量为40%～50%。良好的牧草中有机物消化率为75%～85%。适口性好,有刺激牛消化腺分泌的作用,因而易被牛消化吸收。青绿饲料可视为奶牛的保健饲料。

⑤营养含量不稳定,受很多因素影响。土壤越肥,饲料中的氮含量越高;施用氮肥多,饲料中EAA含量增加;植物本身以种子,叶中含蛋白质最高,平均含粗蛋白在20%～30%;气候条件也有很大影响,如黑龙江的小麦粗蛋白的含量可达19%,而浙江省的小麦粗蛋白质只有11.7%;收割时间不同,营养含量也不一致。

2. 青绿饲料的种类

(1)禾本科青绿饲料　禾本科饲料种类繁多,包括青饲玉米、青饲高粱、青饲大麦、青饲燕麦和黑麦。此外,常见的禾本科牧草还有:无芒雀麦、羊草、批碱草、苏丹草等。鲜嫩的青绿饲料既可以直接饲喂也可以调制成干草和青贮饲料。

(2)豆科青绿饲料　豆科青绿饲料的种类比禾本科要少。豆科植物的蛋白质、钙、镁的含量均比禾本科植物要高,而可溶性碳水化合物、锰和锌比禾本科饲料要低。苜蓿的营养价值高、适口性好,一年可以多次的收获,干物质蛋白含量可以达到20%以上。此外,三叶草、草木樨、沙打旺也是良好的豆科牧草。

(3)树叶类饲料　槐树、榆树和杨树的树叶。一般来说,此类饲料营养价值较高。能量价值中等,粗蛋白含量在16%～20%。粗纤维含量较低,在10%～12%。我国目前利用较多的是松针叶,农村较常用的是槐树叶。

(4)叶菜类饲料　常见的叶菜类饲料有苦菜、聚合菜、甘蓝等。

(5)水生饲料　水生饲料一般系指所谓的"三水一萍",即水浮莲、水葫芦、水花生和绿萍。这类饲料具有生长快、产量高、不占耕地和利用时间长等优点。因地制宜发展水生饲料,并加以合理利用,是扩大青绿饲料来源的一个途径。

水生饲料茎叶柔软,细嫩多汁,施肥充足者长势茂盛,营养价值较高,缺肥者叶少根多,营养价值也较低。这类饲料水分含量特别高,可达90%～95%,因此其干物质含量很低,从而营养价值也降低,因此,水生饲料应与其他饲料搭配使用,以满足家畜的营养需要。

3. 饲用青饲料时应注意的问题

青绿饲料在瘤胃的发酵作用下,容易生成亚硝酸盐,导致中毒,因此在使用的时候要注意用量。在饲喂青绿饲料的同时要给予干草,否则也容易产生瘤胃鼓气。

(二)粗饲料

粗饲料是指绝干物质中粗纤维含量在18%以上,体积大,难消化,可利用养分少的一类饲料。

粗饲料的种类主要包括干草、秸秆、荚壳、蔓秧、干树叶及其他农副产品。其特点是粗蛋白质含量很低，一般为 3%～4%；维生素极少，每千克秸秆含胡萝卜素 2～5 mg；粗纤维含量高，约 30%～50%；矿物质中钙多磷少，硅酸盐含量高；总能高但消化率低。

1. 青干草

青干草主要是指晒干后带有青绿色的牧草、杂草、作物茎叶等。

(1)营养特点　其水分含量一般在 10%～15%。青干草与其他粗饲料相比，其营养物质的含量比较平衡，尤其是豆科青干草中的蛋白质、各种氨基酸比较完善，矿物质和维生素较多。青干草质量的优劣主要与牧草收割时期有关，豆科牧草以孕蕾期到开花初期时割晒最佳；禾本科牧草则以抽穗扬花期最好。此外在晒制过程中天气变化也影响青干草的质量，如雨淋或晒制时间过长。青干草不同时期营养价值有明显差异。初夏时蛋白质的生物学价值为 70%～80%，秋季为 60%～65%。青草期营养价值比枯草期高 3～6 倍，胡萝卜素高 15～200 倍。不同阶段刈割的青草消化率有很大差异，孕穗到籽实成熟期各种营养物质的消化率都逐渐下降。

(2)调制技术　青干草的调制是指在适时的时候刈割，经自然干燥或采用人工的方法进行干燥，使其脱水，达到能够长时间储藏、不易变质的目的。

①自然干燥：自然干燥的方法不需要设备，操作简单，但是劳动强度大、效率低，晒制出来的干草质量也较差。常用的方法有：田间晒制法，即牧草刈割之后，就地干燥 6～10 h，使之凋萎，含水 40%～50%(茎开始凋萎，叶子还柔软，不易脱落)用搂草机搂成松散的草垄，使牧草在草垄上继续干燥 4～5 h，含水 35%～40%(叶子开始脱落以前)用集草器集成小草堆，牧草在草堆中干燥 1.5～2 d 就可制成干草(含水 15%～18%)。

②人工干燥：一般有草架干燥法和高温快速干燥法。

用草架制干草时，首先把割下来的牧草在地面上干燥半天或一天，使其含水量降至 45%～50%，无论天气好坏都要及时用草叉将草自上而下上架。最底层应高出地面，不与地面接触，这样既有利于通风，也避免与地面接触吸潮。在堆放完毕后应将草架两侧牧草整理平顺，这样遇雨时，雨水可沿其侧面流至地表，减少雨水浸入草内。

架上干燥可以大大地提高牧草的干燥速度，保证干草品质，减少各种营养物质的损失。用此法调制的干草，其营养物质总获得量比地面干燥法多得多。

采用高温快速干燥法是将牧草切碎，置于牧草烘干机中，通过高温空气，使牧草迅速干燥。干燥时间的长短，取决于烘干机的种类、型号及工作状态，从几小时到几十分钟，甚至几秒钟，使牧草的含水量以 80%左右迅速下降到 15%以下。干燥后可直接将干草粉碎制成干草粉或制成颗粒饲料。有的烘干机入口温度为 75～260℃，出口为 25～160℃；有的入口为 420～1 160℃，出口为 60～260℃。虽然烘干机内温度很高，但牧草本身的温度很少超过 30～35℃。这种干燥方法牧草养分损失很少，几乎能完全保存青饲料的营养价值。

(3)干草的质量分级标准　优质干草在外观上要求均匀一致，不霉烂或结块，无异味，色泽浅绿或暗绿，洁净而爽香，不混入砂石、铁钉、塑料废品、破布等有害杂质。

目前，国内尚缺乏干草的统一标准，现介绍国外的标准见表 2.16。

2. 秸秆

秸秆是指农作物的茎秆及皮壳，如麦草、稻草、玉米秸、豆秸、豆壳、麦壳等。

表 2.16　国外干草分级标准　　%

干草组成	人工豆科干草			人工禾本科干草			豆科、禾本科混播			天然刈草场		
	1 级	2 级	3 级	1 级	2 级	3 级	1 级	2 级	3 级	1 级	2 级	3 级
豆科(不低于)	90	75	60	—	—	—	50	35	20	—	—	—
禾本科和豆科(不低于)	—	—	—	90	75	60	—	—	—	80	60	40
有毒有害物质	—	—	—	—	—	—	—	—	—	0.5	1.0	1.0
粗蛋白质	14	10	8	10	8	6	11	9	7	9	7	5
胡萝卜素/(mg/kg)(不低于)	30	20	15	20	15	10	25	20	15	20	15	10
粗纤维(不高于)	27	29	31	28	30	33	27	29	32	28	30	33
矿物质(不高于)	0.3	0.5	1.0	0.3	0.5	1.0	0.3	0.5	1.0	0.3	0.5	1.0
水分(不高于)	17	17	17	17	17	17	17	17	17	17	17	17

注：表头“干草特性及标准”横跨各类干草列。

(1)营养特点　粗纤维含量高，含量为 25%～30%，无氮浸出物难消化，消化率豆秸为 36%，稻草为 48%，花生壳为 12%；蛋白质含量低，且很难消化，禾本科秸秆、秕壳为 3%～5%，大豆秸为 21%，稻草为 16%；钙、磷含量低，干甘薯蔓含钙量 2%以上，豆科秸秆含钙量 1.5%左右，禾本科秸秆 0.2%～0.4%，各种秸秆含磷量多为 0.1%以下。

(2)调制技术　分为物理处理法和化学处理法以及生物学方法。

①物理处理法包括：秸秆切短、粉碎及软化；秸秆揉搓处理；秸秆热喷处理等。

秸秆切短、粉碎及软化：把秸秆切短、撕裂和粉碎、温水或蒸煮软化等，都是人们普遍熟知的处理秸秆的办法。切短粉碎及软化秸秆，有助于咀嚼，提高秸秆的适口性、采食量和利用率。秸秆切短的适宜程度因家畜种类、年龄的不同而不同。对牛来讲，一般以 3～4 cm 为宜。秸秆的粉碎、蒸煮软化，都可以使秸秆的适口性得到改善，并不能提高秸秆的营养价值。

秸秆揉搓处理：秸秆切短后直接喂牛，吃净率只有 70%，虽然提高了秸秆的适口性和采食量，但因吃净率低仍有很大程度的浪费。经试验，使用揉搓机将秸秆揉搓成丝条状直接喂牛，吃净率可提高到 90%以上。使用揉搓机将秸秆揉搓成柔软的丝条状后进行氨化，不仅氨化效果好，而且可进一步提高吃净率。

秸秆热喷处理：新型饲料热喷技术是内蒙古畜牧科学院经过 7 年时间研制成功的。其原理是利用热喷效应，使饲料木质素溶化，纤维结晶度降低，饲料颗料变小，总面积增加，从而达到提高采食量和消化率以及杀虫、灭菌的目的。

利用这项技术对秸秆、秕壳、劣质蒿草、灌木、林木副产品等粗饲料进行热喷处理，使全株采食率由不足 5%提高到 95%以上，消化率达到 50%，两项叠加可使全株利用率提高 2～3 倍。结合“氨化”对饲料进行迅速的热喷处理，可将氨、尿素、氯化铵、碳酸铵、磷酸铵等多种工业氮源安全地用于牛的饲料中，使饲料的粗蛋白质水平成倍地提高。

②化学处理法包括：秸秆碱化处理和秸秆氨化处理。

秸秆碱化处理：是用碱溶液处理秸秆，一是用石灰液处理法，用 100 kg 切碎的秸秆，加

3 kg生石灰或4 kg熟石灰，食盐0.5～1 kg，水200～250 L，浸泡12 h或一昼夜捞出晾24 h即可饲喂，不必冲洗。二是用氢氧化钠液处理，100 kg切碎秸秆，用6 kg 1.6%的氢氧化钠溶液均匀喷洒，然后洗去余碱，制成饼块，分次饲喂。秸秆经碱化处理后，有机物质的消化率由42.4%提高到62.8%，粗纤维消化率由53.5%提高到76.4%，无氮浸出物消化率由36.3%提高到55.0%。

秸秆氨化处理：是利用氨溶于水中形成氢氧化铵，使秸秆软化，秸秆内部木质化纤维膨胀，提高秸秆的通透性，便于消化酶与之接触，有利于纤维素的消化；氨与秸秆有机物产生作用，生成铵盐和含氮的络合物，使秸秆的粗蛋白质从3%～4%提高到8%以上，大大提高秸秆的营养价值。秸秆氨化后消化率可提高20%左右，采食量也相应提高20%左右，其适口性和采食速度也得到改善和提高，总营养价值可提高1倍，达到0.4～0.5个饲料单位，即1 kg氨化秸秆相当于0.4～0.5 kg燕麦的营养价值。

秸秆氨化处理依采用的氮源不同而有以下3种方法：a. 液氨氨化法：将切碎的秸秆喷适量水分，使其含水量达到15%～20%，混匀堆垛，在长轴的中心埋入一根带孔的硬塑料管，以便通氨，用塑料薄膜覆盖严密，然后按秸秆重量的3%通入无水氨，处理结束，抽出塑料管，堵严。密封时间依环境温度的不同而异，气温20℃为2～4周。揭封后晒干，氨味即行消失，然后粉碎饲喂。b. 氨水氨化法：预先准备好的装秸秆原料的容器（窖、池或塔等），将切短的秸秆往容器里放，按秸秆重1∶1的比例往容器里均匀喷洒3%浓度的氨水。装满容器后用塑料薄膜覆盖，封严，在20℃左右气温条件下密封2～3周后开启（夏季约需1周，冬季则要4～8周，甚至更长），将秸秆取出后晒干即可饲喂。c. 尿素氨化法：由于秸秆中含有尿素酶，将尿素或碳酸氢铵与秸秆贮存在一定温度和湿度下，能分解出氨，因此使用尿素或碳铵处理秸秆均能获得近似的效果。方法是按秸秆重量的3%加进尿素，首先将3 kg尿素溶解在60 kg水中均匀地喷洒到100 kg秸秆上，逐层堆放，用塑料膜覆盖，也可利用地窖进行尿素氨化处理切碎了的农作物秸秆，具体方法同液氨处理，只是时间稍长一些。

研究结果表明，液氨氨化法和尿素氨化法处理秸秆效果最好，氨水和碳铵效果稍差。用液氨氨化效果虽然好，但必须使用特殊的高压容器（氨瓶、氨罐、氨槽车等），从而增加了成本，也增加了操作的危险性。相比之下，尿素氨化不仅效果好，操作简单、安全，也无需任何特殊设备，适合于千家万户使用。

③生物学方法又称微贮，即利用微生物在发酵过程中分解秸秆中的半纤维素、纤维素等，再连同菌体喂牛。具体秸秆微贮操作技术按照产品说明书的操作规程。

（三）青贮饲料

青贮饲料是将新鲜的饲料作物、牧草、玉米秸秆等青绿饲料直接、或经过处理，在经过切碎、压实、封闭于青贮塔、青贮窖当中。随后，青贮原料在厌氧的环境下，经过乳酸菌的发酵，pH降到4～4.2以下，可把青饲料中的养分长时间地保存下来而制成。

1. 营养特点

青贮饲料的营养价值随青贮原料的种类、青贮方法与技术的不同而有差异，常见的几种青贮饲料的营养价值见表2.17。

同原料植物相比较，青贮饲料的一些成分含量发生变化。碳水化合物中可溶性糖被植物细胞呼吸和微生物发酵耗用，所剩无几。淀粉等多糖损失较少。纤维素和木质素在一般青贮时不被分解，因而相对增加。

表 2.17　常用青贮饲料的营养成分(干物质基础：%，MJ/kg)

饲料	干物质	产奶净能	奶牛能量单位	粗蛋白质	粗纤维	钙	磷
青贮玉米	29.2	5.03	1.60	5.5	31.5	0.31	0.27
青贮苜蓿	33.7	4.82	1.53	15.7	38.4	1.48	0.30
青贮甘薯藤	33.1	4.48	1.43	6.0	18.4	1.39	0.45
青贮甜菜叶	37.5	5.78	1.84	12.3	19.7	1.04	0.26
青贮胡萝卜	23.6	5.90	1.88	8.9	18.6	1.06	0.13

在粗蛋白质方面，按干物质中总含氮量比较，两者差异不大。只是青贮饲料中蛋白态氮下降，而非蛋白态氮(主要是氨基酸)增加，菌体蛋白的增量很小。对反刍家畜来说，青贮饲料可提供充分的非蛋白氮，但由于可溶性糖贫乏，在饲养实践中要注意与谷实类能量饲料搭配使用。

在矿物质和维生素方面，青贮饲料有所损失，损失量与青贮过程中的汁液流出密切相关。一般青贮时损失钙、磷、镁等矿物元素有时可高达 20%以上，而半干青贮几乎无损失。维生素中的胡萝卜素可以大部分保留，在添加酸或防腐剂的青贮中保存更多。此外微生物发酵还可能产生少量的 B 族维生素。

2. 调制技术

(1)青贮设备　常用青贮设备有青贮窖、青贮塔和塑料袋青贮。

①青贮窖：原料少，应采用小圆形窖。原料多，应采用长方形窖。长方形的窖四角做成圆形，内壁成倒梯形，便于青贮料下沉。青贮窖的宽深取决于每日饲喂的青贮量，通常以每日取料的挖进量不少于 15 cm 为宜。

②青贮塔：青贮塔是用钢筋、水泥、砖砌成的永久性建筑物，青贮塔呈圆筒形，上部有锥形顶盖，防止雨水淋入。塔的大小视青贮用料量而定。

③塑料袋青贮：这种方法投资少，是目前国内外正在推行的一种方法。我国有长宽各 1 m，高 2.5 m 的塑料袋，可装 750～1 000 kg 玉米青贮。一个成品塑料袋能反复使用两年。

(2)青贮原料　常用的青贮原料有青刈带穗玉米、玉米秸和各种青草等。

①青刈带穗玉米：玉米带穗青贮，即在玉米乳熟后期收割，整株切碎进行青贮，这样可以最大限度地保存蛋白、碳水化合物和维生素，具有较高的营养价值和良好的适口性，是牛的优质饲料。

②玉米秸：收获果穗后的玉米秸上能保留 1/2 的绿色叶片，应尽快青贮，不应长期放置。若部分秸秆发黄，3/4 的叶片干枯视为青黄秸，青贮时每 100 kg 需加水 5～15 kg。

③各种青草：各种禾本科青草所含的水分与糖分均适宜于调制青贮饲料。豆科牧草如苜蓿因粗蛋白含量高，可制成半干青贮或混合青贮。禾本科草类在抽穗期，豆科草类在孕蕾及初花期刈割为好。

(3)制作青贮的方法(以玉米为例)　青贮前将收割的玉米稍加晾晒，水分含量达到 65%～75%时，连秆带穗用铡草机铡短(越短越碎越好)，装入准备好的青贮窖内，边装填，边压实，直至装满，然后用塑料布把青贮窖密封，保证不漏气。经过 40 d 左右发酵即可开窖饲喂。

为了使青贮饲料营养更加完善，或使营养物质在动物消化道内更好地被利用，或使不容易青贮的原料更好地贮存起来，在青贮过程中添加一些特定的物质是必要的。在青贮时添加的物质种类很多，如甲醛、甲酸等可以抑制微生物的活动，达到保存的目的。如果原料中含蛋白质并不高，装窖时向原料中均匀地撒上尿素或硫酸铵混合物0.3%～0.5%，青贮后，每千克青贮料中可消化蛋白质增加8～10 g。玉米青贮料加0.2%～0.3%的硫酸钠，可使含硫氨基酸增加2倍；添加0.5%～0.7%的尿素，亦可提高青贮料中粗蛋白质含量。这是由于添加物通过青贮微生物的利用形成菌体蛋白质所致。

(4)成功制作青贮的要点

①密封程度与温度：在青贮发酵的第一阶段，窖内的氧气越多，植物原料的呼吸时间就越长，不仅消耗大量的糖分，而且还会导致窖内的温度过高。青贮窖内的适合温度为20℃，温度越高，营养物质的损失量越大。发酵的温度过高，如果接近60℃的时候，饲料中的糖分就会分解，维生素也会被破坏，青贮饲料的品质也会明显下降。因此，严格的密封程度和适合的温度是制备好青贮的必要条件。

②保证最佳含水量：全株玉米的含水量在65%～70%时制作的青贮玉米质量最佳。这一含水范围内的玉米制作的青贮也非常适合长期保存。如果收割时全株玉米的含水量在70%以上，则由于汁液的流失易造成养分的损失、增加青贮玉米的酸度并进而造成奶牛干物质采食量的下降，同时降低了以干物质计算的玉米单产。鉴别青贮原料含水量的方法见表2.18。

表2.18　鉴别青贮原料含水量的方法

用手紧握切短的青贮原料	水分含量/%
水很易挤出，饲料成型	≥80
水刚能挤出，饲料成型	75～80
只能少许挤出一点水(或无法挤出)，但饲料成型	70～75
无法挤出水，饲料慢慢分开	60～70
无法挤出水，饲料很快分开	<60

③确定适宜的时间：利用农作物秸秆青贮，要掌握好时机。玉米蜡熟时全株青贮效果最佳，将收获果穗后的青玉米秸切成2 cm长，加水10%～15%，然后按比例掺入尿素，可调制成品质良好的玉米秸青贮料。

(5)鉴定青贮饲料的品质　青贮饲料在饲用前要对其进行品质鉴定，鉴定的目的第一是确定青贮品质的好坏，并检查青贮过程中原料的调配和青贮技术是否正确，从而进一步改进青贮技术和提高青贮饲料的品质；第二是确定青贮饲料的可食性与适口性。青贮饲料品质鉴定方法大体分为两种，即感官鉴定法与实验室鉴定法。

①感官鉴定法感官鉴定法不用仪器设备，通过嗅气味、看颜色、看茎叶结构和质地来判断品质好坏，适于现场快速鉴定。

品质优良的青贮饲料，具有较浓的芳香酸味，气味柔和。不刺鼻，给人以舒适感；品质中等的，芳香味较弱，稍有酒味或醋味。如果带有刺鼻臭味或霉烂味，手抓后，较长时间仍有难闻的气味留在手上，不易用水洗掉，那么该青贮料已变质，不能饲用。

青贮饲料的颜色因原料不同而有差异。一般是越接近原料颜色，品质越好。品质良好的呈青绿色或黄绿色；品质中等的呈黄褐色或暗绿色；品质低劣的多呈褐色或黑色，与青贮原料颜色有显著差异，不宜饲喂家畜。优良的青贮饲料，在窖内压得紧密，但拿在手上却较松散，质地柔软而略带湿润，植物的茎叶和花瓣仍保持原来状态，甚至可清楚地看出茎叶上的叶脉和绒毛。品质低劣的青贮饲料，茎叶结构不能保持原状，多黏结成团，手感黏滑或干燥粗硬。品质中等的介于上述两者之间(表2.19)。

表2.19 青贮饲料感官鉴定标准

等级	颜色	酸味	气味	质地
优良	黄绿色、绿色	较浓	芳香酸味	柔软湿润、茎叶结构良好
中等	黄褐色、墨绿色	中等	方向味弱、稍有酒精或酪酸味	柔软、水分稍干或稍多、结构变形
低劣	黑色、褐色	淡	刺鼻腐臭味	黏滑或干燥、粗硬、腐烂

②实验室鉴定法通过在实验室测定青贮饲料的酸度及氨态氮等来鉴定。测定酸度最简单的办法是用pH试纸直接沾青贮饲料的浸液，或将浸液滴在白磁板上用指示剂显色，再按所显颜色大致判定其pH。一般标准为优良青贮饲料的pH 3.8～4.2；中等的pH 4.6～5.2；低劣的pH 5.4～6.0。甚至更高。但是pH不是青贮饲料品质鉴定的准确指标，因为梭菌发酵也会降低pH，要综合其他指标才能作出准确判定。含酸量的测定是分析青贮饲料中乳酸、醋酸和酪酸的含量。优良的青贮饲料中游离酸约占2%，其中乳酸占1/2～1/3，醋酸占1/3，不含酪酸。品质低劣的含有酪酸，具恶臭味。此外还可测定青贮饲料中氨态氮的含量，来评估青贮品质的优劣。因为正常青贮料中蛋白质只分解至氨基酸，氨存在则表示有腐败现象，氨态氮的含量越高，青贮饲料的品质就越差。

(6)青贮料及其饲用　6月龄以上的牛，可采食为成年家畜制备的一般青贮料。不足6月龄的牛须制备专用青贮饲料。这种专用青贮料的原料，可由幼嫩而又富含维生素和可消化蛋白质的植物组成。例如，孕蕾期的豆科牧草和抽穗期的禾本科牧草占青贮原料的90%，乳熟—蜡熟期玉米和煮熟的马铃薯及块根类约占原料的10%。犊牛日粮中加入这种犊牛专用青贮料，能使精饲料的消耗减少1/2，还可确保犊牛日增重800 ～1 000 g，并能促进胃肠道的发育，对培育适应采食大容积饲料的成年奶牛，具有重要作用。

犊牛可从生后第1个月末开始饲喂专用青贮料，喂量为每天100～200 g/头，并逐步增至5～6月龄每天8～15 kg/头。每头犊牛在整个冬季需要制备600～700 kg专用青贮料。一般奶牛饲喂量为每天8 kg/100 kg体重，生产中常按每天15～20 kg/头的量饲喂，最大量可达每天60 kg/头，妊娠最后1个月的母牛不应超过每天10～12 kg/头，临产前10～12 d停喂，产后10～15 d在日粮中重新加入青贮料。役牛和肉牛喂量为每天10～12 kg/100 kg体重。

(四)食品工业副产品类饲料

(1)甜菜渣　甜菜渣是甜菜制糖时压榨后的残渣。鲜甜菜渣适口性好，易消化，是家畜良好的多汁饲料，对泌乳母畜还具有催乳作用。但甜菜渣中含有较多的游离有机酸，喂量过多易引起腹泻。用来喂牛可代替50%左右的青贮饲料，并节约部分精料。每天的喂量为：奶牛20～25 kg、肉牛40 kg、犊牛和种公牛应少喂或不喂。干甜菜渣适合饲喂草食家畜，一般喂奶牛时，以每头每日 3～4.5 kg 为宜。注意喂前先用水浸泡，以免因吸水而膨胀，影响正常的消化。浸泡时水的用量是干甜菜渣的 2～3 倍，浸泡 5～6 h。

(2)酒精糟 因发酵原料和加工工艺的不同其营养成分差异很大。酒精糟中的成分除碳水化合物减少外，其他成分为原料的 2～3 倍，并增加维生素和发酵产物，故本品为蛋白质、脂肪、维生素和矿物质的良好来源，并含有未知生长因子。

以玉米、高粱等谷物为原料的酒精糟成分较好，蛋白质含量高而粗纤维低，是良好的蛋白质饲料。以薯类为原料者，粗纤维、粗灰分含量均高，粗蛋白质消化率差，饲用价值低。以糖蜜为原料者，粗蛋白质含量低，B 族维生素丰富，因其粗灰分含量特别高，使用时应加以注意。

酒精糟气味芬芳，是反刍家畜的良好饲料，可当作蛋白质及能量来源，取代部分谷物和饼粕类饲料。在牛的精料中用量可达 50%。可溶酒精糟富含 B 族维生素，且有未知生长因子，可用于犊牛断乳饲料中。糖蜜酒精糟在肉牛饲料中用量以 10%以下为宜。

(3)啤酒糟 啤酒糟是大麦提取可溶性碳水化合物后的残渣，故其成分除淀粉少外，其他与大麦组成相似，但含量按比例增加。粗蛋白质含量为 22%～27%，氨基酸组成与大麦相似。粗纤维含量较高，矿物质、维生素含量丰富。粗脂肪高达 5%～8%，其中亚油酸占 50%以上。无氮浸出物 39%～43%，以五碳糖类戊聚糖为主，对单胃动物利用率不高。

啤酒糟多用于反刍动物饲料，效果较好。肉牛饲料中可取代部分或全部大豆饼粕作为蛋白源使用，可改善尿素利用效果，防止瘤胃不全角化和消化障碍。犊牛饲料中也可使用 20%的啤酒糟而不影响生长。奶牛饲料中使用 50%的啤酒糟，与肉牛一样可得到良好效果，产奶量和乳脂率均不受影响。羊饲料中使用啤酒糟效果也好。

(4)豆腐渣 豆腐渣是以大豆作原料制造豆腐所得的副产品。鲜豆腐渣水分含量高，可达 78%～90%，干物质中粗蛋白质和粗饲料含量高，而维生素则大部分转移到豆浆中，豆腐渣中所剩无几。它和豆类籽实一样也含有抗胰蛋白酶等有害因子，故需煮熟后利用。

鲜豆腐渣经干燥、粉碎后可作配合饲料原料，但加工成本高，故多直接以鲜豆腐渣饲喂牛。鲜豆腐渣是牛良好的多汁饲料，喂奶牛能够提高产奶量。

(五)精饲料

(1)玉米 号称“能量之王”。玉米不饱和脂肪酸含量较高，主要是油酸和亚油酸，亚油酸含量 2%，易被霉菌污染产生黄曲霉毒素。

玉米适口性好，能量高，可大量用于牛的混合精料中，但最好与其他体积大的糠麸类饲料并用，以防积食和引起膨胀。高赖氨酸玉米对牛不像猪、鸡那样效果明显。玉米是牛、羊等草食动物的良好能量补充饲料。玉米用作牛、羊饲料时不应粉碎过细，宜磨碎或破碎。用整粒玉米喂奶牛，不能嚼得很碎，有 18%～33%未经消化而排出体外，所以对小牛或奶牛以饲喂碎玉米效果较好。但 330 kg 左右的肉牛，粉碎与否差异不大。玉米压片后饲喂肉牛，在饲料效率及生长方面都优于整粒、细碎或粗碎的玉米。

(2)高粱 高粱中含有毒物质单宁，影响其适口性和营养物质消化率。可采用水浸或煮沸处理、氢氧化钠处理、氨化处理等方法去掉高粱中的单宁。也可通过饲料中添加蛋氨酸或胆碱等含甲基的化合物来缓和。用于反刍家畜有近似于玉米的营养价值。一般情况下，可取代大多数其他谷实。高粱整粒饲喂时，约有 1/2 不消化而排出体外，所以须粉碎或压扁。很多加工处理，如压片、水浸、蒸煮及膨化等均可改善反刍家畜对高粱的利用，可提高利用率

10%～15%。

(3)大麦　带皮大麦含粗纤维7%,籽实含有水溶性,非淀粉多糖。大麦用于肉牛肥育与玉米价值相近,饲喂奶牛可提高乳和黄油的品质。大麦粉碎太细易引起瘤胃鼓胀,但用水浸数小时或压片后饲喂可起到预防作用。此外,大麦进行压片、蒸汽处理可改善适口性及肥育效果,微波以及碱处理可提高消化率,所以大麦是较好的牛饲料。

(4)小麦　小麦喂肉牛占精料比例不应超过50%,用量过大会引起消化障碍,如酸中毒,饲用前应破碎或压扁。

(5)燕麦　外壳占整粒重的25%～35%,粗纤维含量高10%以上,营养价值低。饲用前可磨碎,甚至可整粒饲喂。

(6)麦麸　B族维生素含量丰富,粗纤维含量高,有效能相对较低。饲用价值相当于玉米的65%。小麦麸容积大,纤维含量高,适口性好,是奶牛、肉牛及羊的优良的饲料原料。奶牛精料中使用25%～30%,可增加泌乳量,但用量太高反而失去效果。

(7)米糠　含粗脂肪很高,极易氧化,酸败,发热和霉变,酸败苦化的米糠,可使动物中毒,发生严重下泻,甚至死亡。

(8)大豆饼(粕)　大豆饼粕氨基酸平衡较好,适口性好,是最常见的一种植物蛋白质饲料,但蛋氨酸较缺乏,生大豆粕饼含抗营养因子,适当加热处理可失活。大豆饼(粕)是奶牛、肉牛的优质蛋白质原料,各阶段牛饲料中均可使用,适口性好,长期饲喂也不会厌食。采食过多会有软便现象,但不会下痢。牛可有效利用未经加热处理的大豆饼粕,含油脂较多的豆饼对奶牛有催乳效果,在人工代乳料和开食料中应加以限制。

(9)棉籽饼(粕)　棉籽饼粕对反刍动物不存在中毒问题,是反刍家畜良好的蛋白质来源。一般来说,游离棉酚不会造成反刍动物中毒,但摄食过量或饲喂时间很长,日粮构成又仅为棉籽(仁)饼(粕)、粗劣干草及秸秆,也会引起中毒。奶牛饲料中添加适当棉籽饼(粕)可提高乳脂率,若用量超过料原料使用,一般精料的50%则影响适口性,同时乳脂变硬。棉籽饼(粕)属便秘性饲料原料,须搭配芝麻饼(粕)等软便性饲料,用量以精料中占20%～35%为宜。喂幼牛时,以低于精料的20%为宜,且需搭配含胡萝卜素高的优质粗饲料。肉牛可以以棉籽饼粕为主要蛋白质饲料,但应供应优质粗饲料,再补充胡萝卜素和钙,方能获得良好的增重效果,一般在精料中可占30%～40%。棉籽仁饼(粕)也可作为羊的优质蛋白质饲料来源,同样需配合优质精料。

(10)菜籽粕　可利用能量水平低,适口性差,粗蛋白36%左右,蛋氨酸含量高。赖氨酸含量1.3%为豆粕的一半。菜籽粕中含有芥酸、芥子碱、噁唑硫酮等有毒成分,在饲料中应限量使用。菜籽粕占精料的20%效果较好。

(11)花生饼粕　适口性好,粗蛋白40%～44%,赖氨酸为豆粕的54%,蛋氨酸为豆粕的65%,代谢能高,脂肪含量6%～7%。花生饼粕对奶牛、肉牛的饲用价值与大豆饼(粕)相当。带壳的花生饼也可使用,但不宜单独使用,与其他饼粕类饲料配合使用可提高效果。花生(仁)饼(粕)有通便作用,采食过多易导致软便。经高温处理的花生仁饼(粕),蛋白质溶解度下降,可提高过瘤胃蛋白量,提高氮沉积量。

(12)芝麻饼(粕)　粗蛋白质38%～40%,氨基酸不平衡,精氨酸含量高0.82%,赖氨酸0.82%不含霉素,易受黄曲霉毒素污染。过量采食可降低乳脂率,使体脂和乳脂变软,宜与其他蛋白质饲料配合使用。

(13)玉米蛋白粉　粗纤维含量少,蛋白质利用率高。氨基酸不平衡,蛋氨酸含量高,赖氨酸和色氨酸含量低,能值高。玉米蛋白粉可用作奶牛、肉牛的部分蛋白质饲料原料,因其比重大,可配合比重小的原料使用,精料添加量以30%为宜,过高影响生产性能。

(14)DDGS　含有丰富的粗蛋白和脂肪，且含有丰富的氨基酸、维生素以及有利于动物生长的多种矿物质，不含抗营养因子，适合喂养家禽、家畜、水产品及特种动物。DDGS是反刍动物非常好的过瘤胃蛋白,在瘤胃未降解率能达到46.5%。发酵中产生的香气能促进牛、羊等反动动物的食欲,有很好的适口性。DDGS中纤维素虽较高,但在瘤胃中能得到有效分解。其中较高的脂肪和可利用纤维素又有利于维持瘤胃中的生态平衡。建议奶牛精料补充料中的DDGS用量在10%～20%。

(六)非蛋白氮饲料(NPN)

牛瘤胃中的微生物可利用非蛋白氮(尿素、缩二脲、铵盐等)合成微生物蛋白,被消化利用。尿素含氮46%左右,其蛋白质当量为288%,按含氮量计,1 kg含氮为46%的尿素相当于6.8 kg含粗蛋白质42%的豆饼。尿素的溶解度很高,在瘤胃中很快转化为氨,尿素饲喂不当会引起致命性的中毒。因此使用尿素时应注意以下几点。

①尿素的用量应逐渐增加,应有2周以上的适应期。

②只能在6月龄以上的牛日粮中使用尿素。奶牛在产乳初期用量应受限制。

③尿素不宜单喂,应与其他精料搭配使用。也可调制成尿素溶液喷洒或浸泡粗饲料,或调制成尿素青贮料,或制成尿素颗粒料、尿素精料砖等。

④不可与生大豆或含尿酶高的大豆粕同时使用。

⑤尿素应与谷物或青贮料混喂。禁止将尿素溶于水中饮用,喂尿素1 h后再给牛饮水。

⑥尿素的用量一般不超过日粮干物质的1%,或每100 kg体重15～20 g。

近年来,为降低尿素在瘤胃的分解速度,改善尿素氮转化为微生物氮的效率,防止牛尿素中毒,研制出了许多新型非蛋白氮饲料,如糊化淀粉尿素、异丁基二脲、磷酸脲、羟甲基尿素等。

(七)其他饲料

(1)油脂　油脂的作用是提供能量,供应必需脂肪酸,促进脂溶性维生素的溶解、吸收。用不饱和度高的大豆油和棉籽油喂犊牛时,容易因脂肪氧化而引起脱毛、生长不良和死亡率高的现象,若经过氢化处理使之成为饱和脂肪酸,或者添加抗氧化剂和维生素E则可得到政善。

高产奶牛的能量供应不易满足,提高精料比例会降低乳脂率和诱发鼓胀症、酮病等代谢病。因此日粮中添加适量油脂可在不降低精粗料比例的条件下提高日粮能量浓度,满足奶牛的产奶需要。油脂由于热增耗少,故给热应激牛补饲油脂有良好作用。

(2)微量元素添加剂　牛常需要补充的微量元素有7种,即铁、铜、锰、锌、碘、硒、钴。目前我国常用的微量元素添加剂主要是无机盐类。

微量元素氨基酸螯合物稳定性好,具有较高的生物学效价及特殊的生理功能。微量元素氨基酸螯合物能使被毛光亮,并且能治疗肺炎、腹泻。日粮中添加微量元素除了要考虑微量元素的化合物形式,还要考虑各种微量元素之间存在的拮抗和协同的关系。如日粮中锰的含量较低时会造成动物体内硒水平的下降;日粮中钴、硫的含量与动物体内硒的含量呈负相关。

(3)缓冲剂　缓冲剂是一类能增强溶液酸碱缓冲能力的化学物质,可改善奶牛的进食量、产奶量、牛奶成分，有利于牛的健康，还有防止瘤胃酸中毒，调节和改善瘤胃微生物的发酵效果。一般认为在牛高精料日粮、大量酸性青贮料、啤酒糟或者饲料加工过细的日粮中，添加缓冲剂可调整瘤胃 pH，中和胃酸，增进食欲，保证牛的健康，有助于提高牛生产性能，并控制奶牛乳脂率下降，使瘤胃内环境更适合微生物生长的活性物质。比较理想的缓冲剂首推碳酸氢钠（小苏打），其次是氧化镁，乙酸钠近年也引起了人们的重视。

①碳酸氢钠的主要作用是调节瘤胃酸碱度，增进食欲，提高牛对饲料消化率以满足生产需要，改善乳的品质，提高产奶量。碳酸氢钠添加量占精料混合料的 1.5%。添加时可采用每周逐渐增加（0.5%、1%、1.5%）喂量的方法，以免造成初期突然添加使采食量下降。

②氧化镁的主要作用是维持瘤胃适宜的酸度，增强食欲，增加日粮干物质采食量，有利于粗纤维和糖类消化。氧化镁还能增加奶及血液中含镁量，有助于乳腺吸收大分子脂肪酸，进而增加乳脂，提高乳脂率。用量一般占精料混合料的 0.75%～1%或占整个日粮干物质的 0.3%～0.5%。碳酸氢钠与氧化镁二者同时使用效果更好，合用比例以（2～3）∶1 较好。

③乙酸钠的主要作用是在牛体内分解成乙酸根与钠离子，为乳脂合成提供脂肪前体。它还能起缓冲作用，在抑制脂肪酶的同时激活脂肪酸，促进脂肪沉积，并从脂肪库中动员未脂化的脂肪酸供乳腺利用。钠离子可以促进畜体内电解质和酸碱平衡，激活肝脏、肾脏和肠黏膜，并经细胞传递营养。用量为每千克体重饲喂 0.5 g，一般产奶牛每日每头 300～500 g 即可。均匀混合于饲料中饲喂。

在下列条件下需应用缓冲剂：①泌乳初期的高产奶牛；②日粮中有 50%～60%以上的精料；③粗料几乎全是青贮饲料时；④泌乳初期，其日粮又为高精料、高糟渣类饲料，且粗料的质量又很差时；⑤当泌乳牛群中所产常乳的乳脂率明显下降时；⑥夏季泌乳牛食欲下降，进食干物质明显减少时；⑦当泌乳牛日粮从粗料型转换到精料型时（其精粗比为 60%∶40%以上）；⑧当日粮是把精料和粗料分头单独饲喂时。

（4）饲料药物添加剂　饲料药物添加剂是一种抑制微生物生长或破坏微生物生命活动的物质。主要用于犊牛和肉牛育肥阶段。

①莫能菌素钠又称瘤胃素，其作用主要是通过减少甲烷气体能量损失和饲料蛋白质降解、脱氨损失，控制和提高瘤胃发酵效率，从而提高增重速度及饲料转化率。瘤胃素的用量，肉牛每千克日粮 30 mg 或每千克精料混合料 40～60 mg。

近年来，国内外对莫能菌素钠在奶牛中的应用进行了研究，结果表明，每千克日粮干物质中添加 11～22 mg，可降低单位产奶量的饲料消耗，提高产奶效率。

②杆菌肽锌是从地衣芽孢杆菌发酵而制得的杆菌肽与锌的络合物，为多肽类抗生素。干燥状态时较稳定，抗菌谱与青霉素相似，对革兰氏阳性菌十分有效，对部分革兰氏阴性菌、螺旋体、放线菌有抑制作用。毒性小，安全，几乎不被消化器官吸收、不产生耐药性及污染环境。每吨饲料用量：鸡为 4～20 g；猪为 4～40 g；牛为 10～100 g（3 月龄内）、4～10 g（3～6 月龄），无停药期。配伍禁忌：不能与莫能霉素、盐霉素等聚醚类抗生素混用。

③硫酸黏杆菌素又称抗敌素，是多肽类抗生素。作为饲料添加剂使用时，可促进生长和提高饲料利用率，对沙门氏菌、大肠杆菌、绿脓杆菌等引起的菌痢具有良好的防治作用，但大量使用可导致肾中毒。硫酸黏杆菌素如果与抗革兰氏阳性菌的抗生素配伍，具有协同作用。不能与氯霉素、土霉素、喹乙醇同时使用。硫酸黏杆菌素作为饲料添加剂用量为：每吨饲料不超过 20 g，停药期 7 d。因其与杆菌肽锌协同作用较好，常与杆菌肽锌以 1∶5 比例配合使用。

(5)益生素或直接饲喂微生物(BDFM)添加剂　这类添加剂有两大特点：一是包含活的微生物；二是通过在口腔、胃肠道、上呼吸道或泌尿生殖道内发挥作用而改善牛的健康。主要作用为补充有益菌群，维持消化道微生物区系平衡，产生有机酸、过氧化氢和抗菌素等，抑制有害微生物生长，使消化道功能正常化；刺激机体免疫系统，强化非特异性免疫反应，提高机体免疫力；可改善机体代谢，提高奶牛生产性能，防止有毒物质的积累。

目前用于生产益生素的菌种主要有乳酸杆菌属、粪链球菌属、芽孢杆菌属和酵母菌属等。牛则偏重于真菌、酵母类，并以曲霉菌效果较好。

(6)饲料酵母　将酵母繁殖在适当的工农业副产品上而制成的一种饲料，称为饲料酵母。饲料酵母粗蛋白质含量较高，液态发酵分离干制的纯酵母粉粗蛋白质含量达40%～60%，而固态发酵制得的酵母混合物，由于培养底物的不同而有较大差别，粗蛋白质也在30%～45%。奶牛、肉牛精料中可使用25%～35%的饲料酵母，而且作为唯一蛋白质来源并无不良影响，只是价格昂贵，多用于幼畜饲料中。

(7)酶制剂　酶是一类具有生物催化性的蛋白质。随着科学技术的发展，目前除采用微生物发酵技术或从动植物体内提取的方法批量生产酶制剂外，生物技术已用于酶制剂的生产。

饲用酶制剂按其特性及作用主要分为两大类：一类是外源性消化酶，包括蛋白酶、脂肪酶和淀粉酶等，这类酶畜禽消化道能够合成与分泌，但因种种原因需要补充和强化。其应用的主要功能是补充幼年动物如犊牛体内消化酶分泌不足，以强化生化代谢反应，促进饲料中营养物质的消化与吸收。另一类是外源性降解酶，包括纤维素酶、半纤维素酶、β-葡聚糖酶、木聚糖酶和植酸酶等。牛使用的酶制剂，目前主要是纤维素降解酶类和瘤胃粗酶制剂。

二、奶牛日粮配方技术

日粮配合的方法有电脑配方设计和手工计算法。电脑配方设计是应用专业饲料配方软件通过线性规划、多目标规划和参数规化等原理，可以优化出营养全价、价格最低的饲料配方。但从目前情况来看，利用电子计算机优化饲料配方仅在一些大中型养牛企业或饲料企业中采用，而广大中小型养殖场(户)主要采用手工计算方法。因此，本书仅介绍常规手工计算方法，关于计算机法可参考其他资料。

1. 奶牛日粮配合的原则

①奶牛饲养标准及饲料营养价值表是日粮配合的主要依据，最好结合实际情况和养牛经验做必要调整。

②奶牛日粮中粗料比例应在40%～60%，即日粮中粗纤维含量应占干物质15%～24%，才会保证牛体健康。为了保证奶牛有足够的采食量，日粮中应保证有足够的容积和干物质食量，高产奶牛(日产奶量20～30 kg)，干物质需要量为体重的3.3%～3.6%，中产奶牛(日产奶15～20 kg)为2.8%～3.3%；低产奶牛(日产奶量10～15 kg)为2.5%～2.8%。

③奶牛的精料喂量，在奶牛生产中，一般按奶牛维持需要3 kg，然后每产3 kg奶加喂1 kg精料来确定。食盐占精料1%～2%。

④奶牛的日粮原料尽量多样化，进而发挥不同饲料之间的营养互补作用，同时应适口性好，否则会由于适口性差、奶牛采食量不够而影响。

⑤在选择日粮原料时要结合当地的饲料资源，要求在满足奶牛营养需要的同时，尽量降低饲料成本，争取最大的经济效益。

2. 奶牛日粮配合的方法

①查奶牛饲养标准，根据牛的年龄、体重、生理状态和生产水平，选择相应的饲养标准。饲养标准需要调整时，先确定能量指标，然后根据饲养标准中能量和其他营养物质的比例关系，调整其他营养物质的需要量。列出奶牛每天的营养需要量表。

②计算或设定每天给予的粗饲料的数量。高产奶牛的粗饲料干物质消耗量占其体重的1.6%，低产奶牛的粗饲料干物质的消耗量占其体重的2%。根据确定的粗饲料的摄入量，计算出粗饲料提供的能量、蛋白质等营养成分。

③从总营养需要量中扣除粗饲料所提供的那部分营养，得出需要精饲料提供的营养量。根据对能量的需求确定所需精饲料的量。

④根据当地的饲料资源确定参配饲料种类并查出饲料营养成分，进行合理搭配，确定精料配方。

⑤调整钙、磷的含量。首先用含磷高的饲料调整磷的含量，再用碳酸钙(石粉、贝壳粉)调整钙的含量。

⑥确定补加微量元素和多种维生素的量。一些特殊用途的添加剂也由此确定添加。

3. 手工计算法示例

为体重 550 kg，日产奶 30 kg，乳脂率是 3.5%的奶牛配制日粮。可用饲料为青贮玉米秸、羊草、玉米、麸皮、豆饼、棉籽饼、磷酸氢钙、石粉、食盐等。

(1)查奶牛饲养标准和饲料营养成分表　列出必要的营养需要和饲料营养成分(表 2.20 和表 2.21)。

表 2.20　奶牛营养需要量

项目	日粮干物质/kg	奶牛能量单位/(个/kg)	可消化粗蛋白质/g	钙/g	磷/g
550 kg 体重维持需要	7.04	12.88	341	33	25
日产乳脂率 3.5% 30 kg 奶需要	11.70	27.90	1 560	126	84
合计	18.74	40.78	1 901	159	109

表 2.21　饲料营养成分含量(每千克饲料含量)

饲料	干物质/%	奶牛能量单位/(个/kg)	可消化粗蛋白质/g	钙/g	磷/g
青贮玉米秸	22.7	0.36	8	1.0	0.6
羊草	91.6	1.38	37	3.7	1.8
玉米	88.4	2.76	59	0.8	2.1
麸皮	88.6	1.91	109	1.8	7.8
豆饼	90.6	2.64	366	3.2	5.2
棉籽饼	89.6	2.34	263	2.7	8.1
磷酸氢钙	100			230	160
石粉	100			380	

(2)确定奶牛粗饲料用量及食入的营养　粗饲料采食量占日粮干物质40%以上，粗饲料干物质每天为7.5 kg以上(18.74×40%=7.5)，因此确定每天饲喂玉米青贮20 kg，羊草3.5 kg，可获得营养物质如表2.22所示。

(3)初拟精料混合料配方　根据精料所需量及前面所讲知识和实践经验，初拟精料各原料用量(kg)：玉米5、麸皮1.5、豆饼1.5、棉籽饼1.5、磷酸氢钙0.2、石粉0.1、食盐0.1、预混料0.1(表2.23)。

由表2.23可知，与标准相比，能量已基本满足需要，而蛋白偏高，可用玉米代替豆饼。①1 kg玉米代替1 kg豆饼则蛋白减少307 g(366−59=307 g)，则需用0.62 kg的玉米代替等量的豆饼(189/307≈0.62)。此时玉米的用量为6.12(5.5+0.62)，豆饼的用量改为1.38(2−0.62)。②再看钙和磷，可知钙、磷都不足，由于干物质用量尚缺，所以可适当增加磷酸氢钙和石粉用量。先用磷酸氢钙补磷。③磷酸氢钙用量= 5/0.16(每克磷酸氢钙中含磷量)=31.25(g)≈0.03 kg。④磷酸氢钙含钙量=0.03×230=6.9(g)，尚缺钙量=22.25−6.9=15.35(g)。⑤用石粉补充。石粉用量=15.35/0.38(每克石粉含钙量)=40.39(g)≈0.04 kg。⑥因此磷酸氢钙最终用量为0.2+0.03=0.23(kg)，石粉最终用量为0.1+0.04=0.14(kg)。⑦最后精料混合料用量为玉米6.12 kg、麸皮2 kg、豆饼1.38 kg、棉籽饼2 kg、磷酸氢钙0.23 kg、石粉0.14 kg、食盐0.1 kg、预混料0.1 kg，共计12.07 kg。

(4)体重550 kg，日产奶30 kg，乳脂率是3.5%的奶牛日粮组成　为羊草3.5 kg、青贮玉米20 kg、混合精料12.07 kg。混合精料组成：玉米50.7%、麸皮116.57%、豆粕11.44%、棉粕16.57%、磷酸氢钙1.9%、石粉1.16%、食盐0.83%、预混料0.83%。营养水平：奶牛能量单位41.06个，可消化粗蛋白质1 900 g，钙158 g，磷107 g。

三、肉牛日粮配方技术

(一)肉牛日粮配合的原则

(1)饲养标准是设计日粮的基本依据　日粮所含养分能满足肉牛的营养需要，一般应达到饲养标准所规定的要求，在具体实践中还应根据肉牛的不同生产目的(育肥或繁殖)，不同生理阶段或不同体重、不同生产性能、不同日增重和不同环境因素(如温度)等选择不同的饲养标准。

按照饲养标准中所规定的养分需要量配食日粮，可按照按需供给，避免养分的过多或过少，实现各种养分间的平衡，不仅可充分挖掘肉牛的生产潜力，而且可以极大地提高饲料利用率和生产效益。一套饲养标准包括两部分，一是营养需要表，二是与其相配套的常用饲料成分与营养价值表。

(2)青粗饲料是日粮的主体　根据肉牛的消化生理特点及经济学要求决定了粗饲料的主导地位。肉牛所需养分的60%以上应来自各类粗饲料。生产性能越低，或粗饲料的品质越好，日粮中粗饲料的比例越高。干草和秸秆等多纤维饲料可促进犊牛瘤胃和网胃的健全和发育，保持瘤胃内环境的相对稳定，维持正常的消化功能。

多给粗饲料及放牧肥育法，比精料型肥育肉牛的瘦肉率提高2%～10%。按每提供1个肉牛能量单位及1 kg粗蛋白质的成本价计算，青贮玉米是1.25元和9.47元，麦秸是0.71和3.57元，啤酒糟0.07元及1.47元，玉米粉1.60元及18.60元，豆饼2.61元及5.58元。这表明单位养分的成本以粗饲料和副产品最为便宜。因此，设法增加粗饲料的比例，有助于提高生产效益。

表 2.22　初拟粗饲料的营养

饲料种类	数量/kg	干物质/kg	奶牛能量单位/个/kg	可消化粗蛋白/g	钙/g	磷/g
青贮玉米秸	20	20×0.227=4.54	20×0.36=7.2	20×8=160	20×1.0=20	20×0.6=12
羊草	3.5	3.5×0.916=3.21	3.5×1.38=4.83	3.5×37=129.5	3.5×3.7=12.95	3.5×1.8=6.3
合计		7.75	12.03	289.5	32.95	18.3
与需要比尚缺		10.99	28.75	1611.5	126.05	90.7

表 2.23　初拟奶牛精料的营养

精料原料	数量/kg	干物质/kg	奶牛能量单位/个/kg	可消化粗蛋白/g	钙/g	磷/g
玉米	5.5	5.5×0.884=4.86	5.5×2.76 =15.18	5.5×59=24.5	5.5×0.8=4.4	5.5×2.1=11.5
麸皮	2	2×0.886=1.77	2×1.91=3.82	2×109=218	2×1.8=3.6	2×7.8=15.6
豆饼	2	2×0.906=1.81	2×2.64=5.28	2×366=732	2×3.2=6.4	2×5.2=10.4
棉籽饼	2	2×0.896=1.79	2×2.34=4.68	2×263 =526	2×2.7=5.4	2×8.1=16.2
磷酸氢钙	0.2	0.2			0.2×230=46	0.2×160=32
石粉	0.1	0.1			0.1×380=38	
食盐	0.1	0.1				
预混料	0.1	0.1				
总计	12	10.73	28.96	1 800.5	103.8	85.7
与需要量相比		−0.26	+0.21	+189	−22.25	−5

(3)精饲料是粗饲料的必要补充　单独用粗饲料肥育肉牛，尤其是在生长前期、泌乳期及集中肥育期，粗饲料远不能满足其需要。品质低劣的粗饲料，消化率低，采食量少，以及在粗饲料来源不足的情况下，需要补充一定量的精饲料，或确切称之为精料补充料。

随着生产强度的增加，精料喂量也应增加低质粗饲料必须用优质精饲料来补充。精料补充量的多少取决于多种因素。对于肉牛要根据市场安排日粮结构，一般集中肥育期每天投喂2～5 kg 精料，其余时间喂料很少或不喂精料。粗饲料品质较好且供应充足时，可不补充精饲料。

设计肉牛精料补充量的根本出发点，是在最大限度利用粗饲料及各类副产品的前提下，对照营养需要量，根据养分的余缺制订精料配方和喂量。以枯草期放牧或农作物秸秆为主的肉牛，其日粮存在着明显的四大营养缺陷：一是粗纤维含量高，饲料消化率低；二是可发酵氮源和过瘤胃蛋白少；三是生糖物质极少；四是矿物质营养障碍。在此种日粮情况下，提高肉牛生产性能的措施主要有两项：一是通过理化及生物学处理提高饲草的消化率及营养价值；二是合理补饲。这种补充料中首先应强调补充瘤胃可发酵养分和矿物元素，以提高微生物对饲草的消化率和微生物蛋白的合成量。然后，再考虑补充过瘤胃养分。由于过瘤胃养分的价格高，而且当生产性能较高时，肉牛才会对这部分养分的补充作出反应，因此，过瘤胃养分的补充取决于生产性能和市场价格。

青草的消化率较高，养分中可发酵养分为主，因此，青草期放牧的肉牛，精料的补充应偏重过瘤胃养分，并注意补充干草或秸秆，以保证干物质采食量。无论哪种情况，精料应是浓缩形式，确保是补充而不是替代，否则会降低饲草的采食量及利用率。

(4)矿物元素是日粮的增效剂　矿物元素是肉牛的必要营养素，用量虽小，但营养作用却非其他营养素所能替代，对于肉牛的健康、高产及营养物质的有效利用具有不可忽视的作用。肉牛的生产性能越高，矿物元素的需要量越大，舍饲或有补饲饲槽时，可随精料补充矿物元素，放牧时补充矿物舔砖则可。矿物元素多作为物质代谢调节因子起作用，并不是代谢基质，因此，矿物质不能替代常规饲料。只有当基础饲料较好时，才会发挥补充矿物元素的应用效果。

(5)使用非蛋白氮以降低饲养成本　肉牛的日粮中使用尿素等非蛋白氮(NPN)，可降低饲养成本，并补充日粮氮素营养，缓解人畜争粮的矛盾。

(6)要求所选饲料的品质优良，适口性好，勿用发霉变质饲料　选用的饲料种类应尽量多些，以达到养分互补，提高饲料利用率。另外，要尽量选择当地来源广、价格便宜的饲料来配合日粮，以降低饲料费用和生产成本。在制定日粮配方之前，先对当地各种饲料的价格进行比较，根据成本高低排队，尽量选用低成本的饲料，则可保证设计的日粮成本最低，且能长期稳定供应。

(二)肉牛日粮配合的方法

用青贮玉米、玉米、麸皮、棉籽饼、磷酸氢钙、石粉、食盐为体重 300 kg，日增重 1.2 kg 的育肥牛配合日粮。

第一步，从肉牛营养需要表查出体重 300 kg，日增重 1.2 kg 的育肥牛所需的各种养分列入表 2.24，所用饲料的营养成分含量列入表 2.25。

表 2.24 肉牛营养需要量

体重/kg	日增重/kg	干物质/kg	肉牛能量单位/RND	粗蛋白/g	钙/g	磷/g
300	1.2	7.64	5.69	860	38	19

表 2.25 饲料营养成分含量

饲料	干物质/%	肉牛能量单位/RND/kg	粗蛋白质/%	钙/%	磷/%
玉米	88.4	1.00	8.60	0.08	0.21
麸皮	88.60	0.73	14.40	0.18	0.78
棉籽饼	89.60	0.82	32.50	0.27	0.81
青贮玉米	22.7	0.12	1.60	0.10	0.06
磷酸氢钙				23.20	18.60
石粉				33.98	—

第二步，初定各种饲料用量及养分含量。假设青贮玉米在日粮干物质中占 55%，玉米占 25%，麸皮 10%，棉籽饼 10%，则初定日粮中养分含量见表 2.26。

表 2.26 初定日粮中养分含量

饲料	用量/kg	干物质/%	肉牛能量单位/RND/kg	粗蛋白质/%	钙/%	磷/%
玉米	2.16	1.91	2.16	185.8	1.73	4.54
麸皮	0.862	0.764	0.629	124.1	1.55	6.72
棉籽饼	0.853	0.764	0.699	277.2	2.30	6.91
青贮玉米	18.51	4.20	2.22	296.2	18.51	11.1
合计	22.39	7.64	5.71	883.3	24.09	29.27
与需要量相比		0	+0.02	+23.3	−13.91	+10.27

第三步，调整。由表 2.26 可见，初定日粮中能量达到标准，而粗蛋白质超过标准，钙不足、磷超量。调整方法：因为麸皮和棉籽饼所含的能量差别不大，而粗蛋白质含量的差别较大，所以可用麸皮等量取代棉籽饼，使粗蛋白质符合标准，其取代量为：23.3÷(325—144)=0.129(kg)。将调整后的日粮列出，计算养分含量，见表 2.27。

表 2.27 调整后日粮养分含量

饲料	用量/kg	干物质/%	肉牛能量单位/RND/kg	粗蛋白质/%	钙/%	磷/%
玉米	2.16	1.91	2.16	185.8	1.73	4.54
麸皮	0.991	0.878	0.723	142.7	1.78	7.73
棉籽饼	0.724	0.649	0.594	235.3	1.96	5.86

续表2.27

饲料	用量/kg	干物质/%	肉牛能量单位/RND/kg	粗蛋白质/%	钙/%	磷/%
青贮玉米	18.51	4.20	2.22	296.2	18.51	11.1
合计	22.39	7.64	5.70	860	23.98	29.23
与需要量相比		0	+0.01	0	−14.02	+10.23

矿物质中虽未添加磷酸氢钙，磷却已超量，按照钙：磷为 2∶1 的饲养标准，应将钙补充到 58.46 g，故应添加石粉的量为(58.46−23.98)÷339.8＝0.10(kg)。混合精料中应添加 1%的食盐，约 40 g，还要添加 1%的肉牛预混料，约 40 g。本例育肥牛日粮配方为，青贮玉米 18.51 kg，玉米 2.16 kg，麸皮 0.991 kg，棉籽饼 0.724 kg，石粉 0.10 kg，食盐 40 g，1%的肉牛预混料 40 g。混合精料的百分组成为：玉米 53.26%，麸皮 24.44%，棉籽饼 17.85%，石粉 2.5%，食盐 1%，添加剂 1%。为了配料方便，玉米按照 53%，麸皮按照 25%，棉籽饼 17.5%，石粉 2.5%，食盐 1%，添加剂 1%。

四、全混合日粮(TMR)调制技术

TMR(Total Mixed Ration)为全混合日粮的英文缩写，TMR 是根据牛只在不同生长发育和泌乳阶段的营养需要，按营养配方师设计的日粮配方，用特制的搅拌机对日粮各组分进行搅拌、切割、混合和饲喂的一种先进的饲养工艺。

全混合日粮(TMR)是以散栏(放)牛舍饲养方式为基础研究开发的新技术，能够保证牛只每采食一口日粮都是精粗比例稳定、营养浓度一致的全价日粮。目前这种成熟的养牛饲喂技术在以色列、美国、意大利、加拿大等国已经普遍使用，我国现正在逐渐推广使用。

(一)TMR 全混合日粮的优点

1. 可提高个体生产力

多所大学研究表明：饲喂 TMR 的奶牛每公斤日粮干物质能多产 5%～8%的奶；即使奶产量达到每年 9 t，仍然能有 69%～10%奶产量的增长。据河南新野科尔沁肉牛场试验对比，同体重的肉牛，按统一配方设计，使用 TMR 饲喂比传统饲喂方法提高日增重 17%以上。

2. 增加牛只干物质的采食量

TMR 技术将粗饲料切短后再与精料混合，这样物料在物理空间上产生了互补作用，从而增加了牛只干物质的采食量。在性能优良的 TMR 机械充分混合的情况下，完全可以排除牛只对某一特殊饲料的选择性(挑食)，因此有利于最大限度地利用最低成本的饲料配方。同时 TMR 是按日粮中规定的比例完全混合的，减少了偶然发生的微量元素、维生素的缺乏或中毒现象。

3. 提高产品质量

粗饲料、精料和其他饲料被均匀地混合后，牛统一采食，减少了瘤胃 pH 波动，从而保持瘤胃 pH 稳定，为瘤胃微生物创造了一个良好的生存环境，促进微生物的生长、繁殖，提高微生物的活性和蛋白质的合成率。饲料营养的转化率(消化、吸收)提高了，牛采食次数增加，个体消化紊乱减少和乳脂含量显著增加。提高肉牛屠宰率，经过 TMR 饲喂的肉牛，改善了牛肉品质，质地细嫩，具有较好的风味保持性和耐加工性，平均屠宰率达 57%以上，比常规饲喂肉牛屠宰率提高 3%。

4. 降低疾病发生率

瘤胃健康是奶牛健康的保证，使用 TMR 后能预防营养代谢紊乱，减少真胃移位、酮血症、产褥热、酸中毒等营养代谢病的发生；缓解奶牛在泌乳初期高产奶量的能量需要与进食之间的负平衡问题，而且少量频繁采食全混合日粮，也有助于维持瘤胃内环境。

5. 提高奶牛繁殖率

TMR 便于控制日粮的营养水平，在保证不降低乳脂率的情况下，提供高能量浓度的 TMR 日粮，可以防止低产奶牛出现肥胖症，维持奶牛健康体况，有利于提高奶牛受胎率及繁殖率。

6. 节省饲料成本

TMR 日粮使牛不能挑食，营养素能够被牛有效利用，与传统饲喂模式相比饲料利用率可增加 4%；TMR 日粮的充分调制还能够改善形态和适口性不佳但价格低廉的工业副产品或添加剂，提高了粗饲料利用率，节约饲料成本。

7. 提高劳动效率

采用 TMR 后，简化饲养程序，饲养工不需要将精料、粗料和其他饲料分道发放，只要将料送到即可；实现饲喂机械化、自动化，与规模化、散栏饲养方式的奶牛生产相适应；采用 TMR 后管理轻松，，较常规饲喂方式提高劳动效率 10 倍以上，降低了管理成本。

(二)TMR 饲喂技术关键点

1. TMR 分群

(1)分群原则　根据奶牛场的实际情况按牛舍容纳牛数量及牛舍内区域布局进行细化分群；舍内分群其主要目的首先是能够合理配制日粮，其次是有利于对不同状态牛进行营养摄入跟踵(通过测定采食量与 DHI、营养代谢对照分析营养供需)。

(2)分群方法　TMR 饲养工艺应该实行合理的分群管理，合理的分群对奶牛的健康，牛奶的产量以及对饲料成本控制等都十分重要。小型奶牛场(500 头以下)：按照高产牛、中低产牛和干奶牛分群设计 TMR 配方。中型奶牛场(500～800 头)：按照高产牛、中产牛、低产牛和干奶牛分群设计 TMR 配方。大、中型奶牛场(800 头以上)：按高产牛、中产牛、低产牛、干奶前期和后期牛、后备牛分群设计 TMR 配方。具体见表 2.28。

2. TMR 日粮加工技术

(1)制作要求　合格的粗饲料、精饲料和添加剂方可用于 TMR 生产。粗饲料、精饲料和添加剂分别按 NY/T471、NY/T 1245 和 GB/T 20804 执行。按照原料实际营养成分含量，调整 TMR 配方，核对无误后方可生产。保证各组分精确给量。干草投料量误差不超过±5 kg，青贮料误差不超过±10 kg，精料误差不超过±2 kg。掌握适宜的搅拌量，通常装载量占总容积的 60%～75%。控制含水量：按照原料含水量、饲喂季节和投喂次数适当调整水分，一般 TMR 水分含量控制在 50%以下，含水量不足时可适当加水调整。搅拌时间：搅拌后的 TMR 中长度＜3.5 cm 的粗饲料不超过 75%为适宜搅拌时间。

(2)TMR 质量评价

①感官评价：制作的 TMR 精粗饲料混合均匀、松散不分离、色泽均匀、新鲜不发热、无异味、不结块。

②卫生指标评价：按照 GB 13078 规定执行。

③理论配方与实际产品吻合度评价：定期对生产的 TMR 成分进行抽检，计算与理论配方的吻合度，凡超出表 3 规定范围的，判为不合格（表 2.29）。

表 2.28　分群标准和要求

项目	分群要求
高产牛	泌乳早期或头日产 30 kg 以上
中产牛	泌乳中期或日产 25 kg 以上
低产牛	泌乳末期或日产 20 kg 以下
干奶前期牛	停奶至产前 21 d；青年妊娠牛产前 60 d 至产前 21 d
干奶后期牛	产前 21 d 至产犊
头胎牛	头胎牛单独分群，按产量、泌乳月分别给予高、中、低三种 TMR
16～23 月龄青年牛	每日限饲 DM 10～11 kg
7～15 月龄育成牛	自由采食

注：1. 对围产期牛群、头胎牛群，可根据其营养需要进行不同种类 TMR 的搭配组合。

2. 对膘情异常、繁殖障碍引起泌乳时间异常的牛可组成特殊牛群，根据其健康状况和采食情况使用相应合理的 TMR 日粮。

表 2.29　理论和实际检测指标的吻合度范围　　%

营养指标	干物质	粗蛋白质	ADF	NDF	钙	磷	NaCl
吻合度	±3.0	±1.0	±3.0	±2.0	±0.02	±0.05	±0.1

④混合均匀度评价：用宾州筛各层筛上物质量的变异系数评价。用宾州筛各层筛上物质量的对应值 X_1、X_2、X_3、X_4 计算平均值 X、标准差 S，变异系数 $CV=S/X\times100\%$。一般 $CV<10\%$ 为合格 TMR 产品。

⑤粒度评价：用宾州筛各层筛上物比例评价。在以“干草＋苜蓿草＋青贮＋精料＋辅料”为基础制作的 TMR 粒度推荐值，见表 2.30。

表 2.30　TMR 粒度推荐值　　%

TMR 种类	第一层筛	第二层筛	第三层筛	第四层筛
产奶牛	15～18	20～25	40～45	15～20
干奶牛	40～50	15～20	25～30	4～9
后备牛	45～50	15～22	20～25	4～7

（3）投料顺序　基本原则是先干后湿、先粗后精、先轻后重。投料顺序是干草→饼粕→青贮料→精饲料→糟渣类等。

3. TMR 饲喂技术

（1）TMR 日粮配制技术　见表 2.31。

（2）TMR 的营养水平　成年母牛的可参照表 2.32 或也可参照表 2.33 的推荐量（NRC）. 后备牛可参照表 2.34。

表 2.31　产乳量 30 kg/头的 TMR 日粮配制实例

原料	鲜重/kg	风干重/kg	精粗比	奶牛能量单位/NND	粗蛋白质/%	中性洗涤纤维/%	含水量/%
精饲料	11	11		2.35	21	15.8	1.1
苜蓿	3	3		1.72	17	45	0.3
羊草	2	2		1.85	7.5	45	0.2
玉米青贮	15	4.5		1.85	6.7	40	10.5
啤酒糟	8	1		2.2	2.9	15	7
总计	39	21.5	51∶49	2.16	18.4	29	19.1(49)

注：100 头牛，总计 3 900 kg，其中精饲料 1 100 kg、苜蓿 300 kg、羊草 200 kg、玉米青贮 1 500 kg、啤酒糟 800 kg、12 m^3 TMR 一次混合。

表 2.32　成母牛各阶段营养浓度需要

营养需要	干奶前期	干奶后期	围产后期 0～21 d	泌乳早期 22～80 d	泌乳中期 80～200 d	泌乳末期 ＞200 d
干物质 DM/kg	12.5～13.5	10～11	17～19	23～25	21～23	18～20
总能 NEL/(Mcal/kg)	1.3～1.4	1.45～1.55	1.5～2.0	1.7～1.8	1.7～1.8	1.5～1.6
粗脂肪 CF/%	1.9～2.1	2.8～3.2	4.8～5.2	5.7～6.3	4.8～5.2	2.8～3.2
粗蛋白 CP/%	12.5～13.5	14.5～15.5	18.5～19.5	17.5～18.5	15.5～16.5	13.5～14.5
非降解蛋白/%	24～26	30～34	38～42	37～39	35～37	29～33
降解蛋白/%	66～74	58～62	58～62	61～63	62～66	67～70
酸性洗涤纤维 ADF/%	28～32	23～25	20～22	18～20	20～22	23～25
中性洗涤纤维 NDF/%	38～42	34～36	29～31	26～30	28～32	30～35
粗饲料提供的 NDF/%	29～31	23～26	20～22			
可消化总养分 TDN/%	57～63	64～68	73～77	76～78	74～76	66～68
Ca/%	0.6	0.7	1.1	1	0.8	0.6
P/%	0.26	0.3	0.33	0.46	0.42	0.36
Mg/%	0.16	0.2	0.33	0.3	0.25	0.2
K/%	0.65	0.65	0.25	1	1	0.9
Na/%	0.1	0.05	0.33	0.3	0.2	0.2
Cl/%	0.2	0.15	0.27	0.25	0.25	0.25
S/%	0.16	0.2	0.25	0.25	0.25	0.25
维生素 A/(IU/kg)	100 000	100 000	110 000	100 000	50 000	50 000
维生素 D/(IU/kg)	30 000	30 000	35 000	30 000	20 000	20 000
维生素 E/(IU/kg)	600	1 000	800	600	400	

表 2.33　TMR 牛群营养推荐量

营养水平	干乳牛 TMR	高产牛 TMR	中产牛 TMR	低产牛 TMR	育成牛 TMR
干物质 DM/kg	13～14	23.6～25	22～23	19～21	8～10
产乳净能/(MJ/kg)	5.77	7.03～7.36	6.69～7.03	6.28～6.69	5.44～5.86
脂肪 CF/%	2	5～7	4～6	4～5	
粗蛋白 CP/%	12～13	17～18	16～17	15～16	13～14
非降解蛋白/%	25	34～38	34～38	34～38	32
降解蛋白/%	75	62～66	62～66	62～66	68
酸性洗涤纤维 ADF/%	30	19	21	24	20～21
中性洗涤纤维 NDF/%	40	28～33	30～36	32～38	30～33
粗饲料提供的 NDF/%	30	19	19	19	
Ca/%	0.6	0.9～1	0.8～0.9	0.7～0.8	0.41
P/%	0.26	0.46～0.5	0.42～0.5	0.42～0.5	0.28
Mg/%	0.16	0.3	0.25	0.25	0.11
K/%	0.65	1～1.5	1～1.5	1～1.5	0.48
Na/%	0.1	0.3	0.2	0.2	0.08
Cl/%	0.2	0.25	0.25	0.25	0.11
S/%	0.16	0.25	0.25	0.25	0.2
钴/(mg/kg)	0.11	0.11	0.11	0.11	0.11
铜/(mg/kg)	16	14	10	9	10
碘/(mg/kg)	0.50	0.88	0.60	0.45	0.30
铁/(mg/kg)	20	20	15	14	40
锰/(mg/kg)	21	21	20	14	14
硒/(mg/kg)	0.30	0.30	0.30	0.30	0.30
锌/(mg/kg)	26	65	43	65	32
维生素 A/(IU/kg)	100 000	100 000	50 000	50 000	40 000
维生素 D/(IU/kg)	30 000	30 000	20 000	20 000	13 000
维生素 E/(IU/kg)	1 000	600	400	400	330

注：①引自 NRC 2001 版所用标准，并根据实际情况做了相应改动。②营养浓度都是以干物质为基础计算。③荷斯坦奶牛成年体重 680 kg(不含孕体)；妊娠期日增重 0.67 kg(含孕体)。④育成牛营养水平依据 14 月龄营养需要，如果牛群较大时，建议将后备牛群的分群细化，有利于后备牛群的生长发育和饲料成本的控制。

表 2.34　后备牛营养浓度需要

阶段划分	月龄	体重/kg	奶牛能量单位/NND	干物质/kg	粗蛋白/g	Ca/g	P/g
哺乳期	0	35～40	4.0～4.5	—	250～260	8～10	5～6
	1	50～55	3.0～3.5	0.5～1.0	250～290	12～14	9～11
	2	70～72	4.6～5.0	1.0～1.2	320～350	14～16	10～12

续表2.34

阶段划分	月龄	体重/kg	奶牛能量单位/NND	干物质/kg	粗蛋白/g	Ca/g	P/g
犊牛期	3	85～90	5.0～6.0	2.0～2.8	350～400	16～18	12～14
	4	105～110	6.5～7.0	3.0～3.5	500～520	20～22	13～14
	5	125～140	7.0～8.0	3.5～4.4	500～540	22～24	13～14
	6	155～170	7.5～9.0	3.6～4.5	540～580	22～24	14～16
育成期	7～12	280～300	12～13	5.0～7.0	600～650	30～32	20～22
	13～16	380～400	13～15	6.0～7.0	640～720	35～38	24～25
青年期	17 至预产	420～500	18～20	7.0～9.0	750～850	45～47	32～34

(3)为降低饲料成本,要尽量利用当地的饲料资源。

(4)精料补充料干物质最大比例不超过日粮干物质的 60%。

(5)水分冬季控制在 40%～50%,夏季在 45%～50%。

(6)保证日粮中降解蛋白质和非降解蛋白质的相对平衡。

(7)添加保护性脂肪和油子等高能量饲料时,TMR 脂肪含量不超过日粮干物质的 7%。

4. 调群

分群饲养后对个别过肥的奶牛应调整到低产群,过瘦的奶牛调整到高产群。对于一些健康方面存在问题和特殊高产奶牛,可根据牛的健康和采食情况,饲喂相应合理的 TMR 日粮,同时,可补饲一定优质粗饲料或精料补充料,以达到适宜的体况。

5. 机械设备使用及维护(操作程序、保养维护、注意事项)

(1)搅拌车的使用与维护

① 在使用搅拌车前必须保证机手熟悉搅拌车的各种功能和注意事项,必须强调机手在使用过程严格遵守操作程序,不得违规操作。机手在操作时不得喝酒、禁止疲劳驾驶。搅拌车工作时必须注意安全,操作人员和其他人员必须在使用说明书规定的安全距离之外。

②搅拌车的日常使用和维护。每两月调整方形切刀与底部对刀之间的距离,最大不要超过 1 mm,这样搅拌时间短,可以节省油,当刀片磨损越来越多,可调整,使间隙为 1 mm。或将刀片反过来用,相当于一套新刀片。经常留意链子松紧,及时调整,并经常加油。绞龙、链轮每 5 d 注一次黄油,后面取青贮大臂 2～3 d 加一次黄油。经常留意电瓶电解液。PTO 连接轴要经常抹黄油。

(2)其他机械按出厂使用说明书执行。

第四节 牧场规划设计与环境控制技术

牛场规划设计及效益分析是新建牛场筹建之初的第一要务。所谓规划设计就是在项目定位的基础上,对其进行较具体的规划及总体上的设计,使其功能、风格和主要经济技术指标符合其定位。其原理是从现实出发的思考、想象和谋划,进而确定和安排实现项目目标所必需的各种活动和工作成果。效益分析是规划设计的重要组成部分，也是贯穿养牛生产全过程中一项重要工作。

一、奶牛场规划设计与效益分析

牛场规划设计的基本步骤

1. 收集资料

收集养牛行业、政策背景资料和规划设计依据。养牛行业背景资料包括近5年项目实施地区及周边养牛业现状，以及养牛业相关行业发展现状，如饲料、饲草情况，牛奶、牛肉生产加工销售情况等。养牛政策背景资料包括国家和地方有关畜牧业发展规划和支持政策等。规划设计依据包括国家和地方有关畜牧场建设标准和设计规范，项目实施地区的水文、地址、气象等基础资料，中华人民共和国建设部颁布的各类设计规范和设计标准。

2. 确定规划设计原则和指导思想

每个项目都有其特色，确定规划设计原则和指导思想是项目规划设计体现特色的前提。牛场规划设计有其共性原则和指导思想，如工艺先进性原则、卫生防疫原则、环保原则等，也应有其个性特点。整个规划设计的各项内容都应遵循规划设计原则和指导思想，这样才能保证整个规划设计的系统性、协调性、连贯性和完整性。

3. 选择场址并实地考察

牛场场址选择应符合当地畜牧业发展区域规划，并严格遵循环保和防疫原则，不得违背当地土地使用规定。规划设计之前，规划设计人员应进行实地考察。

4. 确定工艺

工艺设计是牛场规划设计的核心内容。养牛生产工艺多样，如奶牛生产的拴系式、散栏式、散放式等饲养工艺，肉牛生产的拴系式、小围栏式、散放式等饲养工艺，水冲粪、干清粪等清粪工艺，小型挤奶机、挤奶管道、挤奶厅等挤奶工艺，全混合日粮、精粗饲料分开等饲喂工艺，自由采食和按顿饲喂等投料工艺。每种工艺都有其相应的技术经济指标。整个规划设计中的其他诸如总平面布置、建筑物、给排水、能源、防疫、消防等内容都应围绕工艺设计和规划设计原则、指导思想进行设计，要与工艺设计相协调。

5. 编制规划设计

按照规划设计基本格式，在科学选择场址的基础上，围绕工艺设计，规划设计其他诸如总平面布置、建筑物、给排水、能源、防疫、消防等内容，编制完成后装订成册，并请行业专家广泛论证，继而立项备案。

二、牛场规划设计的基本格式

1. 总论或总说明

包括该养牛项目的设计依据，工程概况，设计范围和内容，设计规模，设计原则，指导思想，主要技术经济指标，投资概算等。项目设计要依据国家和地方有关畜牧场建设标准和设计规范，项目所在地的水文、地址、气象等基础资料，以及中华人民共和国建设部颁布的各项建筑设计标准等。

2. 总平面布置或总体规划

包括设计依据、场地概况，项目总平面布置图及说明等。

3. 工艺设计

(1)设计依据　一般参考项目投资方提供的养殖规模和养殖方式，根据建设地气候条件和场址具体情况，参考国家现行的有关建设标准和设计规范进行工艺设计。

(2)工艺技术方案　包括拟建项目工艺技术选择的原则或路线，拟建项目工艺技术方案，编制工艺流程框图、各工艺环节的技术参数或说明，阐述所选工艺技术的先进性、成熟性、可靠性及经济实用性。具体应包括养殖规模和养殖方式，牛群结构与技术经济指标，饲养，饲喂，繁殖，挤奶、清粪和防疫等工艺技术方案。

(3)设备设施方案　根据项目类别、工艺技术要求、建设标准，设计或选择配置相应的设备设施，阐述工艺设备和附属配套设备的设计或选型依据和理由，并编制仪器设备清单，主要包括自由式牛床、颈枷、饮水池(器)、犊牛岛、饲料加工机械设备、通风降温设备、防疫消毒设备设施、清粪设备设施、地磅等，将已有和新增分别列表，仪器设备清单内容包括设备名称、规格、单位、数量及主要技术参数说明等。

4. 建筑、结构设计(亦可分为建筑设计和结构设计两部分单独撰写)

(1)设计依据及设计要求　一般参考国家和地方的相关各类建筑结构设计、防火设计等规范和标准，以及投资方对建筑和结构的特殊要求进行设计。

(2)设计范围　根据牛场生产工艺和投资方委托范围，结合已有建筑的设计方案，确定设计范围。

(3)设计内容　在设计范围内，根据生产工艺和投资方要求，对包括各类牛舍、库房、办公室、宿舍、食堂等功能性建筑进行设计，设计内容应包括材料、规格、数量等，以及单体建筑物的立面图、平面图、剖面图、侧面图等。同时，可阐明各类建筑结构的设计使用年限，抗震、安全、防火等级。

5. 给排水、采暖及通风降温设计(亦可分项单独撰写)

格式同上。

6. 电气设计

包括供电、电力、照明、防雷接地设计等，格式同上。

7. 防疫设计

包括工程防疫措施、疫病监测与控制、防疫制度和疫病防治方案。

8. 环境保护和安全生产设计(亦可分项单独撰写)

①要提出具体的粪污处理技术方案及措施，粪污处理后能达到相应的排放标准。

②要对有可能发生威胁人身、生产设施安全的因素进行分析和描述，并提出相应预案。

9. 投资概算和资金筹措方案

(1)投资估算　说明估算内容，估算依据，投资结构分析等。

(2)资金来源　说明项目总投资中中央投资、地方配套及自筹资金数额及比例。

(3)资金运用　编制项目分年度、分来源的资金使用计划表。资金使用计划应与项目实施进度计划相衔接；用款计划要与资金来源相适应。

10. 项目组织管理与实施进度

项目组织管理主要包括项目建设期组织管理和项目建成后的运行组织管理。

(1)项目实施组织管理　一是管理机构与职能分工。应编制管理机构框图，包括决策机构、实施职能机构(综合、工程、财务等)及职责分工，并说明机构性质、运行方式等情况。二是项目实施各阶段的管理方案或措施。包括初步设计及施工图设计、工程施工、工程监理、资金管理、竣工结算和决算、竣工验收、固定资产移交等实施计划及责任部门或责任人。三是工程招投标方案。主要包括施工招标、设备设施采购招标等。要求确定招投标范围、招标方式和招标形式。

(2)项目建成后的运行管理　运行管理是指项目建成投产后的运行管理，应包括机构框图、人员编制及职能分工、人员培训，以及保证实现项目目标的运行管理机制方案、制度或措施(若运行中涉及多方共同管理，必须提出未来项目运行管理的方式或运行机制，应签订各方意向协议)，运行经费解决方案的分析说明。

(3)项目实施进度　根据确定的建设工期和勘察设计、设备设施采购、工程施工、生产准备、设备调试、试运转、人员培训、竣工验收、交付使用等阶段所需时间与进度要求，编制分年度(月度或季度)项目实施计划表。要确定实施年限，起止日期，编制实施进度表或图，要按进度框图说明各阶段的工作内容和进度安排。

11. 效益分析

(1)经济效益　对项目投资或新增投资进行估算，说明具体估算依据，并进行投资效果分析评价；对项目新增效益(类别、产量、产值、收入)、新增服务能力或功能(培训、科研、咨询)，单位投资新增生产能力、服务能力或功能进行分析，并说明具体测算的参数依据和测算方法；对项目建成投产后的现金流量、资产负债、损益情况等进行分析。

(2)社会效益　社会效益分析应包括该养牛项目对当地社会、经济、农业生产的作用与意义(如产业结构调整、带动相关产业发展、维护公众利益等)；项目受益人群、受益面，农户(农民)增收或改善生活质量的具体情况；提供社会就业人数，其中农民就业人数；可能产生的其他社会效益。

(3)生态效益　生态效益分析应包括生态结构变化(耕地、草地、林地等种植环境与养殖环境的关系改善情况)、节水、节能、污染治理等效果。

12. 附件

各种附表、附图及配套证明材料等。所有材料应真实、齐全。

(1)附表　附表主要包括项目建设内容与规模一览表，项目建设内容、规模及投资明细表，项目总投资估算及资金来源表，项目单项工程综合投资估算表，项目仪器设备投资估算表，项目招标基本情况表，总成本费用估算表，损益表，资产负债表，现金流量表(税前和税后)等。

(2)附图　附图主要包括项目地理(区域)位置图，项目区现状图，项目建设规划图或总平面(1/10 000或1/50 000)，生产工艺设计流程图，单项土建工程平面、立面、剖面图(或做法说明)等。

(3)有关证明材料　有关证明材料主要包括申报单位法人证件复印件；地方配套资金承诺证明，须明确省、地、县各级配套比例和金额；落实土地使用权的证明(如土地使用意向协议书等)；科技成果证书及获奖证书复印件；有关技术合作、管理合作、经营合作的意向协议书等；其他依据性或证明性文件。

三、奶牛场规划设计及效益分析

(一)奶牛场规划设计

1. 奶牛场场址选择

(1)畜牧业区域规划　奶牛场场址选择应符合当地畜牧业区域发展规划，不得在禁养区内设场，不得占用基本农田。一般来说，畜牧业区域发展规划有相应的产业政策、土地使用政策及要求，该区域内容易形成相关产业集群，有利于奶牛场可持续发展。同时，伴随我国城镇化建设进程，城镇人口比例逐渐增加，牛奶和牛肉消费能力逐渐增强，但是城镇化建设与牛场占地必将产生矛盾，这种情况已经出现。如上海市，在其发展过程中，已经将一些畜牧场迁走。因此，奶牛场场址要尽量远离城市，但是要交通便利，饲料资源丰富。

(2)社会联系　①养牛生产过程中形成的有害气体及排泄物会对大气和地下水产生污染，因此，牛场不宜建在人烟密集区和繁华地带，而应选择相对较偏远的地区，有天然屏障(山、坡、林地等)作隔离更好，同时要远离江河湖泊等水源，使牛场不致成为周围社会的污染源。②场区要求交通便利，修建专用道路与公路相连。但为了防疫卫生，牧场与主要公路的距离至少要在 300 m 以上；国道、省际公路 500 m；省道、区际公路 300 m；一般公路 100 m(有围墙时可缩小到 50 m)；非本场的牲畜牧道 300 m；与居民点的间距：一般小场 200 m 以上，大型奶牛场应在 500 m 以上；与各种化工厂、屠宰场、制革厂间距应不小于 1 500 m。③奶牛场与其供奶的乳品加工企业间距最好在 300 km 范围内，以减少运输成本。④奶牛生产需要大量电能，除照明用电外，挤奶设备、粉碎机、全混合日粮机等用电功率均较大，往往在数十千瓦时左右。因此，选择场址时，应重视供电条件，特别是集约化程度较高的大型牛场，必须具备可靠的电力供应。靠近输电线路，以尽量缩短新线路铺设距离，减少供电投资。

(3)地势、地形　①奶牛场场址应选在地势高燥、平坦或稍有坡度、地下水位低、排水良好的地方。地势高燥，高出当地历史洪水线以上，地下水位在 2 m 以下，既可以避免雨季洪水的威胁，又可以减少因土壤毛细管水上升而造成地面潮湿。北方或西部寒冷地区，场址最好选在背风向阳的地方，以保持场区小气候温热状况的相对稳定；中原或南方温热地区，场址最好选在通风良好的地方，有利于降低场区温度。地面平坦或稍有坡度(1%～3%)，便于排水。低洼潮湿、排水不良的场地，不利于牛的体热调节和肢蹄健康，而有利于病原微生物和寄生虫的生存，并严重影响建筑物的使用寿命。②地形开阔整齐，最好是长方形，但不要过于狭长，利于土地的有效利用，便于规划布局和长远发展。

(4)土质　①牛场土质非常重要，应选择透气、透水性强，毛细管特性弱，吸湿性和导热性小，质地均匀且抗压性强的土壤，土质的好坏不仅直接、间接影响场区的空气、水质和植被的化学成分及生长状态，而且还影响土壤的净化作用。②沙壤土透水性良好，持水性小，雨后不泥泞，易于保持场地干燥和牛体卫生，同时，此类土壤导热性小，热容量大，土温比较稳定，是很适宜的牛场地基。黏性土壤不利于生产管理，不宜选用。

(5)水源　牛场需水量大，如牛的饮水[泌乳牛平均 130 L/(头・d)]，饲料清洗与调制，棚圈和用具的洗涤，牛体的洗刷以及日常生活用水等都需要大量的水，因此，水源充足，水质良好是维持牛场正常生产的必要条件之一。良好质量的地下水冬暖夏凉，是最好的水源；自来水水质稳定，为大多数牛场的主要水源；地表水也可作为水源，但需要净化达到饮用水质标准后使用。大多数奶牛场使用自来水，即便如此，奶牛场一般也应设计一定流量或数量的机井作为备用水源，防止自来水临时停止供应或管道维修等突发事件给奶牛生产造成影响。

2. 奶牛场总体规划和布局

场址选择好后，接着就是根据实际地形地貌对牛场进行整体规划和布局。布局时应遵循下列原则：因地制宜原则、节约用地原则、防疫原则、环境保护与再利用原则和可持续发展原则。根据这些原则对场区进行分区规划和合理布局，这是建立良好牧场环境和组织高效率生产的基础工作和可靠保证。

(1)奶牛场总体规划　一般奶牛场通常采用分区规划，按功能分为以下几个区：管理区（办公室、档案室、接待室等）、生活区（职工宿舍和食堂等）、辅助生产区（设备存放及维修车间、配种工作室、饲料饲草贮存、加工、调制车间等）、生产区（各类牛舍、挤奶厅等）和病畜粪污处理区（兽医室、病牛隔离舍、粪污处理设施等）。在分区规划时应从人畜保健的角度出发，使各区之间建立最佳生产联系和环境卫生防疫条件，合理布置各区建筑物。同时还要考虑地势和主风向状况，如图 2.3 所示。

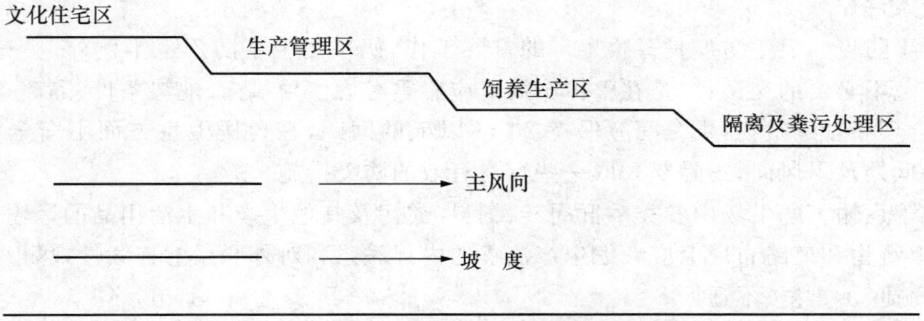

图 2.3　牛场各区依地势、风向配置示意图

①管理区。管理区负责全场的经营管理，与外界联系频繁，通常由办公室、接待室、陈列室、档案室和培训教室组成，应设在与外界联系方便的位置，场大门设在该区。大门处设有消毒池、门卫室和消毒更衣室。场外车辆严禁进入生产区，外来人员也只能在管理区活动。

②生活区。生活区主要包括职工宿舍、食堂等生活设施。其位置可以与生产区平行，靠近管理区，但必须在生产区的上风向。

③辅助生产区。辅助生产区一般包括设备存放及维修车间、配种工作室、饲料饲草贮存、加工、调制车间等。辅助生产区一般建在管理区和生产区之间，既有联系，又保持一定距离。

④生产区。生产区包括各类牛舍、挤奶厅等，是牛场的核心，应设于全场的中心地带。对于生产比较单一的牛场，生产区的规划与布局比较简单；对于生产规模较大和综合性的牛场，应将种畜、幼畜、商品群分开饲养，在生产区内必须进一步规划小区，不能混杂交错配置。挤奶厅应靠近泌乳牛舍，同时应有单独通道出场或与管理区相通。

⑤病畜粪污处理区。病畜粪污处理区应设在全场下风口和地势最低处，并应与其他牛舍保持一定间距，周围应有天然的或人工隔离屏障（界沟、围墙、栅栏或浓密的乔灌木混合林等），并设单独的通道与出入口。处理病死牛尸体的坑或焚尸炉应隔离、并严密防护。对于大型牛场，还应建立粪便、污水、废弃物处理设施，以确保牛场及周围环境卫生良好。堆粪场应有防雨、防渗和防径流的措施。

此外，生产区与管理区宜保持200～300 m的距离，生产区与病畜处理区宜保持300 m距离，各区之间还应有必要的隔离设施，并防止生活区、管理区的生活污水和地面径流流入生产区。

(2)奶牛场建筑布局　奶牛场建筑物功能和种类多样，一般包括各类办公室、宿舍、设备工具室、草料库及饲料加工车间、青贮池、牛舍、挤奶厅、消毒室、泵房、配电发电室和污物处理设施等等。牛舍又可分为泌乳牛舍、干乳牛舍、育成牛舍、犊牛舍(岛)、产房、病牛隔离舍等等。将这些功能和种类多样的牛场建筑进行合理布局，必须根据具体条件，在遵循下列基本原则的基础上，尽可能做到因地制宜，切忌生搬硬套。

①便于生产。奶牛生产过程由许多生产环节组成，主要包括饲料加工、饲喂、挤奶、清粪以及繁殖环节等。奶牛场的总体布局首先要满足生产工艺流程的要求，按照生产过程的顺序性和连续性来规划和布置建筑物，达到有利于生产，便于科学管理，从而提高劳动生产率。同时，在遵守兽医卫生和防火要求的基础上，按建筑物之间的功能联系，尽量使建筑物配置紧凑，以保证最短的运输、供电和供水线路，并为实现生产过程机械化、减少基建投资、管理费用和生产成本创造条件。

②便于防疫。卫生防疫是畜牧生产的首要工作，奶牛场卫生防疫也不例外。一是在功能分区上避免不必要的交叉；二是在整体布局上应着重考虑主导风向、地势条件、隔离条件、防疫距离等，合理布置建筑物，牛舍间应保持20 m以上的间距，在兽医卫生方面不安全的建筑应位于地势低处及下风向；三是要采取一些行之有效的防疫措施。

③便于运输。奶牛场内各类牛群周转、饲料、粪污及其他生产和生活用品的运输任务非常繁忙，在建筑物和道路布局上应考虑生产流程的内部联系和对外联系的连续性，尽量使运输路线方便、简捷、不重复、不迂回。

④便于生活管理。奶牛场在总体布局上应使生产区和管理生活区做到既分隔又联系，位置适中，环境相对安静。既为职工创造一个舒适的工作环境，又便于生活、管理。

⑤净污分离。在满足上述布局原则的基础上，根据生产工艺流程，做到净道与污道严格分离，健康牛与病牛严格分离，饲料区与污物处理区严格分离，生活与生产严格分离。

在严格遵循以上原则的基础上，一般安排饲料加工车间靠近泌乳牛舍，挤奶厅也应建在泌乳牛舍附近，它们都与管理区不远；堆粪场及污水池可建在下风向，并与管理区、生产区保持一定距离；药房和兽医室可建在下风向，但与污水池和堆粪场隔开；病牛隔离舍一般建在下风向，有单独通道，可靠近污水池和堆粪场，但要隔开；青贮池和草库可建于牛舍一侧，距泌乳牛舍不远，以保持牛舍清洁；奶牛场可多开几个后门或侧门，根据功能可专供青粗饲料进入、牛奶出场、粪污出场、淘汰牛出场等，切忌整个牛场只有一个门。

3. 奶牛生产工艺设计

(1)牛群结构　一般情况下，整个牛群中，成母牛占60%(泌乳牛50%，产后牛1.5%～2%，干奶牛占8%～9%，合计60%)，后备牛占40%(犊牛8%～10%，育成牛16%～18%，青年牛12%，合计40%)。

(2)饲养方式　奶牛饲养方式包括舍饲拴系式饲养、散栏式饲养和放牧饲养三种。散栏式饲养已成为奶牛饲养的主流模式，即在大跨度奶牛舍中建立采食区、休息区、待挤区和挤奶区，休息区设置自由式牛床，舍外有运动场，且有干草架、饮水槽或饮水器。散栏式饲养的奶牛可自由活动、采食和休息，奶牛舒适性好，便于工厂化、机械化生产，大幅度提高劳动效率。

确定食槽长度、水槽长度或数量、牛床数量和运动场面积。成年牛食槽长度一般以每头75～85 cm计；一般设计牛舍内两个采食栏位配一个饮水器，运动场中每50～75头分配1～2个自动饮水器；牛床数量一般为牛群数量的90%～95%；运动场面积不小于25 m^2/头。

(3)生产工艺

①饲养管理：与散栏饲养方式相适应的饲喂技术是全混合日粮(TMR)饲喂技术。通过合理分群，根据不同牛群营养需要特点，用饲料搅拌机(车)将不同比例的干草、青贮饲料、精料补充料以及矿物质、维生素等各种添加剂混合，机械投喂给牛群，牛群自由采食。牛舍和运动场设置足够的自动饮水器，自由饮水。

②繁殖管理：选择优质的冻精细管或颗粒，确定合理的初配年龄、体重以及产后首次配种时间。确定牛群受配率、情期受胎率、年总受胎率、产犊成活率、平均受胎所需配种次数、产犊间隔、有繁殖障碍个体比例等繁殖技术指标。

③转群管理：确定犊牛断奶时间，各类牛群转群时间，各类牛淘汰标准。

④挤奶管理：确定挤奶次数和间隔，设计每批次挤奶时间少于3 h的挤奶台位数和可以冷藏1～2 d原料乳的奶罐。

⑤清粪管理：清粪宜采用机械化，减轻劳动量，如清粪车或刮粪板等。粪、尿、污水处理遵循减量化、无害化、资源化的原则，推荐干清粪工艺或干湿分离工艺。

⑥卫生防疫管理和工程防疫措施：合理设计奶牛场净污道、防疫距离、防疫措施以及各牛群防疫要求和措施。

4. 各类建筑设计

(1)牛舍　根据屋顶形式可划分为平屋顶、对称双坡式、单坡式、不对称双坡式、锯齿式、不对称气楼式、对称气楼式、双折式、歌德式、拱式、半圆桶式、平拱、联拱式等等，见图2.4。常见的有对称双坡式、不对称气楼式、对称气楼式、联拱式、锯齿式等。不论屋顶形式如何，屋顶设计均应采用隔热材料，并且坚固耐用，能抵御大风和极端雨雪天气。

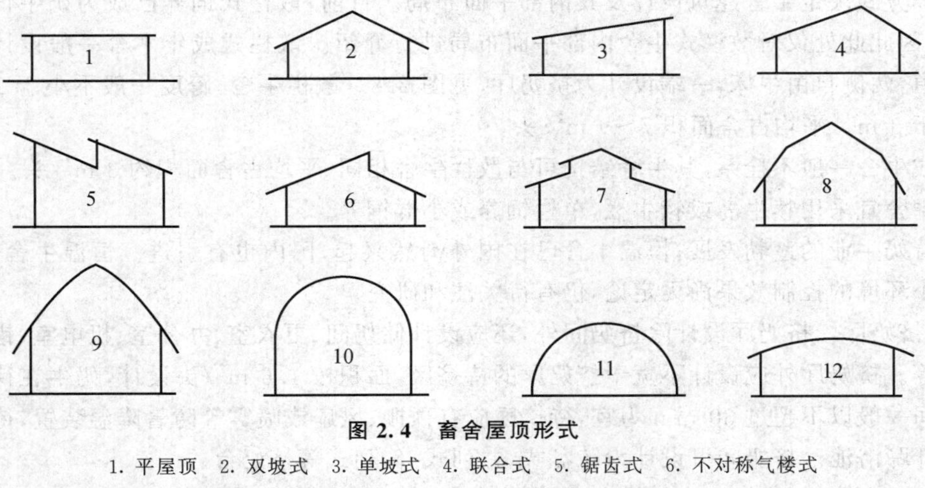

图2.4　畜舍屋顶形式

1. 平屋顶　2. 双坡式　3. 单坡式　4. 联合式　5. 锯齿式　6. 不对称气楼式
7. 对称气楼式　8. 双折式　9. 歌德式　10. 拱式　11. 半圆桶式　12. 平拱

①根据舍内平面布局或牛床排列形式，可分为单列式、双列式和四列式等，又可分为对头式和对尾式(图2.5和图2.6)。

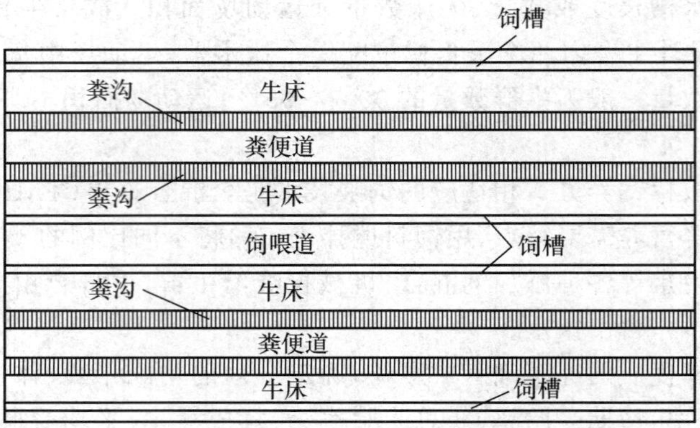

图 2.5　对尾四列式牛舍

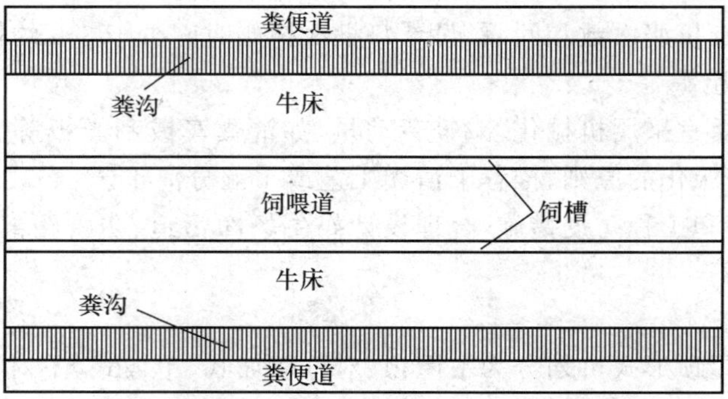

图 2.6　对头双列式牛舍

②根据封闭程度还可分为封闭式、半封闭式和开放式(图 2.7)。

饲养方式决定牛舍建筑设计及其内部平面布局。目前，散栏式饲养已成为奶牛饲养的主流模式，因此此处仅对散栏式牛舍内部平面布局进行介绍。散栏式成年牛舍一般设计为中间饲喂通道，两侧自由牛床，一端设计为挤奶厅，见图 2.8。散栏牛舍，跨度一般不小于 12 m，檐高不小于 3 m。平均占舍面积 7～9 m^2/头。

育成牛舍一般不拴系，其牛舍结构可与散栏牛舍相同，平均占舍面积约 3 m^2/头。

犊牛舍宜采用犊牛岛或犊牛栏，单栏饲养或小群饲养。

随着奶牛业的蓬勃发展，恒温牛舍已在国外悄然兴起，国内也有引进。恒温牛舍造价高，就其对小环境的控制效果尚无定论，仍有待关注和研究。

(2)挤奶厅　挤奶厅设计除挤奶间外，还应设计储奶间、更衣室、办公室、机电室、锅炉室或热水房等。挤奶厅外应设计不宽于挤奶厅的待挤区，面积按 1.6 m^2/头设计，奶牛在待挤区停留的时间一般以不超过 30 min 为宜，待挤区应有顶棚、风扇或喷雾等防暑降温装置，待挤区入口应设计蹄浴池。挤奶间可设计为转盘式、并列式、斜列式等挤奶台。

(3)消毒室　奶牛场内多处设有消毒室，各有不同要求。场区大门口应设计有消毒室，消毒室内设计紫外线灯，安排洗手盆等洗手用具，门口有消毒药垫，一般不要求更衣。进行生产区大门也设计有消毒室，此处需要更衣。

(4)草料库　开放式草料库经济简便，但是不利于防雨、防火，易造成饲料饲草发霉变质。

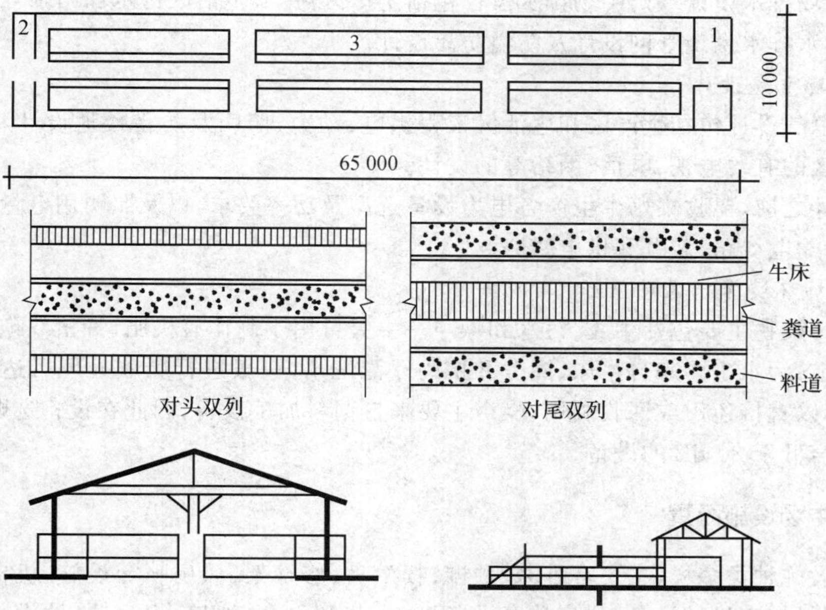

图 2.7 封闭式肉牛舍(110 头)

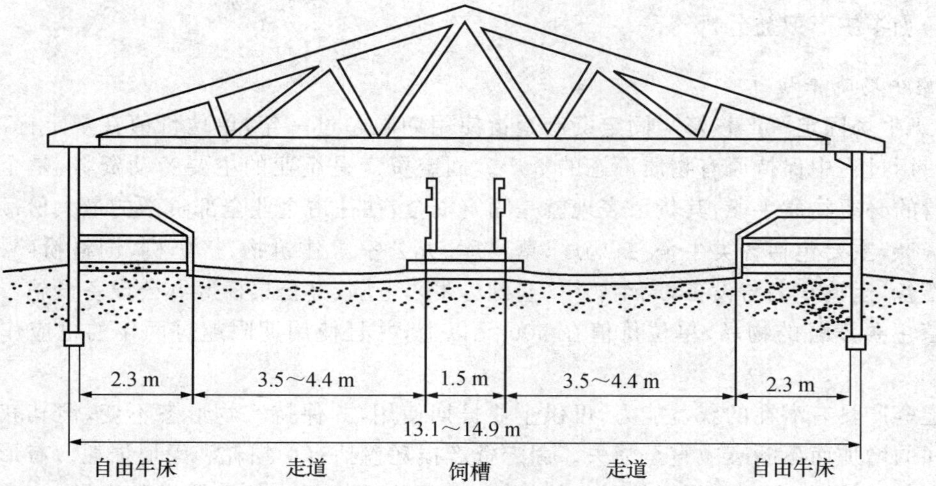

图 2.8 散栏式牛舍

草料库最好设计为封闭式,有助于防雨淋、防日晒,也有助于防火。

(5)其他建筑 其他诸如办公室、繁殖工作室、兽医工作室、药房等均按普通民用建筑要求设计。

5. 奶牛场给排水设计

(1)奶牛场给水设计 奶牛场给水设计包括生活、生产、消防用水量的估算,水质和水压的要求,水源,以及生活和生产给水管网的设计。具体包括办公生活和消毒室用水以 100 L/(人·班)、牛舍用水[平均以 80～100 L/(头·d)]计,包括各类牛饮水、牛舍冲洗水、挤奶厅冲洗水等,消防用水(根据消防有关规定设计)等。

(2)奶牛场排水设计　奶牛场排水设计包括生产区污水、生活区污水和雨水等污水产生量估算,各类污水排水系统管网设计及防溢防渗设计。

6. 奶牛场电气设计

奶牛场电气设计包括生产区和生活区工程供电、动力、照明及防雷接地设计,也可包括办公区和生活区的有线电视、电话、网络等的设计。

规划设计之前,要收集奶牛生产各电力设备选型及功率要求,以及照明用电量。根据用电总功率,设计输电线路、装置和供电线路。

7. 奶牛场环境保护设计

奶牛场污染物主要包括牛粪、污水和噪声。牛粪可用于制作有机肥、种植双孢菇和养殖蚯蚓等变废为宝;污水主要来自牛尿、圈舍和挤奶厅清洗水,一般进行厌氧处理后达到国家农业灌溉要求,可以直接还田或回收利用;噪声主要来自饲料加工设备,因此在设备选购时,应优先选择单机噪声低于 80 dB 的设备。

(二)奶牛场设施配置

奶牛场设施种类多样,主要有卧床、颈枷、犊牛岛、修蹄架、风扇喷雾设施、机器挤奶设备、青贮设施、饲料加工机械设备、防疫消毒设备设施、装卸牛台、地磅、捉牛巷、饮水装置、清粪设备设施、粪污处理设施等,见图 2.9。在规划设计时,应考虑这些设施的选型和数量。

(三)奶牛生产效益分析

1. 奶牛场资产核算

(1)奶牛场固定资产核算　固定资产是指使用期限超过一年,单位价值在规定标准以上,并且在使用过程中保持原有物质形态的资产。固定资产是企业的主要劳动资料,是企业进行生产经营的必要物质手段,其货币表现就是固定资金,往往占企业全部资产的最大份额。奶牛场固定资产,主要包括各类牛舍、挤奶厅、草料库、办公室等建筑物,挤奶机、饲料粉碎机、机井等机器设备,运输车辆与设备,成年奶牛(基础母牛),电脑、办公桌椅等办公设备设施。不属于生产经营主要设备的物品,单位价值在 500 元以上,并且使用期限超过两年的也应作为固定资产。

固定资产具有潜在的获益能力,可供企业长期使用,并保持实物形态不变,但其获益的潜能随时间的增加而不断衰减直至消失。固定资产损耗包括有形损耗和无形损耗。有形损耗是指固定资产因使用、自然力作用等引起的损耗,又称物质损耗。如机器设备磨损、牛舍等建筑物逐渐陈旧、成年奶牛的衰老等。无形损耗是指由于科技进步或劳动生产率提高而引起的固定资产价值的损耗,又称精神磨损。如由于科技进步出现新型挤奶机、饲料粉碎机等效益更高的设备使原有设备效益相对降低,如果继续使用原有设备将导致费用增加,故需提前报废而发生的价值损失。

固定资产因损耗而转移到产品上去的那部分价值,叫固定资产折旧。常用使用年限法折旧。即把固定资产的折旧总额按使用年限平均分摊于每个年度,因而每个年度所提的折旧额相等。需说明的是,使用年限法折旧没有考虑无形损耗。各类固定资产的使用年限,财政部有统一规定,如机械设备为 10～14 年,运输设备为 6～12 年,生产用房为 30～40 年,简易用房 8～10 年等。成年奶牛的有效利用年限一般为 10～12 年。固定资产年度或月度折旧额可用

卧床与颈枷

犊牛岛

青贮设施

装卸牛台

饮水装置

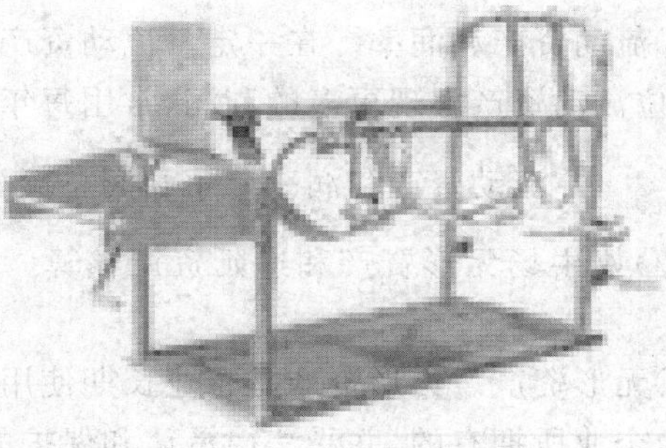
修蹄架

图 2.9 牛场常见设施

下列公式计算：

固定资产年基本折旧额＝(固定资产原值－预计残值＋预计清理费用)/折旧年限

固定资产年大修折旧额＝使用年限内大修次数×每次大修费用/折旧年限

月折旧额＝年折旧额/12

奶牛场的成年奶牛作为固定资产，除有损耗外，还可新增固定资产，如其优秀后代数量的增加，或由于采用科学育种方案和优秀冻精，可使其后代生产性能大幅度提高，固定资产价值得到增加。

(2)奶牛场流动资产核算　流动资产是指可以在一年内或超过一年的一个营业周期内变现或者运用的资产，其价值的货币表现就是流动资金，即垫支在生产领域和流通领域的周转资金。流动资金有四种形态，即货币形态(库存现金、银行存款、结算资金)、储备形态(饲料、兽药、燃料、低值易耗品等)、在产品(胎儿)和产成品(犊牛、育成牛、牛奶、牛粪等)。流动资产主要包括现金、应收账款、预付账款、存货、短期投资、待摊费用等。现金主要是指库存现金、银行存款和其他货币资产；应收账款主要是指出售牛奶、牛粪、淘汰牛等的应收而未收的票据或账款；预付账款是指购买饲料、饲草、兽药等预付而未入库的账款；存货是指饲料、兽药、低值易耗品、犊牛、育成牛、库存原料奶等。流动资产具有流动性大，并在流动中不断改变形态；可一次消耗、转移或实现；具有波动性；各种形态流动资产在空间上是并存的，整个过程才能连续。流动资产核算包括周转率、产值率和利润率三类指标。

①流动资产周转率。在一定时间内，流动资产周转率(次数)越多，表明以相同的流动资产完成的周转额越多，流动资产利用效果越好。流动资产周转期(天数)越短，表明流动资产在经历生产和销售阶段时所占用的时间越短。生产经营任何一个环节上的工作改善，都会反映到周转天数的缩短上。

月度流动资产平均占用额＝(月初占用额＋月末占用额)/2

流动资产周转率(次数)＝计算期内销售收入总额/计算期内流动资产平均占用额

流动资产周转期(天数)＝计算期天数/流动资产周转率

②流动资产产值率。流动资产产值率是指每元流动资产所提供的产值。产值率越高，表明流动资产运用效果越好。

流动资产产值率＝计算期内销售收入总额/计算期内流动资产平均占用资金额×100％

③流动资产利润率。在一定量流动资产条件下，流动资产利润率越高，表明其周转速度越快，单位流动资产实现更多的利润，常用每年流动资产实现利润多少来表示。

流动资产利润率＝年利润总额/年流动资产平均占用资金额×100％

(3)奶牛场无形资产和递延资产核算　无形资产与递延资产的核算管理，往往用于投资决策。

①无形资产。无形资产是企业长期使用但是没有实物形态的资产。奶牛场无形资产通常表现为企业所拥有的，并受法律承认和保护的权利，包括土地使用权、企业有偿取得的技术或智力支持等。

②递延资产。递延资产是指企业发生的不能全部计入当年损益，应当在以后年度内分摊的各项费用，包括开办费、以经营租赁方式租入的固定资产改良支出等费用。开办费是指企业在筹建期间的人员工资、办公费用、培训费用、差旅费用、注册登记费以及不计入固定资产和无形资产的构建成本的汇兑损益、利息等支出。开办费从企业开始生产经营月份的次月起，按照不短于5年的期限分期摊入管理费用。而以经营租赁方式租入的固定资产改造支出，应在租赁有效期内分期摊销，计入制造费用或管理费用。

(4)资产负债表的编制与分析

①资产负债表的编制。资产负债表是按资产等负债加所有者权益之和的形式来表示的。为了便于理解和分析，资产负债表上的信息必须按一定的标准进行分类组合。一般资产负债

表可分为两部分，即资产和负债及所有者权益。资产一栏内，应包括流动资产、长期投资、固定资产、无形资产四部分的年初数和年末数；负债及所有者权益一栏内，应包括流动负债、长期负债、所有者权益三部分的年初数和年末数。具体见表 2.35。

表 2.35 资产负债表

资产	年初数	年末数	负债及所有者权益	年初数	年末数
一、流动资产			一、流动负债		
①货币资金			①短期借款		
②短期投资			②应付账款		
③应收账款			③预收账款		
④坏款准备金			④其他应付款		
⑤应收账款净值：			流动负债合计：		
=③-④			=①+②+③+④		
⑥预付账款			二、长期负债		
⑦存货			三、所有者权益		
⑧待摊费用			①实收资本		
流动资产合计：			②资本公积		
=①+②+⑤+⑥+⑦			③盈余公积		
+⑧			④未分配利润		
二、长期投资			所有者权益合计：		
三、固定资产			=①+②+③+④		
①固定资产原值					
②固定资产折旧					
③固定资产净值：					
=①-②					
三、无形资产					
资产总计			负债及所有者权益合计		

②资产负债分析。资产负债分析可以反映企业偿债能力，偿债能力分为短期偿债能力和长期偿债能力。

短期偿债能力是指企业流动资产对流动负债及时足额偿还的保证程度，它主要是通过企业资产的流动性及其金额大小来表现。一般而言，偿还流动负债的现金是从流动资金中产生的，流动资金决定企业的短期偿债能力。反映短期偿债能力的资产负债分析主要有流动比率、速动比率和现金比率三个指标。

流动比率=流动资产/流动负债

一般情况下，流动比率越高，表明企业短期偿债能力越强。但是，流动比率过高则表明企业流动资产占用过多，如存货积压、存在大量应收账款或现金等，反而会影响资金的使用效益。流动比率过低可能意味着企业难以偿还到期债务，会导致财务危机。通常认为，流动比率以 2∶1为宜。

速动比率=速动资产/流动负债

其中,速动资产=流动资产—存货—待摊费用。由于流动资产中包含的存货和待摊费用等无法短期变现来偿还流动负债,因此,将其从流动资产中减去,则能够衡量流动资产中可以立即用于偿还流动负债的能力。

一般认为,速动比率不能<1。如果比率<1,则预示企业到期无法偿还债务的可能性较大;如果比率过大,则表明偿还债务的能力较强,但也会因企业现金及应收账款资金占用过多而影响其收益。

现金比率=现金+短期投资/流动负债

现金比率最能直接反映企业直接偿还流动负债的能力。但是,如果这一比率过高,则表明企业流动负债未能得到合理的运用,经常保持着获利能力低的现金类资产,这会导致企业效益的下降。

长期偿债能力是指企业支付长期债务的能力,可从资产负债表分析,亦可从损益表分析。此处只从资产负债表进行分析。反映短期偿债能力的资产负债分析主要有资产负债率、产权比率和有形净值负债率三个指标。

资产负债率=负债总额/资产总额×100%

资产负债率又称负债比率,该比率越小,表明企业承担的长期偿债能力越强。如果该比率较大,表明该企业利用较少的自有资金,形成较多的生产经营用资产,不仅扩大了生产经营规模,而且在经营状况良好的情况下,还可以得到更多的投资利润。但是,如果该比率过大,则意味着企业债务负担沉重,资金实力较弱,偿债能力较弱,经营风险加大。

产权比率=负债总额/所有者权益×100%

产权比率表明企业由债权人提供的资本与所有者提供的资本的相对关系,是企业基本财务结构强弱的标志。这一比率越低,表明企业的长期偿债能力越强,债权人权益的保障程度越高。

有形净值负债率=负债总额/(所有者权益-无形资产)×100%

有形净值是指所有者权益减去无形资产的价值。由于企业在清算时,无形资产不能用于偿债,因此,有形净值负债率更能准确地反映企业的长期偿债能力。有形资产负债率越低,表明企业长期偿债能力越强,债权人权益的保障程度越高。

通过奶牛场资产核算和资产负债分析,可以对某项目的投资风险进行评价,也可对企业的资产分配、流动资产使用效率等资本运营情况进行评价,并做动态管理。

2. 奶牛场产品成本核算

(1)奶牛场产品成本与费用的构成　奶牛场在生产过程中所发生的费用可以分为两大项,一是计入产品成本的费用,根据我国现行财务制度规定,奶牛场的产品成本就是指这部分,亦称制造成本或生产成本。主要包括直接材料费用(各类饲料的采购、运输、加工费用及其消耗的燃料动力费用等),直接人工费用(直接生产人员的工资、奖金、津贴、补贴和福利费用等),其他直接费用支出(医药费、牛舍折旧费、基础母牛摊销、专用机器设备折旧费等),管理费用(生产部门管理人员工资、租赁费、修理费、低值易耗品、取暖费、水电费、办公费、差旅费、运输费、保险费、试验检验费、劳动保护费以及其他制造费用)。二是不计入产品成本的费用,根据我国现行财务制度规定，此部分费用称为期间费用。主要包括管理费用（企业行政管理部门为管理和组织生产经营活动而发生的各项费用），财务费用（企业为筹集资金而发生的各项费用），销售费用（在销售主产品和副产品等过程中发生的各项费用）。期间费用应直接从损益表的销售收入或销售利润中扣除，以计算营业利润。

奶牛场生产过程全部费用构成如下：①总成本＝生产成本＋期间费用＝变动成本＋固定成本，②经营成本＝总成本－折旧费－摊销费－利息支出，③变动成本＝直接材料费用＋直接人工费用＋医药费＋专用机器设备折旧费，④固定成本＝牛舍折旧＋基础母牛摊销＋管理费用＋财务费用＋销售费用。

(2)奶牛场的产品成本核算　泌乳牛群的主产品是牛奶和犊牛，副产品有牛粪和淘汰牛等。泌乳牛群全部饲养费用减去副产品价值，就是主产品的成本。由于奶牛场主产品有牛奶和犊牛两种，它们都是从同一个饲养过程中得到的，因此为了分别计算出牛奶和犊牛的成本，就需要将主产品的全部成本分配到两种主产品的成本中。依据体内犊牛的发育主要在孕期的后 3～4 个月，犊牛出生前 100 d 内发育所消耗的饲料单位，大约相当于母牛在正常生产状况下生产 100 kg 牛奶所消耗的饲料单位，即认为犊牛的价值相当于 100 kg 牛奶的价值，将犊牛的价值统一换算为牛奶的价值。这种方法比较有科学依据，计算也较简单。每千克牛奶成本的计算公式如下：

每千克牛奶成本＝（泌乳牛群全部饲养费用－副产品价值）/牛奶总产量＋出生犊牛头数×100

未满 6 月龄的犊牛和 6 月龄以上的育成牛的主产品是增重，副产品是牛粪和淘汰牛等。这两个牛群的成本也要分别计算增重成本和活重成本。

某牛群增重单位成本＝（某牛群某期全部饲养费用－副产品价值）/某牛群某期增重量

某牛群活重单位成本＝（期初活重成本＋本期饲养费用＋转入价值－副产品价值）/期末存栏活重＋期内离群活重

此外，为了考核某牛群饲养水平，还要计算该牛群的饲养头日成本。

某牛群的饲养头日成本＝该群饲养费用/该群饲养头日数

(3)奶牛场总成本费用估算表的编制　奶牛场总成本费用估算表主要用于项目投资论证，也为后面的奶牛场赢利核算和财务评价提供依据。总成本费用估算表应包括生产成本和期间费用两大项，具体细目应根据具体情况编制，每个细目应说明编制依据，如购买精饲料费用应根据各类牛群数量和生产性能及相应饲喂定额、精饲料单价（按草拟饲料配方购进玉米、豆粕等各类原料数量和单价）等进行编制。下列奶牛场总成本费用估算表项目仅供参考（表 2.36）。

表 2.36　奶牛场总成本费用估算

项目	年度
	一般估算 10～15 年
一、生产成本	
购买精饲料费用	
购买青贮饲料及加工费用	

续表2.36

项目	年度
	一般估算 10～15 年
购买干草费用	
医药费	
直接生产人员工资与福利	
生产部门管理人员工资与福利	
生产部门管理人员办公费用	
基础成母牛摊销	
牛舍折旧	
专用设备折旧	
水电费	
修理费	
二、期间费用	
管理费用	
财务费用	
销售费用	

3. 奶牛场赢利核算

(1)收入核算　奶牛场营业收入主要来自牛奶、犊牛、淘汰牛和牛粪等出售。营业收入的增加通常会带来资产的增加或负债的减少,营业收入是企业赢利的主要途径。

(2)利润核算　利润总额应等于各项收入和各项支出相抵后的差额。奶牛企业进行利润核算时的各项支出主要是指生产成本、期间费用,也即总成本费用,无营业税金及附加。计算公式为:

利润总额＝销售收入－生产成本－期间费用

企业所得税是企业依法对其生产经营所得和其他所得按规定的税率计算缴纳的税款,即应纳税所得额与所得税税率的积。应纳税所得额为企业年度利润总额减去允许扣除的项目或加上税法不允许计入成本费用的开支后的数额。所得税税率一般按 25%计算,亦可参考《中华人民共和国所得税法》之减免税条件计算。

净利润又称税后利润,是指企业纳税后形成的利润,是企业进行利润分配的依据。计算公式为:

净利润＝利润总额－应交企业所得税额

(3)税后利润分配　企业交纳所得税后的利润,一般按照下列顺序进行分配。

第一步,用于抵补被没收的财产损失,支付各项税收的滞纳金和罚款。

第二步,弥补企业以前的年度亏损。《企业财务通则》规定,企业发生的年度亏损,可以用下一年度的税前利润弥补。不足时可在 5 年内延续弥补。5 年内不足弥补时,可用企业的税后利润等弥补。

第三步,提取盈余公积金。盈余公积金是指企业按照规定从税后利润中提取的积累资金。盈余公积金可分为法定盈余公积金和任。除股份公司外,一般企业不提任意公积金。法定盈余公积金在其累计提取额未达到注册资本50%时,均按税后利润10%提取,主要用于弥补亏损、扩大企业经营规模、转增资或分配股利等。但转增资或分配股利后,法定盈余公积金一般不得少于注册资本的25%,法定盈余公积金累计额已达注册资金的50%时,可不再提取。

第四步,提取公益金。公益金主要用于企业职工的集体福利设施支出。一般按当年实现净利润的5%～10%提取。

第五步,分配利润。所有未分配利润均可并入本年度分配。如果是股份有限公司,在提取公益金后,可将提取的盈余公积金用于分配股利,但是股利率不得超过股面值的6%。

(4)损益表的编制与分析　企业的赢利能力,主要是通过损益表进行分析的。损益表又称利润表,集中反映企业在某期的经营业绩。奶牛场损益表一般按月编制,在做项目投资论证时,亦可按年编制。下列损益表可供参考(表2.37)。

表2.37　损益表

序号	项目	某年或某月的数额:可连续估算数年或数月
1	销售收入	
2	生产成本	
3	期间费用	
4	利润总额:1－2－3	
5	所得税:利润总额的25%	
6	净利润:4－5	
7	盈余公积金:净利润的10%	
8	公益金:净利润的5%～10%	
9	未分配利润:6－7－8	
10	累计未分配利润	

赢利能力是指企业赚取利润的能力,是企业经营业绩、管理效率以及项目投资效率的最直接体现。根据损益表和资产负债表,可以计算销售利润率、成本费用利润率、总资产回报率或总投资利润率、权益资本利润率等指标,来衡量企业的赢利能力(表2.38)。

表2.38　赢利能力分析

指标	计算公式	指标	计算公式
销售利润率/%	净利润/销售收入	投资利润率/%	净利润/投资总额
成本费用利润率/%	净利润/总成本费用	权益资本利润率/%	净利润/年平均所有者权益
总资产回报率/%	净利润/资产平均总额		

(5)现金流量表的编制与分析　与损益表和资产负债表一样,现金流量表是财务报表的三个基本报告之一,也叫账务状况变动表,是一份能够表达在一个固定期间(一般为月报,季报,主要还是年报)内,奶牛场现金(包含现金等价物)流入和流出增减变动情况的财务报告。这份报告显示资产负债表和损益表是如何影响现金流入和流出的,以及根据公司的经营,投资和融资角度作出分析。作为一个分析的工具,现金流量表的主要作用是决定公司短期生存能力,特别是缴付帐单的能力(表2.39)。

表 2.39 财务现金流量

项目	年份(建设期、投产期、达产期)										
	1	2	3	4	5	6	7	8	9	10	11
1 现金流入 CI											
1.1 销售收入											
1.2 回收流动资金											
1.3 回收固定资产余值											
合计											
2 现金流出 CO											
2.1 固定资产投资											
2.2 流动资金											
2.3 经营成本											
2.4 所得税											
合计											
3 税前净现金流量	=现金流入—现金流出+所得税										
税前累计净现金流量	=上年度累计税前净现金流量余额+本年度税前净现金流量										
4 所得税后净现金流量	=现金流入—现金流出										
所得税后累计净现金流量	=上年度累计税后净现金流量余额+本年度税后净现金流量										
分析计算指标:											
某年财务净现值(税前)	=某年税前净现金流量/(1+基准贴现率)^{T}										
累计财务净现值(税前)FNPV	=上年度累计税前财务净现值+本年度税前财务净现值										
某年财务净现值(税后)	=某年税后净现金流量/(1+基准贴现率)^{T}										
累计财务净现值(税后)FNPV	=上年度累计税后财务净现值+本年度税后财务净现值										
税后财务内部收益率 FIRR	=使投资方案寿命期内的累计财务净现值等于零的贴现率										
税前财务内部收益率 FIRR											
投资回收期税后	=累计税后净现值开始出现正值的年份数$-1+\dfrac{\text{上年累计净现值的绝对值}}{\text{当年净现值}}$										
投资回收期税前											

注 1:表中某年财务净现值计算公式中的 T 指的是年度序号 0,1,2,3,……;

注 2:基准贴现率的选择一般依据某一部门和行业历史投资效果的水平,大致算出一个最低的可接受的贴现率水平,如果按这个基准贴现率算出的方案净现值为负值,说明该方案没有达到该行业的最低可达到的经济效果水平,资金不应该用在该项目上。基准贴现率通常高于贷款利率。畜牧业投资项目风险性较大,世界银行在发展中国家农业项目中通常选择的贴现率是 12%;

注 3:财务内部收益率的计算方法是利用 Microfoft Execl 软件中的单变量求解,设定某方案寿命期内累计净现值的目标值为零,财务内部收益率为可变单元格,求解后即得财务内部收益率。

利用财务现金流量表,对某方案进行效益分析和评价时,要接受该方案的必要条件是财务净现值大于或等于零,财务内部收益率应大于或等于基准贴现率,投资回收期应短于基准投资回收期或规定年限。

四、肉牛场规划设计及效益分析

奶牛生产与肉牛生产的主要区别在于奶牛生产以产奶为生产核心，肉牛生产以增重为生产核心。因此，在场址选择、场区总体规划、给排水设计、电气设计和环境保护设计等许多方面具有共性，在此不做重复阐述。

(一)肉牛场规划设计

1. 肉牛场场址选择

参见本章节关于奶牛场选址的内容。

2. 肉牛场总体规划和布局

(1)肉牛场总体规划　参见本章节奶牛场总体规划的内容。

(2)肉牛场总体布局　肉牛场的建筑物主要包括各类办公室、宿舍、设备工具室、草料库及饲料加工车间、青贮池、牛舍、消毒室、泵房、配电发电室和污物处理设施等等。与奶牛场建筑物相比，只是在生产区的建筑物有所差异，主要是不需要建设挤奶厅，牛舍的种类只需要建设育肥舍、新进牛观察(隔离)舍和病牛隔离舍。①肉牛场总体布局也需要遵循便于生产、便于防疫、便于运输、便于生活管理和净污分离的原则。一般新进牛隔离舍设计在下风向，但不应设计在场区中间位置，而是选择一边或角设计，距育肥舍保持 50 m 以上间距，有独立通往场外的道路(该通道亦可供育肥牛出售用)，有独立的粪污处理设施；②病牛隔离舍一般也建在下风向，可以与新进牛隔离舍平行排列，但要保持一定间距，并有独立通道和粪污处理设施，可靠近污水池和堆粪场，但要隔开；③饲料加工车间靠近育肥舍、并与管理区不远；青贮池和草库可建于育肥舍一侧，以保持牛舍清洁；④药房和兽医室可建在下风向，但与污水池和堆粪场隔开；⑤场区应设计分牛系统，将各牛舍、地磅、装卸牛台与之相连，便于转群和称重。奶牛场可多开几个后门或侧门，根据功能可专供青粗饲料进入、粪污出场、架子牛进场和售牛等用途，切忌整个牛场只有一个门。

3. 肉牛生产工艺设计

(1)育肥模式　我国肉牛育肥模式主要以后期集中育肥为主。根据经营目的、资金筹措能力、饲养水平、饲料优势等的不同，选购架子牛的年龄和体重、出栏年龄和体重以及日粮组成均有不同。因此，每年出栏批次和每批次出栏收益也不相同。一般来讲，小架子牛长期育肥模式对一次性购牛资金压力小，存栏数量可以较多，但是饲养周期长，年出栏批次少，流动资金占用较多，周转慢；大架子牛短期育肥模式对一次性购牛资金压力大，存栏数量较少，但是饲养周期短，年出栏批次多，流动资金占用较少，周转快。经营目的可供育肥屠宰，亦可供其他场继续育肥，即所谓“二槽牛”育肥。总之，育肥模式的实质就是育肥什么样的牛、育肥多少头、育肥多长时间、育肥到什么程度出栏。

(2)饲养方式　育肥肉牛的饲养方式主要有拴系式饲养、小围栏饲养和放牧式三种，后两者为非拴系式饲养。目前被采用最多的是拴系式饲养。拴系式饲养占地面积小，一般头均占舍面积 4～5 m^2(牛床、牛槽、饲喂通道和清粪通道)，便于饲喂和清粪，但是牛只舒适度较差；小围栏饲养占地面积较大，一般头均占舍面积 8～10 m^2(活动围栏、牛槽、饲喂通道和清粪通道)，但是牛只舒适度好。

(3)生产工艺

①饲养管理:与奶牛应用全混合日粮(TMR)饲喂技术相比,育肥肉牛更适合应用此项技术。通过合理分群,根据不同牛群营养需要特点,用饲料搅拌机(车)将不同比例的干草、青贮饲料、精料补充料以及矿物质、维生素等各种添加剂混合,机械投喂给牛群,牛群自由采食。牛舍和运动场设置足够的自动饮水器,自由饮水。

②清粪管理:清粪宜采用机械化,减轻劳动量,如清粪车或刮粪板等。粪、尿、污水处理遵循减量化、无害化、资源化的原则,推荐干清粪工艺或干湿分离工艺。

③分群管理:育肥肉牛一般采用按育肥标准出栏的模式进行生产。由于新进架子牛进场初始重不同,不同个体育肥期日增重不同,达到出栏标准的时间存在较大差异,因此及时调整牛群组成,尽量保持群内整齐度,是育肥肉牛分群管理的关键点。

④场内牛只运输管理:肉牛场常年要进出牛,场内也需要调整牛群组成和定期称重,因此牛只在场内的运输是一项重要工作。为了便于场内运输,建议建设分牛系统,减少牵引和捕捉对牛造成的应激。

⑤卫生防疫管理和工程防疫措施:合理设计肉牛场净污道、防疫距离、防疫措施以及各牛群防疫要求和措施。

4. 肉牛舍建筑设计

肉牛舍按封闭程度可分为封闭式、半开放式、开放式牛舍和棚舍,按舍内牛床的排列方式分为单列式和双列式,双列式又可分为对头式和对尾式,以对头式居多,如图 2.10 所示。封闭式牛舍、半开放式牛舍造价较高,较适合拴系式饲养;开放式牛舍和棚舍造价低,较适合非拴系饲养(表 2.40),如小围栏饲养(围栏面积约 4 m^2/头)。

图 2.10　封闭式对头肉牛舍

表 2.40　各形式牛舍比较

	封闭式肉牛舍	半开放式肉牛舍	开放式肉牛舍	棚舍式肉牛舍
墙	四面墙	三面墙 一面半截墙向阳	三面墙 一面敞开向阳	四周无墙
窗	有窗	有窗或无窗均可	有窗或无窗均可	无窗

续表2.40

	封闭式肉牛舍	半开放式肉牛舍	开放式肉牛舍	棚舍式肉牛舍
占舍面积	4～5 m^2/头	4～5 m^2/头	2 m^2/头	2 m^2/头
运动场或活动围栏	拴系式无围栏	拴系式无围栏	小群饲养 配套 4 m^2/头的围栏	小群饲养 配套 4 m^2/头的围栏
保温效果	好	一般	差	差
牛只舒适度	差	差	好	好
降温设施	四种肉牛舍都需要降温设施			

(二)肉牛场设施配置

牛场设施种类多样，主要有卧床、颈枷、修蹄架、风扇喷雾设施、青贮设施、饲料加工设备、装卸牛台、地磅、捉牛巷或分牛系统、饮水装置、防疫消毒设备设施、清粪设备、粪污处理设施等。在规划设计时，应考虑这些设施的选型和数量。

(三)肉牛生产效益分析

肉牛与奶牛生产效益分析的基本理论和步骤一样，只是在个别项目上有所区别。此处对生产效益分析基本理论和步骤不再陈述，主要阐明肉牛生产效益分析中的各项细目的构成，注意与奶牛生产各细目的区别。

1. 肉牛场资产核算

肉牛场固定资产，主要包括育肥牛舍、隔离牛舍、草料库、各类办公室等建筑物，饲料粉碎机、机井等机器设备，运输车辆与设备，电脑、办公桌椅等办公设备设施。不属于生产经营主要设备的物品，单位价值在500元以上，并且使用期限超过两年的也应作为固定资产。

肉牛场流动资产，主要包括货币形态(库存现金、银行存款、结算资金)、储备形态(饲料、兽药、燃料、低值易耗品等)、在产品(存栏架子牛)和产成品(达到出栏标准的育肥牛和牛粪等)。

值得注意，肉牛场固定资产核算时，架子牛将不被列入固定资产核算清单，而是被列入流动资产。

2. 肉牛场产品成本核算

肉牛场在生产过程中所发生的费用，除购牛费被列入生产成本和无基础母牛摊销成本支出外，其余细目均与奶牛一样。肉牛场产品只有达到出栏标准的育肥牛，更准确地说育肥牛增重是肉牛场的主产品。其成本核算公式为：

育肥牛头日饲养成本＝该牛群饲养期总费用/该牛群饲养累计头日数

育肥牛增重单位成本＝(该牛群饲养期费用－副产品价值)/饲养期净增重量

育肥牛活重单位成本＝(期初活重成本＋本期该牛群饲养费用＋转入价值－死畜残值)/期末存栏活重＋期内离群活重

3. 肉牛场赢利核算

肉牛场营业收入主要来自达到出栏标准的育肥牛、淘汰牛和牛粪等出售。其他赢利核算项目及损益表、现金流量表的编制都可以参考本节奶牛场赢利核算内容。

五、牛场的环境控制

在工厂化、集约化的现代养牛业中，生产效益不仅取决于牛的品种和科学的饲养管理还取决于牛的饲养环境。牛舍环境控制是提高奶、肉产量和质量，获得最佳经济效益和可持续发展的最重要的环节。发达国家畜舍建筑的发展较快，已经基本实现了装配化、标准化和定型化，我国只有因地制宜、统筹兼顾、科学合理地配置各种设施和设备，提高环境控制技术，才能保证获得高产量和高质量的牛产品和污染物质的最少量排放。

(一)牛舍的环境控制

1. 温度控制

在养牛生产中，温度是影响生产成绩的重要因素，温度的高低在很大程度上直接影响牛的生产指标和健康指标。牛舍内空气的热量小部分由舍外空气和阳光辐射带来，大部分来自牛体的散热。最理想的舍温是在动物的等热区和临界温度之间，这时牛的生产力、饲料利用率和抗病能力都较高，牛的生产性能可达到最佳状态，但要将环境温度精确控制在等热区范围内是很难达到的。因此，在生产中给出的适宜温度范围是在一般的饲养管理条件下对生产性能不至于产生明显影响，在技术上切实可行，并且符合经济要求的温度范围。成年奶牛舍内的适宜温度是 5～25℃，最佳温度是 10～15℃；犊牛舍内的适宜温度是 10～24℃，最佳温度是 17℃。

(1)牛舍的保温与采暖　解决牛舍冬季防寒的最根本措施是加强牛舍外围护结构的隔热设计。此外，采取一些行之有效的防寒管理措施，对改善牛舍环境也起着不容忽视的作用。在冬季比较寒冷的地区，对产犊舍、犊牛舍则需要供暖以满足犊牛所需要的适宜温度。

①牛舍的保温。通过加强畜舍的隔热设计与施工，以提高牛舍的保温能力。牛舍屋顶与天棚、墙壁、地面等外围护结构的隔热设计，基本上是通过选择导热系数小的材料和确定合理的结构来实现的。在牛舍外围护结构中，失热量最多的是屋顶与天棚。可采用的保温材料有炉灰、锯末、矿棉、膨胀珍珠岩、玻璃棉、聚苯乙烯泡沫塑料、聚氨酯板等。墙壁是牛舍的主要外围护结构，失热仅次于屋顶。为提高墙壁的热阻值，可用空心砖代替普通红砖，或建空心墙体或在空心墙中充填隔热材料，都可以大大提高墙的热阻值。对于有窗牛舍可通过设置双层门窗、北侧和西侧尽量少设门窗、外门加设门斗等措施来减少通过门窗的失热。在畜舍建造过程中，提高施工质量，防止外围护结构透气，做好防潮工作，是实现设计热阻的保证。

②牛舍的防寒。寒冷地区冬季常采取的防寒管理措施有：在不影响饲养管理及舍内卫生状况的前提下，适当加大牛的饲养密度。增大饲养密度，等于增加热源，是一种有效的辅助性防寒保温措施；铺设垫草是寒冷地区常用的一种简便易行的防寒措施。铺垫草不仅可以阻隔冷硬地面的热传导，还可以增加牛卧床时间，提高生产力；防止舍内潮湿是间接保温的有效办法。潮湿不仅可加剧牛舍结构的失热，同时由于空气潮湿不得不加大通风换气，而冬季通风会加大牛舍的失热；控制气流，防止贼风。在设计施工中应保持结构严密，防止冷风渗透；组织通风换气时降低气流速度；加大采光面积。棚顶透光部位利用太阳辐射采用玻璃或塑料材质封闭，形成温室效应，以提高舍温；还可进行日粮调整、加热饮用水等措施来抵御严寒。

③畜舍的供暖。我国牛舍的大小不等，通常情况下每头育成牛占舍面积 8～10 m^2，在外界气温不是很低的情况下，一般封闭型牛舍不用人工增温，牛体散发的体增热就可用于保持舍温。但在外界最低气温低于零下 10～12℃时，在采取各种防寒措施仍不能达到要求的舍温

时，应进行人工供暖。供暖方式可分集中供暖和局部供暖，前者是由一个集中的热源（锅炉房或其他热源），将热水、蒸汽或预热后的空气，通过管道输送到舍内或台内的散热器（暖气片等）；后者是由火炉、火炕、火墙、烟道以及红外线灯、保温伞、暖风机、热风炉等就地产生热能，供给一个或几个牛栏。采用何种方式，应根据牛舍要求、供暖设备投资、能源消耗等，考虑经济效益加以运用，但必须保持舍内不同位置的温度相对平衡，防止出现舍内温差过大，具体要求是天棚和地面附近温差不超过 2.5～3℃；墙内表面与舍内平均温差不超过 3～5℃；墙壁附近的空气温度与舍中间相差不超过 3℃。

(2)牛舍的防暑与降温　夏季炎热时，牛舍内的温度通常会很高。虽然高温有利于奶牛对干物质、能量和粗蛋白的消化，但是温度高于 25℃，会使采食量大幅度下降，维持能量上升。当环境温度高于 30℃时，奶牛的泌乳量会大幅度下降。为了使牛有最适宜的生长、生产环境，夏季舍内温度应控制在 25℃以下。牛舍的降温一般利用强力通风设备、洒水设备、湿帘和空调等设备，采用保护家畜免受太阳辐射、增强家畜传导散热（与冷物体表面接触）、对流散热（充分利用天然气沉或强制通风）和蒸发散热（通过滚浴、水浴和向牛体喷淋水等）办法以消除或缓和高温对其健康和生产力所产生的不利影响，以减少经济损失。

①太阳辐射热的防护。采取遮阳措施可以有效的防止太阳的辐射。牛舍遮阳可采用加长屋顶出檐、在窗户上设置水平或垂直的遮阳板和绿化遮阳等措施。绿化遮阳可以种植树干高、树冠大的乔木，为窗口和屋顶遮阳；也可以搭架种植爬蔓植物，在南墙窗口和屋顶上方形成绿荫棚。

建造凉棚也可以增加牛的散热量。凉棚设置时应采取长轴东西向配置，棚下面积应大于凉棚投影面积。若跨度不大，棚顶可采用单坡、南低北高的形式，可使棚下棚影面积增大、移动小。凉棚的高度视牛体高和当地气候条件而定，通常为 3.5 m；潮湿多云地区宜较低，干燥地区可较高。

②通风降温。加强夏季畜舍通风的目的在于驱散舍内产生的热能，不使其在舍内积累而致舍温升高，同时，在畜体周围形成适宜的气流，促进家畜的蒸发散热和对流散热。加强畜舍夏季通风的措施有：在自然通风畜舍设置地脚窗、天窗（钟楼或半钟楼式）、通风屋脊、屋顶风管等；应使进气口均匀布置，使各处家畜都能享受到凉爽的气流；进排气口正对设置，使气流通畅，加大流速；缩小畜舍跨度，使舍内易形成穿堂风；在自然通风不足时，应增设机械通风。

③蒸发降温。生产中采用各种措施来达到降温的目的。

a. 喷淋和喷雾。是用机械设备（喷头或钻孔水管）向牛体或舍内空气喷水，借助汽化吸热而达到增加牛体散热或降低空气温度的目的。喷淋（水滴粒径大）较适用于牛体蒸发降温，喷雾（雾化之细滴）较适用于空气蒸发降温。（注意：喷淋和喷雾都应间歇进行，不应连续喷。因为皮肤喷湿后，应使之蒸发，才能起到散热作用。）（说明：地面洒水是传统的降温办法，有一定效果，但费水、费力，而且易使舍内湿度升高。）

b. 湿帘通风系统。该装置主要部件是用麻布、刨花或专用蜂窝状纸等吸水、透气材料制作的蒸发垫，由水管不断往蒸发垫上淋水，将蒸发垫置于机械通风的进风口，气流通过时，水分蒸发吸热，降低进舍气流的温度。

2. 湿度控制

牛舍的水气来源：一是由大气带入的水分，占舍内空气总水气量的 10%～15%；二是牛体排出的水分，约占75%；三是地面、粪尿、污湿的垫料等蒸发的水分，占10%～15%。一般温度条件下，空气湿度对牛的热调节没有影响；高温、高湿的环境，牛的散热更困难，机体会感觉更热；低温、高湿的环境，散热量明显增加，机体会感觉更冷。由于高湿不利于高温和低温的热调节，从而加重了高温和低温对牛生产力的影响。对于牛的生产性能来说，50%～70%的相对湿度是比较适宜的，但在冬天牛舍要保持这样的湿度水平比较困难。规定的最高限度是成年牛舍、育成牛舍为85%，犊牛舍、分娩室、公牛舍为75%。

牛舍的湿度主要由通风和洒水来调节。在生产中，由于牛只排尿较多，舍内湿度往往偏大。因此，在实际生产中应采取措施降低舍内湿度，如保持适当的通风换气，及时清除舍内粪尿和污水，减少冬季舍内用水量和勤换垫料等措施。

3. 通风控制

通风换气是畜舍环境控制的一个重要手段。通风的主要作用是排除过多的水气、热量、有害气体、尘埃和细菌等。通风量的确定可根据舍内外的温度差、湿度差、换气量及牛只数量来计算。高温时加大气流会使牛感到舒适，缓和高温对其产生的不良影响，低温时风会助长寒冷。在生产中通常将夏季通风量作为牛舍最大通风量，冬季通风量作为最小通风量进行设计。畜舍通风可分为自然通风与机械通风两种方式。两种方式可单独使用，也可结合使用。无论采用自然通风还是机械通风，都应保证牛舍的通风量适宜，并合理组织气流，使之在舍内均匀分布。在夏季高温时，仅靠自然通风很难改善舍内的闷热环境，这时需要辅助机械通风来降低舍温和带走有害气体和水汽等。冬季要在保证室内有害气体浓度不超标的情况下，尽可能减少通风量以保持舍内温度。

冬季通风换气的原则：①排除过多的水汽，使舍内空气的相对湿度保持适宜状态；②维持适中的气温，不致发生剧烈变化；③气流稳定，不会形成风，同时要求整个舍内气流均匀；④清除空气中的微生物、灰尘以及舍内产生的氨、硫化氢等有害气体和恶臭；⑤防止水汽在墙、天棚等表面凝结。

(1)自然通风　自然通风指不需要机械设备，而借助自然界的风压或热压，产生空气流动，通过牛舍外围护结构的空隙形成空气交换。自然通风又分无管道自然通风系统和有管道自然通风系统两种形式。前者指不需专用的通风管道，经开着的门窗所进行的通风换气，适用于温暖地区或寒冷地区的温暖季节。而在寒冷季节的封闭舍中，由于门窗紧闭，需靠专用的通风管道进行换气。

(2)机械通风　机械通风是指利用风机强制舍内外空气交换的通风方式。常用的机械通风形式有三种，即负压通风、正压通风和联合通风。

①负压通风是指用风机抽出舍内污浊空气，使舍内压力相对小于舍外，新鲜空气通过进气口(管)流入舍内而形成舍内外空气交换。负压通风比较简单、投资少、管理费用也较低，而且舍内气流分布较均匀。缺点是不能对进入的空气进行预处理(加热、冷却、消毒以及过滤等)。负压通风根据风机安装位置又分为屋顶排风、侧壁排风和穿堂风排风三种形式(图2.11)。

②正压通风是指通过风机将舍外新鲜空气强制送入舍内，使舍内压力增高，舍内污浊空气经排气口(管)自然排走的换气方式。正压通风的优点在于可对进入的空气进行预处理，可对舍内的温热环境进行全面的控制。但这种通风方式比较复杂、造价高、管理费用也大。正压通风根据风机安装位置也可分为三种形式：两侧壁送风、屋顶送风和侧壁送风(图2.12)。

③联合通风是一种同时采用机械送风和机械排风的通风换气方式。大型封闭舍，尤其是

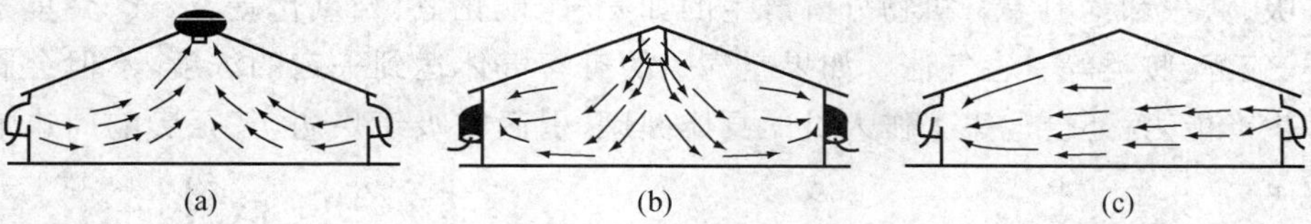

图 2.11　负压通风

(a)屋顶形式　(b)侧壁排风形式　(c)穿堂风排风形式

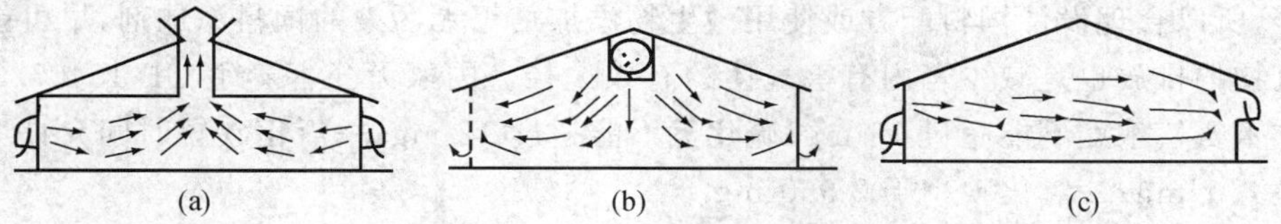

图 2.12　正压通风

(a)两侧壁送风形式　(b)屋顶送风形式　(c)侧壁送风形式

无窗舍,无论自然通风还是机械通风,设置进、排气管时均需注意以下问题:①进、排气管设置要均匀,并保持适当间距,使两管之间无死区,但也应防止重复进气与排气;②进、排气管内均应设置调节板,以调节气流的方向和通风换气量;③进、排气口间应保持一定的距离,以防发生"通风短路",即新鲜空气直接从进气口到排气口,不经过活动区而直接被排出。

4. 采光与照明控制

光照包括自然采光和照明两部分。适宜的光照能够促进牛只的生长发育和新陈代谢,加速其骨骼的生长并杀菌消毒,对牛的生理机能也有重要的调节作用。光照不仅影响牛只的健康和生产力,而且影响管理人员的工作条件和工作效率。为使舍内得到适宜的光照,通常通过自然采光和人工照明来实现。

(1)自然采光　自然采光就是让太阳的直射光或散射光通过牛舍的窗户或其他透光部分进入舍内以达到照明的目的。自然采光设计的主要任务是通过合理设计窗户的面积、位置、形状和数量,以保证牛舍的自然光照标准,并尽量使舍内光照均匀。窗户面积愈大,进入舍内的光线愈多。窗户的数量、形状和布置,应根据当地的气候、牛舍的跨度、结构要求等,全面考虑防寒、防暑、通风等因素,合理进行确定。牛舍的自然采光是温度调节的重要手段。

牛舍的朝向是影响采光效果的重要因素,我国北方地区太阳高度角冬季小、夏季大。牛舍朝向以正南朝向为宜,这样在夏季直射阳光不能进入牛舍,避免了温度的升高;冬季直射阳光能进入舍内,提高了舍内温度,并使地面保持干燥。在牛舍的具体设计和布局中,由于受各种因素的影响不能完全采用正南朝向的,可向东或向西做 15°～30°的偏转。在设计和建造牛舍时,要确定牛舍的采光面积,一般用采光系数来表示。奶牛舍的采光系数应在(1∶10)～(1∶12)之间。此外,还要考虑入射角,为保证舍内得到适宜的光线,入射角一般应小于 25°。

(2)照明控制　利用白炽灯、荧光灯等人工光源发出的可见光进行照明称为人工照明。人工照明不仅适用于无窗牛舍,自然采光牛舍为补充光照和夜间照明也需安装人工照明设备。人工照明的光源主要有白炽灯和荧光灯两种。牛舍内应保持 16～18 h/d 的光照时间,并且要保证足够的光照强度,白炽灯为 30 lx,荧光灯为 75 lx。

5. 有害气体和尘埃及微生物控制

(1)有害气体控制　有害气体超标是构成牛舍环境危害的重要因素。空气污染主要来源于牛只呼吸、粪尿和饲料等有机物分解产生的如氨气、硫化氢、二氧化碳、沼气、粪臭素和脂肪族的醛类、硫醇、胺类等有害气体。如果空气中的有害气体达到一定的浓度，不但会影响奶牛的健康和生产能力，还会危害工作人员的身体健康，引起呼吸道疾病，甚至影响周边地区的空气环境质量。

因此，在实际生产中要对舍内气体实行有效控制，主要途径就是通过通风换气带走有害气体，引进新鲜空气，使牛舍内的空气质量得到改善，同时，及时清理并无害化处理粪尿，保持舍内干燥。此外饲料营养成分的不平衡导致有机物质的排放量增加，使粪便氨气、硫化氢等的释放量增多，所以合理设计饲料配方或使用微生物添加剂等无污染的饲料添加剂，尽可能地减少粪便有机物的排放也是减少舍内有害气体的有效途径。国家无公害养殖 GB 18407.3 规定牛舍每立方米氨气浓度不能超过 15 mg；硫化氢不能超过 12 mg；一氧化碳短时间允许 3 mg，日平均量最高 1 mg；二氧化碳小于 2 950 mg。

(2)尘埃和微生物控制　牛舍内的尘埃和微生物主要来源于饲喂过程中的饲料分发、采食、运动、清洁卫生时飞扬起来的灰尘等。因此要求饲养员在日常工作时尽量避免尘土飞扬。此外，要严格执行消毒制度。门口设消毒室(池)，室内安装紫外灯，池内置 2%～3%氢氧化钠溶液或 0.2%～0.4%过氧乙酸等药物。同时，工作人员进入场区或牛舍必须更换工作服。

6. 噪声控制

奶牛对突然而来的噪声最为敏感。当噪声达到 110～115 dB 时，奶牛的产奶量下降 30%以上，同时会引起惊群、早产、流产等症状。奶牛场选择场址时，应尽量选在无噪声或噪声较小的场所，同时应尽量选择噪声小、性能好的机械设备。牛舍的环境控制还包括使用适当的添加剂合理配置日粮、排水及粪尿的清除、垫草的使用、牛舍的消毒及防虫、灭鼠等措施。这些措施也可改善牛舍的卫生环境，提高牛的生产力，预防疾病，从而提高牛的饲养效益。

(二)环控设备选用

环境的各种因素控制着牛只的生长发育及生产力，如温度、湿度、通风、光照、噪声、有害气体及微生物等，环控设备的使用，一方面可以让生产者及时地了解牛舍的温湿度变化，做出快速的反应；另一方面可以通过机械设备对舍内环境进行有效的管理和调控，从而实现牛舍内小环境的均衡与稳定，保证牛群的健康和生产的稳定。每个牛场要结合本地气候、风向和本场牛舍构造等实际情况，选择环控设备与控制方法，决不可生搬硬套。例如，长江中下游，夏季炎热，冬季寒冷，春秋季白天与晚上温差较大。这样，夏天既要有很好的降温系统，采用了水帘、风机、卷帘与喷雾等多种办法降温；冬天又要有很好的保温系统，春秋还要有白天打开、晚上关闭较方便的操作系统。

1. 风机湿帘降温系统

(1)湿帘冷风机　湿帘冷风机是风机和水帘的结合物，其降温过程是在其核心“湿帘纸”内完成的，当室外热空气被风机抽吸进入布满冷却水的湿帘纸时，冷却水由液态转化成气态的水分子，吸收空气中大量的热能从而使空气温度迅速下降，与室内的热空气混合后，通过负压风机排出室外。10 min 降温 6～15℃，耗水量 20 L/h(图 2.13)。

(2)壁挂式湿帘装置　耗水量 15～20 L/h，适用面积 50～70 m^2/台(图 2.14)。

图 2.13 湿帘冷风机

图 2.14 壁挂式湿帘装置

2. 通风系统

①通风口,PVC 板材质,高强度,耐高温。

②百叶窗,带联动装置 PVC 板材质。

③通风帽,风帽装在通风管上端,防止雨雪进入管道,并起阻止强风妨碍排气的作用。电动通风帽,电机功率 120 W/380 V,转速 1 450 r/min,通风量 2 000 m^3/h,布置密度 12 m/台。

④无动力风机,整体不锈钢,厚度 1 mm,风筒直径 500 mm,布置密度 12 m/台。

⑤轴流风机。轴流风机的电机和风叶都在一个圆筒里,气流与风叶的轴同方向,用于局部通风,可以接风筒把风送到指定的区域,是畜禽舍常用的一种风机。

(6)环流风机。环流风机主要是提高舍内温度和湿度的均匀性,避免舍内有害气体的聚集。

每单栋牛舍一般配置环流风机 2～4 台,分别安装在舍内的南北两端,均匀排布,风向相反,交错对吹。

3. 遮光保温系统

(1)充气膜保温墙　依靠两层覆盖物之间的空气作为隔离墙。在充气泵不工作的情况下,墙体滑到下端,便于牛舍通风。在充满气体后,墙体将洞口覆盖,起到保温作用。

(2)电动卷帘　电动卷帘具有抗紫外线、环保节能、美化环境等多种功能。夏季可遮挡阳光,并降低空调负荷,冬季可保温及调节视觉舒适度。根据环境要求,可选择遮光、半遮光、阳光面料等多种类型的卷帘面料。

4. 喷雾消毒系统

(1)喷雾降温设备　适合大面积开放环境降温,有效弥补了空调、风机等局部小面积、封闭环境的降温缺陷。广泛用于畜牧养殖场冲洗、喷雾、降温、除臭及卫生防疫。该装置能根据牛舍内环境温度变化,对每次喷雾间隔时间及每次喷雾持续时间进行 24 h 自动循环程序控制按时喷雾。工作原理以高压水的汽化吸收热量,将热空气变成冷空气,冷空气下降形成空气对流,达到降低温度的效果。降温幅度 2～6℃,其还具有增湿、除尘、消静电等效果(图 2.15)。

(2)高压清洗机　高压清洗机是通过动力装置使高压柱塞泵产生高压水来冲洗物体表面的机器,是世界公认的科学、经济、环保的清洁方式之一。它能将污垢剥离,冲走,达到清洗物体表面的目的。

图 2.15 喷雾降温设备

(3)喷雾车 喷雾车用于各种畜牧场舍的消毒。载药量大、雾化好，操作使用灵活、速度快，极大地减轻了劳动强度，提高工作效率。它由汽油机、电机、电瓶带动高压泵与机架机轮、药箱、喷枪于一体，每小时雾化药液 150～300 kg，射程 8～25 m。

(4)紫外线消毒器 紫外线消毒杀菌用途很广，可避免病菌经空气传播或经物体表面传播。它能净化空气，消除霉味，还能产生一定量的负氧离子。紫外线杀菌效果是由微生物所接受的照射剂量决定的，同时，也受到紫外线的输出能量，与灯的类型，光强和使用时间有关，随着灯的老化，它将丧失 30%～50%的强度。紫外灯一般在 24 h 都运转，紫外线杀菌灯的寿命和可靠性都要求高，如果灯管寿命短，更换灯管成本高，会增加维修费用。

随着能源的紧张，能源的成本会逐年上升。牛场的环控设施运营费用会不断增加。在牛舍环境控制上，要从牛舍的建筑材料和结构上改善，一是要提高牛舍墙面和屋面的保温隔热性能，从而取得牛舍更好的保温隔热效果。二是通过控制牛舍高度，来控制舍内通风的过流面积，通过合理设计窗户的大小和高度，来提高自然通风和机械的效率，降低能源的消耗。三是采用自动化监控设备，提高舍内温湿度的平衡度。四是加强饲养管理，采用有效的营养调控技术，调控牛只排泄物的数量和成分来改善环境。五是要科学的分析和选择目前现有的供暖和降温设备，选择适合于当地资源、气候的节能产品。

(三)牛场废物处置及循环利用

随着养牛业生产规模化、集约化的迅速发展，一方面为市场提供了大量质优价廉的奶和肉，另一方面也产生了大量的粪、尿、污水、二氧化碳等废物(表 2.41)。1 000 头规模的奶牛场日产粪尿 50 t，1 000 头规模的肉牛场日产粪尿 20 t，这些粪尿、污水及废弃物不仅占用了大量场区土地，还滋生蚊蝇，产生恶臭，污染了空气、土壤和水源，致使牛只抗病力和生产能力下降，甚至给居民的身体健康带来隐患。国家环境保护总局于 2001 年颁布实施了《畜禽养殖污染防治管理办法》,明确规定了畜禽场污染物的管理以及相关的处罚等。2003 年又实施了《畜禽养殖业污染物排放标准》,规定了水污染物、恶臭气体的最高允许日平均排放浓度、最高允许排水量和畜禽养殖业废渣无害化环境标准。为了使养牛业与环境保护协调发展,需系统采用现代科学、经济、有效的绿色环保技术,对污物进行综合治理,才能实现养牛业的可持续发展。在牧场,奶牛粪尿和污水是主要污染源,据测定,一头体重为 500～600 kg 成乳牛,每天排粪量为 30～50 kg,尿量 15～25 kg,污水量 15～20 L。

表 2.41　奶牛粪尿中污染物的平均含量

污染物	CODcr	BOD_5	NH_3-N	TP	TN
牛粪	31.0	24.53	1.71	1.18	9.37
牛尿	6.0	4.0	3.47	0.40	8.0

注:CODcr:生物需氧;BOD_5:化学需氧;NH_3-N:氨氮;TP:总磷;TN:总氮。

粪污处理分三个部分,即粪污的收集、粪污的输送及粪污的处理和利用。及时、干净地将粪污清除出牛舍及运动场是牧场的核心目的,提高牛粪的利用价值只是粪污处理的次要目的。粪污处理应遵循减量化、无害化和资源化利用的原则,尽量采用干清粪工艺,节约水资源,减少污染物排放量。若发生重大疫情应按动物防疫有关要求对粪便进行处理。

1. 粪污的收集

清粪方式是整个粪污处理的第一个环节,其工艺选择与粪污处理的目的、方法、当地气候、牧场的规模、市场资源、可用土地的面积、可用劳动力的状况、水资源、降雨量等都相关。适当的清粪工艺能保证牛舍的清洁、保护环境,减少苍蝇、恶臭和灰尘。粪便收集过程中必须采取防扬散、防流失、防渗透等工艺。牛场的清粪方式有机械清粪和人工清粪两种模式,机械清粪分为电动链条刮粪板清粪、铲车清粪和水冲式清粪以及机械人清粪方式。

现代规模养殖更加依赖机械设备,以提高劳动效率。欧美国家由于其人力成本较高,一般采用自动化程度较高的清粪工艺。传统的人工收集方式已不适应集约养殖的需要,逐渐被淘汰。我国的牛舍清粪方式由原来的人工清粪转变为机械、自动清粪,以保证牛舍的清洁干净,为产品生产及牛只生活环境创造了良好的环境。

(1)人工清粪　国内人工费用相对廉价,相当部分牛场使用人工清粪,早、晚两次清除粪尿,定期冲洗牛舍地面。

(2)机械清粪　采用机械清粪时,为使粪与尿液及生产污水分离,通常在牛舍中设置污水排出系统。液形物经排水系统流入粪水池贮存,固形物则借助人力或机械直接用运载工具运至粪污堆放场。机械清粪的优点是节约人工,工作效率高,但前期设备基建和购入成本及维修费用高。

①铲车清粪　目前,我国没有专门针对牛舍清粪研制的清粪铲车。牧场现在采用的清粪铲车多由小型装载机改装而成,推粪部分利用了废旧轮胎制成一个刮粪斗,更换方便。这种铲车工作噪声大,易对牛造成伤害和惊吓,只能在空舍的时候清粪,每天清粪次数有限,难以保证牛舍的清洁。且此车体积大,操作不灵活,耗油大,运行成本高。在清除运动场牛粪时,机械铲车收集是最主要的方式,在气候干燥,降雨少的区域,其利用率较高。

②电动机械链条通道刮粪板　电动机械刮粪板能做到每天 24 h 清粪,时刻保证牛舍的清洁和卫生。其机械操作简便,工作安全可靠,其刮板高度及运行速度适中,刮板与地面接触的

部分为橡胶带，基本没有噪声，对牛群的行走、饲喂、休息不造成影响，运行、维护成本低，对提高牛只的舒适度，减轻牛蹄疾病和提高生产力都有影响。当刮板朝牛前进时，牛会轻松的迈过；当刮板通过正在吃料的牛时，牛会自觉的将四肢依次抬起。当有牛卧在清粪通道不起让时，刮板会前进三次，然后停止、报警；寒冷季节，刮板自动控制系统上面配有防冻装置，当地面结冰时刮板会动三次，防止被冻住。电动机械链条通道刮粪板清粪是我国当前清粪技术的发展方向，其先进性、实用性、可靠性及性价比能为多数牧场接受(图 2.16)。

图 2.16　电动机械链条通道刮粪板

③水流冲洗收集　水冲式清粪方式主要包括水冲阀和水冲泵，是欧美等发达国家 20 世纪 70 年代初发展起来的，在美国较为普遍。水冲工艺需要的人力少、劳动强度小、劳动效率高、能频繁冲洗，从而保证牛舍的清洁和牛体的卫生，同时能降低牛舍温度。但需配备充足的水量、配套的污水处理系统、合适的牛舍坡度、输送粪污的泵和管路等。在寒冷的气候下，如果不能保证牛舍的温度在 0℃以上，没有充足的空间来储存、处理这些冲洗水，这种系统不能保证正常运行。该工艺技术不复杂，但其工程投资和运行费用很大，粪污固液体混合，也增加了后期处理成本，且固液分离出来的固体肥料价值低(图 2.17)。

图 2.17　水流冲洗收集

④漏缝地板清粪　漏缝地板使得粪污能立即漏到下面的构筑物中，漏下的粪污可储存在池体中，或用自动刮板及履带运走、用水冲走或依靠重力流走。牛走动时，尿、粪能很快从漏缝地板漏下去，这会保证牛蹄的干燥和牛舍的清洁。在国内很少采用，而在西欧国家相当普遍，这与当地土地资源紧缺、粪污的利用方式有关。以荷兰和法国为例，当地为了节省土地投资，

他们选择将整栋牛舍铺上漏缝地板，地下池深 4 m 左右，池中配有搅拌设备，一般将粪污储存 3～6 个月后直接施用于种植地上。这种工艺较水冲工艺节省了水，降低了污水处理量，但牛舍建筑投资增大，且储存在下面的粪污易产生有害气体集聚、牛舍过于潮湿等问题。

⑤机器人清粪　机器人清粪能实现牛舍的全自动清粪，运行轨迹可预先设置程序编制清扫路线。机器人清粪具有机械刮粪板所有的优点，且具有动物友好性，自动充电，没有易磨损部件，维修费用低，不易损坏，但初期成本高。像机器人挤奶设备一样，其先进的自动化功能正逐渐被越来越多的牧场所使用。

(四)牧场内粪污的输送

国内外采用的粪污输送方式主要有：罐车输送和渠道输送两种主要方式。其中罐车耗油大，日常运行成本高，且容积有限，只适合小规模牧场。大规模牧场多采用渠道输送方式，主要设备是搅拌泵和输送泵，以及配套的土建工程，既能做到降低能耗、又能保证场区的环境卫生(图 2.18 和图 2.19)。

图 2.18　罐车输送

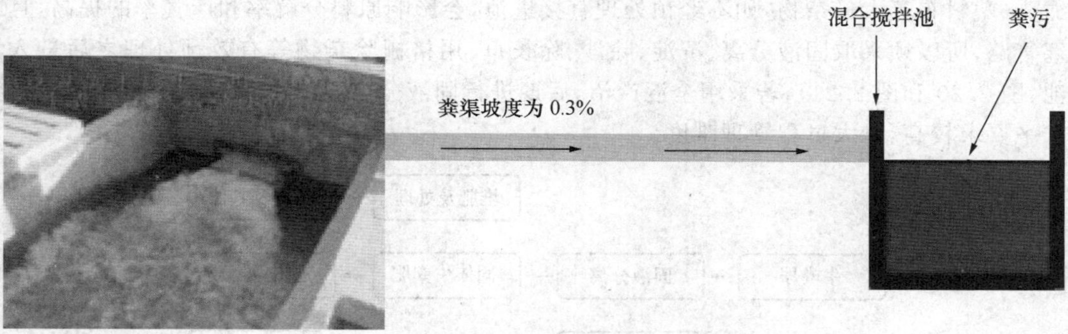

图 2.19　地下管输送

(五)粪污的处理和利用

国内外各牧场的粪污利用状况千差万别，与牧场规模、气候状况、自然资源、邻近市场需求等各因素相关。对牛场污物的处理和利用措施主要有土地还原法、厌气(甲烷)发酵法和人工湿地处理等来充分转化粪尿资源，减少粪尿排放造成的污染。

1. 土地还原消化法

牛场的粪尿或污水不作处理或经一段时间存放（生物发酵）后，以慢速灌溉、快速渗滤和地面漫流等方式施于农田，其主要成分粗纤维以及蛋白质、糖类和脂肪类等物质易于在环境中分解，经土壤、水和大气等的物理、化学及生物的分解、稀释和扩散，逐渐得以净化。至今，国内大多数牧场粪污是作为肥料予以消纳的。国外一些经济发达国家，甚至通过立法规定了畜牧场的饲养量必须配置相应面积的土地、化肥施用量限额以及粪污施用卫生标准等，以迫使畜牧场对粪便进行处理，并鼓励作肥料还田。

(1)自然堆肥法　自然堆放，在春季直接低价卖给当地的农民，充当田间肥料。该方法较经济，无需设备和耗能，但需较大土地面积、腐熟慢、效率低，特别是冬季土壤结冻地区以及不需施肥时需要有足够的堆置场地。

(2)现代堆肥法　根据堆肥原理，利用发酵设备为微生物活动提供必要条件，提高堆肥效率，缩短堆肥时间。利用堆肥设备进行处理时，设备形式和种类很多，一般包括发酵前的预处理设备、发酵设备和腐熟后物料的干燥、粉碎、包装等设备。发酵设备是其关键设备，有发酵池、发酵罐、发酵塔等。

2. 厌气(甲烷)发酵法

该法是利用厌氧菌(主要是甲烷菌)对牛粪尿和其他有机废弃物进行厌氧发酵产生一种以甲烷为主的混合气体，厌氧发酵过程中可杀死病原微生物和寄生虫，产生的沼气可作燃料和发电，部分取代原煤作为能源，减少了 CO_2 等有害物质的排放量；发酵后的沼渣含有丰富的氮、磷、钾及维生素，是种植业的优质有机肥料。沼液可用于养鱼或用于牧草地灌溉等。既节约能源又清洁无污染。目前世界许多国家广泛采用此法处理牛场粪尿。该法把种植业、养殖业有机结合起来，形成一个多次利用、多层增值的生态系统，

以 1 000 头奶牛场为例，牛场的粪尿利用沼气池厌气发酵，每立方米牛粪尿可产生多达 1.32 m^3 沼气，产生的沼气可供应 1 400 户职工烧菜做饭。节约生活用煤 1 000 多 t。牛粪含粗纤维较多，且在粪便的收集过程中，会混入垫料、牛毛、饲料残渣和沙砾等，甚至还有混入的麻绳头、塑料布等大量杂物，如不经预处理直接进池，会影响原料分解率和产气率的提高，且易堵塞管路，所以须采取固液分离、沉淀、除沙、除长草、用格栅除杂物等有效预处理之后进入沼气池(图 2.20 和图 2.21)，若采用全混产沼，后期进行固液分离及除杂，对技术、设备及运行管理水平要求较高，增大过程管理难度。

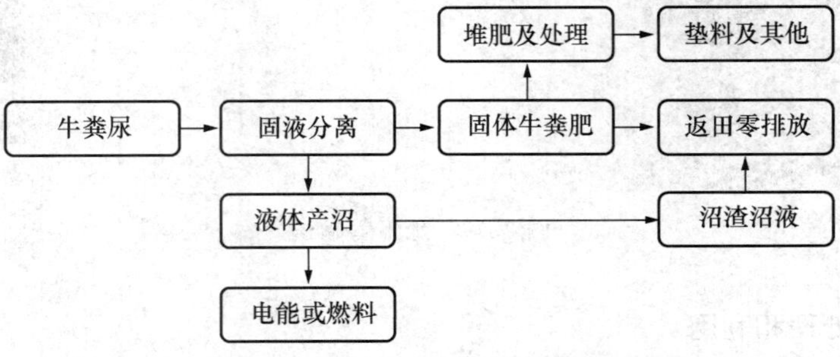

图 2.20　牛场污物厌氧发酵处理

3. 人工湿地处理法

采用湿地净化污物的研究起始于20世纪50年代。当时，德国科学家凯瑟·塞德尔(Kathe Seidel,1978)和基库斯(Reinhold Kickuth,1970)首次调查了用湿地去除污水中养分和悬浮固体的可行性。塞德尔证实宽叶香蒲能去除污水中的大量有机和无机物质，还能通过从其根部分泌抗生素，大大降低废水中的细菌浓度。如今北至加拿大，南到澳大利亚和新西兰，数以百计的天然湿地和人造湿地用于处理污水。

图2.21　粪污发酵罐

人工湿地通常包括三个关键组成部分：水生(或耐淹)植物、微生物和基质。水生植物扎根于土壤或沙砾等基质中，基质支持着这些水生(耐淹)植物，而水生植物根系发达，又为各种微生物提供了良好的生存场所，通过微生物与水生植物的共存互利作用，使污水得以净化。该系统的设计和布局取决于地形、每天的排污量以及特定的处理目标(图2.22)。

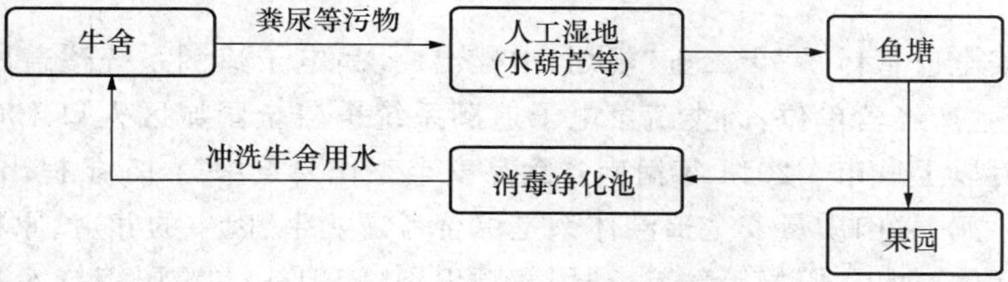

图2.22　人工湿地处理

据报道，高浓度有机粪水在水葫芦池中经7～8 d吸收净化，有机物质可降低82.2%，有效态氮降低52.4%，速效磷降低51.3%。

4. 粪污的其他资源化利用方法

(1)制作垫料　牛场粪污经过固液分离，筛分后的固体经好氧堆积发酵后含水率30%，无臭、松软而干燥，可直接作为牛床垫料；不仅能解决污粪存放的问题，还能解决牛床垫料来源的问题，并减轻后续污粪处理的难度。这种方式在美国、加拿大普遍采用(图2.23)。

图2.23　固液筛分设备

(2)用作培养料　牛粪是食用菌生产的主要原料，蘑菇、灵芝、巴西菇等菌类以碳水化合物和含氮化合物为营养基础，牛粪碳氮比适中，富含有机质，质地疏松，保墒性好，杂菌、虫卵少，是这些菇类的最佳培养基。采用牛粪作蚯蚓、蜗牛、蝇蛆的培养基可提高其养殖的成活率，而且降低了成本，提高了效益，也部分解决了牛粪的污染问题，取得了较好的经济效益和生态效益。

(3)作为能源　自古以来，牛粪就是游牧民族取暖烧饭的燃料，可直接燃烧作为能源。还可与其他燃料混合作为能源，在黑龙江省杜尔伯特煤厂，配备一定的设备，将牛粪、煤与黄泥混合后经成型机制作成型煤，用于农户生活取暖。美国加利福尼亚州将牛粪在焚化炉里燃烧，得到的热量驱动发电机发电，每天可以处理牛粪 900 t，足以供应当地 2 万户居民的用电。

(4)用作饲料资源　牛粪尿中含有许多营养元素和大量的有机质，经过青贮法和干燥法等方法处理加工，可以作为日粮的组成成分加以利用。青贮法将新鲜的奶牛粪便与其他饲草、作物秸秆等混合，进行厌氧发酵后与其他原料配合，以平衡日粮。干燥法利用高温使牛粪便迅速脱水，利用热效应和喷放机械，使粪便转变为饲料。但由于目前粪便的前期灭菌、脱水处理等环节投入大，尚未得到大范围的推广应用。

随着养牛业生产的发展，牧场污染问题应给予高度重视，解决污染问题的措施，应因地制宜，遵循“资源化、减量化、无害化、生态化”的原则，根据当地具体情况，选择综合治理和利用措施。

知识拓展　畜禽产品质量安全追溯

《国家食品安全监管体系“十二五”规划》中提出，乳品电子追溯系统覆盖所有婴幼儿配方乳粉和原料乳粉生产经营单位，肉类蔬菜电子追溯系统覆盖全国城区人口 100 万以上以及西部城区人口 50 万以上城市。2014 年河南省食品安全工作要点中第 15 条提出“建立食品安全可追溯体系”。牛奶、牛肉质量安全追溯体系是综合考虑奶牛、肉牛的养殖、原料奶和肉牛饲养与屠宰、监测与运输、加工、销售等环节，利用射频识别(RFID)、二维码等技术，实现“从养殖场到餐桌”全程质量控制。畜禽产品质量安全追溯体系主要关键技术包括以下几项(图 2.24)。

(1)物联网技术　The Internet of things，通过 RFID、红外感应器、GPS、激光扫描器等信息传感设备，按约定的协议，把任何物品与互联网相连接，进行信息交换和通信，以实现对物品的智能化识别、定位、跟踪、监控和管理的一种网络。

(2)RFID 技术　RFID(Radio Frequency Identification，射频识别)技术，是一种利用射频通信实现的非接触式自动识别和数据采集技术。RFID 系统由标签、读写器和上位信息系统组成。RFID 标签具有体积小、容量大、寿命长、可重复使用等特点，分为耳牌式、注射式、药丸式、项圈式等电子标签。电子标签可以关联目标畜禽 ID，通过上层 MIS 记录目标畜禽信息(畜禽号、来源、畜种、养殖场信息等)。能够利用标签自带的存储器存储目标畜禽的个体信息(性别、品种、日龄、养殖场等)。RFID 技术与互联网、通信等技术结合，可实现全球范围内物品跟踪与信息共享，获取目标畜禽的区域位置及行动轨迹。标签的内置智能感知部件还可获取目标畜禽的体温、环境和运动状态信息。

(3)二维码技术　最早发明于日本，它是用某种特定的几何图形按一定规律在平面分布的黑白相间的图形记录数据符号信息，通过图像输入设备或光电扫描设备自动识读以实现信息自动处理。在编码容量上有了显著的提高，不仅可以表示中文、英文和数字等文字信息，而且可以存储声音、图像和指纹等信息，数据容量更大，可以存储 1 000 个字符，超越了字母数字的限制。分堆积式和矩阵式二维码。二成本低、抗磨损、相对尺寸小、具有纠错和抗损毁能力。

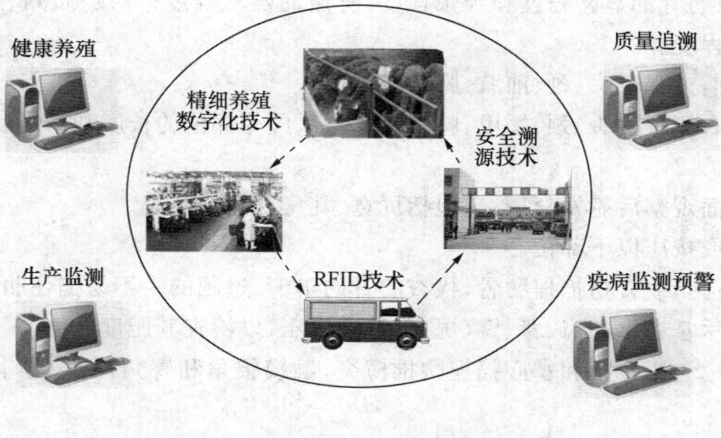

图 2.24 畜禽产品质量安全追溯体系

专项实训二 牛的外貌评定

一、实训目的

牛的体型外貌鉴定是评定牛只优劣的主要方法之一，通常包括评分鉴定、测量鉴定、线性评定和奶牛的体况评定。通过实习，初步掌握乳用牛和肉牛的外貌鉴定标准和具体鉴定方法，培养学生通过体型外貌来评定牛只优劣的能力。

二、实训条件

①牛保定栏、保定绳、测杖、磅秤、皮卷尺、圆形触测器（也称骨盆测定器）、测角计和牛鼻钳等。

②成年奶牛和肉牛若干头。

三、实训内容

①外貌评分鉴定。

②测量鉴定。

③线性外貌评定。

④奶牛的体况评定。

四、操作要点

1. 外貌评分鉴定

①将待鉴定的牛拴系于宽敞、平坦的地方，如牛场的牛运动场。

②鉴定人员在 4 m 以外的地方观察牛体的大小，整个躯体全貌，包括体型结构、被毛、角、

蹄、鼻镜的颜色及肋骨的显露程度和开张程度，骨骼的发育程度，背线、腰角、坐骨及尾根等部位的瘦瘠或肥满程度。

③站在牛的前方观察头、颈、前肢、胸、腹宽等。

④站在牛的右侧观察头、颈、鬐甲、胸、腹、背、腰、尻等部位的长度和水平状态及乳房、乳头的大小和形状。

⑤从牛的后面观察后躯发育情况，包括尻宽、乳房、尾、后肢等。

⑥用手触摸或按压以下部位。

肋骨——用拇指或食指掐捏肋骨，检查肋骨的丰瘠，过肥的牛不易掐住肋骨。

背线——用手掌在牛的肩、背、臀(尻)部移动按压，以检查其肥度。

腰角和坐骨——用手指和掌心掐捏腰椎横突，触摸腰角和臀角，如肉膘丰厚，检查时不易触感到骨骼。

尾根部——如过瘦，尾椎与坐骨间的凹陷非常明显。

⑦将鉴定情况记录入“外貌评分鉴定表”中，根据评分标准给以评分，计算总分，确定牛的登记。

鉴定评分标准参见本书第二章内容。

2. 测量鉴定

(1)所测牛站立的地面要平坦。不能在斜坡或高低不平地面上测量。站立姿势要保持端正，四腿成两行。

(2)接触牛时，应从其侧前方缓慢接近，态度要温和，并注意有无恶癖，防止被牛踢伤，以确保人身安全。

(3)测量部位要准确、迅速，离开牛体读数。

(4)测量内容如下：

①体高(鬐甲高)：由鬐甲最高点至地面的垂直距离(测量工具：测杖)。

②体斜长：从肩端前缘到同侧坐骨端后缘的直线距离(测量工具：测杖)。

③体直长：从肩端前缘到同侧坐骨端后缘的水平距离(测量工具：测杖)。

④胸围：肩胛骨后缘绕体一周，其松紧度以能插入食指与中指自由滑动为准(测量工具：皮尺)。

⑤管围：左前肢掌骨上 1/3 处最细处的围径(测量工具：皮尺)。

⑥头长：从额顶(角间线)到鼻镜上缘(有毛无毛的交界处)的距离(测量工具：皮尺)。

⑦最大额宽：眼眶最远点的距离(测量工具：圆形触测器、皮尺)。

⑧胸深：沿着肩胛骨后方，从鬐甲到胸骨的垂直距离(测量工具：测杖)。

⑨胸宽：左右第 6 肋骨间的最大距离，即肩胛骨后缘的距离(测量工具：测杖)。

⑩腰高(十字部高)：两腰角连线与腰椎相交点到地面的垂直距离(测量工具：测杖)。

⑪腰角宽(后躯宽)：腰角处的最大宽度(测量工具：测杖、圆形触测器)。

⑫尻长：从腰角前缘至坐骨结节后缘的直线距离(测量工具：测杖)。

⑬尻宽(髋宽)：髋的最大宽度(测量工具：测杖)。

⑭尻高：荐骨最高点的高度(测量工具：测杖)。

⑮后腿围：由一侧后膝前缘绕臀后至对侧后膝前缘的水平距离(测量工具：皮尺)。

⑯乳房围：乳房最大的周径(测量工具：皮尺)。

⑰乳房深度:后乳房基部至后乳头基部的距离(测量工具:皮尺)。

⑱乳头间距:分前后乳头间距和左右乳头间距(测量工具:皮尺)。

(5)牛体尺指数的计算　体尺指数是各项体尺之间的相对关系,用于表达不同体躯部位的相对发育程度。用百分率表示。这些指数可综合地用来研究牛种的专用性能。如肉用型、乳用型等。

①胸围指数:胸围/体高×100%;

②体长指数:体斜长/体高×100%;

③高臀指数:十字部高/体高×100%;

④骨指数:管围/体高×100%;

⑤头长指数:头长/体高×100%;

⑥肢长指数:(鬐甲高—胸深)/体高×100%;

⑦胸宽指数:胸宽/胸深×100%;

⑧髋宽指数:胸宽/髋宽×100%;

⑨尻宽指数:坐骨端宽/腰角宽×100%;

⑩体躯指数:胸围/体斜长×100%。

3. 线性外貌评定

参见本章节相关内容及附录。

4. 奶牛的体况评定

参见本章节相关内容。

五、实训作业

每位同学把进行牛的体型外貌鉴定结果写出一份实训报告。

专项实训三　原料乳质量检测

一、实训目的

了解原料乳质量检测的重要性,掌握牛奶样品的感官鉴定和密度测定方法、牛奶新鲜度及乳脂率测定方法的技术要点。

二、实训条件

鲜牛乳、玻璃器皿(玻璃试管、平皿、烧杯、量筒)、乳脂测定仪(全乳成分测定仪)、酒精灯、试剂盒等。

三、实训内容

①乳的感观与密度测定。

②乳新鲜度及乳脂率的测定。

四、操作要点

1. 乳的感观鉴定

①采样:供感官、理化检查的鲜奶样品可采取直接从奶桶中采取,但要预先将牛奶混匀,采样器要事先消毒。采样量 200～250 mL。

②检查:将鲜奶样品摇匀后,倒入一小烧杯内,仔细观察其外观、色泽、组织状态,嗅其气味并经煮沸后尝其味。

③评价:新鲜牛乳呈乳白色或稍带微黄色的均匀胶态流体,无沉淀,无凝块,无杂质,并具有鲜生牛乳特有的香味,煮沸后微甜,无异味。

2. 乳的新鲜度测定

测定牛乳酸度可检查牛乳的新鲜度。正常牛乳的酸度为 16～18°T,pH 为 6.6～6.7。当 pH 超过 6.7 时,则牛可能患有乳腺炎;若 pH 低于 6.5,则可能混有初乳或乳中微生物发酵产酸使乳酸度增高。测定牛乳可用酒精法、加热法或 NaOH 滴定法测定。

①酒精法。多用于乳品工业验收原料乳的检验,用 68%、70%或 72%的酒精试验,凡产生絮状凝块者为不合格。具体操作方法为:取 1～2 mL 样品乳与等体积的 68%、70%或 72%的酒精混合,摇匀后在 30 s 内不出现絮状沉淀的乳为阴性,否则为酒精试验阳性乳,为合格乳。酒精浓度与牛乳酸度的关系见表 2.42。

表 2.42　酒精浓度与牛乳酸度的关系

酒精浓度/%	不出现絮状沉淀的酸度	酒精浓度/%	不出现絮状沉淀的酸度
52	25°T 以下	70	19°T 以下
60	23°T 以下	72	18°T 以下
68	20°T 以下		

除高酸度牛乳能出现酒精阳性外,低酸度牛乳、盐类不平衡乳和混有钙离子的牛乳也会出现酒精试验阳性现象。

②加热煮沸试验。加热煮沸试验也可检验牛乳的酸度。具体操作如下:取少量牛乳于试管中,在酒精灯上加热至沸腾,若出现絮片或凝块,则表明乳的酸度在 26°T 以上,或有初乳混入。表 2.43 表明牛乳的酸度与凝固温度之间的关系。

③NaOH 滴定法。具体操作如下:在三角瓶中加入 10 mL 乳样和 20 mL 蒸馏水,摇匀,加入 0.5 mL 0.5%的酚酞指示剂,然后在不断摇动下用 0.1 mol/L 的 NaOH 溶液滴定至出现红色 1 min 内不消失为终点。读出消耗 NaOH 的毫升数再乘以 10 即为乳样的°T 数。

表 2.43　牛乳的酸度与凝固温度之间的关系

乳的酸度/°T	乳的加热凝固情况	乳的酸度/°T	乳的加热凝固情况
18	煮沸时不凝固	40	加热至 63℃凝固
22	煮沸时不凝固	50	加热至 40℃凝固
26	煮沸时能凝固	60	22℃时自行凝固
30	加热至 72℃凝固	65	16℃时自行凝固

3. 乳脂率测定

正常牛乳中的脂肪不应低于3%，可用Gerber氏法或Babcock氏法测定。主要仪器：乳脂离心机、Gerber氏乳脂计或Babcock氏乳脂计。测定乳中脂肪的目的是检查掺水情况。目前，乳品厂一般采用全乳成分测定分析仪来检测乳中脂肪的含量，这种仪器除了测定脂肪含量外，还可检测乳蛋白质、非脂乳固体及乳糖等含量。常用的乳成分分析仪为丹麦福斯电子公司生产的Milk-Scan系列产品。

4. 体细胞测定

牛奶中的体细胞数量在一定程度上可以反映出奶牛的健康状况，也就可以反映出牛奶的质量，但此项指标在我国并没有具体规定，一般认为正常牛奶中的体细胞数变动范围在5万～20万之间。如果奶中体细胞数量超过50万/mL时，即判定为乳腺炎奶，可不予收购。

5. 原料乳的掺假检测

(1)乳的密度测定　牛乳的比重可因牛乳的掺水而降低，但又可因脱脂或掺入比重大的物质增高，即掺假。

牛乳的比重测定可用乳稠计进行，乳稠计有两种：20℃/4℃和15℃/15℃，20℃/4℃测得的度数+2℃则等于15℃/15℃测得的度数。步骤：

①将10～25℃的牛乳样品，小心注入250 mL的量筒中，加到量筒的3/4容积处，注意不要产生泡沫。如有，用滤纸吸去；

②将乳稠计小心地沉入到标尺刻度30℃处；

③静止1～2 min，读数，正常牛奶的比重在1.028～1.034。

掺水量可用下列公式计算：掺水的百分数=(正常奶的比重－被检奶的比重)/正常奶的比重×100

例如：正常奶比重1.031，被检奶比重1.027。

掺水量百分比=(1.031－1.027)/1.031×100=13%

(2)奶中加淀粉的检出法　牛奶加水后变稀薄，有人便加入淀粉使奶变得比重接近正常奶。检验方法：取被检奶5 mL放入试管，加入碘水2～3滴，如有淀粉则有蓝色出现。(碘水用1 g碘化钾溶于少量蒸馏水中，在此溶液中溶解0.5 g结晶碘，再移入100 mL水中)

(3)奶中加豆浆的检出法　取被检奶5 mL，放入试管中，加入乙醇与乙醚1∶1混合液3 mL，再加入25%氢氧化钾溶液2 mL，在5～10 min内观察颜色的变化，如上清液呈黄色则有豆浆，白色者为正常。

(4)掺食盐、碱乳的检测　检测牛奶中是否掺有食盐或碱，可分别用测定牛奶的电导率和用玫瑰红法检验。

①测定奶的电导率：正常牛乳电导率值为$(33～47)\times10^{-4}$ μs/cm，当掺入盐或碱以后，电导率会增高。患乳腺炎的牛泌的乳电导率也会增高。与电导率最密切的离子是Na^{+}、K^{+}、Cl^{-}。用DDS-11A型电导率仪检测。

②玫瑰红法检验步骤如下：取5 mL奶样于试管中，加入0.5 mL玫瑰红酸酒精溶液(0.1 g玫瑰红酸，用100 mL 95%酒精溶解后的溶液)，如果呈现蔷薇色，则为掺碱的牛奶。

(5)原料乳卫生状况检测　卫生状况检测主要是通过美蓝试验检测乳中细菌含量。美蓝试验全称是美蓝还原褪色试验，它是检验乳中细菌数量是否超标的一种试验。鲜奶中细菌含量高直接导致美蓝定级不合格以及鲜奶经巴氏杀菌后酸度会升高和保质期缩短(表2.44)。

表 2.44　美蓝试验还原分级

分级	鲜奶细菌总数分级指标/(万个/mL)	美蓝褪色时间分级指标/h
一级	＜50(合格)	＞4
二级	＜100(合格)	＞2.5
三级	＜200	＞1.5
四级	＜400	＞40 min

(6)乳腺炎监测　引起乳腺炎的因素很多,主要是环境卫生不良(如牛舍、挤奶设施、挤奶工个人卫生等)消毒不严、违反操作规程,致使病原微生物侵入。其他一些疾病亦可继发乳腺炎如结核杆菌病、放线菌病、口蹄疫以及子宫疾病等。乳房外表出现红、肿、热、痛炎症症状。一般情况下,执行规程严格的牛群隐性炎症低于5%,差者可达50%左右。手工挤奶与机械挤奶相比,前者高于后者约10%以上。创造良好的卫生环境、严格操作规程(挤奶前的乳房消毒、挤奶后的乳头药浴)、停奶前的隐性炎症的监测以及"＋"者的治疗,对乳腺炎的治疗和预防将起到积极的作用。

由于患乳腺炎的牛奶含有较高的氯、钠等离子,故其导电率亦高于常乳。根据这一原理,在挤奶系统上安装一个导电仪,每次挤奶时将每头牛所产奶的电导率反馈到办公室的计算机终端上,计算机可对每头牛的电导率变化情况进行分析,从而对乳腺炎的发病情况进行监视。

(7)牛奶中抗生素的检测　下面介绍几种鲜乳中残留抗生素的检测方法。

①TTC法

a. 操作方法。吸收乳样9 mL放入15 mm×150 mm试管内,在80℃水浴中加热5 min。冷却到37℃以下时加入菌液(嗜热乳酸链球菌脱脂乳:将菌种接种入脱脂乳,经(36±1)℃的温度培养15 h后,使用时以灭菌脱脂乳1∶1的比例稀释)1 mL,于(36±1)℃水浴中继续培养30 min。如发现红色为阴性,可出报告,如不变色为阳性,须在水浴中继续培养30 min作第二次观察,并写出报告。每份检样作2份,另外再作阴性和阳性对照各1份,阳性对照管用无抗生素的乳8 mL,加抗生素及菌液和TTC试剂(称取2,3,5——氯化三苯基四氮唑1 g,溶于25 mL灭菌蒸馏水中,装入褐色瓶在7℃以下冰箱暗处保存。临用时用灭菌蒸馏水稀释至5倍),阴性对照管用无抗生素乳9 mL加菌液和TTC。

b. 判断方法。准确培养30 min,观察结果如为阳性,再继续培养30 min作第二次观察。观察时要迅速,避免光照过久发生干扰。乳中有抗生素存在,检样中虽加入菌液培养物,但因细菌的繁殖受到抑制,因此指示剂TTC不还原,所以不显色。与此相反,如果没有抗生素存在,则加入菌液即进行增殖,TTC被还原而显红色,也就是说检样呈乳的原色时为阳性,呈红色时为阴性(表2.45),根据显色判定其极限值如表2.46所示。

表 2.45　显色状态标准判断

显色状态	判断
未显色者	阳性
微红色者	可疑
桃红色或红色	阴性

表 2.46　检测各种抗生素的灵敏度

抗生素名称	最低检出量/mL
青霉素	0.004
链霉素	0.5
庆大霉素	0.4
卡那霉素	5

这种微生物检测方法优点是费用低,一般实验室都能操作。缺点是时间长;显色状态判断

通过肉眼辨别，易产生误差，对微红色者无法做出准确判断；操作复杂。

②SNAP 检测盒法(酶联免疫法)。采用由美国 IDEXX 公司研制生产的青霉素类检测盒和抗生素检测仪，用酶联免疫法检测牛奶中青霉素类(β-内酰胺类)抗生素残留。方法为：在试管中加入奶样品，并和检测板一同放在加热器中加热 5 min。然后将样品倒入检测板，当样品流经检测盒的反应环时，立即按下抗生素检测仪反应键，4 min 后读结果。以青霉素检测为例，读数小于 1.05，青霉素含量≤5 μg/L(仪器读数≤1.05，为判定该样奶青霉素含量合格)，反之则超过。

这是国际上最先进的检测方法，优点是时间短(9 min)、判断准确，操作过程简单易学，另外还有四环素类(金霉素、土霉素、四环素)检测盒，磺胺类检测盒，庆大霉素检测盒，进行相类似检测。缺点是仪器设备昂贵，特别是检测盒属一次性损耗，费用高。

五、实训作业

取不同奶样进行测定，写出实训报告，并对牛奶质量进行评价。

专项实训四　肉牛屠宰试验及牛肉质量评定

一、实训目的

肉牛屠宰实验是测定、评价肉牛产肉性能高低的重要基础。通过测定牛肉样的嫩度、系水力、大理石纹评分等牛肉质量指标，掌握牛的屠宰程序、胴体分级、肉质评定的基本方法和相关仪器设备的使用方法。

二、实训条件

实验牛及有关器具，所需器具包括以下几种。

①仪器：匀浆机、离心机、pH 仪(或直插式酸度仪)、扭力天平、膨胀压缩仪、求积仪等。

②衡器：1 000 kg 磅秤，200 kg 磅秤，20 kg 盘秤。

③工具：直径为 2.52 cm 和 1.27 cm 的圆形取样器，刮刀、剥皮刀若干把，皮卷尺(5 m)，体尺测杖，游标卡尺，大理石纹评分图板，比色板，塑料大盆，水桶，钢锯等。

④耗材：硫酸纸，100 mL 烧杯，粗、细麻绳若干根(10 m)。

三、实训内容

①肉牛屠宰。

②肉用性能测定。

③牛肉的质量评定。

四、操作要点

具体内容可参考第二章的第二节内容。

①宰前准备。

②屠宰前评膘。

③屠宰规格和要求。

④肉用性能测定。

⑤牛肉质量评定。其主要有以下测定步骤。

a. 系水力的测定步骤　使用 343 N(35 kgf)压力测定肌肉失水率,失水率越高系水力越低。取第 1～2 腰椎背最长肌,切成 1.0 cm 厚的薄片,再用直径为 2.52 cm 的圆形取样器(面积 5 cm^2)取样,称重并记录,上下各垫 18 层滤纸,然后用膨胀压缩仪加压 34 3N(35 kgf),持续 3 min,撤除压力后称取肉样重,并记录。计算肌肉失水率,再根据肌肉含水量的实测值计算系水力,公式为

系水力=(肌肉含水量－肉样被压出水量)÷肌肉含水量×100%

或　　系水力=(压前肉样重－压后肉样重)÷压后肉样重×100%

b. 嫩度的测定步骤　将测试样品按与肌纤维平行的方向用 1.27 cm 直径的圆形取样器顺肌纤维方向横切肉样块,做 10 个重复。按嫩度测定仪使用说明书操作。测定是切刀与肉样垂直,打开电源开关,切断肉块,直接从表盘读取最大用力值即剪切值。记录 10 个肉块的剪切力值,计算算术平均数。单位用牛顿(N)或 kgf 表示。

c. 大理石纹评分测定　使用国际标准的大理石纹评分图板,对照眼肌横截面的肌肉间脂肪的含量及分布情况进行主观打分。

d. PH 测定　取牛肉 5～10 g,放入 100 mL 烧杯中,加入蒸馏水 5～10 mL,在匀浆机中打碎,放离心机中离心后取上清液用 pH 仪测定(或用直插式酸度仪测定)。

五、实训作业

将屠宰和肉用性能测定结果写成实验报告,并进行简要的分析。

专项实训五　全混日粮(TMR)调制与检测

一、实训目的

通过在牧场的观察与实际操作,使学生了解 TMR 技术的组织过程,掌握 TMR 饲喂技术。

二、实训条件

TMR 饲养方式的牛场、混合搅拌车、散栏饲养设备、快速切草机、传送设备和计量设备等。

三、实训内容

TMR 组织过程与饲喂及检测技术。

四、操作要点

(一) 牛舍设计的观察

(二)分群、转群及牛群管理

一般小型奶牛场(<300 头)可以直接分为泌乳奶牛群和干奶牛群,各设计一种 TMR 日粮;中型牛场(300～500 头)可根据泌乳阶段分为早、中、后期牛群和干奶牛群;大型牛场(>500 头)可将牛细分为新产牛群、高产头胎牛群、高产经产牛群、体况异常牛群、干奶前期、干奶后期牛群等,分别设计 6～7 种 TMR。

在具体的分群过程中可根据牛的个体情况及牛群的规模灵活掌握,适时调整或合并,调整转群时要小群转移,最好在投料时转移。

对于干奶牛分为干奶前期和干奶后期两个群非常关键,因为这是两个完全不同的生理阶段。后备牛要细分,每群的大小不能太大,一般 10 头左右,要求群中个体一致,随着月龄的增加群体数量可以适当增加。

(三)TMR 日粮配制

1. 添加顺序

①基本原则:遵循先干后湿,先精后粗,先轻后重的原则。

②添加顺序:精料、干草、副饲料、全棉籽、青贮和湿糟类等。

③如果是立式饲料搅拌车应将精料和干草添加顺序颠倒。

2. 搅拌时间

掌握适宜的搅拌时间,确保搅拌后 TMR 中至少有 20%的粗饲料长度大于 4 cm。一般情况下,最后一种饲料加入后搅拌 5～8 min 即可。

3. 效果评价

从感官上,搅拌效果好的 TMR 表现在:精粗饲料混合均匀,松散不分离,色泽均匀,新鲜不发热,无异味,不结块。

4. 水分控制

水分控制在 45%～55%。

5. 注意事项

①根据搅拌车的说明,掌握适宜的搅拌量,避免过多装载,影响搅拌效果。通常装载量占总容积的 60%～70%为宜。

②严格按日粮配方,保证各组分精确给量,定期校正计量控制器。

③根据青贮及副饲料等的含水量,掌握控制 TMR 的水分。

④添加过程中,防止铁器、石块和包装绳等杂质混入搅拌车,造成车辆损伤。

(四)TMR 日粮的饲喂方法

TMR 饲喂要均匀投放饲料,确保牛有充足的时间采食,一般干奶牛和生长牛一天投放一次,泌乳牛一天投放两次,夏季可投放 3 次。在闷热的夏季为了防止饲料沉积发热,每天应翻料 2～3 次，并且要求每天清理剩余的饲料，剩槽 3%～5%为合适，合理利用回头草。最好随时供应新鲜的日粮。

(五)TMR 日粮检测

TMR 饲草料的检测主要用宾州筛，也叫草料分析筛，是美国宾夕法尼亚州立大学的研究者发明了一种简便的，可在牛场用来估计日粮组分粒度大小的专用筛。这一专用筛由两个叠加式的筛子和底盘组成。上面的筛子的孔径是 1.9 cm，下面的筛子的孔径是 0.79 cm，最下面是底盘。宾州筛过滤是一种数量化的评价法，但是到底各层应该保持什么比例比较适宜，与日粮组分、精饲料种类、加工方法、饲养管理条件等有直接关系。具体使用步骤如下。

①奶牛未采食前和采食剩余料各取样 400～500 g。

②水平摇，不要垂直抖动。

③摇一下 17 cm 远，频率每次 1.1 s。

④每摇 5 下，转 90°；以上共重复 7 次。

⑤分别称重，计算每层占总重量的比例。

⑥检测每层剩余不同草料量及比例，分析发现的问题。

这种专用筛可用来检查 TMR 搅拌设备运转是否正常，搅拌时间、上料次序等操作是否科学等问题，从而制定正确的全混日粮调制程序(表 2.47)。

表 2.47　美国宾州大学针对 TMR 日粮的粒度推荐值 %

饲料种类	一层	二层	三层	四层
泌乳牛 TMR	15～18	20～25	40～45	15～2
后备牛 TMR	40～50	18～20	25～28	4～9
干奶牛 TMR	50～55	15～30	20～25	4～7

五、实训作业

按照牛 TMR 饲喂技术的任务考核标准进行实际操作(表 2.48)。

表 2.48　TMR 饲喂技术任务考核标准

考核内容	操作环节与要求	评分标准	
		分值(100 分)	扣分依据
TMR 机械使用	识别与使用 TMR 技术的各种机械	20	每错误或不会使用一种机械扣 5 分
TMR 日粮加工	掌握 TMR 日粮加工的全过程(饲料贮存、投放、搅拌等)	20	每错或少一项扣 2 分
TMR 饲喂	TMR 日粮配制	30	每错或少一项扣 2 分
TMR 管理技术	牛群的分群以及各种管理工作	30	每错或少一项扣 5 分

专项实训六 牛场规划设计

一、实训目的

使学生能够在老师的指导下构建一个集牛场总体规划、建筑设计、工艺设计、设备设施选型、消防、环保、电力、经济效益评价等于一体的养牛企业全貌，承接前面所学内容，启发和引导后面知识的学习。

二、实训条件

牛场实例图片、绘图纸、碳素笔、2B铅笔、圆规、三角板、电脑等。

三、实训内容

①撰写学生生源所在地或教师指定地区的养牛业分析报告。
②在给定的虚拟场址所在地中进行总体规划设计和建筑设计。
③制定工艺设计方案。
④利用网络对主要设备设施进行选型，并统计主要电力设备功率。
⑤了解养牛场消防、环保要求。
⑥对给定的虚拟场址的养殖规模和建设规模进行投资估算和经济效益评价。

四、实训方法及步骤

具体内容可参考第二章第四节。牧场规划任务重点见表2.49

表2.49 牧场规划任务重点

项目内容	规划内容细节	
	比值	占 分
牛舍布局	10	建舍排列不整齐扣1分；场区地形利用有浪费扣1分；建舍朝向不合理扣1分；舍间距不合理2分
附属用房	5	附属用房位置不合理扣2分；面积不合理扣2分
道路	5	主干道或小路设计不合理扣2分； 净道和污道未分设扣2分
绿化	5	绿化类别不合理扣2分；选择苗木或花卉不合理扣2分
绘制总平面图	25	围墙和场区大门及各区小门未设计扣5分；建筑物之间的联系不合理扣3分；消毒卫生房舍未设计扣3分；图题或指北针未标出或不正确扣3分；尺寸线不规范扣3分；图注表述不清楚扣3分

五、实训作业

为存栏 500 头奶牛和年出栏 1 000 头肉牛做牛场规划设计。要求整体规划合理，工艺和设备设施先进。

目标检测

一、填空

1. 牛的头长与体斜长之比如超过(　　)%时为长头，不足(　　)%者为短头。
2. 如荐骨及尾根高于(　　)部位，则形成高尻。
3. 青绿饲料是指天然水分含量在(　　)%以上的青绿多汁饲料。粗饲料是指绝干物质中粗纤维含量在(　　)%以上，体积大，难消化。
4. 生鲜乳的密度为(　　)。
5. 青贮饲料制作的三大步骤(　　)、(　　)、(　　)。

二、判断对与错

1. 乳头长度 15 cm 以上为宜。
2. 好的乳房应以结缔组织为主。
3. 好的乳房乳头距离地面高度为 40～45 cm。
4. 青年牛因不产奶不用进行体况评分。
5. 一般对公牛个体本身不进行线性鉴定。
6. 线性评定季节以春秋季为宜，冬夏季会掩盖或夸大其棱角性，影响评定的准确性。

三、名词解释

乳井　乳静脉　腺质乳房　体高　体斜长　管围　胸围　标准乳　DDGS　NPN　TMR

四、简答

1. 列出以下指标的计算公式：屠宰率、净肉率、胴体产肉率、肉骨比、平均日增重、饲料转化率。
2. 简述肉牛的生产力评定主要指标及测定方法。
3. 简述奶牛体况评分的方法。
4. 简述青贮饲料的调制方法。
5. 牛场的环境要求有哪些？
6. 简述原料乳的质量监控措施。
7. 简述 TMR 饲喂技术关键点。
8. 简述奶牛场一般牛群结构。

五、计算

1. 甲牛产乳 6 500 kg，乳脂率 4.3%，乙牛产乳 7 000 kg，乳脂率 3.5%，比较两个个体产乳性能优劣。

2. 上次测定 8 d 后某月份的 8 号、17 号、28 号的产奶量分别是 25 kg，30 kg，28 kg，计算其全月产奶量。

六、实践

为体重 600 kg，日产奶 25 kg，乳脂率是 3.5% 的奶牛配制日粮。（可用饲料有青贮玉米秸、羊草、苜蓿干草、玉米、麸皮、豆饼、棉籽饼、磷酸氢钙、石粉和食盐等）。

第三章

奶牛饲养管理岗位技术

知识目标

1. 了解奶牛各阶段生理特点和饲养管理要点。
2. 掌握分群原则。
3. 了解 DHI 工作程序。
4. 熟悉奶牛日常保健及免疫程序。

技能目标

1. 掌握犊牛去角、去副乳头等管理操作方法。
2. 掌握犊牛标准化培育规程,能够制定犊牛早期断奶方案。
3. 掌握夏季热应激预防综合技术措施。
4. 能够根据 DHI 报告结果指导实际生产。

第一节　犊牛饲养管理

犊牛饲养管理分为初乳期、哺乳期和断乳期三个阶段,每个阶段有不同的饲养管理技术。出生至6月龄的牛称为犊牛。新生犊牛经历了由母体内恒温环境到出生后的变温环境;由生活在液体(胎水)中到出生后的空气中;由被动吸收营养到出生后主动吮吸乳汁的巨大变化。初生以后的犊牛生理机能也处于急剧变化阶段,尤其是生长发育旺盛,可塑性强。有以下几个特点:

①新生犊牛皮肤的保护能力差,神经系统反应迟缓,体温调节机制不健全,对外界不良环境的抵抗力较低,因此容易受各种病原侵袭,造成疾病和死亡。

②犊牛的消化组织器官发育不完善,消化功能低下。新生犊牛前胃发育比例和容积小,消化机能和单胃动物基本相同,随着犊牛年龄的增大和采食植物性饲料及精饲料的增加,犊牛的前胃逐步发育完善,消化功能也随之提高。

③犊牛的新陈代谢旺盛,生长迅速。犊牛初期新陈代谢旺盛,同化力强,生长发育速度快。

但随着年龄的增长，生长速度逐渐变慢，尤其到性成熟期，生长速度很慢。

犊牛体温一般为 38.5～39.5℃，脉搏以初生犊牛最高 90～110 次/min，青年牛 70～90 次/min，呼吸为 20～50 次/min。

一、犊牛初乳期饲养管理

初乳期指产后第 1 周(1～7 d)。

(一)初生犊牛的护理

1. 清除黏液

犊牛出生后，首先要清除口鼻中的黏液，以免影响呼吸。当犊牛已经吸入了黏液，护理人员应将犊牛倒吊起来拍打其胸部，使之吐出黏液。其次要用干净毛巾或清洁干草擦净犊牛体表部位的黏液，以免犊牛受凉感冒。

2. 正确断脐

一般情况下，在分娩过程中脐带会自行扯断，如果没有自行扯断时，可以人工剪断脐带。办法是在距犊牛腹部 10～12 cm 处握紧脐带，用手指用力揉搓脐带并挤出脐带中的血液，然后用消毒剪刀剪断脐带，用 5%～10%碘酊浸泡脐带断口消毒 1 min，每天 1 次，直到脐带干燥时停止消毒。

3. 及早哺足初乳

初乳是母牛产犊后 5～7 d 所产的乳，其中干物质含量，特别是免疫球蛋白、维生素 A 和矿物质含量等均比常乳高(表 3.1)。

表 3.1　初乳与常乳成分比较

种类	水分/%	蛋白质/%	白蛋白及球蛋白/%	脂肪/%	乳糖/%	灰分/%	维生素 A/(μg/100 mL)	酸度	比重
初乳	63.6	17.8	11.3	5.1	2.19	1.01	319	48.4	1.067
常乳	87.3	3.3	0.7	3.5	4.96	0.84	25	20.0	1.032

初乳具有特殊的生物学特性，是新生犊牛不可缺少的营养品。其特殊作用表现为：

①初生犊牛由于胃肠空虚、第四胃及肠壁黏膜不很发达，对细菌的抵抗力很弱。而初乳的特殊功能是能代替肠壁上黏膜的作用。初乳覆在胃肠壁上，可阻止细菌侵入血液中，提高对疾病的抵抗力。

②初乳中含有溶菌酶和抗体蛋白质，能杀灭多种病菌。如 γ-球蛋白可以抑制某些病菌的活动，k-抗原凝集素能够抵抗特殊品系的大肠杆菌。

③初乳的酸度较高(45～50°T)，可使胃液变成酸性，能抑制有害细菌的繁殖。

④可以促进真胃分泌大量消化酶，使胃肠机能尽早形成。

⑤初乳中含有较多的镁盐，有轻泻作用，能排出胎粪。

这些优点有利于犊牛生后迅速获得各种养分和建立免疫体系，有利于犊牛适应其生后环境。但随着时间的推移与泌乳时间的增加，其免疫球蛋白、维生素 A 含量急剧减少，初乳中的免疫球蛋白被小肠壁吸收的能力随着时间的推移而逐渐减少，生后 36 h 犊牛几乎丧失了这种吸收能力。

犊牛在初生 1 h 内完成第一次饲喂，第一次初乳喂量至少应达到 2 kg 以上(日喂量的一半)，出生 6～9 h 喂第二次，在 24 h 内最好饲喂初乳 2～3 次，总共饲喂 4～6 kg，以便让犊牛获得足够的免疫力。以后每天喂奶 3 次，每天 4～6 kg，全天喂奶量应控制在体重的 10%～12%。如果第一次初乳饲喂太晚或喂量不足，则犊牛获得的免疫球蛋白将大大减少，犊牛死亡率也会随之升高。与此同时，注意奶温应控制在 37℃左右，温度低时可以放在热水锅内隔水加热。温度不宜过高，否则容易烫伤犊牛口腔，另外也容易引起初乳凝固(是否增加上灌服初乳技术，后面犊牛 6 周培育方案中已有，参考文献注名)。

4. 初乳的保存与利用

剩余的初乳可以在 4℃冰箱内保存几天，高质量的初乳长期冷冻保存。生产实践中，可将合格的初乳按 2 kg 标准统一装瓶进行收集，记录采集日期、母牛编号等信息，然后 −20℃冷冻保存，以便实行新生犊牛出生后尽早哺食初乳的需求。冷冻的初乳能保存初乳中的抗体活性，是保证奶牛场随时获得高品质初乳的有效措施。冷冻初乳可用 40～50℃的水浴来解冻。此外，发酵初乳代替全乳哺喂犊牛，发酵初乳分为自然发酵和定向发酵。

(1)自然发酵　把剩余的新鲜混合初乳过滤后倒入塑料桶内(不宜用金属桶)，及时盖上桶盖(不宜过满以防发酵后溢出)，放在室内阴凉的地方，任其自然发酵。为了防止乳脂与乳清分离，每天应搅拌 1 次。根据室内温度高低，发酵时间有长有短(表 3.2)。

表 3.2　自然发酵时间

室内温度/℃	10～15	15～20	20～25	25～30	30 以上
发酵时间/d	5～7	3～4	2	1	8～12 h

(2)定向发酵　把新鲜混合初乳过滤后水浴加温至 70～80℃，保持 5～10 min，待其冷却至 40℃左右，倒入已消毒的塑料桶内，按 5%～7%的比例加入发酵剂，搅匀后及时盖上桶盖，每天搅拌 1 次。发酵时间长短与室温有关(表 3.3)。

表 3.3　定向发酵时间

室内温度/℃	10～15	20～25	25～30	30 以上
发酵时间/d	2 左右	1	12 h 左右	4 h 左右

发酵最适宜的温度为 10～12℃，范围从 4.4～26.7℃。温度过高，易酸败；过低，发酵的初乳不易拌匀，甚至凝块。当夏季气温达 32℃时，为了防止腐败菌的繁殖，可加入 0.3%的甲酸或 0.7%的醋酸，也可使用 1%的丙酸，将 pH 调至 4.6。

发酵较好的初乳均匀稠密，呈豆腐脑状，色微黄，有乳酸香味，没有乳清析出(自然发酵的有时可允许有少量乳清析出)，酸度为 80～100°T。

发酵初乳在饲喂前应先搅拌均匀，然后取出需要量加入 80℃左右的热水，将奶温调至 36～38℃进行饲喂(掺水比例一般为初乳：水＝(2～3)：1)。发酵初乳在第一次饲喂时，个别犊牛可能会产生不适应现象，可掺入一些鲜乳诱食，很快就能习惯。为了让犊牛能尽快适应，也可在饲喂前加入 0.5%的碳酸氢钠中和，以改善适口性。

在制作发酵初乳时应注意：初乳要卫生，越卫生保存时间越长；不要用金属容器，防止被腐蚀；发酵初乳不能含抗生素，抗生素会抑制乳酸菌的繁殖；发酵初乳保存时间一般为2～3周，气温高时，保存时间短，最好在1～2周内喂完，有异味或变质的发酵初乳禁止喂牛。

(二)初乳期犊牛的管理和选留

1. 建立稳定的管理制度

开始给犊牛人工哺乳时，先将手洗干净，进行必要的消毒处理，在手指头蘸些奶，放入犊牛嘴里诱导，训练1～2次，有了明显的吸吮反应后就可以用奶壶的橡皮乳头喂乳了，严禁犊牛暴饮暴食。

2. 补硒及血清抗体检测

生后当天就应给犊牛补硒，肌内注射0.1%亚硒酸钠8～10 mL，或亚硒酸钠、维生素E合剂5～8 mL，之后15 d再补加一次，防治白肌病的发生。

在犊牛出生后3～5 d，在犊牛尾静脉或颈静脉进行采血2～3 mL，用折射仪进行血清免疫球蛋白含量检测，来判断初乳灌服的效果，对于血液中免疫球蛋白浓度低于55 mg/mL的犊牛进行格外的看护。

3. 健全系谱资料

建立犊牛系谱资料，健全犊牛卡片内容。卡片填写内容包括父号、母号、该犊牛性别、出生胎次、接产人员、难产顺产、胎衣下落情况，母牛健康状况(包括乳房情况、是否瘫痪、饮食状况)等。3 d内照相片3张，左、右、头各一张并存档。

4. 犊牛的选留标准

(1)系谱　系谱资料清楚完善，繁殖正常，不选留异性双生母犊牛，三代系谱中无明显疾病史的奶牛后代。

(2)体质体况　犊牛健康，发育正常，具有良好的外貌特征，无任何生理及其他缺陷。

(3)生长发育　生长发育良好的犊牛，其出生重为母体体重的7%～8%，一般为35 kg，经产母牛所产犊牛有超过50 kg的；胸围一般在70～75 cm，体高69～74 cm。

(4)初乳期生长发育　第一周平均日增重500 g～600 g，1周后体重38 kg以上。

二、犊牛哺乳期饲养管理

(一)犊牛哺乳期的饲养

犊牛饲养中最主要的问题是哺育方法和断奶。采用什么样的方法对犊牛进行哺育，何时断奶，怎样断奶是犊牛饲养的核心。

1. 人工哺乳

初乳期后饲喂常乳，常乳的哺育一般有自然哺乳和人工哺乳。乳用犊牛一般采用人工哺乳方法。人工哺乳既可人为地控制犊牛的哺乳量，又可较精确地记录母牛的产奶量，同时可避免母子之间传染病的相互传播。目前，乳用犊牛的人工哺乳方法常采用全乳限量哺育法。一般情况下，常乳日喂量为犊牛体重的10%左右，日喂2次。目前，大多哺乳期为2个月左右，哺乳量约300 kg。比较先进的奶牛场，哺乳期为45～60 d，哺乳量为200～250 kg。初乳期过后开始训练犊牛采食固体饲料，根据采食情况逐渐降低犊牛哺乳量，当犊牛精饲料的采食量达到1～1.5 kg时即可断奶。

哺喂犊牛时，应注意定时、定量、定温。奶温应在37～38℃，喂奶速度一定要慢，每次喂奶时间应在1 min以上，最好采用带奶嘴的奶桶喂奶，以避免部分乳汁流入瘤网胃，引起消化不良。

2. 独栏圈养

有条件的牛场，设置移动式犊牛岛，平均每头犊牛面积1.4～1.8 m^2，舍内设置保温设施，铺上软而厚的垫草，定期消毒，保证犊牛健康。

3. 植物性饲料的饲喂

犊牛出生后1周即可训练采食干草，生后10 d左右训练采食精料。训练犊牛采食精饲料时，可用大麦、豆饼等精料磨成细粉，并加入少量鱼粉、骨粉和食盐拌匀。每天15～25 g，用开水冲成糊粥，混入牛奶中饮喂或抹在犊牛口腔处，教其采食，几天后即可将精料拌成半湿状放在奶桶内或饲槽里让犊牛自由舔食。少喂多餐，做到卫生、新鲜，喂量逐渐增加，至1月龄时每天可采食1 kg左右甚至更多。刚开始训练犊牛吃干草时，可在犊牛栏的草架上添加一些优质柔软的干草让犊牛自由舔食，为了让犊牛尽快习惯采食干草，也可在干草上洒些盐水。喂量逐渐增加，但在犊牛没能采食1 kg混合精料以前，干草喂量应适当控制，以免影响混合精料的采食。青贮饲料由于酸度过大，过早饲喂青贮饲料将影响瘤胃微生物区系的正常建立。同时，青贮饲料蛋白含量低，水分含量较高，过早饲喂也会影响犊牛营养的摄入。所以，犊牛一般从4月龄开始训练采食青贮，但在一岁以内青贮料的喂量不能超过日粮干物质的1/3。

在早期训练采食植物性饲料的情况下，6～8周龄的犊牛前胃发育已达到相当程度(表3.4)，这时即可断奶。为了使犊牛能够适应断奶后的饲养条件，断奶前2周应逐渐增加精、粗饲料的喂量，减少奶量的饲喂。每天喂奶次数可由三次改为两次，而后再改为一次。在临断奶时，还可喂给掺水牛奶，先按1∶1喂给掺温水的牛奶，以后逐渐增加掺水量，最后全部用温水来代替牛奶。

表3.4　不同饲料类型对瘤胃发育(瘤网胃容积)的影响

日龄	7	14	21	30	60	90	120
低奶量＋植物性饲料/kg	0.5	2.1	4.0	4.3	8.0	13.0	20.0
全奶/L	—	0.83	1.25	1.70	4.50	12.50	13.50

4. 早期断奶

传统乳用犊牛的培育具有哺乳期长、鲜奶用量大、瘤胃发育晚等缺点。而早期断奶方法，即人为缩短犊牛的哺乳期，减少哺乳量，既降低了犊牛的培育成本，又使犊牛的消化系统尽早得到锻炼，提高了犊牛的培育质量，为以后高生产性能的发挥打下基础，其哺乳时间和哺乳量视奶牛场犊牛的饲养管理水平和早期断奶犊牛饲料条件而定。

国外犊牛早期断奶的哺乳期大多控制在3～6周，以4周居多，也有喂完初乳就进行断奶的报道。英国、美国一般主张哺乳期为4周，日本多为5～6周，哺乳量控制在100 kg以内。犊牛早期断奶成败的关键之一就是代乳品和开食料的配制技术。

(1)代乳品　代乳品是模拟牛奶的特性所制作的商品饲料，用水冲调后可代替部分或全部鲜奶饲喂犊牛，所以又称人工奶粉。代乳品是一种以乳业副产品(脱脂乳、乳清蛋白浓缩物、干乳清等)为主的粉末状商品饲料。代乳品的蛋白质含量一般要求20%以上，脂肪应达到

10%～12%(一般商品代乳品中脂肪含量达18%～20%),碳水化合物主要为乳糖、葡萄糖和右旋糖,粗纤维含量应低于0.25%。此外代乳品中还应含有一定量的矿物质、维生素以及抗生素,以促进犊牛的生长,提高饲料转化效率。如果犊牛体质弱,则应先使用全奶,然后视犊牛健康情况逐渐用代乳品取代全奶。表3.5为几种商品代乳品的原料配方。

表3.5　几种商品代乳品的原料配方　　%

成分	卡必塔尔	基普	晶石	登科维蒂
脱脂乳粉	78.5	72.5	78.37	75.4
动物性脂肪	20.2	13.0	19.98	10.4
植物性脂肪	—	2.2	0.02	5.5
大豆磷脂	1.0	1.8	1.0	0.3
葡萄糖	—	—	—	2.5
乳糖	—	9	—	—
谷类产品	—	—	0.23	5.4
维生素、矿物质	0.3	1.5	0.4	0.5

(2)开食料　犊牛开食料是根据犊牛消化道及其酶类的发育规律所配制的,能够满足犊牛营养需要,适用于犊牛早期断奶所使用的一种易发酵碳水化合物含量较高、含有足够的可消化纤维、具有适当粒度的固体饲料特殊饲料(表3.6)。其特点是营养丰富,易消化,适口性好(表3.7)。开食料在瘤胃中发酵后的终产物挥发性脂肪酸尤其是丁酸,有助于刺激瘤胃功能的发育。它的作用是促使犊牛由以吃奶或代乳品为主向完全采食植物性饲料过渡。开食料中富含维生素及微量元素、矿物质等。此外,开食料一般也含有抗生素如新霉素,驱虫药如拉沙里菌素、莫能菌素以及益生素等。通常,开食料中的谷物成分是经过碾压粗加工形成的粗糙颗粒,以利于促进瘤胃蠕动,还可在开食料中加入5%左右的糖蜜,以改善适口性。犊牛开食料饲喂量及饲喂方式见表3.6至表3.9。

表3.6　犊牛开食料营养指标

营养成分	指标与含量	营养成分	指标与含量
粗蛋白质/%	16	钙/%	0.6
产奶净能/(MJ/kg)	7.6	磷/%	0.42
粗脂肪/%	2	维生素A、维生素D/(IU/kg)	2 200、300

表3.7　不同国家和地区的开食料配方示例　　%

原料	日本	美国 伊利诺伊大学	美国 爱荷华大学	澳大利亚	黑龙江粮油公司	
					1	2
豆饼	20～30	23	17	20	29	20
亚麻饼			15		10	10
玉米	40	40	16.5	48	30	25
高粱						10

续表3.7

原料	日本	美国 伊利诺伊大学	美国 爱荷华大学	澳大利亚	黑龙江粮油公司 1	2
燕麦	5～10	25	20	20	20	
小麦麸			10		10	10
鱼粉	5～10		10	8	10	
糖蜜	4	8	5	3		10
苜蓿草粉	3		5			5
油脂	5～10					
维生素 A	0.5 万 IU/kg	0.5 万 IU/kg	0.5 万 IU/kg	0.5 万 IU/kg	0.5 万 IU/kg	0.5 万 IU/kg
矿物质	2～3	4	1.5	1	3	5

表 3.8　犊牛 8 周培育方案　　kg

日龄	乳			饲料		
	种类	喂量	方式	种类	喂量	方式
1～3	初乳	4	吸吮奶嘴或灌服强饲	—	—	—
4～7	常乳或代乳粉	4	奶桶自饮	开食料	0.1	加入奶中
8～14	常乳或代乳粉	5	奶桶自饮	开食料	0.2～0.3	加入奶中
15～35	常乳或代乳粉	6	奶桶自饮	开食料	0.5～0.8	自由采食
36～49	常乳或代乳粉	5	奶桶自饮	开食料	0.9～1.2	自由采食
50～60	常乳或代乳粉	3	奶桶自饮	开食料	1.3～	自由采食
合计	—	292	—	—	—	—

表 3.9　犊牛 6 周培育方案　　kg

日龄	乳			饲料		
	种类	喂量	方式	种类	喂量	方式
1～3	初乳	4	吸吮奶嘴或灌服强饲	—	—	—
4～7	常乳或代乳粉	4	奶桶自饮	开食料	0.1～0.2	加入奶中
8～28	常乳或代乳粉	5	奶桶自饮	开食料	0.3～0.8	自由采食
29～42	常乳或代乳粉	3	奶桶自饮	开食料	0.9～1.2	自由采食
合计	—	175	—	—	—	—

(3)早期断奶方法　早期断奶根据哺乳期的长短和哺乳量的多少，采取不同的方法。根据目前我国奶牛生产水平，采用 2 个月哺乳期，总哺乳量为 300～360 kg 的方法较为现实。具体方法可参照表 3.10。

表 3.10 63日龄犊牛断奶方案

日龄	哺乳	补料	饮水	环境要求	生长发育情况	技术关键点
1～7	初乳喂量 2～3 kg，日喂 2～3 次，奶温 39℃，利用哺乳器哺喂	自由采食优质干草，补硒和维生素 E	35～38℃温开水	环境温度 16℃以上，舍内厚垫料	出生重 35～40 kg，平均日增重 500～600 g	“三测、二察”，注意测体温、呼吸和心率；察粪尿、精神状态
8～14	日哺乳量 4～5 kg，日喂 3 次，奶温 38～39℃，由哺乳器过渡到奶盆喂饮	训练采食开食料，注意补铁	饮温水 15～38℃，每天 1～2 kg，每天 3 次	环境温度 10～24℃	平均日增重 600～650 g，犊牛被毛逐渐光亮	“二严格、一运动”，注意严格管理、消毒制度，温度适宜时户外运动 0.5～1 h/d
15～21	日哺乳量 5～6 kg，日喂 3 次，奶温 38～39℃	每天饲喂开食料 400～500 g	每天 2～3 kg，每天 3 次	加强户外运动，增强犊牛抗病力	平均日增重 350～400 g，体高一般为 71～76 cm，胸围 73～78 cm	“去角、补硒”，第 20 天电烙铁去角，第 15 天补硒和维生素 E
22～42	日哺乳量 4～5 kg，日喂 2～3 次，奶温 25～30℃	提供优质干草，保证自由采食，每天饲喂开食料 600～800 g	自由饮水，保证饮水的清洁	增加户外运动时间	平均日增重 300～500 g，体高一般为 76～78 cm，胸围 80～82 cm，1 月龄体重一般为 50～55 kg	“调教、去副乳头”，通过喂奶、刷拭、测体温等时机进行调教管理，尽早去除副乳头
43～63	日哺乳量 2～4 kg，日喂 1 次，奶温 25～30℃	提供优质的干草，保证粗饲料采食 1.5 kg，每天饲喂开食料 900～1 000 g	自由饮常温水	具有一定的适应和抗病能力	平均日增重 600 g，体高一般为 86 cm，胸围 91 cm，体重一般为 70～72 kg	观察、测定生长发育、植物性饲料采食状况，适时断奶

犊牛从 4～7 日龄开始调教采食开食料和干草，常用的方法有：①在开食料中掺入糖蜜或其他适口性好的饲料；②将开食料拌湿涂抹嘴，或置少量在奶桶底，当犊牛舔食奶桶底部时，即可食入；③少喂勤添，以保持饲料新鲜；④限制犊牛喂奶量，每天喂奶量以不超过犊牛体重的 10%为限。

当犊牛连续 3 d 采食 1.0～1.5 kg 开食料时即可断奶。在此之前要适当控制干草的喂量，以免影响开食料的采食量，但要保证日粮中所含的中性洗涤纤维不低于 25%。

缩短哺乳期，减少哺乳量的犊牛，虽然头 3 个月体重增长较慢，但只要精心饲养，在断奶前调整好采食精料的能力，并在断奶后注意精料和青粗饲料的数量和品质，犊牛在早期受阻的体重在后期可得到补偿，不影响后备牛的配种月龄、繁殖以及投产后的产奶性能。

(二)犊牛哺乳期的管理

1. 编号、称重、记录

犊牛一出生在断脐与喂初乳后,进行称重,登记初生重并打耳号,并做系谱详细记录。在奶牛生产中,通常按出生年度序号进行编号,既便于识别,同时又能区分牛只年龄。序号一般于每年 1 月 1 日,从 1 号开始编,在序号之前,冠以年度号。例如,2013 年出生的第一头犊牛,即可编号为 13001 号(位数的设置可根据牛群规模而定)。标记的方法主要为打耳标,用不褪色的记号笔将牛号写在塑料耳标上,然后用专用的耳标钳将其固定在牛耳朵的中央。

2. 卫生

犊牛的环境、牛舍、牛体以及用具等卫生,均有比较严格的管理措施,以确保犊牛的健康成长。

牛栏及牛床均要保持清洁干燥,铺上垫草,做到勤打扫、勤更换垫草。牛栏地面、木栏、墙壁等都应保持清洁、定期消毒。舍内要有适当的通风装置,保持舍内阳光充足,通风良好,空气新鲜,冬暖夏凉。禁忌将犊牛放入阴、冷、湿、脏和忽冷忽热的牛舍饲养。

饲料要少喂勤添,保证饲料新鲜、卫生。每次喂奶完毕,用干净毛巾将犊牛口、鼻周围残留的乳汁擦干,并继续在颈枷上挟住约 15 min 后再放开,以防止犊牛之间相互吮吸,造成"舐癖"。"舔癖"的危害很大,常使被舔的犊牛造成脐带炎、乳头炎或睾丸炎,以致丧失种用价值或降低生产性能。有舔癖的犊牛,容易舔吃牛毛,久而久之在瘤胃中形成许多扁圆形的毛球,这些大小不一的毛球往往堵塞食道、贲门或幽门而致犊牛死亡。

喂奶用具(如奶壶和奶桶)每次使用后都要进行严格清洗消毒,程序为冷水冲洗→碱性洗涤剂擦洗→温水漂洗干净→晾干→使用前用 85℃以上热水或蒸气消毒。

3. 保健护理

平时注意观察犊牛,可及早发现有异常的犊牛,及时进行适当的处理,提高犊牛的育成率。观察的内容包括:①观察每头犊牛的被毛和眼神;②每天 2 次观察犊牛的食欲及粪便情况;③检查有无体内、外寄生虫;④注意是否有咳嗽或气喘;⑤留意犊牛体温变化;正常犊牛的体温为 38.5~39.2℃,当体温高达 40.5℃以上即属异常;⑥检查干草、水、盐以及添加剂的供应情况;⑦检查饲料是否清洁卫生;⑧通过体重测定和体尺测量检查犊牛生长发育情况;⑨发现病犊应及时进行隔离,并要求每天观察 4 次以上。

犊牛发生轻微下痢,应减少喂乳量,乳中加 1~2 倍水,可采用 $NaHCO_3$: NaCl : KCl : $MgSO_4$ =1 : 2 : 6 : 2 的方法治疗。下痢重时,应暂停喂乳 1~2 次,可喂饮温开水,并口服氯霉素片每千克体重 10~20 mg,乳酶生 2 g,酵母片 5 g。如发生轻度肺炎,可采用每千克体重肌肉注射青霉素 1.3 万~1.4 万 IU、链霉素 3 万~3.5 万 IU,每日两次来治疗。如较严重可采用每千克体重静脉注射二甲基嘧啶 70 mg,维生素 C 10 mg,维生素 B_1 30~50 mg,5%生理盐水 500~1 500 mL,每日 2~3 次的方法来治疗。犊牛下痢和肺炎,对犊牛威胁很大,要认真预防和治疗。

4. 饮水

牛奶中虽含有较多的水分,但犊牛每天饮奶量有限,从奶中获得的水分不能满足正常代谢的需要。每次喂乳 1~2 h 后,喂饮适量温水。开始应人为控制饮水,以防涨肚,7~10 d 后逐步过渡到自由饮水。控制饮水时,每天饮水次数与喂奶次数相同。夏天控制饮水时,每次饮水量应从 0.5 L 逐步增加到 1.5 L，温度从 30℃逐步降低到 15℃；冬天控制饮水时，每次饮水量从不给水逐步增加到 1.0 kg，温度从 35℃逐步降低到 15℃，以适应自由饮水，防止发生下痢。

5. 运动

犊牛出生 1 周后，根据天气状况在运动场作短时间(0.5～1 h)自由活动，以后逐渐延长运动时间，至 1 月龄后可增至 2～3 h。犊牛充足的运动，对促进生长发育、提高新陈代谢、改善血液循环及肺部发育、使胃肠容积增大，均有良好的作用。犊牛在阳光照射下，钙的同化作用比不照射的提高 20%。

6. 刷拭

刷拭保持牛体清洁，促进血液循环，又可调教犊牛。因此，每天刷拭 1～2 次。刷拭时要用软刷，手法要轻，使牛有舒适感。对头部刷拭尽量不要用铁刷乱挠头顶和额部，否则会养成顶人恶癖，一经养成很难矫正。

7. 去角

犊牛去角便于成年后管理，减少牛体相互受到伤害。犊牛出生后 2～5 周去角。过早应激过大，容易造成犊牛疾病和死亡；过晚角基生长点角质化，容易造成去角不彻底而再次长出。常用的去角方法有电烙铁法和火碱棒法。

(1)固体苛性钠法(火碱棒)　首先将犊牛角突起的基部周围 3 cm 处剪毛，用 5%碘酊消毒(以及注射麻醉剂)，周围涂凡士林，以防火碱液外流伤及犊牛眼睛。然后用苛性钠棒涂擦犊牛角的基部直至皮肤有微量血丝渗出为止。约 15 d 后该处便结痂不再长角。利用此法去角，原料来源容易，易于操作，但在操作时要防止操作者被烧伤，防止苛性钠流到犊牛眼睛和面部。

(2)电烙铁法　电烙铁去角是利用高温破坏角基细胞，达到不再长角的目的。选择枪式去角器，其顶端呈杯状，大小与犊牛角的底部一致。去角时将犊牛简单保定，防止挣扎。将去角器通电 10 min 加温至 480～540℃后，放在犊牛角突起的基部处 10 s，或者使基部组织变为古铜色为止。用电烙铁去角比较简单，一般不出血，在全年任何季节都可进行，适用于15～35 日龄的犊牛。但在使用时应注意烙烫时间和位置，防止去角不彻底或造成颅内损伤。

去角后 24 h 内要防止雨水或者奶汁等液体淋湿犊牛头部。去角后的犊牛要隔离牛群饲养，防止互相舔食。夏秋季节注意发炎、化脓，采取消炎措施。如果去角失败，应及时修补。

8. 剪除副乳头

乳房上有副乳头对清洗乳房不利，也是发生乳腺炎的原因之一。犊牛在哺乳期内应剪除副乳头，适宜的时间是 2～6 周龄。剪除方法是先将乳房周围部位洗净和消毒，将副乳头轻轻拉向下方，用锐利的消毒剪刀从乳房基部将其剪下，然后 5%碘酒消毒即可。如果在有蚊蝇的季节，可涂以驱蝇剂。剪除副乳头时，切勿剪错。如果乳头过小及距离过近，一时辨认不清，可等到母犊牛年龄稍大时再剪除。

三、犊牛断奶期饲养管理

(一)犊牛 3～4 月龄的饲养管理

断奶后的犊牛应按大小分为两个阶段进行分群饲养。培育目标：日增重≥800 g；120 日龄体重≥140 kg；体高≥95 cm。

①断奶后 1～2 周内应使犊牛尽快适应饲料和环境的改变，避免断奶应激。断奶后犊牛的

转群,断奶后的犊牛,从犊牛岛转到小群圈养,可能出现断奶和转群应激,一定要仔细观察断奶犊牛的饮食、反刍、粪尿和精神状态,加强饲养管理缓解应激。断奶后的犊牛需要合群,以适应群居生活,每群以6～8头犊牛为宜。分群时要注意适宜的饲养密度,饲养密度应与采食槽位、饮水空间和牛床个数相匹配。一般每头犊牛采食槽位30～50 cm,水槽饮水空间5～10 cm,牛床个数与牛头数相同(或多配给10%)。犊牛分群时不能单纯考虑月龄,还应根据个体大小和体况及时调整。

②犊牛颗粒料3 kg,苜蓿1 kg,自由饮水。日粮中精料补充料与粗饲料的比例控制在(40∶60)～(60∶40)范围内为宜,粗饲料以优质干草为主,2月龄可以开始饲喂青贮饲料,每天100～150 g,3月龄时每天饲喂1.5～2 kg。精料补充料建议配方:能量饲料56%,蛋白质饲料35%,预混料9%。

③犊牛圈舍和运动场要保证清洁干净,定期进行打扫和消毒,消毒药物的类型要定期交换使用,以免产生抗药性,保证消毒效果,一般圈舍相对湿度控制在45%～60%。

(二)犊牛5～6月龄的饲养管理

培育目标:日增重≥900 g;180日龄体重≥190 kg;体高≥100 cm。

①瘤胃功能逐渐发育完善,植物性饲料的消化吸收能力逐渐加强。

②日粮以优质干草为主,自由采食,青贮饲料供给2～5 kg,精料补充料的喂量可按照体重的1%供给。建议日粮配方:犊牛颗粒料1 kg,犊牛混合料2.5 kg,苜蓿1 kg,青贮4 kg(过渡),自由饮水。

③犊牛圈舍和运动场要保证清洁干净卫生,牛舍冬暖夏凉,牛床要干燥、平整、松软。定期进行打扫和消毒,消毒药物的类型要定期交换使用,以免产生抗药性,保证消毒效果,一般圈舍相对湿度控制在45%～60%,饮水充足,清洁卫生,水温以18℃为宜,每天的饮水量应达到干物质采食量的4～5倍;加强户外运动;定期防治体内外寄生虫。

犊牛的饲养不是以获得最大增重为目的,而是在保证犊牛身体健康和良好的骨架发育基础上完成犊牛饲养管理指标(表3.11)。犊牛是奶牛场的未来,注重犊牛的科学饲养,是奶牛场持续发展的根基。

表3.11　犊牛饲养管理关键指标

项目	指　标
出生重	40 kg
出生时死亡率	头胎牛＜9% 经产牛＜5%
出生后24 h至断奶死亡率	＜3%
断奶犊牛经药物治疗比例	＜25%
出生后24～72 h血清蛋白含量	85%＞5.5 g/100 mL
出生后24～72 h血清IgG含量	85%＞10 mg/mL
前24 h饲喂初乳品质	初乳计测定绿标＞70～100 mg/mL 目前建议糖度计(＞22白利度)替代初乳计
出生-断奶的日增重	90%＞600 g/d或至56日龄时体重为出生时2倍

第二节 育成牛的饲养管理

从断奶到14～18月龄配种前的母牛统称育成牛，此期是奶牛生长发育最旺盛时期。育成牛可划分为7～12月龄（小育成牛）和13～18月龄（大育成牛）两个阶段。不同阶段应分群饲养。这一时期饲养管理的好坏与母牛的繁育和未来的生产潜力关系极大。应依据育成牛的生长发育特点，进行育成牛规范化饲养管理。

1. 育成牛生长发育特点

①瘤胃发育迅速。犊牛断奶后即转变为主要依靠采食植物性饲料的饲养阶段。随着年龄的增长，瘤胃功能日趋完善，7～12月龄时瘤胃容积大增，利用青粗饲料能力明显提高，12月龄左右接近成年牛水平。②生长发育快。此阶段是牛的骨骼、肌肉发育最快的时期，据研究7～8月龄以骨骼发育为中心，7～12月龄期间是体长增长最快阶段，以后体躯转向宽深发展，生产中必须利用好这一时期，进行科学的饲养管理，有助于塑造乳用性能良好的体型。③生殖机能变化大。一般情况下9～12月龄的荷斯坦育成牛，体重达到250 kg以上时，可出现首次发情；13～14月龄时，育成牛逐渐进入性机能成熟时期，生殖器官和卵巢内分泌功能更趋健全；15～16月龄体重达到380 kg以上时可进行第一次配种。

2. 育成牛培育要求

育成牛的培育任务是保证母牛正常生长发育和适时配种。发育正常，健康体壮的育成牛是提高牛群质量、保证奶牛高产的基础。虽然育成牛无产奶记录，也不像犊牛易患疾病，但如果忽视其饲养管理就可能达不到培育的预期目的，影响奶牛终生生产性能的发挥。因此，育成牛从体型、机能发育及适应性的培育诸方面，较犊牛阶段更为重要。通过这一阶段培育，可成为体型高大、肌肉适中、采食量大、消化力强、繁殖良好、乳用型明显的理想体型。

中国荷斯坦奶牛育成牛的培育目标：小育成牛生长速度目标应该是日增重700～800 g，大育成牛日增重指标应是800～825 g；整个生长期平均生长率为750 g/d。12月龄体重达280～300 kg，体高达120～123 cm，体长140 cm；14～16月龄时体重达350～380 kg（约为成年体重的65%），体高应达135 cm，体长160 cm，然后进行配种，到24月龄分娩时体重为590～635 kg，体高达145 cm，体长170 cm。

一、育成牛7～9月龄的饲养管理

7～9月龄与以后相对生长速度最快的阶段相比，应在良好的饲养管理条件下，满足生长发育的营养需要，适当控制其增重速度，避免乳腺组织中积累大量的脂肪，确保乳腺组织的正常发育。7月龄时，随着奶牛生长发育，瘤胃体积逐渐变大，能够消化日粮中更多粗纤维，由粗饲料中摄取的营养就显得越来越重要。但由于瘤胃容积和功能尚在发展，在此时，单依赖粗饲料仍不能满足正常生长需要。8～9月龄，粗饲料的干物质中有一半来自青干草，这时精饲料质量和需要量取决于粗饲料质量。所需精料其质量和组成需要与粗料中得到的营养素相配合，只有对粗料进行分析测定，才能确保两者配合恰当。谷物混合料要适口性好，粗大颗粒，所含营养是粗饲料不能充分提供的。

1. 日粮组织

日粮以优质干草为主，适当搭配多汁饲料和青贮饲料，粗饲料的喂量为育成牛体重的1.2%～1.5%(青贮饲料10 kg、干草2 kg左右)，精料补充料的多少应有粗饲料的质量和食入量而定，一般为1.5～2.5 kg，最高不要超过2.8 kg，防止饲喂过多的营养而使育成牛过肥。参考配方：能量饲料63%，蛋白质饲料30%，预混料7%。

2. 管理要点

定期测量体尺体重，对照生长发育指标，适当调整日粮组成；分群饲养管理，应按照月龄、体尺体重相近的原则进行分群，群内的月龄差不宜超过1个月，体重差不宜超过25 kg，最好为20～30头；注意观察初情期，一般情况下，育成牛的初情期出现在8～12月龄；加强运动和日光浴，舍饲条件下，育成牛每天舍外运动不低于4 h。一般圈舍相对湿度控制在45%～60%，饮水充足，清洁卫生，水温以18℃为宜，6月龄时测定每日15 L。

3. 生长发育指标

育成牛日增重550～600 g为宜，最高不宜超过670 g，体高平均每月增高1.89 cm。

二、育成牛10～12月龄的饲养管理

1. 日粮组织

日粮以优质干草为主，适当搭配多汁饲料和青贮饲料，粗饲料和精料补充料的比例控制在75∶25。

2. 管理要点

定期测量体尺体重，对照生长发育指标，适当调整日粮组成；定期修蹄，育成牛的蹄质软，生长快，蹄每月增长量为6～7 mm，10月龄要求修蹄1次，以后每年春秋各修蹄1次，一般圈舍相对湿度控制在45%～60%，饮水充足，清洁卫生，水温以18℃为宜，加强运动。

3. 生长发育指标

日增重一般为600～700 g，这一时期育成牛接近性成熟，性激素促进乳导管的分支、伸长和乳腺泡的形成。12月龄育成牛体重达到成牛体重的50%，一般为300～320 kg，胸围150～160 cm，体高120～122 cm。

三、育成牛13～15月龄的饲养管理

特别注重观察育成牛的发情状况，必要时进行直肠检查，大育成牛的卵巢较经产牛的小，而且位置也有差别，育成牛多位于耻骨前缘之后，即骨盆内，经产牛则多位于耻骨前缘的前下方，即腹腔内。

1. 日粮组织

这一时期日粮以优质干草为主，适当搭配多汁饲料和青贮饲料，根据粗饲料的质量适量加喂精料补充料，喂量应按体重的1%供给。15月龄时可以根据生殖系统的发育状况，适当进行补喂精料补充料每天0.2～0.5 kg，如果使用尿素产品可以从15月龄添加，逐渐加喂到每天50 g，放牧饲养条件下，可以考虑配置舔砖。

2. 管理要点

加强运动，注意调教，经常刷拭牛体，触摸乳房(禁止碰乳头)，促进人畜亲和。定期测量体尺体重，15月龄前应达成年体重的70%，注意观察育成牛的发情状况，做到适时配种。

3. 生长发育指标

15 月龄育成牛体重达到成牛体重的 70%，一般为 370～380 kg，胸围 165～170 cm，体高 123～126 cm。这一时期牛体不能太肥，也不能太瘦，理想的体况评分为 2.5 分。

育成牛饲养管理要细化程序，更新理念，实行专业化、集约化饲养，各阶段分别测量体尺体重，准确的根据不同生长阶段的测定数据制定育成牛各阶段饲养规范和标准，形成专业化的后备牛饲养场，更有利于培育优良奶牛。这段时间奶牛疾病较少，管理容易，因此也是最容易忽略的时期。如果饲料品质较差、饲料供应不足，对育成牛发育造成严重影响，生长速度下降，育成牛生长缓慢，就相对缩短其终生产奶期，创造的利润也低。育成牛饲喂不好最终导致投产月龄大、体格小、产奶量低、分娩时难产率较高。

第三节　青年牛的饲养管理

配种后至分娩前的母牛习惯上叫做青年牛。青年牛的饲养应按生长发育曲线规律分阶段给予良好管理，才有其良好的内在器官发育及适应大群饲养的能力。

一、青年牛 16～18 月龄的饲养管理

此期的胚胎发育较慢，奶牛的腹围没有明显变化，初孕奶牛膘情改善，后躯开始变宽，胃肠容积接近成年牛，且无产奶负担。

1. 日粮调配

这一时期日粮以优质干草为主，适当搭配多汁饲料和青贮饲料，根据粗饲料的质量适量加喂精料补充料，喂量每头每天 2.0～2.5 kg，青贮饲料 10～12 kg，优质干草 2.5～3 kg，也可添加优质苜蓿，适当降低干草的喂量。如有放牧条件，可以实行放牧，放牧时也应进行适当的补饲。

2. 管理要点

牛舍要保证清洁、干燥，有条件的牛场，牛床可采用橡胶铺垫。适当运动，充足饮水，18 月龄时测定饮水量约 40 L。夏季要预防热射病，谨防奶牛滑倒、饮用冰水。适时配种，根据生长发育状况和发情表现，初配体重要求达到成年时 70%～75%，大约 350 kg，适时配种妊娠。在配种妊娠后 2～3 月龄时应进行妊娠检查，确定胎儿的发育状况。

3. 生长发育指标

18 月龄时体重 440 kg，占成年奶牛体重的 80%，胸围 175～180 cm，体高 125～130 cm。

二、青年牛 19～22 月龄的饲养管理

这一时期的重点是保胎，乳房按摩，促进乳腺发育。

1. 日粮调配

这一时期日粮以优质干草为主，适当搭配青绿多汁饲料和青贮饲料，根据粗饲料的质量适量加喂精料补充料，有条件可以采用放牧饲养。

2. 管理要点

环境应清洁、干燥，注意牛舍及运动场的消毒工作，注重保胎，防止牛只孕期流产，一般妊娠后5个月进行乳房组织按摩，切记擦拭乳头，每天2次，每次持续3～4 min，产前1～2个月停止按摩。加强运动，注意调教，每天对牛体进行刷拭，每天1～2次，每次5 min，定期修蹄，根据情况在妊娠7个月前进行修蹄。

3. 生长发育指标

22月龄时体重500 kg，胸围180～185 cm，体高130～135 cm。这一时期牛体胸围变化较大，体重变化较大，体高变化较小，理想的体况评分为3分。

三、青年牛23～26月龄的饲养管理

这一时期的青年牛既要维持自身的生长需要，又要提供妊娠后期胎儿快速生长发育的营养需求，同时还需要为初产泌乳储备营养。妊娠后期，子宫压迫瘤胃，使牛只的饲料采食量受到限制，具体可参照奶牛干乳期和围产前期的饲养管理。

1. 日粮调配

这一时期青贮饲料每日供给6～10 kg，干草自由采食，精料补充料喂量应控制在体重的1%以内。产前1个月左右，在饲养标准的基础上，可以考虑提前加料1～2 kg，产前10～15 d，乳房水肿明显加剧时，可以考虑适当减少日粮中豆粕、多汁料、食盐、钙及磷含量。具体可参照干乳后期的饲养管理技术。

2. 管理要点

初产牛产前2～3个月，转入成年奶牛舍，按照干奶牛饲养管理；产前15 d转入产房，按照围产期牛饲养管理；放牧饲养的牛只，特别是在高温季节，产前2～3个月内，控制放牧时间。环境应清洁、干燥，注意牛舍及运动场的消毒工作，供给清洁卫生充足的饮水。确保牛群有足够的采食槽位，投放草料时按饲槽长度撒满，为每头牛提供平等的采食机会。保持饲槽经常有草，每天空槽时间不超过2 h。

3. 生长发育指标

产前2～3个月，日增重在1 kg左右。

目标体重不是越高越好，而应该有控制量，在限量范围内，乳腺组织发育非常充分，使整个乳房充满腺体而不是被脂肪所填充，在分娩后产奶量也高。

第四节　奶牛围产期的饲养管理

围产期指奶牛临产前15 d到产后15 d这段时期。此期饲养管理的好坏直接关系到母牛的正常分娩，母体的健康，产后生产性能的发挥和繁殖表现。饲养管理目标以安全分娩、恢复体质为主要目的，以恶露排净、乳房消肿等为主要标志。应依据奶牛围产期生理特点，做好围产期饲养管理。

一、围产前期的饲养管理

产前15 d的牛只转入产房，根据临产症状，采取相应措施，做好接产准备。

1. 日粮调配

产前 10～15 d，会出现乳房膨胀、水肿现象，可以考虑适当减少日粮中豆粕、多汁料、食盐、钙及磷含量，临产前 2～3 d 日粮中适量添加麦麸以增加饲料的轻泻性，防止便秘的发生。日粮中适当补充维生素 A、维生素 D、维生素 E 和微量元素，对产后子宫恢复，提高产后配种受胎率，降低乳腺炎发病率，提高产奶性能具有良好作用。产前 15 d，可考虑补硒，每头肌肉注射 1.5 支亚硒酸钠注射液。对营养状况不良的母牛，应采用引导饲养法增加精料喂量，适当降低日粮钙的含量，一般从 0.6% 降到 0.2%，减少产后酮病的发生，在分娩前 7～10 d 一次灌服 320 g 丙烯乙二醇，分娩前 2 周产后 10 d 内，每天饲喂 6～12 g 烟酸，以减少酮病的发生，围产前期使用阴离子盐，促进分娩后日粮钙的吸收和代谢，提高血钙水平，减少乳热症的发生。

2. 管理要点

产前 15 d 转入产房，产房中要常备有消毒药、毛巾和接产用具等，在产房中要随时记录奶牛采食、饮水、排便和行为等情况，发现奶牛有临产症状，即表现腹痛、不安、频频起卧，应采用 0.1% 高锰酸钾溶液擦洗生殖道外部。放牧饲养的牛只，产前 2 周应停止放牧。环境应清洁、干燥，注意牛舍及运动场的消毒工作，供给清洁卫生充足的饮水，产前 2 周饮温水。

二、围产后期的饲养管理

围产后期奶牛气血亏损，母牛分娩过程体力消耗很大，损失大量水分，腹压急剧下降，生殖器官处于恢复期，消化机能弱，抗病力差，乳腺活动机能旺盛，乳房有水肿状态。此期的重点是促进母牛体质尽快恢复，为泌乳盛期的到来打下良好的基础。

1. 日粮配合和饲喂

此阶段应以恢复奶牛体质为主，不能采取催奶措施，必须根据奶牛消化功能，乳房水肿及恶露排出等情况灵活掌握饲养标准。

(1)精料　产后日粮应立即改喂阳离子型高钙日粮，每天日粮干物质的进食量占体重的 2.5%～3%，每千克日粮干物质含 2.3～2.5 NND，含粗蛋白质 18%～19%，钙 0.7%～1%，粗纤维大于 15%。产后 1～2 d 不喂或少喂精料，从第 2 天开始逐步增加精料，从奶牛分娩 2～3 d 开始给 1.8 kg 精料，以后每天增加 0.3 kg 精料，在加料过程中要密切注视奶牛的食欲和消化功能来确定增加量。但在此期间精料给量不应超过 10 kg，消化功能恢复正常，恶露排出和乳房软化后再加料。乳房肿胀严重的奶牛，应该控制食盐的喂量。第 2 周仍需根据奶牛健康情况增加精料喂量，精料给量基本可以达到泌乳牛的给料标准，产后 15 d 精料比例应达到 50%～55%。在加料过程中应注意观察奶牛的变化，如果出现消化不良和乳房水肿迟迟不消的现象，要降低精料喂量，待恢复正常后再增加。

(2)粗料　产后 2～3 d 内以供给优质牧草为主，让奶牛自由采食，最低饲喂量每头每日 3 kg。粗饲料品质越差，则消化率越低，在胃肠道停留时间越长，必然影响采食量。不喂多汁饲料、青贮饲料和糟粕类饲料，以免加重乳房水肿。3～4 d 后逐渐增加青贮饲料的喂量。精粗饲料比例为 4∶6，以保证瘤胃正常发酵，避免瘤胃酸中毒、真胃变位及乳脂下降。

(3)饮水　一般奶牛产犊后，由于过度失水，应立即喂给温热麸皮钙盐粥 10～20 kg(水 10～20 kg，麸皮 0.5～1 kg，食盐 50～100 g，碳酸钙 50 g)，可以起到暖腹、充饥及增加腹压的作用，有利于体况恢复和胎衣排出。若在产后 3 h 内静脉注射 20% 葡萄糖酸钙 500～1 000 mL，可防止胎衣滞留和乳热症的发生。对高产奶牛为促进子宫恢复和恶露排出可饮热益母草红糖水(益母草粉 250 g,加水 1 500 g,煎成水剂后,加入红糖 500 g,水 3 000 g,饮喂时温度为 40℃)每天 1 次,连服 2~3 次。1 周内奶牛不宜饮用冷水,以免引起肠胃炎,所以应坚持饮用 37~38℃温水,1 周后可降至常温。为了促进食欲,要尽量多饮水。

2. 管理要点

(1)接产准备　①母牛分娩应在专门的产房进行,产房环境安静,便于消毒和接产操作,地面应防滑。②准备好接产、助产用具及药品,包括消毒液、助产绳、医用剪刀,开膣器、调滑液等,用具要充分消毒。③接产人员要求昼夜值班,要有兽医参与。

(2)母牛临产征兆　①产前 1 周开始乳房出现水肿,并随临产的接近水肿加剧。②产前 1 周开始,尾根两侧柔软松弛,并随临产的接近尾根两侧凹陷。③外阴部肿胀松弛,分娩前 2~3 d 子宫颈栓开始排出,腹部下垂。④临产前 1~2 d 母牛体温稍有升高,分娩前下降。⑤牛只子宫颈口开张并逐渐变大,出现努责阵痛,间隔时间逐渐缩短,继而出现破水,分娩过程已经开始。

(3)接产与助产　①在外阴部见到胎膜后应进行胎位检查,如前肢和头部在前,可不必助产,尽量使其自己产出;如胎位不正,要对胎位进行校正,先将胎儿推回子宫,校正为正常胎位。②在见到胎膜和前肢后经过 1 h 以上胎儿仍不能正常娩出时需进行助产,先用产科绳拴住胎儿前肢球节以上部位,用人拉住产科绳慢慢进行牵引,牵引时注意与母牛的怒责相互配合,牵引方向要与产道方向一致,且护着母牛阴门,以防阴门撕裂,一鼓作气,拉出胎儿,如遇异常情况应有兽医处理。③胎儿产出后 5~6 h 胎衣应该排出,应仔细检查排出完整情况,如产出后 12 h 以上仍未完全排出需兽医处理。④如胎儿产出后母牛仍有努责,则可能有双胎,应做好下一个胎儿的接产工作。

(4)管理注意事项　①挤奶及乳房护理。产后 3 d,应采取"三多三少"管理办法。所谓"三多"指多次挤奶、多次热敷乳房、多次按摩乳房,每天挤奶最好 4 次以上,每次挤奶时加强热敷和按摩,如果乳房消肿较慢,可用 40%的硫酸镁温水洗涤,并按摩乳房,可以加快消肿。所谓"三少"即分娩后前 3 d 挤奶少,第 1 天只挤出够小牛吃的即可(2~3 kg);第 2 天每次挤奶约产奶量的 1/3;第 3 天每次挤奶约产奶量的 3/4;第 4 天全部挤净。②防止母牛吞食胎衣。胎衣排出后应立即移走,以防奶牛吃掉,引起瓣胃阻塞。胎衣排除后,清洗外阴部清洗干净,用 1%~2%新洁尔灭彻底消毒。③消毒。产后 4 d 内,每天坚持消毒后躯 1 次,重点是臀部、尾根和外阴部,将恶露彻底洗净消毒。④日常观察。重点观察阴门、乳房、乳头等部位是否损伤,以及有无瘫痪征兆,每天测 1~2 次体温,如有升高及时查明原因,请兽医对症处理。

三、预防奶牛产后疾病

1. 减少产后酮病的发生

产前增加精料喂量,使瘤胃微生物区系逐步调整适应于精料饲养类型,有助于母牛产后能很快适应高泌乳量高精料的饲养,可保持对精料旺盛的食欲,使母牛充分泌乳及泌乳高峰的提前到来,减少酮病的发病率。

2. 防止产后瘫痪

在母牛临产前 2 周采用低钙饲养法,能有效地防止产后瘫痪的发生。将日粮含钙量占干物质的 0.6%降到 0.2%的低水平,因牛体正常血钙维持水平,是受甲状旁腺释放甲状旁腺素的调节,当日粮中钙供应不足时,造成不足以维持母牛血钙正常含量水平,此时,甲状旁腺功能性的加强调节，将从牛体分解骨钙以维持血钙水平，故当分娩时，即有源源不断的骨钙被运送到血液中，避免了母牛产后大量分泌乳汁，钙从乳中大量排出而造成产后瘫痪。

第五节 泌乳期奶牛饲养管理

奶牛泌乳期分为泌乳盛期、泌乳中期和泌乳后期，依据每个时期的特点和要求，做好泌乳阶段饲养管理。

一、泌乳盛期奶牛的饲养管理

泌乳盛期是指母牛产后 16～100 d，这一时期总的趋势是迅速达到产奶高峰时期，又称升乳期。该时期奶牛体质基本恢复，乳房水肿消失，乳腺机能和循环系统机能正常，子宫恶露基本排出、体质恢复，代谢强度增强，加之一些泌乳激素的作用，乳腺活动机能旺盛，产奶量不断上升，一些对产奶有不良影响的外界因素起不到干扰作用。这一阶段进行科学饲养管理能使母牛产乳高峰更高，持续时间更长，更好地发挥泌乳潜力。

1. 日粮调配

优质的粗饲料，此期牛只日粮中粗饲料必须保证优质、适口性好，干草以优质牧草为主，如羊草、苜蓿干草；优质青贮饲料，最好是整株玉米青贮；还要有一定量的啤酒糟、白酒糟或青绿多汁饲料，保持奶牛良好的食欲，增加干物质的采食量。

泌乳盛期奶牛的日粮调配要做到“三满足、一缓冲”。①三满足是：一满足能量需要，最好是供给适口性好的高能量饲料，并适当增加喂量，尽可能减少能量负平衡。泌乳高峰期可以通过添加过瘤胃脂肪酸、全脂大豆、整粒棉籽等方法提高能量浓度，而不增加精料饲喂量，脂肪在奶牛日粮中的添加量以 3%～5% 为宜，对于高产奶牛，日粮中保护脂肪的添加量也不宜超过 6%～8%。二满足蛋白质需要，此期泌乳牛的粗蛋白质需要量为日粮干物质的 17.5%～19%，奶牛对粗蛋白质需要量除用粗蛋白质含量表示外，还应考虑可吸收氨基酸的需要量，这对高产奶牛尤其重要，如喂量不足，就会减少产乳量，可以考虑添加过瘤胃保护氨基酸。粗蛋白质在瘤胃中降解度对产乳量也有影响，经过配合日粮，调整蛋白质溶解度，可改进蛋白质利用率，所以降解蛋白质和非降解蛋白质的比例也是一个重要问题，一般以 52∶48 为宜，目前已知的过瘤胃蛋白含量较高的饲料包括：玉米蛋白粉、小麦面筋粉、啤酒糟、白酒糟等。三满足钙、磷的需要量及适当的钙磷比，钙的含量应占日粮总干物质的 0.7%～0.9%，磷的含量应占日粮总干物质的 0.4%～0.7%，钙磷比为(1.5～2)∶1。②一缓冲即是添加瘤胃缓冲物质，随着精料比例的增加，青贮饲料和糟渣类饲料用量大等情况下，瘤胃 pH 容易降低，导致微生物发酵受到抑制，奶成分和奶牛健康受到影响，一般应添加占干物质采食量的 1.5%～2.0% 饲料缓冲物质。

粗饲料、多汁饲料等推荐给量，青饲、青贮每头每天 20～25 kg，糟渣类 10 kg 以下，干草 4～6 kg，块根类 5～10 kg。

适宜的精料补充料，饲喂量应逐渐增加，每天增加 0.5 kg 自由为宜，但喂量不是越多越好，一般认为，精料补充料日喂量不要超过 15 kg，占日粮总干物质的最大比例不宜超过 60%，精料补充料给量可按照：日产奶 20 kg 给 7.0～8.5 kg；日产奶 30 kg 给 8.5～10 kg；日产奶 40 kg 给 10～12 kg。泌乳盛期奶牛推荐日粮营养需要见表 3.12。

表 3.12 泌乳盛期奶牛日粮营养需要

日产奶量/kg	干物质占体重/%	干物质(DW)/%	产奶净能/(kJ/kg)	粗蛋白质占DW/%	粗纤维占DW/%	钙占 DW/%	磷占 DW/%
20	2.5～3.5	16～20	6.5	13～15	18～20	0.7～0.9	0.4～0.7
30	3.5 以上	19～21	6.7	15～16	18～20	0.8～1.0	0.4～0.8
40	3.5 以上	21～23	6.9	17～20	18～20	0.9～1.1	0.4～0.9

注：按体重 550～650 kg、乳脂率 3.5%的奶牛日粮营养需要计算。

2. 饲喂方法

(1)引导饲养法　这种方法是在一定时期内采用高能量高蛋白质日粮喂牛，以促进大量产乳，“引导”泌乳牛早期达到高产。具体方法是，从母牛干乳期最后 2 周开始，每头牛喂给 1.8 kg 的精料，以后每天增喂 0.45 kg，直到 100 kg 体重吃到 0.5～1.0 kg 的精料为止。母牛产犊后 5 d 开始，继续按每天 0.45 kg 增加料，直至精料喂量达到奶牛体重的 1.0%～1.5%或泌乳量达到泌乳高峰为止，泌乳高峰后再按产奶量、含脂率、体重调整精料喂给量。引导法有下列优点：可使母牛瘤胃微生物在产犊前得到调整，以适应精料日粮；可使高产母牛产前体内贮备足够的营养物质，以备产乳高峰期应用；促进干乳母牛对精料的食欲和适应性。可使多数母牛出现新的产乳高峰，增产趋势可持续整个泌乳期。但此法不适用患隐形乳腺炎的奶牛，患乳腺炎经治疗后痊愈的奶牛也要慎用。

(2)短期优饲法　短期优饲法是在泌乳盛期增加营养供给量，以促进母牛泌乳能力的提高，具体方法是：在母牛产后 15～20 d 开始，根据产乳量除按饲养标准满足维持需要和泌乳实际需要外，再多给 1～1.5 kg 混合料，作为提高产乳量的“预付”饲料，加料后母牛产乳量继续提高，食欲、消化良好；隔一周再调整一次。

在整个泌乳盛期，精料的供给量随着产乳量的增加而增加，直至产乳量不再增加为止，日粮组成按干物质计算，精料最大供给量可达到 60%，以后随着产乳量下降，而逐渐降低饲料标准，改变日粮结构，减少精料比例，增喂多汁饲料和青干草，使母牛泌乳量平稳下降，在整个泌乳期可获得较高的产量。此法适于一般产乳量的奶牛，可充分发挥奶牛的泌乳潜力，减轻体况下降的程度。

3. 管理要点

(1)精心护理乳房　此期可以考虑增加挤奶次数，加强乳房热敷和按摩，挤奶后进行乳头充分药浴。

(2)精细饲喂　适当延长饲喂时间，每天食槽空置时间应控制在 2～3 h 以内，使用 TMR 日粮时，要保证足够的食槽空间；不使用 TMR 日粮，可采用精料和粗料交替饲喂，使奶牛保持旺盛的食欲。

(3)充足、清洁饮水　应始终保证充足、清洁的饮水，冬季有条件的饮喂温水，水温在 16℃以上，夏季最好饮凉水，以利于防暑降温。

(4)适时配种受胎　密切注意奶牛产后的发情状况，配种时间以产后 70～80 d 为宜。

(5)精准观察、详细记录　观察主要从体况、采食量、泌乳量和繁殖性能等方面进行，并做好详细记录。

4. 饲养管理目标

适宜的体况评分 2.5～3 分（个别高产牛会降至 2 分），奶牛产后产奶量迅速上升，一般 6～8 周即可达产奶高峰，至 10～12 周干物质进食量才达到高峰，这一时期之前奶牛营养出现负平衡。

奶牛分娩后，产奶量会迅速增加，经 1 个月左右可进入产奶高峰，但母牛对饲料干物质的采食量高峰通常在产后 3 个月左右才开始。所以泌乳初期奶牛能量处于负平衡状态。产奶量越高，负平衡越严重。如果时逢夏季，奶牛食欲降低，采食量不足，能量供应矛盾就更加突出。没有充足能量供给，其他营养物质的利用率也会削弱。为了保障泌乳所需营养，母牛会动用体脂合成牛奶，但在分解代谢过程中营养利用率下降。体脂的分解导致了奶牛体重的下降和限制了奶牛产奶潜力的发挥，结果泌乳早期的奶牛表现为消瘦，产奶量下降，无法达到泌乳高峰。

二、泌乳中期奶牛的饲养管理

这一时期的奶牛多处于妊娠早期和中期，泌乳量逐渐下降，体况逐渐恢复的重要时期。

1. 日粮与饲喂

此期每月泌乳量下降 5%～7%，但奶牛采食量还很大，如精料喂量过大，易造成脂肪沉积，奶牛过肥影响产奶和繁殖能力。所以，应根据泌乳情况降低日粮的营养浓度，增加优质青粗饲料，按料跟着奶走的原则，逐步减少精料用量，精料喂量每隔 10 d 可调整一次，对弱牛要稍增加精料，以利于恢复体况。

青饲、青贮每头每天 20 kg 以上，糟渣类、多汁饲料不超过 20 kg，干草 4～5 kg。精料补充料给量可按照产奶量灵活掌握，日产奶 15 kg 给 6.0～7.0 kg；日产奶 20 kg 给 7.5～8.5 kg；日产奶 30 kg 给 8.5～9.5 kg，精粗料比 40：60。泌乳中期奶牛推荐日粮营养需要如表 3.13 所示。

2. 管理要点

坚持刷拭牛体、按摩乳房、加强运动、保证充足饮水，建立定期的消毒制度。

密切关注泌乳量的下降，如果每月泌乳量下降超过 10%，则应及时查找原因，对症采取措施。

表 3.13 泌乳中期奶牛日粮营养需要

日产奶量/kg	干物质占体重/%	干物质(DW)/%	产奶净能/(kJ/kg)	粗蛋白质占DW/%	粗纤维占DW/%	钙占 DW/%	磷占 DW/%
15	2.5～3.0	16～20	6.2	10～12	17～20	0.7	0.6
20	2.5～3.0	16～22	6.3	13～14	17～20	0.8	0.6
30	3.0～3.5	20～22	6.5	14～15	17～20	0.8	0.6

注：按体重 600～700 kg、乳脂率 3.5%的奶牛日粮营养需要计算。

3. 饲养管理目标

泌乳量应力争达到全期泌乳量的 30%～50%，每月泌乳量下降 5%～7%，这一时期牛只应恢复正常体况，体况评分应达 2.75～3.25 分，每头日增重应达 0.25～0.50 kg。

三、泌乳后期奶牛的饲养管理

泌乳后期是指分娩后 201 d 至停乳，奶牛处于妊娠后期，泌乳量急剧下降，饲料转化为体脂效率最高，体况继续恢复的时期。

1. 日粮与饲喂

这一时期产奶量明显下降，不到高峰期时的 1/2，食入的营养主要用于维持、泌乳、修补体组织、胎儿生长和妊娠沉积等方面，所以，应以粗料为主。日粮营养需要调整到：日粮干物质进食量占体重的 2.5%～3.5%，产奶净能 6.2 kJ/kg，钙 0.4%～0.65%，磷为 0.3%～0.5%，粗蛋白质 13%～14%，粗纤维 18%～20%，精粗料比 30∶70。

粗饲料、糟渣类饲料等推荐给量，青贮饲料每头每天 20 kg，糟渣类饲料 10 kg，干草 5～6 kg。精料补充料给量 5.0～7.0 kg。

2. 管理规程

这一时期应单独配制日粮，单独饲喂，合理分群，做好保胎工作，防止流产，干乳前应进行一次直肠检查，以确定妊娠状况。积极参加全群的检疫工作，进行全群的修蹄。

3. 饲养管理目标

这一时期应保持奶牛具有 0.5～0.75 kg 的日增重，以便泌乳期结束时达到 3.5～3.75 分的理想体况。

第六节　干乳期奶牛饲养管理

泌乳牛停止挤奶至临产前的一段时间称为干乳期，干乳有利于乳腺机能恢复，奶牛在一个泌乳期产奶所分泌的干物质为体重的 3.64～4.16 倍，泌乳过程中，乳腺组织部分损伤、萎缩，干奶能使乳腺休整、恢复和新腺泡的形成和增殖，特别是乳腺上皮细胞得以充分休息和再生，为下一个泌乳期正常分泌做必要的准备；有利于胎儿发育，胎儿一半以上的生长是在怀孕期的最后 2 个月，需要较多的营养供应，干奶能使母体内有足够的营养物质供胎儿正常生长发育和增重，获得健壮的犊牛；有利于泌乳牛恢复体质，母牛在泌乳期营养多为负平衡，机体营养消耗多。干奶能补偿营养消耗，同进也可贮积大量营养物质，有利于母牛蓄积体力和体质恢复，以供下一次产奶需要；有利于集中治疗疾病，给泌乳期不便处理的疾病如隐性乳腺炎或代谢紊乱提供了集中治疗的时机。

在干奶期要保证胎儿正常发育，使母牛积蓄必要营养物质，在干乳期间，使体重增加 50～80 kg；保持最佳的体况，在分娩时达到理想的体况，体况评分在 3.5～3.75 分为宜，为下一个泌乳期产更多的奶创造条件；控制避免消化代谢疾病，通过对干奶期及围产期的正确饲养，尽可能控制和避免乳热症、皱胃移位、胎衣滞留和酮病等的发生。

一、奶牛干奶技术

干乳是一种比较复杂的技术，不但要根据奶牛的泌乳生理规律，还要有丰富的实践经验。一般干乳可分为逐渐干乳和快速干乳两种。

1. 逐渐干乳法

逐渐干乳法是在7～14 d内将乳干毕，在预定干乳前的10～15 d开始改变饲料，逐渐减少青饲料、青贮料和多汁饲料，逐渐限制饮水，停止运动和放牧，停止按摩乳房，改变挤乳次数和挤乳时间，由3次减为2次，再由2次减为1次，以后隔日，再隔2～3 d挤乳1次，一般增喂优质干草，不减精料。也有对干乳的牛改换挤乳地点，停挤的那天，将乳挤净，以后随时注意乳房情况。

2. 快速干乳法

到达预定干乳那天，对该牛认真按摩乳房，将奶挤净，并将乳房乳头抹干净后，随即停止挤乳(必须保持牛床垫草清洁干燥)，并采用消毒剂浸乳头，注入青霉素或金霉素眼膏，再封闭乳嘴，即不再动乳头，即使洗刷牛身，也防止触及乳房，但应经常注意乳房的变化，一般在最初乳房可能继续充胀，只要不发生红肿、发热、发亮等不良情况，就不必管它，经3～5 d后，乳房内积乳即渐被吸收，约10 d乳房收缩松软，干乳工作即告结束。如停乳后，乳房出现红肿、发亮等现象，必须再行挤净，注入抗生素眼膏封闭。

这种干乳方法，充分利用乳腺内压加大，抑制分泌的生理现象来完成干乳工作，且可最大限度地利用母牛泌乳潜力，直到预定停乳之日为止，不必过早地改变母牛生活习惯，抑制乳房分泌活动，不必过早地减乳、减料，影响母牛健康和胎儿发育。但对曾有乳腺炎病史或正患乳腺炎的母牛不宜应用。干奶期的长短视奶牛具体情况而定。奶牛干奶期一般为50～70 d，早期配种奶牛、体质瘦弱的奶牛、老龄奶牛、高产奶牛，以往难以停奶的奶牛以及饲养条件不太好的奶牛，干奶期可以适当长一些，一般为60～75 d；而膘情较好、产奶量较低的牛可缩短到45～50 d，但奶牛干奶期最短不能少于42 d，否则将影响下胎产奶量和奶牛健康。

在到达干奶之日时，将乳房擦洗干净，认真按摩，彻底挤净乳房中的奶；然后用1%碘伏浸泡乳头，之后往每个乳头内分别注入1支含有长效抗生素的干奶药膏；再用1%碘伏或其他消毒液药浴乳头。若停奶后乳房出现过分充胀、红肿、发硬或滴奶现象，应重新处理再行干奶。

在预定干奶前10～15 d进行隐性乳腺炎检查，可以采取加州乳腺炎试验(CMT法)或体细胞计数法监测，对于患有乳腺炎的牛只应及时治疗，而后再进行干奶。当干奶操作结束后，要认真观察奶牛乳房变化，正常情况下，前2～3 d乳房明显肿胀，3～5 d后积奶逐渐被吸收，一般7～10 d乳房体积明显变小，乳房内部组织变松软。这是奶牛已停止泌乳活动，停奶成功。

二、日粮与饲喂

提前调整饲养方案和管理规程。在距离停奶1周时，开始调整奶牛饲养方案，逐渐减少精料和多汁饲料的饲喂量，增加干草喂量，控制饮水量，改自由饮水为定时定量饮水；在距离停奶3 d时，根据奶牛产奶量再次调整饲喂方案，如果奶牛产奶量仍较高，要减去全部精料；如果产奶量已不是很高，但日产奶在10 kg以上，可适当减去部分精料；当日产奶量低于10 kg时，可不再调整精料喂量，但应适当限制奶牛饮水量。在停喂多汁饲料的同时，挤奶次数可由原来的日挤奶3次改为日挤2次，以后根据产奶量下降情况继续调整，当日产奶量降至10 kg以下时，可改为日挤奶1次；适当增加奶牛运动时间，以增加消耗和锻炼体质；应配合改变挤奶时间，改变挤奶地点，改变饲喂次数，减少乳房按摩等措施，对奶牛产生不良刺激，破坏在正常挤奶过程中形成的泌乳反射。

干乳期一般为 2 个月，前 45 d 为干乳前期，后 15 d 为干乳后期(也称围产前期)。此期饲养原则是在满足母牛营养需要的前提下尽快干乳，乳房恢复松软正常。保持中等营养状况，被毛光亮，不肥不瘦。干乳后 5～7 d，乳房还没变软，每日给予的饲料，可仍和干乳过程的饲料一样，干乳 1 周以后，乳房内乳汁被吸收，乳房变软，且已干瘪时，就要逐渐增喂精料和多汁饲料。再经 5～7 d 要达到干乳母牛的饲养标准，既要照顾到营养价值的全面性，又不能把牛喂的过肥，达到中上等体况。

干乳前期奶牛应以青粗饲料为主，糟渣类、多汁饲料不宜过多，理想的粗饲料为干草和优质牧草，也可以适当饲喂氨化麦秸；适当限制能量和蛋白质的摄入，如营养过丰，极易造成奶牛过肥，造成难产和代谢紊乱，威胁母子安全，摄入蛋白质过多，容易导致乳房水肿，因此，应限量饲喂豆科牧草和半干青贮；合理供给矿物质和维生素，避免摄入过量的钙，高钙容易诱发产褥热，当粗饲料以豆科牧草为主时，应提高矿物质中磷的添加量，注意日粮钾的水平，日粮中钾的推荐含量为 0.65%～0.80%，控制食欲的用量，可按日粮干物质的 0.25%添加，保证脂溶性维生素的供给；初产奶牛应严格控制缓冲物质的使用，以减少水肿和产褥热的发生，经产牛也应降低缓冲剂的使用量。干乳后期应参照围产前期的饲养管理措施。

青饲、青贮每头每天 8～10 kg，糟渣类、多汁饲料不超过 5 kg，优质干草 8～10 kg。精料补充料给量，根据粗饲料的质量，适当搭配精料，每头日 1.0～4.0 kg，高产奶牛加喂到 5 kg。干乳牛推荐日粮营养需要如表 3.14 所示。

表 3.14　干乳牛日粮营养需要

阶段划分	干物质占体重/%	干物质(DW)/kg	奶能单位/NND	粗蛋白质占DW/%	粗纤维占DW/%	钙占 DW/%	磷占 DW/%
干乳前期	2.0～2.5	12～13	19～22	11～12	20 以上	0.6	0.6
干乳后期	2.0～2.5	14～15	25～28	14～16	20	0.3	0.3

三、管理要点

①做好保胎工作，防止流产、难产及胎衣滞留　为此要保持饲料新鲜和质量，绝对不能喂冰冻的块根饲料、腐败霉烂饲料和有毒饲料，冬季不可饮冷水，水温不得低于 10℃。

②坚持适当运动，但必须与其他牛群分开，以免互相顶撞造成流产。冬季在舍外运动场逍遥运动 2～3 h，产前停止活动。

③加强皮肤刷拭，保持皮肤清洁。

④按摩乳房，促进乳腺发育，一般干乳 10 d 后开始按摩，每天 1 次，但产前出现乳房水肿的牛就要停止按摩。

⑤干乳后期按照围产前期产房管理进行。产房要昼夜设专人值班。

根据预产期做好产房、产间清洗消毒及产前准备工作。分娩牛提前 15 d 进入产房，临产前 1～6 h 进入产间。

第七节 高产奶牛的饲养管理

一、高产奶牛的生理特点

与一般奶牛相比，高产奶牛在泌乳生理、营养生理及体质外貌等方面有它的特点。

1. 采食与反刍

高产奶牛新陈代谢旺盛，所需的养分多。采食和反刍的时间较低产牛明显延长，瘤胃蠕动次数也相应增加。反刍后，每分钟咀嚼 60 次左右。因此，在安排生产时，应给高产奶牛充分的休息时间和舒适的环境，以保证正常反刍，不然会扰乱其消化机能，造成奶牛产奶量下降和给健康带来不良后果。

2. 饮水量

高产奶牛由于采食量大，消化食物所需的水大量增加，而且维持泌乳所需的水分也增加。因此高产奶牛不但饮水时间长，而且饮水量大，次数多，每头牛每昼夜饮水量为 50～75 kg，平均是 62.5 kg，泌乳高峰期可增加到 100 kg/(头·d)。

3. 消化代谢

奶牛瘤胃一般作固定式的收缩移动。健康奶牛瘤胃每分钟收缩 1 次或 2 次。这种收缩可使瘤胃中的饲料混合。瘤胃蠕动次数越多，反应消化机能活动越旺盛，同时说明奶牛消化器官负担较重。高产奶牛瘤胃生物合成菌体蛋白数量有限，单靠饲料日粮中降解蛋白质不能满足泌乳的要求，还必须供给充足的瘤胃非降解蛋白质。

高产奶牛采食量大，新陈代谢旺盛，每日排出大量的粪和尿，这些废物的运输、排泄，又依赖循环系统的机能。高产奶牛每次排粪时间长，排粪量大，粪便较稀，每日排粪量为 38～49 kg，排尿量为 40～68 kg。

4. 泌乳速度

高产奶牛比低产奶牛乳头松弛，排乳速度较快。高产奶牛的日产奶量比低产牛高 30%～50%，因此每日挤奶时间比低产牛挤奶时间长。

5. 饲料利用率

高产奶牛的特点是能有效地把各种饲料的营养物质消化，饲料利用率高。这主要是由于高产奶牛将采食的绝大部分饲料营养物质送往乳腺转化成牛奶的各种成分的能力特别高，而低产奶牛这种能力差。

6. 神经内分泌特点

高产奶牛神经内分泌活动频率高，神经活动过程中属于强的、均衡过程，垂体分泌生乳素的反射活动较强，高产奶牛挤奶时间长，产奶量高，产乳曲线平稳。

7. 生理与生化指标

由于高产奶牛基础代谢率高，因此心跳、呼吸等生理指标均比中低产奶牛显著增快，体温变化不大，这充分反应高产奶牛机体功能强，代谢旺盛。在血液生化指标上，高产牛血液碱贮量也高于中低产牛，这是高产母牛进行旺盛的物质代谢不可缺少的条件。同时，高产奶牛血钙、血糖、血清总蛋白和血清总脂含量也均高于中低产牛，这也是高产奶牛体内代谢旺盛的标志。

8. 肝脏功能

肝脏是奶牛的最大腺体，是重要的代谢器官。它参与淀粉、脂肪、蛋白质的代谢和转化，并参与激素、维生素和免疫抗体等生成，肝脏是解毒器官，分泌的胆汁又参与肠道内容物的消化吸收。实践证明，高产奶牛喂大量精料会出现酮病等，因此对高产奶牛应加大粗饲料比例，在围产前期和围产后期，增加生物制剂，能有效减轻肝脏功能负荷，达到高产奶牛健康、高产、长寿。

9. 体型

高产奶牛的乳用特征明显，头部清秀，颈部偏细，背部平直，四肢健壮，无卧系。体型前窄后宽，腹围大，成梯形。乳房像浴盆，前伸后延、附着紧凑，乳静脉粗壮、弯曲发达。体高 1.4 m 以上，体长 1.7 m 以上。高产奶牛两眼大而有精神，呼吸频率均匀有力。

二、高产奶牛的饲养

1. 保持饲料营养平衡，严格控制精粗饲料比

在配制高产奶牛饲料配方时，必须严格按照奶牛饲养标准来制定，以满足高产奶牛在各个阶段的营养需要。在整个泌乳盛期，尽量将精饲料比例控制在 40%～60%，即使在泌乳高峰期，精料比例也不宜超过 60%。尤其要注意干物质的采食量、能量、蛋白质、纤维、矿物质和多维素的营养平衡。

2. 确保优质粗饲料的供给

对于高产奶牛，保证优质粗饲料的供给比精饲料的供给更为重要。这是由于优质粗饲料可以维护高产奶牛的健康，而精饲料虽然可以增加泌乳量，但过量饲喂对奶牛的健康损害很大。目前由于优质干草数量少，粗饲料多为质量中等的羊草和普通玉米青贮，为了维持高产必然需要加大精料比例，大量使用糟渣类和青绿多汁饲料，这就导致日粮中粗纤维比例低（一般只有 14%～15%），不利于高产奶牛的健康；在不能广泛使用优质牧草的情况下，应大力推广采用玉米整株带穗青贮，以提高粗饲料品质。

3. 增添过瘤胃蛋白和过瘤胃脂肪酸

高产奶牛需要大量的过瘤胃蛋白，而我国奶牛饲养中所用的蛋白质饲料主要是饼粕类饲料和糟渣类饲料，粗饲料质量又差，很难满足过瘤胃蛋白质的需要。因此，需要在高产奶牛日粮中大量添加过瘤胃蛋白质。目前，应用较多的过瘤胃蛋白质有保护性氨基酸或蛋白质、全脂膨化大豆和整理棉籽，禁止使用动物性过瘤胃蛋白质。

高产奶牛对能量的需要量也比中低产奶牛高得多。我国奶牛的能量饲料以玉米粉、次粉与麸皮为主，粗饲料品质较差，根本无法满足高产奶牛对能量的需要。常用的油脂有植物油、保护性过瘤胃脂肪酸（脂肪酸钙、棕榈酸钙等）和全脂膨化大豆、整粒棉籽或菜籽等，禁用动物性油脂。在添加油脂时应注意添加量，由于添加油脂会影响奶牛瘤胃微生物的发酵活力。因此，添加量不宜过高，以日粮脂肪增加 3%为宜。

4. 满足矿物质和维生素的需要

目前在我国高产奶牛的日粮中，硒、硫、铜和锌的缺乏相对较多，需要额外补加，才能满足需要。在高产奶牛日粮中添加较高的硫酸钠（0.8%），可提高泌乳量和饲料利用率。高温季节

应增加日粮中氯化钾的添加量，可有效缓解热应激对高产奶牛造成的应激。据试验在高产奶牛分娩前 30 d 和分娩后 92 d 在日粮中添加 7 g 胡萝卜素制剂，可将整个泌乳期泌乳量提高 200 kg 左右。

5. 使用非常规饲料添加剂

(1)瘤胃缓冲剂　高产奶牛由于在整个泌乳期精饲料采食量都比较大，添加瘤胃缓冲物质，减少瘤胃酸中毒的发生，调节和改善瘤胃微生物发酵效果，一般情况下，将碳酸氢钠和氧化镁按照 2：1 比例混合，一般情况下，添加量可占精料量的 1.5%～2.0%。

(2)抗应激添加剂　高产奶牛对于高温、寒冷、分娩和泌乳等应激比较敏感。因此，在发生上述情况前，应将日粮中具有抗应激作用的微量元素锰、铁、铜、锌、碘、钴的含量比正常水平增加约 1 倍，可有效增强高产奶牛的抗应激能力。近几年的研究发现，有机铬(吡啶羧酸铬)对高产奶牛具有良好的抗应激作用，还能改善能量代谢，提高对锰、铁、铜、锌的利用率，激活多种酶的活性，适宜添加浓度为每千克含铬 0.2 mg。

(3)其他　在高产奶牛日粮中添加或直接灌服丙二醇类物质，可以有效减少和预防的酮病发生；在精料中添加 1%的异味酸类添加剂，可显著提高泌乳量；在精料中添加 4%～5%的沸石，可提高泌乳量 8%左右；添加稀土可将泌乳量提高 10%以上，同时乳脂率也有所提高，稀土的有效添加量为每千克精料 40～45 mg。

三、高产奶牛管理

1. 适当延长干乳期

高产奶牛的干乳期延长到 60 d 左右，可以使瘤胃有充足的时间恢复正常机能，有利于下一个泌乳周期的高产和奶牛健康。

2. 适当延长挤奶时间

如果采用机械挤奶，应适当延长挤奶时间；如果采用手工挤奶，可采用双人挤奶，能有效提高泌乳量，保证挤奶时间。

3. 保证充足的采食时间

对于高产奶牛应延长饲喂时间，增加饲喂次数。一般要求高产奶牛每天能自由接触日粮的时间不少于 20 h，每天饲喂 5～6 次。

4. 加强发情观察，适当推迟产后配种时间

对于高产牛适宜的初次配种时间为产后 60 d 左右。延迟配种虽然会延长产犊间隔，但有利于提高整个利用年限内的总泌乳量。

5. 保证充足的饮水

高产奶牛需水量非常大，每天水的基础需要就高达为 120～170 kg，热天的需要量更多。有条件的牛场最好安装自动饮水器，不具备条件的牛场，每天饮水要在 5 次以上，在运动场设置饮水槽，供其自由饮用，并及时更换。

6. 控制日粮水分含量

虽然高产奶牛要保证充足的饮水，但日粮中的水分含量不能太高。应尽量控制总日粮干物质含量在 50%～75%。

7. 采取更为细致的分群饲养

应首先将泌乳牛、干乳牛和围产期牛分开，再根据泌乳量的高低和泌乳期的不同阶段将泌

乳牛分群，根据体况把干乳牛、围产期牛分群。

8. 做好高温季节的防暑降温工作和寒冷地区的防寒保暖工作

高产奶牛对气候的变化要比中低产奶牛敏感得多，夏季要做好防暑降温工作，可以采用在牛舍安装喷雾装置，结合纵向正压通风，降低温度，减轻奶牛的热应激，同时提供足量的清洁饮水；冬季要做好防寒保暖工作，特别要避免寒风直接吹袭乳房，以保证奶牛的稳定高产。

四、饲养管理目标

高产奶牛要达到泌乳量高、乳脂率高、乳蛋白高、乳成分好，体质健康、食欲旺盛、消化系统和泌乳器官发达等特点，一个泌乳期产奶量，头胎牛 7 500 kg 以上，经产牛 9 000 kg 以上；乳脂率达到 3.4%～3.5%，乳蛋白 3.0%～3.2%；全群平均产奶量应在 7 500 kg 以上。

第八节　夏季奶牛预防热应激综合技术措施

热应激对奶牛的健康、产奶量、乳脂率、繁殖率以及犊牛的出生重均产生较大的影响，掌握夏季预防奶牛热应激的综合技术措施。

一、高温季节奶牛的饲养

牛的天性是怕热不怕冷。根据我国的气候情况以及牛只本身的耐寒性能，冷应激对牛只的影响不是一个突出问题，而且防冷应激的措施也比防止热应激容易和简便。而热应激对奶牛的影响非常突出。高温时影响最大的问题是牛采食量下降。热应激对奶牛的健康、产奶量、乳脂率、繁殖率以及犊牛的出生重均会产生较大的影响。

高温季节奶牛的饲养

1. 保证供水

让牛随时可饮到清洁充足的凉水（最好是井水）；冷水与尿液之间存在温差，牛饮冷水可传导散热，减少热负担，增进食欲。

2. 提高日粮精料比例，减少粗料喂量

纤维对于维持瘤胃的正常功能是不可缺少的，但由于纤维适口性差，同时在消化和代谢过程中产生较多的热（热增耗高）。因此，夏季奶牛日粮要控制粗料喂量，提高精料比例。但应注意日粮精料最大比例一般不宜超过 60%，中性洗涤纤维不低于 28%～30%，以免影响乳脂率及出现营养代谢紊乱。

3. 在日粮中添加脂肪，提高能量水平

在高温条件下，气温每升高 1℃，高产奶牛的维持能量需要增加 3%，因此，在炎热季节奶牛需要的能量比冬季还多（冬季每降低 1℃维持能量仅需增加 1.2%）。同时，据以色列报道，在热应激时，泌乳牛的采食量减少 40%。因此，夏季奶牛日粮的能量水平成为制约产奶量的最主要因素。

据研究，在热应激采食量减少的情况下，添加脂肪有很好的饲养效果。这与脂肪的“热增耗”低，有利于夏季的热平衡有关。油料籽实如整粒棉籽、牛羊脂以及脂肪酸钙都是很好的脂肪来源。整粒棉籽每头每天喂量限制在2.3～3.0 kg，其原因除了涉及棉酚的毒力以外，也由于环丙烷脂肪酸的作用，同时，饲喂全棉籽时，乳蛋白约减少0.1%，牛奶中长链脂肪酸的比例增加，添喂棉籽的日粮必须提高日粮干物质的含钙量（提高10%）。

4. 提高日粮蛋白质水平

Hassan等试验表明，在气温波动于17.8～32.8℃条件下，将奶牛日粮蛋白质水平从14.3%提高到20.8%，采食量增加11.3%，产奶量提高6%。但要注意不过量，否则过量的蛋白质被脱氨基供能，增加“热增耗”，加剧热应激。一般高产奶牛日粮的过瘤胃蛋白含量由28%～30%提高到35%～38%。

5. 添加蛋氨酸

在夏季奶牛日粮中添加蛋氨酸有较好的饲养效果。Wanderley等报道，在日粮蛋白质和过瘤胃蛋白进食量相同（18.5%和43%）情况下，日粮赖氨酸与蛋氨酸的比例由1.6∶1提高到3.0∶1，夏季产奶量提高11%。

6. 使用瘤胃缓冲剂

在夏季高精料、低粗料的奶牛日粮中添加缓冲剂，有较好的饲养效果。如可在全混合日粮干物质中添加0.75%～1.5%的碳酸氢钠或0.35%～0.4%的氧化镁等。

7. 注意补充钠、钾、镁

在炎热月份，奶牛出汗较多，钠、钾、镁损失较大，应进行补充。美国佛罗里达州的研究已证实，奶牛夏季采用0.4%～0.5%钠、1.5%钾和0.3%～0.35%镁的日粮，有助于缓解热应激，提高产奶量。另据报道，给处于炎热季节的奶牛补充三价铬可降低直肠温度及血清皮质醇对其代谢的影响，改善泌乳性能；添加烟酸可以缓解热应激。

8. 提高维生素A添加量

由于奶牛在热应激期间所消耗的维生素A量增加，所以在夏季应补给较平时高1倍的维生素A，并尽可能多喂青绿多汁饲料，如胡萝卜、冬瓜、南瓜、瓜皮等。

9. 采用全混合日粮

将干草、玉米青贮等粗料与精料混合，采用全混合日粮，以确保营养平衡、全价。

10. 调整饲喂时间

由于采食后的2～3 h为热能生产的高峰阶段，因此，建议夏季夜间喂料量应占日粮的60%以上，尤其粗料宜安排在20:00～5:00进行。同时，还可通过增加饲喂次数，延长饲喂时间，调制粥料等饲养措施来增进食欲，提高采食量。

11. 调整作息时间

采用夜间放养运动，但应注意放出时间，要待地热散发之后（下午6:00后），才能将奶牛放出，以免牛只受本身热量和地热的双重影响而导致突然中暑。

此外，夏季，蚊蝇和其他昆虫对牛只的骚扰极大，并大量吮吸牛体血液和传播疾病，对牛群的健康和产奶量均有较大影响。应积极采取措施予以消灭。首先，应尽可能消除蚊蝇的滋生，消除奶牛场内的任何积水和丛生的野草，阴井和水沟要定期喷洒敌百虫等有效而无害于奶牛的杀虫药物，运动场和场地周围的牛粪要尽可能清除干净，因为牛粪是牛蝇的主要滋生处。其次，可在奶牛舍和运动场周围放置一些灭虫灯。最好定时在蚊蝇集中的地方喷洒氯菊酯稀液或其他高效无毒的杀虫剂。但绝不可使用如敌敌畏等剧毒药物，并应注意不要把任何药物喷洒在牛身和饲料上。

二、高温季节奶牛的管理

从牛的生理上看，一般比较耐寒而怕热，在牛生产中采取措施以消除或缓和高温对其健康和生产力所产生的不利影响，以减少经济损失，是很有必要的。

生产中一般多采用保护家畜免受太阳辐射、增强家畜传导散热（与冷物体表面接触）、对流散热（充分利用天然气沉或强制通风）和蒸发散热（通过滚浴、水浴和向牛体喷淋水等）行之有效的办法。

1. 太阳辐射热的防护

采取遮阳措施可以有效的防止太阳的辐射。牛舍遮阳可采用加长屋顶出檐、在窗户上设置水平或垂直的遮阳板和绿化遮阳等措施。绿化遮阳可以种植树干高、树冠大的乔木，为窗口和屋顶遮阳；也可以搭架种植爬蔓植物，在南墙窗口和屋顶上方形成绿荫棚。

建造凉棚也可以增加牛的散热量。凉棚设置时应采取长轴东西向配置，棚下面积应大于凉棚投影面积。若跨度不大，棚顶可采用单坡、南低北高的形式，可使棚下棚影面积增大、移动小。凉棚的高度视牛体高和当地气候条件而定，通常为 3.5 m；潮湿多云地区宜较低，干燥地区可较高。另外，顶部刷白色、底部刷黑色较为合理。

2. 通风降温

加强夏季畜舍通风的目的在于驱散舍内产生的热能，不使其在舍内积累而致舍温升高，同时，在畜体周围形成适宜的气流，促进家畜的蒸发散热和对流散热。加强畜舍夏季通风的措施有：在自然通风畜舍设置地脚窗、天窗（钟楼或半钟楼式）、通风屋脊、屋顶风管等；应使进气口均匀布置，使各处家畜都能享受到凉爽的气流；进排气口正对设置，使气流通畅，加大流速；缩小畜舍跨度，使舍内易形成穿堂风；在自然通风不足时，应增设机械通风。

3. 牛舍的降温

（1）喷淋和喷雾　是用机械设备（喷头或钻孔水管）向牛体或舍内空气喷水，借助汽化吸热而达到增加牛体散热或降低空气温度的目的。喷淋（水滴粒径大）较适用于牛体蒸发降温，喷雾（雾化之细滴）较适用于空气蒸发降温。（注意：喷淋和喷雾都应间歇进行，不应连续喷。因为皮肤喷湿后，应使之蒸发，才能起到散热作用。）（说明：地面洒水是传统的降温办法，有一定效果，但费水、费力，而且易使舍内湿度升高。）

（2）蒸发垫　也叫湿帘通风系统。该装置主要部件是用麻布、刨花或专用蜂窝状纸等吸水、透气材料制作的蒸发垫，由水管不断往蒸发垫上淋水，将蒸发垫置于机械通风的进风口，气流通过时，水分蒸发吸热，降低进舍气流的温度。在干旱的内陆地区，湿帘通风降温系统被认为是最好的蒸发降温办法之一。

第九节　奶牛场牛群改良计划（DHI）

DHI 是奶牛场饲养管理的有效工具，按规范的采样办法对每月固定时间采来的奶样进行测试分析，测试后形成书面的产奶记录报告，根据报告反映的信息分析判断，及时对牛群管理进行改进和调整。

一、DHI 简介

DHI 为英文 Dairy Herd Improvement（意为奶牛场牛群改良计划，亦称牛奶记录体系）的缩写，也称牛奶记录体系，简称 DHI。DHI 作为奶牛场饲养管理的有效工具，作为奶牛群遗传改良的基础性工作，在国外奶牛业已应用了 50 多年，世界上奶牛业发达国家如加拿大、美国、荷兰、日本、瑞典等都有类似的专门组织，负责 DHI 测定，为奶户提供有偿服务。DHI 业已成为世界奶牛业发展的方向。

我国 DHI 系统创立于 1994 年，是由中国—加拿大奶牛综合育种项目与我国有关组织在上海、西安、杭州等地建立了牛奶监测中心实验室。2008 年根据《国务院关于促进奶业持续健康发展的意见》（国发[2007]31 号），制定出台了《中国奶牛群体遗传改良计划》（2008—2020 年）。

（一）组织形式

可根据不同的实际情况组织进行。具体操作就是购置乳成分测定仪、体细胞测定仪、电脑等仪器设备建立一个中心实验室。按规范的采样办法对每月固定时间采来的奶样进行测试分析，测试后形成书面的产奶记录报告。报告内容多达 20 多项，主要有产奶量记录，奶成分含量，每毫升体细胞数量等内容。

中国奶协已经成立了全国 DHI 协作委员会，制定了 DHI 技术认可标准，实验室验收标准及采样标准等。

（二）测试对象和间隔

测试对象为具有一定规模（20 头以上成母牛）愿易运用这一先进科技来管理牛群并提高效益的牧场，国内所有奶牛场均可参加。采样对象是所有泌乳牛（不含 15 d 之内新产牛，但包括手工挤奶的患乳腺炎牛），测试间隔 1 个月一次（21～35 d/次），参加测试后不应间断，否则影响数据准确性。

（三）工作程序

1. 取样方法

对参加 DHI 的每头牛每月采集奶样一次。每次采样总量为 40 mL。每天 3 次挤奶者早、中、晚采样比例为 4∶3∶3，两次挤奶的比例为 6∶4。

2. 注意事项

确保每头奶牛编号的唯一性，奶牛号与样品号对应一致。

采样前先加入防腐剂（进口颗粒或重铬酸钾饱和液），备好其他必需用具。

所取奶样应具有代表性，即充分混合奶样。

每次取样完毕后，把样品箱放在阴凉干燥处，在样品箱外贴上标签，标明场名、采样时间、采样人和送达地。

要求在采样前对采样员进行培训，按要求进行采样，保证数据的准确可靠。

在一般情况下，加防腐剂的奶样在常温下可保存 5～7 d。加防腐剂的奶样应防止误食。

3. 收集资料

新加入 DHI 系统的奶牛场，应事先填报表 3.15 给测试中心。以后牛场每月只需把繁殖报表、产奶量报表交付测试中心。产奶量单、牛号顺序与样品箱中的样品号顺序保持一致。

表 3.15 进入 DHI 系统的奶牛所需资料

牛号	生日	父号	母号
本胎产犊日	胎次	奶量	
母犊号	母犊父号		

4. 测定产奶量

按要求定期测定产奶量，所有测试工具都应定期进行校正。

5. 奶样分析

测试内容有乳蛋白率、乳脂率、乳糖率、干物质及体细胞数等。

6. 数据处理及形成报告

计算机室将奶牛场的基础资料输入计算机，建立牛群档案，并与测试结果一起经过牛群管理软件和其他有关软件进行数据加工处理形成 DHI 报告。另外，还可根据奶牛场的需要提供 305 d 产奶量排名报告、不同牛群生产性能比较报告、体细胞数超过设定数的单列报告、典型牛只产奶曲线报告、DHI 报告分析与咨询。

二、DHI 提供的信息

DHI 提供了 20 多项数据信息，包括以下几项。

①序号。只是简单的样品测试的顺序号。

②牛号。对奶牛来说这是唯一的号，没有别的牛与它重号。

③分娩日期。参测奶牛分娩的准确时间，由参试主填报。对现在的胎次而言，分娩日期是很重要的。如果不准确，电脑产生的大多数信息会毫无用处。

④泌乳天数(DMI)。这是电脑按照提供的分娩日期产生的第一个数字，它依赖于提供的分娩日期的准确性。

⑤胎次。这也是牧场提供的数字，它对电脑产生 305 d 预计产奶量很重要，因电脑需要精确的胎次以识别泌乳曲线。

⑥HTM——牛群产奶量。是以 kg 为单位的牛只产奶量。

⑦HTACM——校正奶产量。这是一个以 kg 为单位电脑产生的数据，以泌乳天数和乳脂率校正产奶量而得出的。将实际产奶量校正到产奶天数为 150 d，乳脂率为 3.5%的同等条件下，这提供了不同泌乳阶段的奶牛之间的比较。

⑧Prev. M——上次奶产量。这是以 kg 为单位的上个测定日该牛的产奶量。

⑨F%——乳脂率。这是从测试日呈送的样品中分析出的乳脂肪的百分比。

⑩P%——乳蛋白率。这是从测试日呈送的样品中分析出的乳蛋白的百分比。

⑪F/P——乳脂/蛋白比例。这是该牛在测奶时的牛奶中乳脂率与乳蛋白率的比值。

⑫SCC——体细胞计数。计数单位是 1 000,是每毫升样品中的该牛体细胞数的记录。SCC 主要为白细胞也含有少量的乳腺上皮细胞。

⑬Mloss——牛奶损失。这是电脑产生的数据,基于该牛的产奶量及体细胞计数。

⑭LSCC——线形体细胞计数。是电脑基于体细胞计数产生的数据,用于确定奶量的损失。

⑮PreSCC——前次体细胞计数。上月样品体细胞数单位 1 000。

⑯LTDM——累计奶产量。是电脑产生的数据,以 kg 为单位,基于胎次和泌乳日期,可以用于估计该牛只本胎次产奶的累计总产量。

⑰LTDF——累计乳脂量。是电脑计算产生的以 kg 为单位的数据,基于胎次和泌乳日期,用于估计该牛本胎次生产的脂肪总量。

⑱LTDP——累计蛋白量。是电脑产生的数据,基于胎次和泌乳日期,用于估计本胎次以来生产的蛋白总量。

⑲PeakM——峰值奶量(高峰奶)。以 kg 为单位的最高的日产奶量,是以该牛本胎次以前几次产奶量比较得出的。

⑳PeakD——峰值日。表示产奶峰值日发生在产后的多少天。

㉑305 M——305 d 奶量。是电脑产生的数据,以 kg 为单位,如果泌乳天数不足 305 d,则为预计产量,如果完成 305 d 奶量,该数据为实际奶量。

㉒Reproseat——繁殖状况。如果牛场管理者呈送了配种信息,这将指出该牛是产犊、空怀、已配还是怀孕状态。

㉓Duedate——预产期。如果牛场管理者提供繁殖信息,如怀胎检查,指出是怀孕状态,这一项将以上次的配种日期计算出预产期。

三、DHI 的分析应用

每份 DHI 报告可以提供牛群群体水平和个体水平两个方面的信息。

(一)群体水平

即牛群的整体水平,主要包括以下几个方面:

①较理想的牛群泌乳天数为 150~170 d,如果牛群为全年均衡产犊,也就使得全年的产奶量均衡,DIM(泌乳天数)就应处于 150~170 d,这一指标可以显示牛群繁殖性能及产犊间隔。

②牛群平均理想胎次为 3~3.5 胎,是根据奶牛泌乳生理特点、胎次泌乳量的效益率和健康管理的水平提出来的,可以作为衡量一个奶牛场管理水平的依据。

③日奶产量与前奶产量的比较,看出本月牛场的生产经营情况,结合平均产奶天数观察牛群。

④乳脂率和乳蛋白率可以提示营养状况。

⑤SCC 是牛群乳腺健康水平的标志。

⑥SCC 与 DIM,这两项结合使用,可以确定与乳房健康相关的问题在什么地方发生。

⑦SCC 与 Mloss(奶量损失),牛奶中体细胞数与产奶量损失密切相关,见表 3.16。

表 3.16　奶牛体细胞数与产奶量损失的关系

白细胞数/(万/mL)	一个奶区损失/%	一头牛损失/%	全群牛损失/%
15～50	3	6	5
50～100	11	10	12
100～500	26	16	20

⑧前次 SCC 与本次 SCC 比较,提供了管理变化和治疗效果的指示。

⑨与峰值奶量有关的分析应用,增加峰值奶量是重要的指标。峰值奶量每提高 1 kg,相当于一个胎次奶产量一胎牛提高 400 kg,二胎牛提高 270 kg,三胎以上提高 256 kg。限制峰值奶量的因素有奶牛膘情,后备牛的饲养,干奶牛和围产期饲养管理,泌乳早期提供营养不足(体重减少情况),乳腺炎发病及遗传等。

⑩305 d 预测产奶量,305 d 产奶量是衡量一个奶牛场生产经营状况的指标。

(二)个体水平

一个奶牛场管理的好坏,应当从每头牛的情况着手管理。DHI 报告为实现对每头奶牛的管理提供了非常实用的信息。

对照检查每头牛前后两次测定的奶产量,可分析出其产奶量升降是否正常,如果异常应及时查找原因并采取补救措施;个体牛的 SCC 直接反映了牛只乳房的健康状况,对比前后两次 SCC 可发现防治措施是否有效。

1. DHI 工作的重要性

①可以最大限度最为可靠地创造优秀种公牛;②可以为奶牛选种选配提供依据,加速奶牛群体改良;③可以为科学饲养提供依据,不断提高奶牛经营者饲养管理水平;④可以对奶牛健康进行早期预测,为疾病防治提供依据;⑤为奶牛良种登记和评比工作提供依据;⑥可为牛奶合理定价提供科学依据。

2. DHI 工作的基本要求

(1)测定工作的组织和制度要求　由于这项工作投资大,技术性强,影响面广,应由省、市、自治区设立独立机构(乳品检测中心)承担。机构内应配置专用采样车辆、专门的化验室、数据处理室及相关采样、分析仪器(牛奶流量计、全自动牛奶成分分析仪、牛奶体细胞计数仪、专用电脑及数据处理软件等),配备经过专门训练、熟练掌握操作要领和服务要求的专职牛奶采样员、化验分析员、数据统计员、报表反馈指导员等。为了增强该项工作的权威性、结果的可靠性以及工作效率,保证此项工作顺利进行,测定结果要求在 7 d 内反馈给奶牛场。

(2)对测定对象要求　凡是具有一定规模且愿意开展此项工作的奶牛场均可参加。产犊第 6 天至干奶开始的前一天,健康泌乳奶牛均应测定。平均每月测定一次,连续两次测定的间隔天数在 26～35 d 之间。这要求奶牛场工作人员必须与检测部门人员紧密配合。

第十节　奶牛保健与卫生防疫

牛场保健与卫生防疫工作是保证牛群健康的重要措施，基本原则是养重于防、防重于治、防治结合。

一、牛群保健

保证牛的健康是使养牛生产顺利进行和提高生产效益的一项重要措施。因此，必须加强日常的饲养管理和搞好保健工作。牛场保健工作的原则是防重于治，治疗相对于个体来讲是必要的，但就群体而言，预防则是控制疾病的最好方法。治疗病牛应看作只是在一定程度上相对减少损失的工作。

(一)牛群保健目标

健康目标，一般是指牛健康状况所要达到的理想标准。为了提出适合本地区、本单位牛群健康标准，应结合自己地区气候、地理、饲料以及饲养管理等条件制定当前和长远的健康标准。

一般而言，奶牛群的健康状况对疾病的控制应达到如下目标：①全年死亡率在3%以下。②全年怀孕母牛流产率不超过6%。③全群全年产犊间隔不超过13个月。④全群成母牛每个月隐性乳腺炎乳区阳性率不超过12%，临床型乳腺炎发病率，按乳区计算不超过6%。

(二)牛群保健内容

牛群保健内容主要包括疾病预防、诊断和治疗。

(1)预防　保证牛群健康，预防是基础。贯彻预防为主、防重于治的方针，做到防患于未然。加强饲养管理、做好卫生与消毒、免疫接种。

(2)诊断　诊断是牛的健康管理工作中不可缺少的。牛的疾病诊断包括牛群定期的一般健康检查、发病时的临床诊断，也包括必要的血清学、血液学诊断，尸体剖解和病理组织等诊断。

(3)治疗　经确诊后，应对症下药。奶牛在治疗过程中，不要滥用抗生素和一切有损于奶牛健康及牛奶品质的药物，并注意以下几点：

①根据体重大小、生理状况和妊娠与否，选择适当剂量，避免用药过量造成残留量超标。

②休药期应遵守无公害食品乳牛饲养兽药使用准则 NY 5046—2001 规定(附录)，对附录中未规定的休药期的药品，奶废弃期不少于7 d。

③抗寄生虫药，外用时注意避免污染鲜奶。

④所用药物应有准确记录，并于每次诊治时应做详细记录。

(4)驱虫　在寄生虫病流行地区，特别是肝片吸虫、球虫所引起的感染，每年应定期驱虫，同时调查虫体的发育史，及时清除粪便，避免饲草污染，控制卵虫发育，以减少感染机会。

二、健康管理

(一)瘤胃健康管理

牛瘤胃疾病是影响牛生产的重要疾病,危害比较大。

①避免精料饲喂过多或突然食入过量的适口性好的饲料,如玉米青贮料等。

②避免食入过量不易消耗的粗饲料或含粗纤维多的饲料,如麦糠、秕壳、半干的藤蔓、豆秸等。

③避免饲喂变质的青草、青贮饲料、酒糟、豆渣、山芋渣等饲料或冰冻饲料等。

④避免突然改变饲料、日粮中突然加入不适量的尿素或使牛群过快地转向茂盛的禾谷类草地等。

⑤清除饲料中的异物,避免误食塑料袋、化纤布、铁钉、胎衣等杂物。

⑥避免饲喂大量易发酵的饲料,如新鲜的豌豆蔓叶、花生秧、苜蓿、堆积发热的青草、霉败饲草等。

⑦注意日粮搭配,补充矿物质和维生素,特别是补钙。

⑧避免由放牧迅速转变为舍饲或舍饲突然转为放牧,注意适量运动,不过劳与休闲不均、受寒、圈舍阴暗、潮湿等。

⑨固定饲养员,减少因周围环境改变对牛产生的应激,如饥饿、疲劳、疾病、中毒、手术、创伤、剧烈疼痛等。

此外,在兽医临床上,注意合理用药,避免药物对瘤胃内微生物区系破坏,如长期给予大量抗菌药或磺胺类药物等。

(二)奶牛乳房健康管理

奶牛乳房的健康,直接决定了体细胞的数量。同时,还对细菌数量产生一定的影响,从而与牛奶品质有着密切的关系,为此应做好以下几个方面的保健工作:

①挤奶员必须保持个人卫生。指甲勤修,工作服勤洗,每挤完 1 头牛应洗手臂,洗手水可用 0.1%漂白粉或 0.1%新洁尔灭溶液。

②保持清洁的挤奶环境。用 45~50℃的温水按顺序洗净乳房、乳头,并将其由上而下擦干。夏季(7~9 月份)可在水中加入 3%~4%的次氯酸钠。

③乳房洗净后应进行按摩,使其膨胀后再挤奶,采用正确挤奶方法和操作规程。

④要干奶的牛,应在干奶前 10 d 进行隐性乳腺炎监测,阳性牛进行治疗。干奶时,每个奶区注射一次抗生素药物。预产前 1 周,开始药浴乳头,每天两次。

⑤在乳腺炎流行季节(7~9 月份),每月对泌乳牛进行一次隐性乳腺炎的监测。

(三)繁殖障碍预防

随着奶牛产奶水平的不断提高,不孕症的发病率也呈上升趋势。据报道,高产牛群(年产量超过 8 000 kg)母牛子宫和卵巢疾病发病率较一般牛群高 5%~15%。

(1)保持良好体况　牛在泌乳初期和泌乳高峰期,由于受营养不足和体重的下降,受孕率明显下降,因此一定要注意日粮的适口性和营养平衡。定期对饲料营养成分进行化验监测,并保证优质干草和青贮饲料的充足供应是克服繁殖障碍行之有效的措施。

(2)干乳期和围产期饲养管理　干乳期合理投料，适当运动，控制母牛膘情(7～8 成膘)，防止过肥或过瘦。过肥产后易出现繁殖障碍，如胎衣不下、子宫炎、子宫复原慢，平状卵泡等，使产后配种期延迟。

围产期要注意维生素 A、维生素 D、维生素 E 和微量元素硒的补充，矿物质 Ca、P 比例，以减少胎衣滞留和子宫复原延迟。

(3)产房管理　产房管理是奶牛健康管理的重点。产房人员必须接受培训合格后才能上岗，大型奶牛场的产房要 24 h 有人看守。产房要保持清洁干燥，每周进行一次大扫除和大消毒，并保持室内通风干燥，以防产后感染。接产遵守自然分娩原则，注意防止造成产道创伤和感染。当出现临产征兆时，应尽快移至分娩牛床位。胎儿出生后要做好新生犊牛的护理工作。

(4)实施母牛产后监控　产后 24 h 以内要观察胎儿产出情况和产道有无创伤、失血等，还应注意观察胎衣排出时间和是否完整，以及母牛努责情况，要预防子宫外翻和产后瘫痪等；产后 1～7 d 为恶露大量排出期，要注意颜色、气味、内含物等变化。并应于早晚各测体温一次；产后 7～14 d，重点监控子宫恶露变化(数量、颜色、异味、炎性分泌物等)，必要时还应做子宫分泌物的微生物培养鉴定。根据药敏试验结果进行对症治疗；产后 15～30 d，主要监控母牛子宫复原进程卵巢形态，并描述卵巢形状、体积、卵泡或黄体的位置和大小，必要时可检测乳汁进行孕酮分析。此间还可以称量体重，如失重过大，应设法在 3 个月内恢复，如超过 4 个月将对繁殖造成不良影响；产后 30～60 d，重点监控卵巢活动和产后首次发情出现时间。如出现卵泡囊肿、卵巢静止则应对症治疗。到 60 d 如仍未见发情症状，须查清原因，及时采取措施。

(5)建立繁殖记录体系　为了不断改进管理措施，乳牛开始繁殖以后就要建立终生繁殖卡片和产后监控卡片等。

(四)肢蹄保健

肢蹄保健是指对牛的肢和蹄进行保健，肢蹄健康是牛健康的重要特征之一。据报道，我国奶牛肢蹄病的发病率为 30%～80%，其中以南方潮湿和炎热地区尤为严重。因此，在生产中一定要做好肢蹄保健工作。

(1)牛舍和运动场的环境与卫生　牛舍和运动场的地面应保持平整，及时清除粪便和砖头瓦块、铁器、石子等坚硬物体，夏季不积水，冬季不结冰，保持干燥。严禁使用炉灰渣垫运动场和通道。

(2)营养平衡　母牛蹄叶炎与消化道、子宫和泌乳系统的一些机能障碍有关。这些机能障碍在很大程度上受营养因素的影响。因此，日粮营养成分的平衡与否和日粮结构的变化对牛蹄的健康有很大影响，有时甚至造成牛群中大面积发病。

(3)修蹄　要经常保持蹄部卫生，牛在出产房前要预防性修蹄一次，另外每年春秋两季应全群普查牛蹄底部，对增生的角质要修平，过长或变形的蹄应及时修剪，对于腐烂坏死的组织要削除并清理干净。修蹄工具主要包括：修蹄刀、蹄切刀、弯曲手锉各 1 把及磨石 1 块。

(4)蹄浴　蹄浴是预防腐蹄病的有效方法。其药物一般用 3%甲醛溶液或 10%硫酸铜溶液，可达到消毒作用，并使牛蹄角质和皮肤坚硬，达到防止趾间皮炎及变形蹄的目的。蹄浴方法：拴系饲养奶牛注意清除趾间污物，将药液直接喷雾到趾间隙和蹄壁。散养乳牛在挤乳厅出口处(不是在入口处)修建药浴池，该池大小为长×宽×深＝(3～5) m×0.75 m×0.15 m，药浴池地板要注意防滑。药液(3～5 L 福尔马林＋100 L 水)或 10%硫酸铜溶液。一池药液用 2～5 d。每月药浴 1 周。采用此法,乳牛走过遗留的粪土等极易沾污药液,故应及时更换新液。

(5)育种措施　蹄病的遗传已越来越被人们所重视。育种方案的实施对奶牛后代的肢蹄性状有很大的的影响。有目的地选择育种性状,将肢蹄结构纳入育种选择指标,可有效提高后代蹄的质量。在生产中要使用已知可以提高肢蹄质量的验证过的公牛精液。

(五)营养代谢病的监控

乳牛的营养代谢病主要包括产乳热(生产瘫痪、低血钙症)、酮病(低血糖症)、瘤胃酸中毒、真胃变位和胎衣不下等。这些疾病多发生在产犊前后、泌乳高峰期,与乳牛的日粮结构、营养平衡、饲养管理关系密切。并且随着牛群产奶水平的提高有上升趋势。在生产上必须加强对这些疾病的监控,改进饲养管理,做好预防工作;或者早发现、早治疗,尽量避免或减少给乳牛健康和生产造成影响和损失。

①定期进行血样抽查。定期监测血液中的某些成分,可预报一个牛群的代谢性疾病的发生。通过血检发现某一成分下降至"正常"水平以下时,则可认为应该增加某一物质的摄入量,以代偿过量输出所造成的负平衡;而当发现某一成分过高"超常"时,则与某一物质摄入量过多有关。所以,每年应定期对干奶牛、低产牛、高产牛进行 2～4 次血检,及时了解血液中各种成分的含量和变化。所要检查的项目为:血糖、血钙、磷、钾、钠、碱贮、血酮体、谷草转氨酶、血脂等。根据所测结果,与正常值比较,找出差异,为早期预防提供依据。这样,使疾病由被动的治疗转为主动的防治。

②建立产前和产后酮体检测制度。产前和产后奶牛的健康,是影响奶牛产奶量的一个重要因素,故应对其加强检查。在产前 1 周和产后 1 个月内,隔日测尿 pH(可用试纸法,正常尿液 pH 为 7.0,当变黄时,即为酸性)、酮体或乳酮体 1 次,凡测定尿液呈酸性,尿(乳)酮体阳性者,可静脉注射葡萄糖液和碳酸氢钠溶液。

③对高产、体弱、食欲不振的牛在产前 1 周可适当补 10% 葡萄糖酸钙 1～3 次,每次 500 mL,以增强体质。

④高产牛在泌乳高峰期,应在精料中加喂日粮中干物质量 1.5%的碳酸氢钠,青贮料不要喂得过多,一般控制每天每头 30～35 kg,保证优质干草日采食量不低于 4～5 kg。

⑤母牛围产期、干乳期、特别是妊娠后期不宜喂酸性的糟渣饲料和品质不佳的青贮料。有些地区将玉米淀粉渣喂前用生石灰中和,效果较好。

⑥保持牛舍清洁、卫生、通风、采光良好,运动场干燥、宽敞,保证乳牛每天有足够的活动量,对增强体质十分重要。

三、牛场(舍)消毒

(一)消毒制度

①牛场和牛舍出入口必须设立消毒池,消毒池的消毒液(剂)要定期更换,保持有效浓度。一切人员、车辆进出门口时,必须从消毒池通过。场周围及场内污水池、排粪坑和下水道出口,每月用漂白粉消毒 1 次。

②工作人员进入生产区应更衣和紫外线消毒,工作服不应穿出场外。外来参观者进入场区参观应彻底消毒,更换场区工作服和工作鞋,并遵守场内防疫制度。饲养人员要坚守工作岗位,不得串牛舍。

③场外车辆、用具等不准进入场内,必须进入时,应经消毒处理。饲养用具应固定在本牛舍使用,不得借用(或借给)其他牛舍,否则,必须经消毒处理。日常用具(如兽医用具、助产用具、配种用具、挤奶设备和奶罐车等)在使用前后应进行彻底消毒和清洗。

④每年春、秋结合转饲、转场,对牛舍、场地和用具各进行一次全面大清扫、大消毒。牛舍每月进行一次消毒。厩床每天用清水冲洗,土面厩床要勤清粪、勤垫圈。产房每次产犊都要消毒。

⑤挤奶、助产、配种、注射治疗及任何对奶牛进行接触操作前,应先将牛有关部位如乳房、乳头、阴道口和后躯等进行擦拭消毒。

⑥每天清扫牛舍、运动场的粪便、污物,将粪便、污物进行泥封发酵或投入沼气池发酵,也可用化学药物处理,以杀死病菌和虫卵。

⑦搞好牛舍内外环境卫生、消灭杂草和水坑等蚊蝇滋生地,定期喷洒消毒药物,或在牛场外围设诱杀点,消灭蚊蝇。定期投放灭鼠药,控制啮齿类动物,投放灭鼠药应定时、定点,及时收集死鼠和残余鼠药,做无害化处理。

(二)消毒方法

①大门消毒。大门入口设有消毒槽(池),消毒药使用2%苛性钠溶液(每周更换1次),消毒对象主要是车辆的轮胎。在病牛舍、隔离舍的出入口处应放置浸有消毒液的麻袋片或草垫,如为病毒性疾病(口蹄疫等),则消毒液可用2%苛性钠,而对其他的一些疾病则可浸以10%克辽林溶液。

②牛舍消毒。在建立"全进全出制"的牛场,引进牛群前,空牛舍应按以下次序彻底消毒:第一,清除牛舍内的粪尿及草料,运出作无害化处理;第二,用高压水彻底冲洗顶棚、墙壁、门窗、地面及其他一切设施,直至洗涤液变清为止;第三,牛舍经水洗、干燥后,用消毒药液喷洒消毒,药液如用复合酚类的菌毒敌等,浓度为(1∶100)～(1∶200)倍,用过氧乙酸为1∶500,用强力消毒灵、抗毒威等含氯制剂则应含有效氯50 g/t以上。如牛舍有密闭条件,可关闭门窗,用福尔马林熏蒸消毒12～24 h,然后开窗通风24 h。

③用具消毒。牛饲槽、饮水器、载运车辆以及各种用具需每天刷洗,定期用0.1%新洁尔灭或强力消毒灵、"84"消毒液、抗毒威等消毒。

④运动场消毒。如为水泥地,则与牛舍一样先用清水彻底冲洗,再用消毒液仔细刷洗。如为泥土地,可将地面土壤深翻30 cm左右,在翻地的同时撒上干漂白粉或新鲜生石灰(用量为每平方米0.5 kg),然后以水湿润、压平。

⑤挤奶厅消毒。每天挤完奶后,地面要先用高压水冲洗干净后,再用无异味的消毒剂消毒地面及所有挤奶器械。

⑥产房消毒。进牛前,要用强力消毒灵、"84"消毒液或抗毒威等消毒剂喷撒地面、墙壁,待干后,再用火焰喷射消毒一次,最后用甲醛按每立方米30 mL、高锰酸钾15 g加适量水,进行熏蒸24 h。

牛场(舍)常用消毒药见表3.17。

表 3.17 牛场常用消毒药

药名	作用与用途	制剂、用法、用量及注意事项
福尔马林（甲醛溶液）	有强大的杀菌作用，能杀灭芽孢及病毒，对皮肤黏膜刺激性强	本品含40%甲醛，1%溶液用于牛体表消毒；2%～4%溶液用于牛舍、用具消毒，加热熏蒸消毒时，用量为每立方米25 mL
氢氧化钠（苛性钠）	能溶解蛋白质，破坏细胞的酶系统和菌体结构，对细菌、芽孢、病毒杀灭作用很强	2%溶液用于被病毒和细菌污染的厩舍、饲槽和运输车船等消毒，3%～5%溶液，用于炭疽芽孢污染的场地消毒
氧化钙	消毒作用不强，对芽孢无效	块状，10%～20%石灰水喷洒地面、墙壁、粪便消毒
来苏儿	含5%煤酚的皂溶液，能杀灭细菌、真菌及某些病毒，但对芽孢无效	1%～2%溶液，用于手及器械消毒，5%溶液用于用具、环境、污物消毒，0.5%溶液冲洗子宫、阴道。屠宰场禁用
漂白粉	为次氯酸钙和氢氧化钙的混合物，遇水后放出新生氧和活性氯；可杀灭细菌、真菌及病毒，高浓度可杀灭芽孢	粉剂：含有效氯不低于25%，用5%～20%混悬液喷洒，消毒细菌、病毒污染的圈舍、场地、车辆、物品等，每1 000 mL水加0.3～1.5 g，用于饮水消毒。密闭存放，久置易失效，现配现用，不可用于金属制品及有色棉织物的消毒
乙醇	能使菌体蛋白迅速脱水凝固。70%～75%的浓度灭菌力最强	70%～75%溶液用于消毒注射部位、术部、手等，消毒外科器械可浸泡30 min，浓度在70%以下或75%以上杀菌力下降
碘伏	有很强的杀菌作用，可杀死细菌、芽孢和病毒	用于注射部位、术部、器械消毒，忌与红药水、甲紫溶液同用
新洁尔灭	为广谱抗菌药，对部分真菌和病毒也有效	0.1%溶液用于皮肤、手和术部消毒（浸泡5 min）；用于器械、胶手套消毒（浸泡30～60 min），0.01%～0.05%溶液，治疗创伤或黏膜炎症；忌与肥皂、碘酊、高锰酸钾配合应用
过氧化氢液（双氧水）	为氧化剂，与动物组织接触，立即放出氧分子而形成大量气泡具有杀菌作用	液体：含过氧化氢2.5%～3.0%用于冲洗化脓创。新鲜伤口不易使用，遇碱性物质失效
强力消毒灵	广谱消毒杀菌药	0.5%～1%溶液用于细菌污染的畜舍、车辆器械等；5%～10%用于病毒污染的畜舍、用具等的消毒
百毒杀	新型季胺盐类化合物，能杀灭各种病毒、病原菌及有害微生物	具体用法见说明书
高锰酸钾	为强氧化剂，有防腐、收敛、除臭作用，用于冲洗创伤，也可用于某些生物中毒的洗胃解毒	结晶：0.1%溶液，用于冲洗创伤；0.01%～0.05%溶液，用于生物碱中毒洗胃；遇甲醛溶液或甘油可剧烈燃烧，可与甲醛混合进行熏蒸消毒。与活性炭共同研磨可爆炸，现用现配
洗必泰	与新洁尔灭相似，但作用较强，持久，毒性小，无刺激性	粉剂：0.1%溶液浸泡器械（浸泡10 min）；0.02%溶液用于术前泡手（浸泡3 min）；0.05%溶液用于冲洗伤口；0.5%溶液喷雾或擦拭无菌室、手术室、用具，注意事项同新洁尔灭

续表3.17

药名	作用与用途	制剂、用法、用量及注意事项
过氧乙酸	为强氧化剂，具有高效、速效和广谱杀菌作用，对杀灭细菌、病毒、真菌和芽孢有效	液体：0.5%溶液用于牛舍、用具及车辆清洗消毒（喷洒）

四、免疫与检疫

(一) 免疫与检疫制度

①严格执行国家和省、市颁布制定的有关奶牛防疫法律法规和有关规定，并结合当地实际情况，制定合理的免疫程序，及时进行疫病的预防接种工作。

②免疫实行免疫标识管理制度，凡国家规定对动物疫病实行强制免疫的，对按规定免疫过的奶牛必须加挂免疫耳标，并建立免疫档案。

③每年春、秋季各进行一次结核病、布鲁氏菌病的检疫。结核病检疫：采用结核菌素皮内变态试验。对检出的阳性牛只，应在 3 d 内扑杀。凡判定为疑似反应的牛只，于第一次检疫后 30 d 进行复检，其结果仍为可疑反应时，经 30～40 d 后复检，如仍为疑似反应者，应判为阳性，并一律淘汰。布病检疫：先用虎红平板凝集试验初筛，本试验阳性者进行试管凝集试验，试管凝集试验阳性者判为阳性，试管凝集试验出现可疑反应者，经 3～4 个月后复检，如仍为可疑反应者，应判为阳性。凡阳性反应牛只一律淘汰。

④由国内异地引进奶牛，要按规定对结核病、布病、传染性鼻气管炎、口蹄疫、白血病进行检疫。从国外引进的奶牛除按进口检疫程序检疫外，每次对白血病、传染性鼻气管炎、黏膜病、副结核病、蓝舌病复查一次。

⑤跨省调入奶牛，调运前须到调入地动物防疫监督机构办理审批手续。不准到疫区购买牛只和饲料，新引进的牛只，必须持有输出地县级以上动物防疫监督机构出具的有效检疫证明，到达调入地后，须在当地动物防疫监督机构监督下，进行隔离观察饲养 14 d，确定健康后方可混群饲养，并及时补种疫苗。

(二)免疫接种

免疫接种是动物机体产生特异性抵抗力，使易感动物转化为不易感动物的一种手段，适时免疫接种，是预防牛传染性疾病的有效措施。根据免疫接种进行时机不同，可分为预防接种和紧急接种两类。

在经常发生传染病地区，某些传染病潜在地区，或受到临近地区某些传染病威胁地区，为了防患于未然，在平时有计划地给健康畜群进行免疫接种，称为预防接种。例如，牛的每年春季做炭疽弱毒芽孢疫苗预防注射，常发生破伤风地区做类毒素注射。

紧急接种是在发生传染病时，为了迅速控制和扑灭疾病的流行，而对疫区和受威胁地区尚未发病的畜禽应用疫苗或血清进行的紧急接种。如流行性强大的口蹄疫，应在周围 5～10 km 以上，建立“免疫带”以包围疫区，就地扑灭疫情。牛常见疫病预防用疫(菌)苗见表 3.18。

表 3.18 牛常用疫(菌)苗保存和使用

疫(菌)苗名称	使用方法	保存期限	免疫期
无毒炭疽芽孢苗	1 岁以上肉牛皮下注射 1 mL，1 岁以下 0.5 mL	2～8℃干燥冷暗处有效期 2 年	注射后 14 d 产生坚强免疫力，免疫期 1 年
第 2 号炭疽芽孢苗	不论大小均皮下注射 1 mL 或皮内 0.2 mL	2～8℃干燥冷暗处有效期 2 年	注射后 14 d 产生坚强免疫力，免疫期 1 年
气肿疽明矾菌苗	不论大小均皮下注射 5 mL，6 月龄内小牛在满 6 个月时再注射 1 次	2～8℃干燥冷暗处有效期 2 年	注射后 14 d 产生免疫力，免疫期 6 个月
牛巴士杆菌病(出血性败血症病)灭活苗	体重 100 kg 以下者，皮下或肌肉注射 4 mL，100 kg 以上者 6 mL	2～8℃干燥冷暗处有效期 1 年	注射后 21 d 产生免疫力，免疫期 9 个月
布氏杆菌 19 号弱毒菌苗	6～8 月龄皮下注射 5 mL	湿苗 2～8℃有效 45 d；冻干苗 0～8℃有效期 1 年	注射后 1 个月产生免疫力，免疫期 6～7 年
布氏杆菌猪型 2 号弱毒菌苗	皮下或肌肉注射 5 mL	液体苗 0～8℃有效；冻干苗 0～8℃有效期 1 年	免疫期 1 年
布氏杆菌羊型 5 号菌苗	皮下或肌肉注射 2.5 mL，气雾免疫时每头牛室内量为 250 亿活菌(2.5 mL)	2～8℃有效期 1 年	免疫期 1 年
牛肺疫第 1 号活疫苗	肌肉注射 6～12 月龄 1 mL，1 岁以上 2 mL。6 月龄以下临产孕牛、病弱牛禁用	2～8℃有效期 1 年	注射后 21～28 d 产生免疫力，免疫期 1 年
牛肺疫第 2 号活疫苗	耗牛、犏牛成年牛肌肉注射(稀释 100 倍)2 mL。黄牛、奶牛 2 岁以上的尾端皮下注射(稀释 50 倍)1 mL，1～2 岁。5 mL，1 岁以下的禁用	−15℃有效期 2 年；2～8℃有效期 1 年	注射后 21～28 d 产生免疫力，免疫期 1 年
牛泰勒焦虫胶冻细胞苗	不论大小一律肌肉注射 1 mL	2～8℃储藏有效期 2 个月	注射后 21 d 产生免疫力，免疫期 1 年
破伤风明矾沉淀类毒素	成年牛 1 mL，1 岁以下 0.5 mL，颈中央上 1/3 处皮下注射	2～8℃冷暗处保存有效期 3 年	注射后 1 个月产生免疫力，免疫期 1 年
魏氏梭菌联合苗	皮下注射 1.5～2 mL	2～8℃储藏有效期 1 年	注射后 15 d 产生免疫力，免疫期 6 个月
肉毒梭菌(C 型)灭活苗	皮下注射，常规苗每头 10 mL，透析苗每头 2.5 mL	2～8℃储藏有效期 3 年不可冻结	免疫期 1 年

续表3.18

疫(菌)苗名称	使用方法	保存期限	免疫期
口蹄疫灭活疫苗(进口佐剂)	肌肉注射,犊牛每头 2 mL,成年牛每头 3 mL	2～8℃储藏有效期 1 年不可冻结	注射后 14 d 产生免疫力,免疫期 4～6 个月
牛瘟兔化弱毒冻干疫苗	皮下或肌肉注射 1 mL,牦牛、朝鲜种黄牛不易注射	－15℃保存最长不超过 10 个月;2～8℃保存不超过 4 个月;8～12℃保存最长不超过 30 d	注射后 7～15 d 产生免疫力,免疫期至少 1 年
牛瘟山羊化兔化弱毒冻干疫苗	皮下或肌肉注射 1 mL,适用于蒙古黄牛	－15℃保存最长不超过 10 个月;2～8℃保存不超过 4 个月;8～12℃保存最长不超过 30 d	注射后 7～15 d 产生免疫力,免疫期至少 1 年
牛瘟绵羊化兔化弱毒冻干疫苗	皮下或肌肉注射 1 mL	－15℃保存最长不超过 10 个月;2～8℃保存不超过 4 个月;8～12℃保存最长不超过 30 d	注射后 7～15 d 产生免疫力,免疫期至少 1 年
牛流行热亚单位灭活苗	肌肉注射 4 mL,3 周后再注射一次	2～8℃储藏有效期 4 个月	注射后 15 d 产生免疫力,免疫期 6 个月
伪狂犬灭活疫苗	颈部皮下注射犊牛每头 8 mL,成年牛每头 10 mL	2～8℃储藏有效期 2 年	免疫期 1 年

在实践中,各养牛场根据当地情况以及疾病流行情况,针对不同的牛群采用合理的、有效的免疫措施进行防疫,主要的常见传染病的免疫程序推荐见表 3.19。

表 3.19　成年牛主要传染病常用免疫程序

预防疫病	疫苗种类	使用方法	免疫时间	免疫期
牛巴氏杆菌病	牛巴氏杆菌病灭活疫苗	皮下或肌肉注射	每年免疫 1 次	9 个月
牛口蹄疫	牛口蹄疫疫苗	皮下或肌肉注射	间隔 6 个月,每年免疫 2 次,妊娠母牛在分娩前 2～3 个月免疫	6 个月
牛流行热	牛流行热疫苗	皮下或肌肉注射	间隔 4 周进行 2 次免疫,免疫时间应于每年 7 月份以前	6 个月
牛气肿疽	牛气肿疽灭活疫苗	皮下或肌肉注射	春、秋两季各免疫 1 次	1 年
牛传染性鼻气管炎	牛传染性鼻气管炎疫苗	皮下或肌肉注射	种用母牛应在配种前接种疫苗,其他牛每年免疫 1 次	1 年

续表3.19

预防疫病	疫苗种类	使用方法	免疫时间	免疫期
牛乳腺炎	牛乳腺炎疫苗	皮下或肌肉注射	按疫苗说明书免疫或在产前免疫	1年
牛沙门氏菌病	牛沙门氏菌病灭活疫苗	皮下或肌肉注射	成年牛每年免疫1～2次,孕牛产前2个月免疫	6个月

(三)检疫

动物检疫是遵照国家法律,运用强制性手段和科学技术方法预防和阻止动物疫病的发生,以及疫病从一个地区向另一个地区间的传播。动物检疫的方法很多可分为以下几类:

1. 临床症状检疫

这是利用人的感官或借助一些简单的诊疗器械如体温计、诊断器等,直接检查和记录患病家畜的异常表现。其方法包括视诊、听诊、闻诊和触诊等,在进行临床检疫时一般先观察牛群的综合症状,再加以分析和判断。

2. 病理解剖学检疫

多种患病家畜都会表现出特征的病理剖检变化,这是家畜疫病重要特征之一,也是检疫疫病的重要依据。通过鉴别患病家畜的病理变化,一方面可以证实临床观察和检查的结果。另一方面根据某些病例具有特征病理变化可直接得出快速的诊断,如牛副结核。

3. 微生物学诊断

这是利用病原学诊断检疫传染病的重要方法之一。

(1)病料的采取　正确采取病料是微生物学诊断的重要环节。病料力求新鲜、尽量减少污染,原则上要求采取病原微生物含量多、病变明显部位,同时易于采取、保存和运送。如怀疑炭疽,则非必要时不准作尸体剖检,只割取一个耳朵就可以了。

(2)病料涂片镜检　此法对于一些具有特征形态的病原微生物如炭疽可以快速检疫。

(3)分离培养和鉴定　用人工培养的方法将病原体从病料中分离出来。细菌、真菌可选择适当人工培养基,病毒等可选用组织培养方法分离培养,分离到病原体后再通过形态学、培养特征、动物接种等方法做出鉴定。

4. 动物接种试验

通常选择对该种疫病病原体最敏感的动物进行人工感染试验。常用的实验动物有家兔、小鼠、豚鼠等。

5. 免疫学诊断

这是疫病检疫中的重要方法,包括血清学试验和变态反应两类。

(1)血清学试验　血清学试验有中和试验、凝集试验、沉淀试验、补体结合试验、免疫荧光试验、酶联免疫技术、单克隆抗体和核酸探针等。

(2)变态反应　动物患某些疫病时,可对该病原体或产物的再次进入产生剧烈反应。如结核菌素进入患病家畜机体时,可引起局部反应。

6. 分子生物学诊断

主要是针对不同病原微生物所具有的特异性核酸序列和结构进行测定。在传染病检疫方面，具有代表性的技术有三大类：核酸探针、PCR 技术和 DNA 芯片技术。

(四)疫病监测

疫病监测是指系统、完整和连续地收集家畜疫病有关资料，经过检测、分析后及时反馈和利用信息并制定有效防制对策的过程。它是家畜疫病控制工作的重要组成部分，可为国家制定动物疫病控制规划和疫病预警提供科学依据，同时对家畜保健咨询以及保证输出动物及其产品的无害状态都具有非常重要的意义。

知识拓展 初乳的抗体

在犊牛出生后 12 h 内应该饲喂初乳且饲喂时间越早越好，这是因为初乳中含有抵抗感染尤其是抵抗那些引起腹泻、肺炎、脐带炎和关节炎的细菌和病毒的抗体。但是到底它是如何起保护作用的呢？

抗体是对抗原作出反应的由机体内的某些特定细胞产生的一些蛋白质，抗原是通过某些途径进入机体的一些外来蛋白质、毒素、细菌和病毒，为了把这些异物去掉，机体免疫系统就要立即做出反应。因而，机体产生抗体是由于家畜通过呼吸、采食、伤口、不干净的针筒和针头及接触其他动物而使一些抗原进入机体后产生的结果。

抗体的种类很多，但在奶牛初乳中含量最多的抗体是免疫球蛋白 G，其次为免疫球蛋白 M 和免疫球蛋白 A。犊牛并没有从胎盘中得到任何免疫球蛋白，犊牛得到免疫球蛋白的唯一途径是出生后立即吃到初乳。犊牛出生后 6 h 内吸收免疫球蛋白的效果最好，这些免疫球蛋白是大分子，生后 6 h 以后吸收效果下降，生后 24～36 h 完全不能吸收。一旦这些免疫球蛋白被肠子吸收，就会进入淋巴系统，并且很快就可在血液中检测到，一旦进入淋巴和血液系统这些免疫球蛋白就可以转移到机体的任何一部分去对抗感染和疾病。这些免疫球蛋白并不具有营养，只起防卫作用。

吸收的免疫球蛋白 A 主要存在于上呼吸道、泌尿生殖道，以及肠子、乳房和眼结膜中，免疫球蛋白 G 主要存在于组织和体液中，免疫球蛋白 M 存在于血液循环系统中。确保犊牛吃到足够的初乳，才能增强机体的免疫力。虽然出生 24～36 h 后肠子无法吸收免疫球蛋白，但是此时的初乳和继后的常乳仍然能提供足够的免疫球蛋白 A，以保护肠子免受细菌和病毒的侵扰。

免疫球蛋白 G 是在雌激素和孕激素的作用下从血液中转移过来的蛋白质，免疫球蛋白 A 和 M 是在乳腺组织中产生的。初乳中细胞浓度很高，大多数细胞都是吞噬性的，这意味着它们可以消灭进入机体的各种细菌和毒素。然而，从抗体被犊牛机体消化吸收那一刻起，其浓度就开始下降。当犊牛达到 14 日龄时就失去了 97％的免疫球蛋白 A，当 24 日龄时损失 97％的免疫球蛋白 M，当 100 日龄时损失 97％的免疫球蛋白 G。当犊牛从母亲身上获得的“被动免疫”用完后，就很容易得病，因而在 8 周龄时就应建立一个牛群疫苗接种计划。犊牛在 2～4 月龄时来自母体的抗体就完全消失，但此时其免疫能力大约只达到成年牛 60％～80％的水平，到 6 月龄时才完全达到成年牛的水平，因而建议在犊牛 6 月龄时实施疫苗接种计划。

目标检测

一、填空

1. 母牛的泌乳期可分为（　　）、（　　）、（　　）、（　　）四个阶段，分别是指产后到（　　）d、（　　）周、（　　）周、（　　）个月。

2. 干乳母牛的饲养一般可分（　　）和（　　）两个阶段，分别是指（　　）周和（　　）周。人工干乳的方法有（　　）和（　　）。干乳期一般为（　　）d。

3. 高产奶牛是指（　　）；在饲养中，分娩前两周精料最大喂量（　　），分娩 3～4 d 后每天增喂精料（　　），泌乳盛期应喂（　　）饲料，每天饲喂（　　）次。

4. 奶牛最适宜的环境温度是（　　）℃。热应激对奶牛的影响非常突出，高温时影响最大的问题是（　　）。夏季奶牛日粮要控制粗料喂量，提高精料比例，但日粮精料最大比例一般不宜超过（　　）。

二、判断对与错

1. 温度升高使奶牛饮水量急剧增加，从而相应增加采食量。（　　）

2. 犊牛出生后应尽快吮吸初乳，时间越早越好，最好在生后半小时内哺喂。（　　）

3. 牛乳中含有大量水分，因此不必给犊牛提供饮水。（　　）

4. 刚断奶的犊牛，饲料中的粗蛋白质含量有 12%～13%就足够了，如果低于以上含量则需要补充精料。（　　）

5. 对 6～8 月龄育成母牛给予优质干草和多汁饲料，不需要补充精料。（　　）

6. 1 周岁左右育成母牛，日粮应以精饲料和多汁饲料为主。（　　）

7. 经常触摸、刷拭牛体各部位，不利于未来挤乳操作。（　　）

8. 对 6～8 月龄育成母牛每天按摩 1 次乳房，18 月龄以上的母牛每天按摩 2 次，至产前 1～2 月停止按摩，可提高产后泌乳量。（　　）

9. 乙两头奶牛的年产奶量相同，则这两头牛的产乳性能相同。（　　）

10. DHI 采样对象是所有泌乳牛，但不包括手工挤奶的患乳腺炎牛。（　　）

11. 参加 DHI 的每头牛每月采集奶样一次，每次采样总量为 40 mL。（　　）

12. DHI 所取奶样应具有代表性，奶样中不能加入防腐剂。（　　）

三、选择题

1. 牛的采食特点是（　　）。

A. 一次进食一次咀嚼　　B. 一次进食两次咀嚼

C. 一次进食三次咀嚼　　D. 一次进食四次咀嚼

2. 母牛产后最初几天的奶应该（　　）。

A. 全部挤净　　B. 由少到多，逐步挤净

C. 一次性挤净　　D. 任其自然

3. 母牛的初乳是(　　)所产的乳汁。

A. 产后一周　B. 产后 2～3 周　C. 产后 24 h　D. 产后 48 h

4. 哺喂乳的温度应为(　　)。

A. 35℃　B. 37～38℃　C. 40～50℃

5. 胎儿在母体内的生长速度最快的时期是(　　)。

A. 2 个月前　B. 6 个月前　C. 分娩前

6. 正常犊牛去角的时间为(　　)。

A. 出生后 7～10 d　B. 2 个月　C. 4 个月

7. 犊牛断脐时,可距腹部多少厘米处剪断(　　)。

A. 5 cm 左右　B. 2 cm 左右　C. 8～10 cm

8. 奶牛的采食高峰期出现在(　　)。

A. 泌乳高峰期之前　B. 泌乳高峰期之后　C. 泌乳高峰期中

四、简述

1. 简述高产奶牛的饲养管理要点。
2. 为了保证泌乳盛期能量和蛋白质的需要,饲养上应做好哪些工作?
3. 初乳的生物学意义?如何饲喂初乳?
4. 简述初生犊牛管理的要点。
5. 代乳制品的使用方法及其优缺点?
6. 犊牛如何进行早期断奶?早期断奶有何意义?
7. 简述泌乳牛分阶段饲养管理技术要点。
8. 母牛分娩前、分娩时、分娩后需要做哪些工作?这些工作具体如何进行或操作?
9. 奶牛为什么要进行人工干乳?简述快速干乳的方法及干乳牛的饲养要点。
10. 简述 DHI 工作的基本要求及测定项目。

第四章

肉牛饲养管理岗位技术

知识目标

1. 了解国内外商品肉牛生产模式。
2. 了解高档牛肉的生产加工工艺。

技能目标

1. 掌握肉牛的标准与架子牛的选择技术。
2. 掌握架子牛调运技术。
3. 能够制定各项管理指标,及时了解市场信息,调整生产计划。
4. 掌握肥育牛的饲养和管理技术方法及直线育肥技术。
5. 掌握优质肉牛生产技术要点。

第一节 小白牛肉生产

小白牛肉是利用奶牛或者优良的肉牛公犊,采用全乳、脱脂乳或代用乳饲喂 100～150 d,体重达到 150～200 kg 屠宰,所生产的牛肉。小白牛肉肉质嫩滑、风味独特、味道鲜美,肉呈白色或稍带浅粉色,营养价值高,富含人体必需氨基酸、维生素和矿物质,而胆固醇、钠和饱和脂肪酸含量低,蛋白含量比一般牛肉高 55%,脂肪含量低 90%,容易消化吸收,特别适合老弱病残等特殊人群食用。小白牛肉生产不仅饲喂成本高,牛肉售价也高,一般欧美国家牛肉价格是猪、鸡肉价格的 1 倍以上,小白牛肉的价格又是同等部位最优级牛肉的 2 倍以上。

荷兰是小白肉生产的发源地,也是最大的出口国。荷兰小白牛肉产量已占欧盟产量的 23%,产品 90%以上出口意大利、德国、法国等国家。同时每年荷兰又从欧洲其他国家进口大量的犊牛用于育肥。目前全国的犊牛肉生产主要由两个“农工联合体”控制,他们采用统一供应自己生产的代乳料、标准化、规范化规模养殖、统一收购、规模化屠宰的“公司+农户”模式,将 2 周龄的犊牛送给农户,按照统一的生产标准养殖,在犊牛 6 个月的时候收购,统一屠宰,从而控制小白牛肉生产、加工和出口的全过程。目前美国主要的小白牛肉生产模式为家庭犊牛肥育场，每个家庭大约饲养 250 头犊牛，他们购买体重约为 45 kg 的犊牛，饲养 18～20 周，体重达到 215～227 kg 时屠宰。

一、我国小白牛肉生产现状与趋势

我国的优质高档牛肉从 20 世纪 80 年代才开始发展起来，逐步发展到占全国牛肉总产量的 0.3%。最近几年小白牛肉生产才开始起步，仅有几家企业，产品质量参差不齐，远远不能满足国内的需求。

1. 小白牛肉生产资源丰富

近年来，我国的奶牛养殖业发展迅速，丰富的奶公犊资源为小白牛肉生产奠定了良好的基础。养殖户并不能从中获得更大的利润，而犊牛肉的开发利用，市场前景广阔，获利颇丰，且能带动相关的产业发展，必将能够为广大奶农提供一条增收的新途径。

2. 生产小白牛肉的品种缺乏

欧盟在奶牛生产的发展过程中，将奶牛的生产类型从产奶专用型逐步向着乳肉兼用型转变，奶公犊具有比较好的育肥性能，早期的日增重能够达到 1 kg 以上、乳品以及代乳品的利用率高。而国内的奶牛品种类型属于产奶专用型，奶公犊的肥育性能比较低，这是影响国内小白牛肉开发的客观因素。

3. 高奶价左右小白牛肉生产

由于国内乳品市场和小白牛肉市场发展呈现明显的差异，对乳品的需求呈高速增长形势，乳品价格处于高位，饲养者不愿将宝贵的牛初乳及利润丰厚价格高涨的牛奶用来饲喂奶公犊。而小白牛肉存在市场开拓和价格定位等问题，不如立即屠宰或卖出。

因此，利用优质小白牛肉生产提高我国牛肉生产资源的利用效益，对调整我国牛肉产业结构，提高产品质量，改善人们膳食结构，促进养牛业向优质高效商品化生产发展并带动地方经济的发展等多方面有重大的现实意义。随着《全国肉牛优势区域布局规划（2008—2015 年）》的实施，以及近年来消费者食品安全意识提高所促生的有机食品的发展，小白牛肉尤其是采用有机生产方式生产出的有机小白牛肉的前景将十分广阔。

二、小白牛肉生产的饲养模式

1. 单笼拴系饲养

传统的饲养方式，犊牛笼尺寸大多选用的是宽 64～74 cm、长 176 cm 的犊牛笼。其笼子地面多用条形板或是包裹了金属的塑料铺设，其间有空隙，以便及时清除粪尿。笼前方有开口，可供犊牛将头伸出采食饲料和饮水。笼子两个侧面也是用条形板围成，用来防止犊牛之间的相互吮舔，整个牛笼后部和顶部均是敞开的，犊牛用 61～92 cm 长的塑料绳拴系到笼子前面，限制其自由活动。

2. 单笼不拴系饲养

为了保证动物健康和福利，目前有些国家规定了犊牛的活动空间，一般每头牛位 1.8 m^2，在荷兰犊牛笼尺寸大多选用的是 80～100 cm 宽、180～200 cm 长的犊牛笼。地面多用条形木板。保证犊牛能够转身活动。

3. 圈舍群养

犊牛在条形板铺成的圈舍里群养，每头犊牛所占面积 1.3～1.8 m^2 不等，在此种饲喂模式下，犊牛在进入育肥场后，将每头牛拴系起来进行饲喂，6～8 周以后，只在每天采食的 30 min 里将犊牛拴系起来，其他时间让其自由活动。地面选用条形板或者铺放干草垫，在地面铺放干草垫时，给犊牛戴上了口罩，防止其采食干草。

4. 群饲与单独饲养结合模式(荷兰饲养模式)

犊牛在前 8 周采取小圈群饲，5 头一圈，共约 9 m^2，8 周后每头单独饲养，每头牛位 1.8 m^2。

三、小白牛肉生产方法

1. 犊牛的选择

生产小白牛肉的犊牛品种很多，肉用品种、乳用品种、兼用品种或杂交种牛犊都可以。目前以前期生长速度快、牛源充足、价格较低的奶牛公犊为主，且便于组织生产。奶牛公犊一般选择初生重不低于 35 kg、无缺损、健康状况良好的初生公牛犊。体质良好，最好为母牛两胎次以上所生的犊牛。体型外貌应选择头方嘴大、前管围粗壮、蹄大的犊牛。

2. 育肥方法

传统的小白牛肉生产，由于犊牛吃了草料后肉会变暗，不受消费者欢迎，为此犊牛肥育不能直接饲喂精料、粗料，应全乳或代乳品为饲料。1 kg 牛肉约消耗 10 kg 牛乳，很不经济，因此，近年来采用代乳料加人工乳喂养越来越普遍。采用代乳料和人工乳喂养，平均每生产 1 kg小白牛肉需 1.3 kg 的干代乳料或人工乳。不同代乳料间质量差异很大，主要与脂质水平和蛋白源相关(植物源蛋白、动物血清、鸡蛋蛋白及乳源蛋白)。4 周龄前的犊牛不能有效消化植物源蛋白，因此不能仅为了节省成本而冒险使用低质代乳料。代乳粉参考配方：乳清 70%、脂肪 20%、植物(大豆)蛋白 10%。小白牛肉全乳生产方案见表 4.1。

表 4.1 小白牛肉全乳生产方案

日龄	日给乳量/kg	日增重/kg	期末体重/kg	需乳总量/kg
1～30	6～7	0.56	59	180～210
31～60	7～8	0.88	86	210～240
61～90	10～12	1.11	119	300～360
91～120	14 ～16	1.13	153	420～480
总计乳量				1 110～1 290
121～150	16～18	1.10	204	480～540
总计乳量				1 590～1 830

犊牛饲喂到 3 月龄左右，体重达到 85 kg 左右时即可屠宰。如果犊牛增长率很好，进一步饲喂到 4～5 月龄，体重 150～170 kg 时屠宰，也可获得较好效果。但屠宰月龄超过 5 月龄以后，单靠牛乳或代乳品增长率就差了，且年龄越大，牛肉越显红色，肉质较差。

全乳生产技术进行小白牛肉生产，虽然用奶量较多，但生产周期短，资金周转快，产品质量高，肉价昂贵，还是有高利可图的，对牛奶生产过剩的地区特别有利。

3. 管理要点

(1)吃足初乳　犊牛出生后应该在 1 h 里尽早吃上初乳，第 1 次 2 kg 以上，一般 12～14 h

初乳的喂量应达到 6 kg，才能保证犊牛得到足够的抗体含量用于抵抗疾病的侵袭。前 3 d 喂初乳，3 d 后转入常乳饲喂。最好选用经产母牛的初乳，并在 20℃下保存 1 年，成分基本不发生变化，可照常食用，如果用经常使用的家用冰箱，保存时间不要超过半年。初乳饲喂前在 60℃下温水解冻，超过 60℃会破坏免疫球蛋白。另外通过初乳垂直感染的病原微生物——副结核、牛白血病、沙门氏菌经 60℃加热 30 min 可以杀死。如果不是自繁自养，最好购买出生 2 周以后的犊牛，已经具备了一定抗运输应激、疾病等能力。

(2)喂乳定时定温定量　用水浴加热至 38～40℃，定时定温饲喂 2～3 次。初生后 15 日龄内饲喂牛奶温度非常重要，适宜温度为 38～45℃，低于 38℃犊牛易发生腹泻。如果群养，大小要一致，以便子对每一头犊牛的采食量进行总量控制，同时便于饲喂。

(3)饲喂方法　为了保证犊牛前期食管沟闭合完全，0～2 月龄犊牛用奶最好用奶瓶或带有奶嘴的奶桶喂乳。3～4 月龄犊牛可以用盆饲喂，可降低劳动强度，但是要严格定量。控制牛与泥土、草料的接触，牛栏地板尽量采用漏粪地板，如果是水泥地面应加垫料，垫料要用锯末，不要用秸秆、稻草，以防采食；犊牛能接触的所有设施都不含有铁，如木质漏缝地板、犊牛栏采用不锈钢材料制作。

(4)卫生与消毒　饲喂器皿每次用完进行清洗和消毒。牛圈 3 d 消一次毒，每天清一次粪。每天早、晚两次喂牛时刷拭牛体，保持牛体清洁。

(5)饮水管理　从 15 日龄起自由饮水，水体要清洁，在冬季，天气比较寒的时候，饮用水温度不能太低，保证在 15℃以上；严格控制水中铁的含量，强迫牛在缺铁条件下生长。

(6)温度和环境控制　圈舍要冬暖夏凉，要经常保持舍床干燥，通风良好。不同日龄的犊牛要求临界温度不同，3～4 日龄时为 12～13℃，20 日龄时为 7～8℃。在营养相同的情况下，环境温度比犊牛的临界温度每低 1℃，则每昼夜犊牛的体重损失 21～27 g。因此，犊牛牛舍的温度应保持在 18～20℃为宜，不低于 12℃。避免 5℃以上的急变温差，牛舍相对湿度要求在 80%以下，通风速度要和缓。到了夏季注意防暑，否则会影响犊牛生长发育，提高饲养成本。

四、小白牛肉生产中常见的问题

1. 笼养犊牛食欲下降

在单笼拴系饲养条件下，圈舍狭窄的设计严重限制了犊牛的自身的运动，并阻止了犊牛之间的相互联系，造成犊牛精神消沉，产生慢性应激，进而会导致犊牛食欲的降低。

2. 笼养犊牛消化问题

如果只喂牛乳而不喂饲草，会抑制犊牛瘤胃发育。因此，常出现多数牛在舔食可以接触到的任何物品，过度的舔食自己所能接触到的身体部位，造成大量的牛毛进入瘤胃，进而行成毛球，有可能会阻塞食物通道。对犊牛进行人工抚摸和让其舔食手指可以减轻以上症状。

3. 群饲易发生的疾病

其一，群饲容易舔食其他牛的耳朵、脐带和阴茎，这些不良行为通常会造成舔食部位发炎和感染；其二，犊牛喝其他牛的尿也会影响其消化代谢和健康；其三，群养条件下的犊牛之间接触比较紧密，增加了疾病的传染的可能性，主要的疾病是肠炎和呼吸道疾病，另外，群养犊牛接受疾病治疗比较困难。

4. 贫血

日粮中铁的缺乏会造成犊牛贫血，造成犊牛对外界应激做出反应比较困难，影响犊牛的健康。铁的缺乏还会造成血中血红蛋白含量减少，造成动物机体摄入的氧气不足，进而加重心血管系统超负荷。此外，日粮中铁的缺乏还易导致犊牛酸中毒。单笼饲养的犊牛贫血发病率比群养犊牛高。

5. 犊牛腹泻预防和治疗

预防措施：吃足初乳，增强抗病力；保持牛床干燥、常消毒，可防止细菌、病毒、球虫等引起的腹泻。治疗：能吃奶的犊牛给予其电解质补充液（复方生理盐水＋糖＋小苏打）；或在乳中加入庆大霉素，2～3 支，3 次/d。不能吃奶的犊牛给予静脉注射，5%糖盐水＋5%小苏打＋抗生素（庆大等）。

第二节　小牛肉生产

小牛肉生产是犊牛出生后饲养至 7～8 月龄或 12 月龄以前，以牛乳或代乳料和精料为主，辅以少量干草培育，体重达到 400 kg 以内出栏屠宰。小牛肉呈鲜浅红色，有光泽，胴体表面均匀覆盖一层白色脂肪，肌肉纹理细，肌纤维柔软、富含水分，肉质鲜嫩多汁，味道鲜美。易咀嚼且不塞牙，蛋白质含量高，脂肪含量低，营养丰富，是理想的高档牛肉。

一、小牛肉生产分类

小牛肉一般分为大胴体和小胴体两种。犊牛育肥至 7～8 月龄，体重达到 250～300 kg，屠宰率 58%～62%，胴体重 130～150 kg 称小胴体。如果犊牛育肥至 8～12 月龄屠宰活重达到 350 kg 以上，胴体重 200 kg 以上，则称为大胴体。

二、小牛肉生产方法

1. 犊牛品种的选择

生产小牛肉应尽量选择早期生长发育速度快的牛品种，因此，肉用牛的公犊和淘汰母犊是生产小牛肉的最好选材，可以提高牛肉生产效率和经济效益。在国外，奶牛公犊也是被广泛利用生产小牛肉的原材料之一。目前在我国专门化肉牛品种匮乏的条件下，以选择荷斯坦奶牛公犊及肉用牛与本地牛杂种犊牛为主，利用其前期生长速度快和育肥成本低的优势，以利于组织生产。

2. 犊牛性别和体重的选择

生产小牛肉，犊牛以选择公犊牛为佳，因为公犊牛生长速度优于母犊。体重一般要求犊牛初生重不低于 35 kg，供犊牛的牛场无传染病，犊牛个体健康无病，无肢体的残障或缺失，无任何遗传病与生理缺陷。

3. 日粮与饲喂

小牛肉生产期间初乳、常乳哺喂方案及管理参照犊牛和小白牛肉生产。

1 月龄内按体重的 8%～9%喂给牛奶或代乳料，精料从 7～10 日龄开始少量喂食，然后逐渐增加到 0.5～0.6 kg/d，青干草或青草任其自由采食。1 月龄后，喂奶量少量增加，精料和青干草则继续增加，犊牛随年龄的增长，日增重潜力逐渐提高，营养的需求也逐渐由以奶为主向以草料为主过渡。因此，为了提高增重效果，并减少疾病发生，育肥精料应具有高热能和易消化的特点。根据肉牛犊牛饲养标准对犊牛饲料的常量元素、微量元素、维生素、能量、蛋白质需求量进行配制饲料，补充料以玉米、豆粕、棉粕、麸皮和添加剂均匀混合而成；粗饲料为苜蓿草粉和羊茅草粉。先用粉碎机将苜蓿等粉碎备用，然后用混合机按配方要求将精、粗饲料和添加剂混合成全混合日粮，然后制成直径 8 mm、长约 15 mm 的颗粒饲料（表 4.2 和表 4.3）。

小牛肉生产中，为了使犊牛的生长发育潜力尽量发挥，代乳品和育肥精料的饲喂一定要数量充足，质量可靠。实践证明，采用全乳的犊牛比用代乳品的日增重高。因此，在选择采用全乳还是代用乳饲喂犊牛时，国内可根据综合的支出成本高低来决定采用哪种类型。因为代乳品或人工乳如果不采用工厂化批量生产，其成本反而会高于全乳，所以在小规模生产中，使用全乳喂养可能效益更好。

表 4.2 犊牛肥育期日粮组成 kg

周龄	体重	日增重	喂乳量	混合精料	
0～4	40～59	0.6～0.8	5～7	—	优质青干草自由采食
5～7	60～79	0.9～1.0	7～7.9	0.1	
8～10	80～99	0.9～1.1	8	0.4	
11～13	100～134	1.0～1.2	9	0.6	
14～16	125～149	1.1～1.3	10	0.9	
17～21	150～199	1.2～1.4	10	1.3	
22～27	200～250	1.1～1.3	9	2.0～2.5	

表 4.3 犊牛肥育期混合精料配方 %

配方序号	玉米	豆饼	大麦	鱼粉	油脂	磷酸氢钙	盐	犊牛预混料
一	71	14	0	3	9	1.5	0.5	1
二	60	12	12	3	10	1.5	0.5	1

4. 管理与出栏

小牛肉生产的饲养管理要点可参照犊牛期及育成期的饲养管理。

采用单栏饲养或者圈养，圈养时每圈 10 头，每头占地 2.5～3 m^2。单栏饲养，栏长 1.4 m，宽 0.6～0.7 m，高 1.2 m，底板为漏孔设计，离地 0.5 m。5 周龄后建议拴系饲养，以控制减少其运动量，保持 3～4 h/d 光照。

出栏时期的选择应根据消费者对小牛肉口味喜好的要求及市场变化而定，不同国家之间并不相同。要生产小胴体，犊牛育肥至 6 月龄出栏；要生产大胴体，犊牛可继续育肥至 7～8 月龄或 1 周岁出栏。

第三节　直线育肥技术

直线育肥也称持续育肥，是指犊牛断奶后，立即转入育肥阶段进行育肥，根据生长和增重的营养需要平衡供给，直到出栏。持续育肥由于在饲料利用率较高的生长阶段保持较高的增重，缩短了生产周期，较好地提高了饲料报酬和出栏率，总效率较高，生产的牛肉肉质鲜嫩，改善了肉质，满足市场高档牛肉的需求。

一、舍饲持续育肥技术

1. 饲喂技术

持续育肥应选择肉用良种牛或其改良牛，在犊牛阶段采取较合理的饲养，使其平均日增重达到 0.8～0.9 kg。120 日龄断奶，体重达到 130 kg，180 日龄体重达到 200 kg 进入育肥期，按日增重大于 1.2 kg 配制日粮，到 13 月龄时体重达到 450 kg。犊牛期建议采用人工哺乳，哺乳量如表 4.4 所示。

表 4.4　育肥犊牛哺乳量

日龄/d	全乳/(L/d)	消耗乳量/L	精料
0～30	6	180	自由采食
31～60	5	150	
61～90	4	120	
91～120	3	90	1.2 kg/d
121～180	0	0	体重的 1.5%

(1)0～90 日龄　犊牛自由采食配合精料(玉米 63%、豆饼 24%、麸皮 10%、磷酸氢钙 1.5%、食盐 1%、小苏打 0.5%)。此外，每千克精料中加维生素 A 0.5 万～1 万 IU。91～180 日龄，每日每头喂配合精料 1.2～2.0 kg。181 日龄进入育肥期，按体重的 1.5%喂配合精料，粗饲料自由采食。

(2)7～10 月龄育肥阶段　其中 7～8 月龄目标日增重 0.8 kg；9～10 月龄目标日增 1 kg。

(3)11～14 月龄育肥阶段　目标日增重 1 kg。

(4)15～18 月龄育肥阶段　其中 15～16 月龄目标日增重 1.0 kg；17～18 月龄目标日增重 1.2 kg。

育肥期日粮粗饲料为青贮玉米秸秆、麦秸；精料为玉米、麦麸、豆粕、棉粕、石粉、食盐、碳酸氢钠、微量元素及维生素等，肉牛全混日粮配方及喂量见表 4.5。由于我国肉牛生产水平千差万别，饲料资源应用五花八门，在生产中肉牛饲料有青粗饲料类、糟渣类、原粮类、油料籽实及粮食的加工副产品类和配方饲料产品类等等，养殖场应严格根据肉牛不同阶段的营养需求，结合当地饲料资源配合出质优价廉营养全面的肉牛日粮。

表 4.5　肉牛全混日粮配方及喂量

月龄	精料配方/%							全混日粮/kg/[(d·头)]		
	玉米	麸皮	豆粕	棉粕	石粉	食盐	碳酸氢钠	精料	青贮	麦秸
7～8	32.5	24	7	33	1.5	1	1	2.2	6	1.5
9～10								2.8	8	1.5
11～12	52	14	5	26	1	1	1	3.3	10	1.8
13～14								3.6	12	2
15～16	67	4		26	0.5	1	1	4.1	14	2
17～18								5.5	14	2

2. 管理技术

(1)育肥舍消毒　育肥牛转入育肥舍前，对育肥舍地面、墙壁用 2%火碱溶液喷洒，器具用 1%的新洁尔灭溶液或 0.1%的高锰酸钾溶液消毒。饲养用具也要经常洗刷消毒。

(2)育肥舍温度　育肥舍可采用规范化育肥舍或塑膜暖棚舍，舍温以保持在 6～25℃为宜，确保冬暖夏凉。当气温高于 30℃时，应采取防暑降温措施。

①防止太阳辐射。该措施主要集中于牛舍的屋顶隔热和遮阴，包括加厚隔热层，选用保温隔热材料，瓦面刷白反射辐射和淋水等。虽然有一定作用，但在环境温度较高情况下，则作用有限。

②增加散热。舍内管理措施包括吹风、牛体淋水、饮冰水、喷雾、洒水以及蒸发垫降温。牛舍内安装电扇，加强通风能加快空气对流和蒸发散热。在饲槽上方安装淋浴系统，采用距牛背 1 m 高赴喷雾形式，提高蒸发和传导散热。电扇和喷雾结合使用较任何一种单独使用效果好。当气温低于 4℃以下时冬季扣上双层塑膜，要注意通风换气，及时排除氨气、一氧化碳等有害气体。

(3)牛体排列　按牛体由大到小的顺序拴系、定槽、定位，缰绳以 40～60 cm 为宜。

(4)驱虫　犊牛断奶后驱虫一次，10～12 月龄再驱虫一次。驱虫药可用虫克星或左旋咪唑或阿维菌素。

(5)防疫　日常每日刷拭牛体 1～2 次，以促进血液循环，增进食欲，保持牛体卫生，育肥牛要按时搞好疫病防治，经常观察牛采食、饮水和反刍情况，发现病情及时治疗。

二、放牧舍饲持续育肥技术

育肥牛以采食天然牧草为主，在枯草季节适当补饲精料。实行放牧育肥的前提条件是要有广阔的草地，能提供牛生长所需的大部分营养。在我国主要适合于草原地区或部分丘陵地区。其优点是成本低，劳动力消耗少，无须考虑粪便污染。缺点是营养难以控制，育肥时间长，商品率低。

犊牛断奶后，即可随母牛一起放牧。放牧时，犊牛每头每天补 0.25 kg 精料。6 月龄断奶后至 12 月龄，白天放牧，晚间补饲精料 0.5 kg，加尿素、食盐各 25 g。短期放牧育肥适宜于从春天开始。出牧前，应对牧牛进行编号和分组，同时安排驱虫、修蹄和截除牛角。

放牧时一般将育肥期分为3期，每期1个月左右，在返牧后补饲精料。精料的补饲量，按每增重1 kg补饲2 kg。优质肉牛在较好的放牧饲养条件下，每天平均日增重可达到700 g以上，平均每1 000 g增重消耗精料2 kg左右，全程饲养18～20个月。

1. 分群育肥

一般30～50头一群较好。牛群的组群原则是同质性要高。即同一群放牧牛，性别、年龄、体重、膘情等方面要基本一致。一致程度越高，生产效果越好。否则，就会影响育肥牛的增重。比如，在阉牛群中放入母牛则牛群不能安静。不同年龄的牛不仅对植被的爱好有别，而且采食能力、耐劳程度、游走速度也不相同，混群放牧易导致采食量较大差异而影响育肥效果。不同体重牛要求草场的面积不同，要根据体重合理配置。育肥期为5～9月份，放牧时间如表4.6所示。

表4.6　不同月份放牧时长安排

月份	放牧时间/h	饮水/次	月份	放牧时间/h	饮水/次
5	13	2～3	8	16	5～6
6	15	3～4	9	12	5～6
7	16	4～5			

2. 合理放牧

南方地区可全年放牧育肥，北方可在每年5～9月份作为放牧育肥期。放牧的最好季节是牧草籽实期，每天应不少于12 h放牧，至少补水1次，同时注意补盐及矿物质。放牧期夜间最好能补饲育肥牛活重1%量的混合精料，补饲后要保证饮水。为了提高放牧育肥牛的商品率，冬季要限量饲喂，使其日增重不超过400 g，以便于肉牛夏季放牧能达到最大生长量。春季牧草含水量高，不要过早放牧，放牧季节结束后及时、充分补充饲料，促进生长。

3. 分区轮牧

轮牧区的大小，主要根据草场产草量和牛群大小确定。一般优良的草场，每公顷可养牛18～20头。每个小区轮牧的次数，因草场类型、气候和水源条件的不同差异很大，一般草场可轮牧2～4次，畜、草量适当相配，不仅能提高养牛的效益，而且可使草地生产力稳定。而超载过牧，则会造成草地退化，生产力下降，导致生态环境恶化。

第四节　架子牛育肥技术

架子牛育肥是我国目前肉牛生产的主要形式，具有良好的经济效益，是农牧区养牛户致富的主要途径之一。架子牛通常是指未经育肥或不够屠宰体况的幼牛，在恶劣环境条件下，或在日粮营养水平较低情况下，使牛生长速度下降，骨骼、内脏和部分肌肉优先发育，搭成骨架形成架子牛，当营养水平和饲养管理条件得到改善时，架子牛的肌肉生长速度会明显加快。

架子牛育肥大部分牛源属于外调，运输必不可少，此环节是影响育肥牛生长发育十分重要的因素。在架子牛的运输过程中造成的外伤易医治，而造成的内伤不易被发觉，常常贻误治疗，造成直接经济损失。

一、架子牛选购与运输

1. 牛场准备

进牛前牛舍应空栏1周以上，并清理牛舍内的杂物，然后用0.2%～0.5%过氧乙酸溶液或2%～3%火碱对牛舍内外进行消毒；刷洗牛槽，确保牛槽干燥清洁，无积水。2 d后再用消毒液喷洒，彻底消毒。提前准备好饲草和饲料。

2. 采购地调研

推荐直接从产地购牛和就近购牛。选择管理好的牛市和诚信口碑好、业务水平高的牛经济。购牛前，应调查拟购地区的疫病发生情况，禁止从疫区购牛。了解选购地的气温、饲草料品种等环境条件，尽量使牛只购入后的饲养管理与产地一致。

3. 选牛

应选来源清晰的健康牛。皮肤无破损，被毛整齐有光泽，营养与精神状态良好，无精神萎靡、被毛杂乱、毛色发黄、步态蹒跚、喜欢独蹲墙角或卧地不起、发热、咳嗽、腹泻等临床发病症状。应查验免疫记录，确保拟购牛处于口蹄疫等疫苗的免疫保护期内，且牛结核、牛布氏杆菌病等检疫合格。应按国家规定对拟购牛申请检疫，检疫应符合GB 16549畜禽产地检疫规范和GB 16567种畜禽调运检疫技术规范。并应有当地兽医部门出具的防疫证明，有条件者可暂养观察3～5 d，不得调运病牛。

(1)品种选择　架子牛应选择生产性能高的肉用型品种牛，不同的品种，增重速度不一样，供作育肥的牛以专门肉牛品种为好，目前架子牛育肥应选择肉用杂交改良牛最好。生产性能较好的杂交组合有：利木赞牛与本地牛杂交后代，夏洛来牛与本地牛杂交后代，皮埃蒙特牛与本地牛杂交后代，西门塔尔牛与本地牛杂交改良后代，安格斯牛与本地牛杂交改良后代等。其特点是体型大，增重快，成熟早，肉质好。在相同的饲养管理条件下，杂种牛的增重、饲料转化效率和产肉性能都要优于我国地方黄牛。

如以生产高档牛肉为目的除选择国外优良肉牛品种如和牛、安格斯与我国黄牛的一、二代杂交种，或三元、四元杂交种外，也应选择我国的优良黄牛品种如秦川牛、鲁西牛、南阳牛、晋南牛等，而不用回交牛和非优良的地方品种。国内优良品种的特点是体型较大，肉质好，但增重速度慢，育肥期较长。

(2)年龄选择　选购不同年龄的架子牛应根据生产条件、投资能力和产品销售渠道综合考虑。根据肉牛的生长规律，目前牛的育肥大多选择在牛2岁以内，最迟也不超过36月龄，即能适合不同的饲养管理，易于生产出高档和优质牛肉。从经济角度出发，购买犊牛的费用较一、二岁牛低，但犊牛育肥期较长，对饲料质量要求较高。饲养犊牛的设备也较大牛条件高，投资大。综合计算，购买犊牛不如购一、二岁牛经济效益高。

以短期育肥为目的，计划饲养3～6个月，宜选择1.5～3岁育成架子牛和成年牛，不宜选购犊牛、生长牛。目前，在我国广大农牧区较粗放的饲养管理条件下，1.5～2岁肉用杂交牛体重多在250～300 kg，2～3岁牛多在300～400 kg，3～5岁牛多在350～400 kg。如果3个月短期快速育肥最好选体重350～400 kg架子牛。而采用6个月育肥期，则以选购年龄1.5～2.5岁、体重300 kg左右架子牛为佳。满足高档牛肉生产条件的是12～24月龄架子牛，一般牛年龄超过 3 岁，就不能生产出高档牛肉，优质牛肉块的比例也会降低；秋季收购的架子牛育肥，第 2 年出栏，宜选购 1 岁左右牛，而不宜购过大牛，因为大牛冬季用于维持饲料多，不经济。

(3)性别选择　性别影响牛的育肥速度，公牛体内性激素——睾酮含量高的缘故，在同样的饲养条件下，以公牛生长最快，阉牛次之，母牛最慢。如果在 24 月龄以内肥育出栏的公牛，以不去势为好。牛的性别影响肉的质量。一般地说，母牛肌纤维细，结缔组织较少，肉味亦好，容易育肥；公牛比阉牛、母牛具有较多的瘦肉，肉色鲜艳，风味醇厚，较高的屠宰率和较大的眼肌面积，经济效益高；而阉牛胴体则有较多的脂肪。用于生产高档优质牛肉的牛一般要求是阉牛。因为阉牛的胴体等级高于公牛，而阉牛又比母牛的生长速度快。

(4)体型外貌选择　选择的育肥牛要符合肉用牛的一般体型外貌特征。从整体上看，体躯深长，体型大，脊背宽，背部宽平，胸部、臀部呈一条线；不论侧望、上望、前望和后望，体躯应呈“长矩形”，体躯低垂，皮薄骨细，紧凑而匀称，皮肤松软、有弹性，被毛密而有光泽。从局部来看，头部重而方形；嘴巴宽大，前额部宽大；颈短，鼻镜宽，眼明亮。前躯要求头较宽而颈粗短。十字部的高度要超过肩顶，胸宽而丰满，突出于两前肢之间，肋骨弯曲度大而肋间隙较窄；背腰平直、宽广，鬐甲宽厚，与背腰在一条直线上。臀部丰满且深，肌肉发达，较平坦；四肢端正，粗壮，两腿宽而深厚，坐骨端距离宽。牛蹄大而结实，管围较粗；尾根粗壮。皮肤宽松而有弹性；应避免选择有如下缺点的肉用牛：头粗而平，颈细长，胸窄，前胸松弛，背线凹，斜尻，后腿不丰满，中腹下垂，后腹上收，四肢弯曲无力，“O”形腿和“X”形腿，站立不正。

4. 运输前准备

牛只选好后，有条件的应在当地暂养 3～5 d，让新购牛合群，并观察健康状况，确保牛只健康后方可运输。暂养时，调整饲料，进行适当的抗运输应激与防病处理，运前 2 d 可饮口服补液盐溶液(氯化钠 3.5 g＋氯化钾 1.5 g＋维生素 C5 g＋葡萄糖 20 g/L)2～3 L 和电解多维溶液。运前 6～8 h 停喂青贮饲料、麸皮、鲜草等具有轻泻性饲料和饼类、豆科类易发酵饲料，少喂精料，半饱，不过量饮水。运输前可适当使用镇静药和长效抗生素。

运输人员由有经验的收购人员、兽医及押运员组成。在起运之前，应当备齐各种证件，主要有：出境证明(包括准运证和税收证据)，兽医卫生健康证件(包括非疫区证明、防疫证和检疫证明。铁路运输时必须要有检疫证明，可由各级铁路兽医检疫站进行检疫出证)，车辆消毒证件，自产证件(用于证明畜主产权)。以上证件随车携带，以备查验，保证运输畅通，减少途中不必要的麻烦。

5. 运输管理

装车时，用装卸台。应对牛按品种、年龄、体重、性别等进行编号分群，以便于运输及落地后饲养管理。禁止对牛粗暴和鞭打。装车密度以半数的牛能自由躺卧为宜。装车后可不拴系，有角的牛只必须固定。牛只的运输，一般要根据运输距离的远近、交通运输条件便利与否、运输费用的高低、运输途中可能遭受损失程度的大小等具体情况，选择适宜的运输方式。

(1)赶行运输　在交通运输条件不便、距离路途较近的情况下，多采用赶行运输方式。在赶行运输过程中，注意群体不要过大，按牛群驱赶，尽量不单独驱赶牛只。赶运速度以 3.5～4 km/h，日行 30 km 左右为宜。赶运途中绕道疫区赶行，不与当地畜群接触，尽量少走村庄街道，避免跨越深沟。定时、定点休息，结合补料补水。夏季应避开中午炎热时间，多在早晚进行。

(2)火车、舟船运输 因火车、舟船运输属专线管理，存在二次倒运，当前使用较少。装牛前应仔细检查厢内壁、地板上有无尖锐铁钉等物品，车厢内有无异味，尤其是装载过有毒有害物品，防止对牛造成伤害。检查后无问题时，清扫干净后铺干草，铺垫干草既可以诱导牛只进厢体，还能防止牛只滑倒。在没有专用牛只运输集装箱的情况下，大通间需用钢管或缆绳将厢体分为 10 m^2 左右的隔断，以便管理。每头牛占车厢面积见表 4.7；不管冬、夏季都应把厢体的小窗全部打开通风。

表 4.7 火车、轮船运输牛只占用车厢面积

架子牛体重/kg	占用车厢面积/m^2	架子牛体重/kg	占用车厢面积/m^2
180	0.7～0.75	320	1.1～1.2
230	0.8～0.9	360	1.2～1.3
270	1.0～1.1		

(3)汽车运输

①运输车辆尽量选用单层车而避免双层车。加装侧棚和顶棚，以避免风吹雨淋日晒。车辆护栏高度不低于 1.4 m。车辆先用高压水枪冲洗干净，再用 1%烧碱消毒，空置干燥 12 h 以上，之后车厢内铺一层 15～20 cm 沙土或干草 20～30 cm，或草垫，防滑。根据调运地点及道路状况，确定运输路线，并准备好饲草、饮水工具、铁锹等。

②车厢内应每隔 2～3 m 用钢管形成小围栏，防护牛只大量挤压，对车厢也起到分段牢固作用。装车当初每头牛用缰绳拴系于车架上，行车 20～30 km 之后，解下绳子。每头牛按体重占 1.1～1.4 m^2，不可太拥挤。

架子牛的调运以气温适宜的春季最佳，冬季调运要做好防寒工作，夏季气温高不宜调运，如果温度高，调运时以早晚或夜间行车、白天休息，避免中午高温时运输。押车员运输中每隔 2～3 h应检查一次牛群状况，将躺下的牛及时赶起(拉拽、折尾、刺尾根、堵捂口鼻等方法)以防止被踩伤。如中途牛只发病，宜采取肌肉注射方法消炎、解热、镇痛进行简单治疗。

③行车时速要慢，车速不超过 70 km/h，均速，转弯和停车均要先减速，不可急刹车。

6. 落地管理

运输车辆到达目的地后，用专用装卸牛台卸车，打开车门让牛自行慢慢下车，也可采用饲草诱导牛只下车。牛只进隔离舍后应尽快拴系，同时检查在牛运输途中或下车时是否受伤，如果有流血不止的情况肌肉注射止血敏并消炎处理。饲管人员应尽快撤退让牛只安静休息。休息 3 h 后第一次饮水 2～3 L，电解多维 30 g/头，饮水的同时进行第一次免疫注射。在第一次饮水后 1 h 再自由饮用一次，饮水完毕后可以适量饲喂少量青粗饲料。

二、架子牛生产育肥技术

一般架子牛快速肥育需 4～6 个月，可以分为 3 个阶段，即过渡驱虫期，约 1 个月；肥育前期，1～3 个月；肥育后期，约 2 个月。

1. 过渡驱虫期

10～30 d,因运输、草料、气候、环境的变化引起牛体一系列生理反应,通过科学调理,使其适应新的饲养管理环境。这一时期主要是尽快恢复牛的体力和体重,观察牛只健康,健胃、驱虫、决定公牛去势与否。

日粮开始以品质较好的粗料为主,日粮蛋白质水平12%。前1～2 d不喂草料只饮水,适量加盐以调理胃肠,增进食欲;3 d后开始饲喂精料1 kg/d,青贮草按体重的2%喂,连喂7 d;10 d后青贮增加到4%～5%,精料逐渐增加到体重的0.5%～0.8%,具体精粗料比例应参考购牛地的饲养习惯逐渐过渡到本地营养水平。过渡期结束后,由粗料转为精料型。落地1周后用伊维菌素进行驱虫,3 d后口服健胃散400 g,隔1周再一次驱虫。

2. 肥育前期

该期的饲养目标是促进牛体骨骼、肌肉生长发育,在15～18月龄时体重达350 kg左右,日粮中精料比例由30%增加到40%。具体操作时,可按牛只的实际体重每100 kg喂给含蛋白质水平11%的配合精料1 kg;粗料自由采食,这一时期的任务主要是让牛逐步适应精料型日粮,防止发生膨胀病、拉稀和酸中毒等疾病,又不要把时间拖得太长,防止精粗料比例相近的情况出现,以避免淀粉和纤维素之间的相互作用而降低消化率。可采用配方:玉米面73.3%、豆饼5%、棉籽饼14%、麸皮5%、牛用添加剂2%、骨粉1.2%、食盐0.5%,粗料以酒糟、青贮玉米秸、氨化麦秸、青草等为主,这一时期日增重可以达1 000 kg左右。

3. 肥育后期

日粮中精料比例可进一步增加到50%～60%,生产中可按牛只的实际体重每100 kg喂给含蛋白质9.5%～10%的配合精料1.1～1.2 kg。粗料自由采食,日增重可达到1 200～1 500 g。这一时期的育肥常称为强度育肥。为了让牛能够把大量精料吃掉,这一时期可以增加饲喂次数,原来喂两次的可以增加到3次,且保证充足饮水。

(1)增重期　增重期完成后体重达450 kg左右。该期牛食欲旺盛,增重快,日喂精料4～6 kg,粗饲料供应以青草和干草为主,饲料供给方式,先投喂1～2 kg干草,再投喂精料,精料吃完后,给予充足饮水,该期要求饲料中蛋白质水平较高,有利于增重,配方为:玉米面72%、豆饼8%、棉饼16%、骨粉1.3%、食盐1.2%、添加剂1.5%,粗料以青贮玉米秸、氨化麦秸为主,也可喂给少量酒糟。

(2)肉质改善期　育肥牛达到450 kg左右后开始进入肉质改善期,增重速度开始下降,此期主要用于脂肪沉积,以生产出柔嫩多汁的中高档牛肉,体重达500 kg左右出栏。每日每头钙17～18 g,磷16～18 g,胡萝卜素40～50 mg,日粮中精粗比(70～90)∶(30～10),干物质进食量8～10 kg。

在饲养上可采用高能低蛋白饲料,饲料调配上增大饲粮浓度,使牛摄取足够的营养。该期精饲料喂量由少到多,7～10 d达到规定喂量。精饲料配方为:玉米面82%、豆饼14%、骨粉1.2%、食盐0.8%、添加剂1.5%、小苏打0.5%。另外可按当地的具体条件,并参照表4.8灵活选择。

牛对营养需要因品种、生产性能、年龄、生理特性、体格大小生长季节而有差异。因此,对不同情况的牛群,都应正确组织给予合理全价营养的日粮,以使牛能充分发挥它的生产性能,收到较好的经济效益,根据各类牛饲养标准制订的日粮,既要满足营养需要,又要有一定容积,一般粗纤维含量以达到全部饲料干物质的18%以上以使牛吃饱。

表 4.8　架子牛育肥方案

kg

育肥天数/d	15～30	31～60	61～90	合计
体重	229～250	251～276	277～310	
日增重	0.7	0.83	1.1	81
冬、春季舍饲育肥				
精料日喂量	2.0	3.0	4.0	270
秸秆日喂量	2.0	2.0	2.0	180
玉米青贮日喂量	9.0	6.0	5.0	600
胡萝卜日喂量	2.0	2.0	2.0	180
干草日喂量	1.0	1.5	2.0	135
夏、秋季舍饲育肥				
精料日喂量	1.5	2.0	2.5	225
秸秆日喂量	2.0	2.0	2.0	180
(湿)酒糟日喂量	3.0	4.0	5.0	360
青草日喂量	15	20	25	1 800

三、架子牛生产管理技术

坚持“五定”、“五看”、“五净”的原则。

1. 五定

(1)定时　每天上午 7:00～9:00,下午 5:00～7:00 各喂 1 次,间隔 8 h,不能忽早忽晚。上、中、下午定时饮水 3 次;

(2)定量　每天的喂量,特别是精料量按每 100 kg 体重喂精料 1～1.5 kg,不能随意增减;

(3)定人　每个牛的饲喂等日常管理要固定专人,以便及时了解每头牛的采食情况和健康,并可避免产生应激;

(4)定时刷拭　每天上、下午定时给牛体刷拭一次,以促进血液循环,增进食欲;

(5)定期称重　为了及时了解育肥效果,定期称重很必要。首先牛进场时应先称重,按体重大小分群,便于饲养管理。在育肥期也要定期称重。由于牛采食量大,为了避免称量误差,应在早晨空腹称重,最好连续称 2 d 取平均数。

2. 五看

指看采食、看饮水、看粪尿、看反刍、看精神状态是否正常。

3. 五净

(1)草料净　饲草、饲料不含沙石泥土、铁钉丝、塑料布等异物,不发霉不变质,没有有毒有害物质污染;

(2)饲槽净　牛下槽后及时清扫饲槽,防止草料残渣在槽内发霉变质;

(3)饮水净　注意饮水卫生,避免有毒有害物质污染饮水;

(4)牛体净　经常刷拭牛体,保持体表卫生,防止体外寄生虫的发生;

(5)圈舍净　圈舍要勤打扫、勤除粪,牛床要干燥,保持舍内空气清洁、冬暖夏凉。

四、高档牛肉生产及屠宰分割

高档牛肉是指制作国际高档食品的质量上乘牛肉,要求肌纤维细嫩、多汁,肌间有一定量的脂肪,所制作食品既不油腻,也不干燥,鲜嫩可口。一般包括牛柳、眼肉和西冷。高档牛肉价格要比普通牛肉高几十倍,如秦川牛每头生产高档牛肉尚不足其产肉量的5%,但价值却占牛总价值的47%。另据研究,饲养加工一头高档肉牛,可比饲养加工当地品种牛增加收入2 000元。因此,进行高档牛肉生产是提高养牛业效益的重要措施和提高企业市场竞争力的有效途径。

(一)高档牛肉应具备的主要指标

(1)活牛　肉牛年龄30月龄以内;屠宰前活重550 kg以上,膘情上等(看不到骨头突出点,图4.1);尾根下平坦无沟,背平宽,手触摸肩部、胸垂部、背腰部、上腹部、臀部,皮较厚,并有较厚的脂肪层。

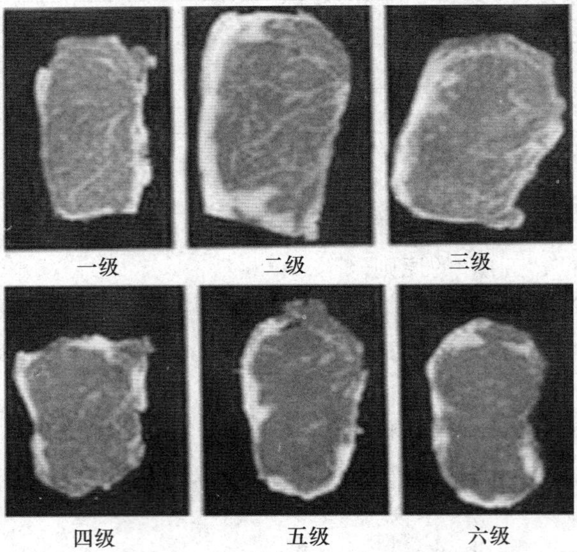

图4.1　大理石花纹分级

(2)胴体　胴体表覆盖的脂肪颜色洁白;胴体表脂覆盖率80%以上;胴体外形无严重缺损;脂肪坚挺。

(3)牛肉品质要求

①牛肉嫩度:肌肉剪切仪测定的剪切值3.62 kg以下,出现次数应在65%以上;咀嚼容易,不留残渣,不塞牙;完全解冻的肉块,用手指触摸时,手指易进入肉块深部。

②大理石花纹:根据我国试行的大理石花纹分级标准(1级最好,6级最差)应为1级或2级。

③肉块重量:每条牛柳重2.0 kg以上;每条西冷重5.0 kg以上,每块眼肉重6.0 kg以上;大米龙、小米龙、膝园、腰肉、臀肉和键子肉等质优量多。

④多汁:牛肉质地松弛,多汁色鲜,风味浓香。

⑤烹调：符合西餐烹调要求，国内用户烹调食用满意。

目前，市场上常见的高档牛肉有高档小白牛肉、高档小牛肉、高档架子牛肉等，主要供应一些较高档的酒店消费市场。

（二）生产高档牛肉必须具备的条件

①必须具备稳定的销售渠道，牛肉售价较高；

②必须具备优良的架子牛来源（或牛源基地）；

③必须具备肉牛自由采食、自由饮水或拴系舍饲的科学饲养设备；

④必须具备较高水平的技术人员；

⑤必须具备优良丰富的草料资源；

⑥必须具备配套的屠宰、胴体处理、分割包装贮藏设施。

⑦在产地环境方面，肉牛场大气环境质量和舍内空气质量应符合 NY/T 388 的要求，肉牛场内污物排放应符合 GB 18596 的要求。

高档牛肉只占牛肉总重的 10%左右，但其经济价值却占整个牛的近 50%，下面我们介绍高档牛肉的生产加工工艺，供参考。

工艺流程：检疫—称重—沐浴—击昏—倒吊—刺杀放血—电刺激—剥皮（去头、蹄和尾巴）—去内脏—劈半—冲洗—修整—转挂称重—冷却—排酸成熟—剔骨分割、修整—包装。

①检疫：经过育肥待宰的肉牛必须经过宰前检验，并对所宰牛的种类、头数、有无疫情、病情签发检疫证明书（兽医卫检人员），经屠宰场初步视检，认定合格后，方可赶入牛圈休息待宰。

②称重：将待宰的健康牛由人沿着专用通道牵到地磅上进行个体称重。

③沐浴：称重后的肉牛沿通道牵至指定地点，用温度为 30℃左右的洁净水对牛冲洗，以去掉牛体表面的污染物和细菌等，减少胴体加工过程中的细菌污染。

④倒吊：将沐浴后的牛牵到屠宰地点，用铁链将牛的一条后腿套牢，并挂在电动葫芦的吊钩上。启动电动葫芦将牛吊起，然后将两条前腿用铁链捆绑好并固定在拴腿架上。

⑤刺杀放血：牛吊挂好后立即放血，避免挣扎耗能，影响质量。在胸骨上方对准头部呈现 45°角，仔细插入放血刀。要求准确迅速，一次切断颈动、静脉，并用接血器接血，放血时间一般 8～10 min（图 4.2）。

⑥电刺激：放血的同时，从悬吊钩上牛足尖部位到鼻端部通电，根据牛大小确定刺激时间。

⑦剥皮：放血完毕后，通过电动葫芦将牛背部朝下放到剥皮架上剥皮。剥皮有人工和机械剥皮两种形式。无论采用什么方法剥皮，都要注意卫生，以免污染。并依此工序去除前后蹄、尾巴和头（图 4.3）。

⑧去内脏：有电动葫芦配合人工将胴体送至内脏槽的上方。人站在升降台上用机械锯加速剖开胸部，然后沿腹中线细心剖开腹壁，以内脏自重掉下来，保留腹部脂肪（图 4.4）。

⑨劈半：用人工沿轨道将去内脏的胴体送到指定位置，然后由人站在升降台上，面向倒挂胴体的背部，用吊挂手提式电锯从骨盆到颈部沿脊柱正中部剖开，要求 60～90 s 完成（图 4.5）。

⑩冲洗：用 30～40℃、具有一定压力的清洁水冲洗胴体，以除掉肉体上的血污和污物及骨渣，来改善胴体外观。然后，用预先配制好的有机酸液进行胴体表面喷淋消毒，降低 pH，延长货架期。

⑪修整：除掉胴体上损坏的或污染的部分，在称重前使胴体标准化。

图 4.2　刺杀放血

图 4.3　剥皮

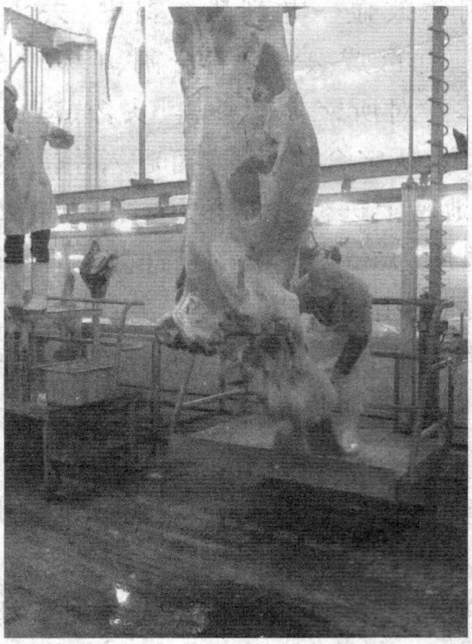

图 4.4　去内脏

图 4.5　劈半

⑫转挂、称重：启动电动葫芦，用吊钩将半胴体从高轨上取下，同时用低轨滑轮钩住胴体后腿将其转至低轨，并经过低轨上的电子秤测量半胴体重量，贮存于电脑中并打印。

⑬冷却：将称重的半胴体由人工沿轨道推送至冷却间进行冷却，冷却方式是吊挂；对冷却介质温度、介质湿度、冷却时间，要在试验基础上科学界定。

⑭排酸成熟：将完成冷却的牛胴体人工推入专用排酸成熟间完成成熟，以增加牛肉的多汁性和嫩度。此工序消毒环节特别重要，除先用次氯酸钠溶液消毒以外，成熟间还要均匀装设紫外线辐射杀菌，且每昼夜连续或间断照射。成熟间条件为，温度可采取低温或中温，相对湿度85%～90%，风速 0.2～0.3 m/s。成熟肉的特征是，胴体表面有一层“干燥膜”，羊皮纸样感觉；pH 5.4～5.8；肉的横断面有汁流，切面湿润；有特殊香味；有一定弹性，不完全松弛；肉汤

透明，有特殊鲜香风味；剪切值 WB-S 平均值在 3.62 以下。

⑮胴体分割、修整：完成成熟的胴体，人工推入分割间剔骨分割，按照部位的不同分割完整并作必要修整（图 4.6）。

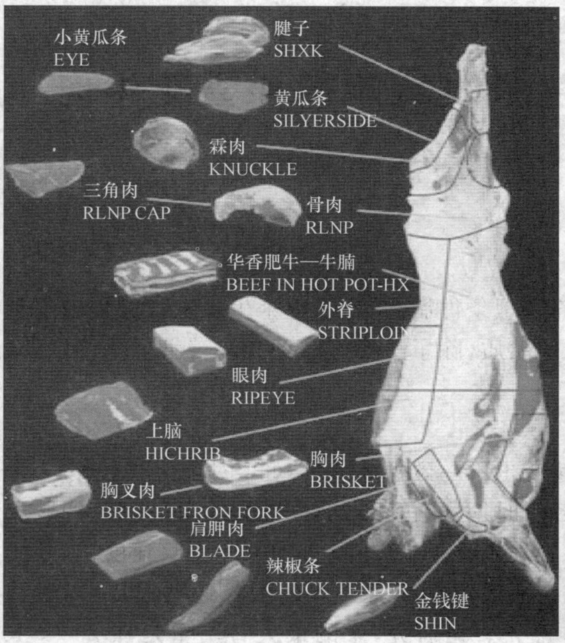

图 4.6　高档牛肉的分割与修整

其中高档部位的牛肉有三块：a. 牛柳，又叫里脊。先剥去肾脂肪，然后沿耻骨的前下方把里脊头剔出来，由里脊头至尾方向逐个剥离腰椎横突，取出完整的里脊，去掉薄膜及背部脂肪、修平。b. 西冷，又叫外脊。沿最后腰椎切下，沿眼肌腹壁一侧用刀切割下，在第 9～10 胸肋处切断胸椎，取下后放在工作台上，逐个剥离腰、胸椎，把西冷修成长方体，正面脂肪削去薄薄一层，剩余脂肪厚度 8～12 mm，修平，表面不得有刀伤。c. 眼肉，一端与西冷相连，另一端在第 5 至 6 胸椎处，剥离胸椎，抽去筋腱，在眼肌腹侧切下，修整去掉干燥、薄薄一层脂肪和软骨成为块状。

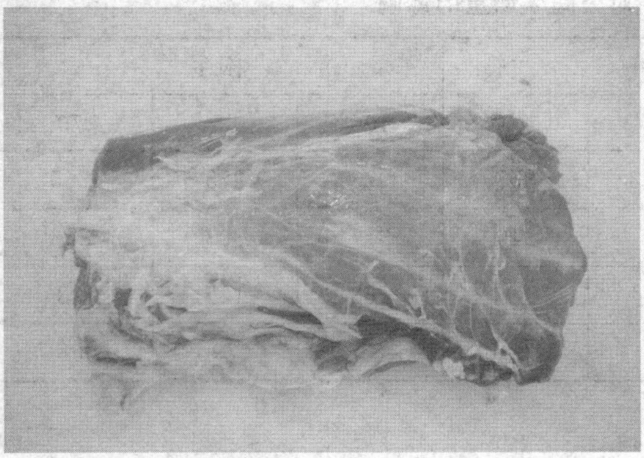

图 4.7　西冷

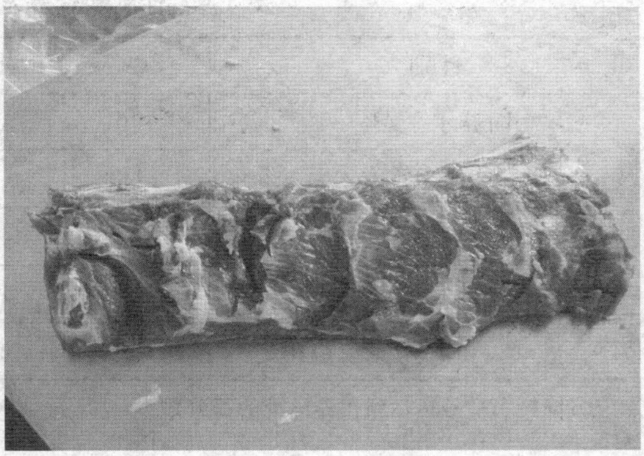

图 4.8　眼肉

⑯包装：对高档部位的3块牛肉——牛柳、西冷、眼肉，均采用真空包装。每箱重量为25 kg，然后送入冷冻，也可在0～4℃冷藏柜中保存销售。

⑰冷藏：冻好的肉送入－18℃低温库冷藏。根据客户要求，低温冷冻运输，冷冻销售。

知识拓展　肉牛的生长发育规律和雪花牛肉

一、肉牛的生长发育规律

牛的产肉性能是受遗传基因决定、饲养管理条件制约，并在整个生长发育过程中逐步形成的。因此，要提高每头牛的产肉量，改善肉的品质，除了选择好品种和改善管理条件以外，必须认识牛的生长发育规律。

1. 体重增长规律

就一头牛而言，在一生中体重的增重速度也不一致。胎儿期，4个月前生长较慢，4个月后较快，分娩前2个月最快。身体各部分在各个时期也有所不同，一般是头部、内脏、四肢发育较早，而肌肉、脂肪发育较迟。在正常的饲养管理条件下，初生重大的犊牛生长速度快、断奶重也大。而初生重大小与遗传基础有直接关系。一般肉牛在8月龄内生长速度最快，以后逐渐减慢；到了成年阶段（一般3～4岁）生长基本停止。据研究，牛的最大日增重是在250～400 kg活重期间达到的。但因日粮中的能量水平而异。

(1)饲养水平的影响　饲养水平下降，牛的日增重也随之下降，同时也降低了肌肉、骨骼和脂肪的生长。特别在肥育后期，随着饲养水平的降低，脂肪的沉积数量大为减少。

(2)性别的影响　当牛进入性成熟（8～10月龄）以后，阉割可以使生长速度下降。在牛体重90～550 kg，阉割以后减少了胴体中瘦肉和骨骼的生长速度，但却增加了脂肪在体内的沉积速度。尤其在较低的饲养水平下，脂肪组织的沉积程度阉牛远远高于公牛（表4.9）。

(3)品种和类型的影响　不同品种和类型的牛体重增长的规律也不一样。详细情况参看表4.10。

表4.9　性别和饲养水平对公阉牛增重的影响

性别		公牛			阉牛		
饲养水平/%		100	85	70	100	85	70
项目	日增重/g	1 183	1 063	857	973	875	755
	瘦肉增重/(g/d)	433	408	349	317	303	268
	脂肪增重/(g/d)	154	101	61	163	125	93
	骨骼增重/(g/d)	102	96	82	81	79	68

注：饲料水平是指达到营养标准的百分数。

表 4.10　不同品种肉牛的生长比较

品种	头数	7 月龄活重/kg	13 月龄活重/kg	日增重/kg	眼肌面积/cm^2	Fu/kg 增重
西门塔尔	33	353	655	1 659	82.8	8.16
安格斯	11	266	551	1 562	74.1	8.55
海福特	11	319	602	1 555	71.4	8.21
夏洛莱	31	334	626	1 605	85.1	8.5
利木赞	31	289	555	1 466	86.2	7.79

注:Fu 为大麦饲料单位,含增重净能 1 250 kCal。

2. 体型变化规律

初生犊牛,四肢骨骼发育早(60%)而中轴骨骼发育迟(40%),因此牛体高而狭窄,臀部高于鬐甲。到了断奶(6～7 月龄)前后,体躯长度增长加快,高度其次,而宽度和深度稍慢,因此牛体增长,但仍显狭窄,前、后躯高差消失。断奶至 14 或 15 月龄,高度和宽度生长变慢,牛体进一步加长、变宽。15～18 月龄以后,体躯继续向宽深发展,高度停止,长度变慢,体型变得愈益浑圆。

3. 胴体组织的变化规律

机体内化学成分的变化(图 4.9)。随着动物生长和体重的增加,胴体中水分含量明显减少,蛋白质含量的变化趋势相同,只是幅度较小;胴体脂肪明显增加,灰分含量变化不大。胴体组织变化总的特点是:骨骼的发育 7～8 月龄为中心,12 月龄以后逐渐变慢。内脏的发育也大致与此相同,只是 13 月龄以后其相对生长速度超过骨骼。肌肉从 8～16 月龄直线发育,以后逐渐减慢,12 月龄左右为其生长中心。脂肪则是从 12～16 月龄急剧生长,但主要指体脂肪。而肌间和肌内脂肪的沉积要等到 16 月龄以后才会加速(图 4.10)。胴体中各种脂肪的沉积顺序:皮下脂肪、肾脏脂肪、体腔脂肪和肌间脂肪。

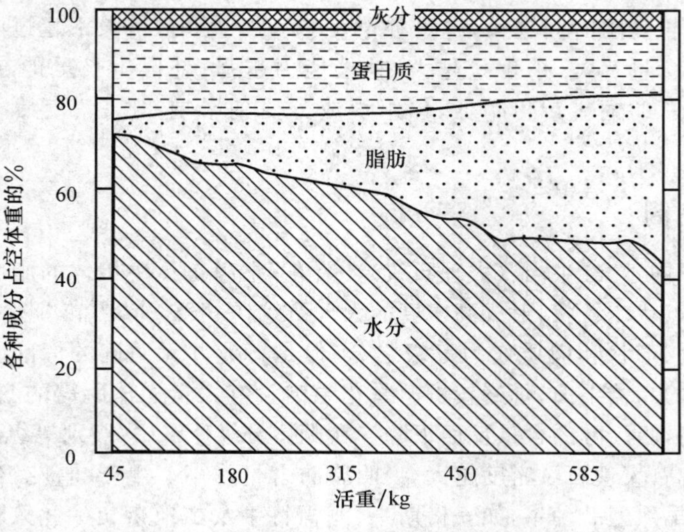

图 4.9　去势牛生长过程中组织的变化

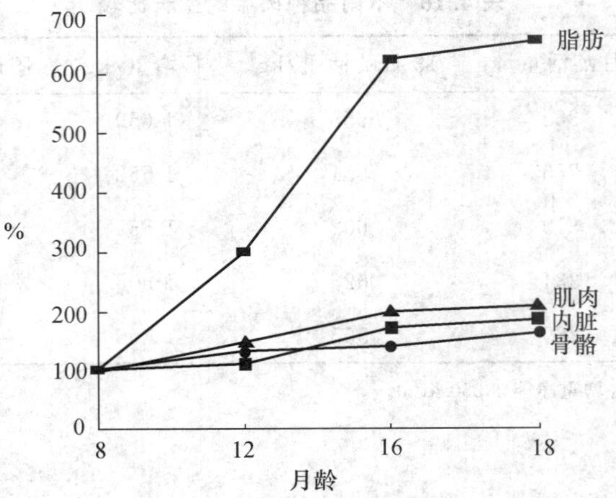

图 4.10　胴体组织及内脏的相对生长曲线
（以 8 月龄为 100%）

4. 肉质的变化规律

肉的大理石纹(俗称五花肉)。从 8～12 月龄没有多大变化。但 12 月龄以后,肌肉中沉积脂肪的数量开始增加,到 18 月龄左右,大理石纹明显,五花肉形成。

肉色及其他 12 月龄以前,肉色很淡,显粉红色;16 月龄以上,肉色显红色;到了 18 月龄以后肉色变为深红色。肉的纹理,坚韧性、结实性以及脂肪的色泽等变化规律和肉色相同。

5. 补偿生长

在生产实践中,常见牛在生长发育某个阶段,由于饲料不足,生活环境突然变化或因疾病造成生长速度下降,甚至停止,一旦恢复高营养水平饲养或环境条件满足了生长发育需要,则生长速度比正常时还快,经过一定时期的饲养,仍能恢复到正常体重,这种特性叫补偿生长。

但补偿生长不是在任何情况下都能获得。生长受阻若发生在初生至 3 月龄或胚胎期,以后很难补偿;生长受阻时间越长,越难补偿,一般 3 个月内,最长不超过 6 个月补偿效果最好;补偿能力与采食量有关,采食量越大,补偿能力越强;补偿生长虽能在饲养结束时达到所要求的体重,但总的饲料转化率低,体组织成分受到影响,比正常生长骨比例高,脂肪比例低。

二、雪花牛肉

"雪花"牛肉不同于"红牛肉"(大理石纹),"雪花"牛肉是让牛机体的脂肪(白色)均匀分布到肌肉中,相互呈点状或粉状,形成高密度的大理石纹(一般称作"雪花")。雪花牛肉多以其肌内脂肪分布的密度、形状和肉质作为等级之分,但是行业并无明确的标准。这种牛肉香、鲜、嫩,是中西餐均宜的高档牛肉,价格较贵。雪花牛肉含有大量人体所需的脂肪酸,而且随着牛肉里脂肪含量增高,胆固醇的含量反而下降。在胴体分级体系中,级别等级通常由肌内脂肪含量来决定,得分越高,大理石纹密度越大,说明脂肪含量越高。生产"雪花"牛肉需要育肥的时间较长,优先选择早熟型品种牛,如安格斯牛、海福特牛及本地杂交牛。只有采取长期育肥模式,延长育肥时间,可获得较大的活重,同时使脂肪在肌肉内获得最大沉积。

目前我国已涌现出一批“雪花牛肉”自主品牌，如大连的雪龙黑牛、陕西的秦宝、延边的犇福、北京的御香苑、山东的亿利源、鸿安、琴豪等众多品牌。

专项实训七 结合实际制订肉牛肥育方案

一、实训目的

要求学生熟悉肉牛肥育的方法和饲养管理要点，并能制定科学的肉牛肥育方案。

二、实训条件

不同地区养牛生产的自然资源、品种资源、饲草饲料资源和社会资源现状。

三、实训内容

①商品肉牛生产经营模式。

②肉牛的肥育方法。

③肉牛的肥育饲养方式。

④肉牛的肥育日粮组织。

四、操作要点

1. 牛源的选择与采购。
2. 选择适宜的肥育方法。
3. 因地制宜选择饲养方式。
4. 结合实际组织日粮。

五、实训作业

在分析你所在地区养牛生产的自然资源、品种资源、饲草饲料资源和社会资源现状的基础上，制订一份具体可行的肉牛肥育方案。

目标检测

一、填空

1. 肉牛体重增长的规律是出生后至断奶生长（　　），断奶至性成熟（　　）。
2. 肌肉生长最快的时期是（　　）；脂肪生长最快的时期是（　　），沉积的顺序是（　　）。
3. 一般情况下，牛的最佳肥育年龄是（　　），肥育牛绝对采食量下降至正常采食量的（　　）时是最佳屠宰期。

二、名词解释

小白牛肉生产　　小牛肉生产　　直线育肥

三、简答

1. 简述直线育肥管理技术。
2. 简述小牛肉生产技术要点。
3. 简述小白牛肉生产技术要点及优点。
4. 简述小牛肉生产与小白牛肉生产异同点。
5. 简述架子牛运输管理关键技术。
6. 简述架子牛生产管理技术。

第五章

繁殖员岗位技术

知识目标

1. 掌握母牛发情、妊娠的症状。
2. 掌握母牛分娩的规律和产后母牛、犊牛的生理状况。
3. 掌握影响母牛繁殖率的因素。

技能目标

掌握精液解冻技术、精子活力测定技术、输精枪的安装消毒方法、发情鉴定技术、直肠把握输精技术、妊娠诊断技术以及助产与产后护理技术。

第一节　母牛的发情鉴定技术

一、母牛发情的特点

母牛初情期一般为6～12月龄,水牛10～15月龄。发情持续时间短,平均18 h,最短6 h,最长只有36 h。牛种及品种、年龄、营养状况、环境温度的变化等都可以影响牛的发情持续期的长短。一般初情期的牛和老年牛的发情持续期也较壮年牛为短。母牛的发情周期平均为21 d,但也存在个体差异。壮龄、营养较好的母牛发情周期较为一致,而老龄和营养不佳的母牛发情周期较长。一般来讲,青年母牛较成年母牛约短1 d。母牛产后第1次发情的间隔时间变化范围较大,通常在产后20～70 d的范围内,多数在产后40～45 d发情。

1. 性成熟、体成熟和初配时间

(1)性成熟　犊牛出生以后,随着年龄的增长及各系统的发育,生殖系统的结构与功能也日趋完善和成熟。母牛的卵巢能够产生成熟的卵子,公牛的睾丸已能产生成熟的精子,此时期,称为牛的性成熟。这时候牛的年龄(一般用月龄表示)叫做性成熟期。

性成熟并不是突然出现的,而是一个延续若干时间的逐渐发展过程。性成熟过程的开始阶段叫初情期,母牛达到初情期的标志是初次发情。在初情期,母畜虽然开始出现发情症状,但这时的发情是不完全、不规则的，而且常不具备生育力。公牛的初情期比较难以判断，一般来说指公牛第一次能够释放出精子的时期，这时公畜可能表现多种多样的行为，如嗅母牛的外阴部，爬跨母牛，阴茎勃起，甚至有交配的动作，但一般不射精，或者精液中没有成熟的精子。在实践过程中可以根据个体和性腺的发育程度来判断初情期或性成熟。无论是初情期或性成熟期，公牛一般都稍晚于母牛。

性成熟是牛的正常生理现象，性成熟期的早晚与品种、性别、营养、管理水平、气候等遗传方面和环境方面的多种因素有关，也是影响肉牛生产的因素之一。如小型早熟肉牛甚至在哺乳期(6～8 月龄)内就可达到性成熟(母)；而大型、晚熟品种，则需长到 12 月龄或更晚，一般公牛较母牛为晚。如秦川牛性成熟期母牛平均为 9.3 月龄，而公牛则为 12 月龄左右。幼牛在生长期如果一贯处于营养状况良好的条件下，可比营养不良的牛性成熟早 4～6 个月。放牧牛在气候适宜、牧草丰盛的条件下性成熟早，反之就晚。春夏出生的母牛性成熟较早，秋冬季出生的母牛性成熟较晚。牛在性成熟后就具有了正常的性行为，即母牛表现为规律性的发情，对公牛则可以正常采精。一般母牛性成熟的年龄为 8～12 月龄，公牛的性成熟年龄为 9～15 月龄。

(2)体成熟　体成熟是指公母牛骨骼、肌肉和内脏各器官已基本发育完成，而且具备了成年时固有的形态和结构。因此，母牛性成熟并不意味着配种适龄，因为在整个个体的生长发育过程中，体成熟期要比性成熟期晚得多，这时虽然性腺已经发育成熟，但个体发育尚未完善。如果育成公牛过早地交配，会妨碍它的健康和发育，育成母牛交配过早，不仅会影响其本身的正常发育和生产性能，缩短利用年限，并且还会影响到幼犊的生活力和生产性能。因此，育成母牛到达 5.6 月龄时，就应与育成公牛分群饲养，以免过早交配。

(3)初配时间　那么母牛多大年龄开始配种呢？这要看它的体成熟年龄。公、母牛一般在 2～3 岁生长基本完成，达到可以配种的体成熟期。据经验，其初配年龄为：早熟种 16～18 月龄，中熟种 18～22 月龄，晚熟种 22～27 月龄；肉用品种适配年龄可在 16～18 月龄。公牛的适宜配种年龄为 2.0～2.5 岁。决定适宜初配年龄不能仅仅从年龄上考虑，还要考虑其体格发育的程度。由于受品种、饲养管理、气候和营养等因素的影响，牛的生长发育的速度很不一样，所以，不能将所有的牛只规定在同一年龄配种。育成母牛初配年龄，具体应看个体的生长发育状况，以成年牛为标准，当个体的体重达到成年的 65%～70%、体高达 90%、胸围达 80%时为初配适龄，此时开始配种经济效益最好。

一般来说，性成熟早的母牛，体成熟也早，可以早点配种、产犊，从而提高母牛终生的产犊数并增加经济效益。但育成母牛提前配种，必须做到以下几点：

①育成母牛应以品质优良的粗料和精料培育，注意饲料的营养成分和可利用性及日粮结构，保证断奶时有较大的体格和体重，在第一个冬季日增重必须保持在 500 g 左右，交配时育成牛应达到各该品种所需要的体重。

②妊娠的育成母牛，必须给予丰富的饲料，使其继续生长发育，达到较好的营养状况。

③在分娩时，对育成母牛应给予特别细致的护理，在难产时及时进行助产。

④育成母牛产后的不妊期比一般牛适当延长，并加强饲养，应考虑早期断奶，以减轻母牛负担，使早期妊娠和提早泌乳引起的生长延缓得到补偿(弥补)。

育成母牛初配年龄应在加强饲养管理和培育的基础上，根据其生长发育和健康状况而决定，只有发育良好的育成母牛才可提前配种。这样可提高母牛的生产性能，降低生产成本。在 2 岁时产犊的头产母牛，到 8 岁半时，比 3 岁产犊时头产母牛产犊率和总的断奶重都有所提高,因而母牛的生产成本也大大下降。

2. 母牛的发情规律和表现

母牛常年发情,在均衡饲养的条件下,总是间隔一个周期出现一次发情。从这一次发情开始到下一次发情开始的间隔时间,叫发情周期。如果母牛已怀孕,发情周期即中止,待产犊后间隔一定时间,重新恢复发情周期。以放牧饲养为主的肉牛,由于营养状况存在着较大的季节差异,特别是在北方,大多数母牛只在牧草繁茂时期(6—9 月份)膘情恢复后集中出现发情。以均衡舍饲饲养条件为主的母牛,发情受季节的影响较小。

(1)正常母牛的发情表现　母牛从性成熟到年老性机能衰退之前,在没有妊娠的情况下都在进行周期性发情。母牛的发情周期平均为 21 d,范围从 18～24 d,一般青年母牛的发情周期比经产母牛要短 1～2 d。发情母牛在生理、行为上会发生以下一系列的性活动表现。

①接受其他母牛的爬跨。发情母牛在运动场或放牧时会接受其他母牛爬跨。在发情旺盛期,接受爬跨时会静立不动(图 5.1)。

②行为变化。母牛发情时会出现眼睛充血,眼神锐利,常表现出兴奋不安,有时出现哞叫,还有的伴有食欲减退,排粪、排尿次数增多,泌乳牛会出现乳量下降等变化。

③生殖道的变化。发情母牛外阴部充血、肿胀、子宫颈松弛、充血、颈口开放、分泌物增多,这些变化为受精及受精卵的发育做好了准备(图 5.2)。

图 5.1　发情母牛接受爬跨

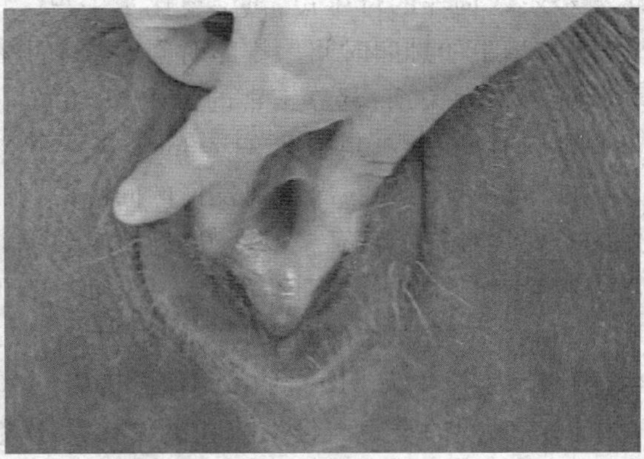

图 5.2　阴部潮红、肿胀

④卵巢的变化。在发情前 2～3 d,卵巢内的卵泡发育开始加快,逐渐地卵泡液不断增多,卵泡体积增多,卵泡壁变薄,最后成熟卵排出,排卵后逐渐形成黄体。

(2)母牛的发情周期　母牛的发情周期,根据精神状态、卵巢的变化及生殖道的生理变化又可分为以下四个时期:

①发情前期。这是母牛发情的准备阶段。卵巢内黄体萎缩,新的滤泡开始发育,卵巢稍增大,生殖器官开始充血,黏膜增生,子宫颈口稍开放,分泌物稍增加,母牛无性欲表现(图 5.3)。

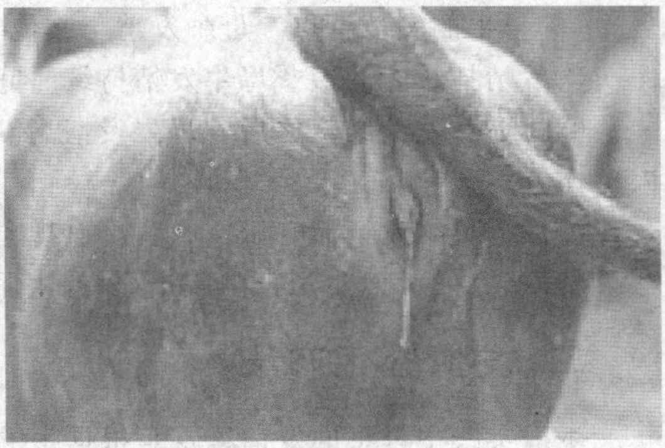

图 5.3　分泌物增多

②发情期。根据发情期不同时间的外部症

状及性欲表现，又可分为发情初情、发情盛期和发情末期。

a. 发情初期：滤泡迅速发育，性激素含量增加，母牛表现兴奋不安，哞叫，食欲下降，放牧时尾随公牛，但不接受公牛爬跨。外阴肿胀，阴道壁潮红，有少量稀薄黏液分泌，子宫颈口开放。

b. 发情盛期：一侧卵巢增大，有突出于卵巢表现的滤泡，直径约 1 cm，触摸波动性较差。母牛接受爬跨，阴道黏液显著增多，稀薄透明，能拉成丝状。

c. 发情末期：滤泡增大到 1 cm 以上，滤泡壁变薄，触之波动性强。母牛由兴奋转为安静，不再接受爬跨。阴道黏液减少而变黏稠。

③发情后期。母牛已无发情表现，卵巢已排卵，并出现黄体，体内孕激素增加，发情结束。

④休情期。这是母牛发情后的相对生理静止期。若卵子没有受精，黄体逐渐萎缩，同时卵泡开始发育，过渡到下一个发情周期。若卵子受精，则黄体持续存在，直到分娩。

(3)母牛的发情持续期　母牛发情开始到终止的时间称为发情持续期。在一般情况下，成年母牛平均为 18 h，范围 6～36 h，育成牛约为 15 h，范围 10～21 h，这段时间的长短受气候、年龄、营养状况、品种及使役轻重等因素的影响。气温高的季节，母牛发情持续期要比其他季节短。在炎热的夏天，除卵巢黄体正常分泌孕酮外，还从母牛的肾上皮质部分泌孕酮，孕酮或黄体生成素就会缩短发情持续期。育成母牛发情持续期要比老龄母牛长，饮料不足的草原母牛要经农区饲养的母牛短，黄牛要比水牛短。

(4)母牛的排卵时间　排卵时间通常发生在发情结束后 10～12 h。母牛的排卵时间与营养状况有很大关系：营养正常的母牛约 75.3%集中在发情开始后 21～35 h，而营养水平低的母牛则只有 68.9% 集中在 21～35 h。

(5)母牛产后第一次出现发情的间隔时间　母牛产后需要有一段生理恢复的过程。而主要的是要让母牛子宫有一段恢复时间，子宫要恢复到受孕前大小和位置；需 12～56 d 时经产母牛和难产母牛或分娩时有毛病的牛，如胎衣不下，其子宫复原的时间要长。

产后第一次发情的间隔时间奶牛为 30～72 d，肉牛为 40～104 d，黄牛为 58～83 d，水牛为 42～147 d。牦牛为 21～54 d，也有长达 75～100 d 的。

间隔时间的长短与母牛哺乳次数有关，次数越多，间隔越长，高产奶牛较低产奶牛多延长 9 d；营养差，体质弱的母牛，间隔时间较长。夏季产犊的母牛比冬季产犊者发情较快。另外，母牛年龄对产后发情间隔时间也有影响，1.5～2.5 岁的青年母牛最长，2.5～7 岁最短，7 岁以上又有延长的趋势。

(6)母牛的发情特点　母牛发情与其他家畜相比，具有以下特点：

①发情持续时间短。母牛发情持续时间平均为 18 h，最短 6 h，最长只有 36 h。

②排卵在发情结束之后。母牛发情高潮来得早，一般在发情终止后 6～15 h 排卵(平均为 7.51 h)。

③部分母牛发情后有子宫内膜出血现象。70%～80%的青年母牛、30%～40%的成年母牛发情后，2～3 d 发生子宫内膜出血，并由阴道流出。

二、发情鉴定方法

生产实践中母牛的发情鉴定是根据牛的行为学的变化和生殖器官的变化进行判断，主要的技术有外部观察法、阴道检查法、直肠检查法和其他方法等。通过综合的发情鉴定技术，判断母牛的发情阶段，确定最佳的配种时间，以便及时进行人工授精，达到用较少的输精次数和较少的精液消耗量，最大限度地提高配种受胎率的目的。同时可判断母牛的发情是否正常，若发现异常，则可及时采取措施，进行必要的治疗。

1. 外部观察法

这是鉴定母牛发情的最主要方法，主要通过对母牛个体的观察，视其外部表现和精神状态的变化来判断是否发情和发情的状况。特别是在上次发情的第 15 天以后，要天天、时时注意母牛是否有发情表现。

发情母牛兴奋不安，来回走动，大声哞叫，拉开后腿，频繁排尿，食欲减退，反刍时间减少或停止，相互舔嗅后躯和外阴部，发情母牛稳定站立并接受其他母牛的爬跨(静立反射)或爬跨其他牛，这是确定母牛发情的最可靠根据。两者的区别是：被爬跨的牛如发情，则站着不动，并举尾；如不是发情牛，则往往拱背逃走；发情牛爬跨其他牛时，阴门搐动并滴尿，具有公牛交配的动作。黏液状况及外阴部的变化也是重要的外部观察指标。发情前期阴唇开始肿胀，阴门湿润，黏液流出量逐渐增加，呈牵缕状，悬垂在阴门下方(俗称“吊线”)。发情末期外阴部肿胀稍减退，流出较粗的乳白色混浊柱状黏液，此时是输精最佳时期。至发情后期，黏液量少而黏稠，由乳白色逐渐变为浅黄红色。若观察到母牛排出较多的血液(俗称：“排红”)，一般是发情后 2 d 左右(图 5.4)。

图 5.4　发情母牛阴门有清亮黏液

需要注意的是，虽然大多数母牛发情症状比较明显，但仍有少数牛没有明显的外部变化，称为“安静发情”。这时应注意观察，也可根据繁殖记录来预测母牛的发情时间，还可采用直肠检查法。另外，少数妊娠母牛还有发情的表现这称为“假发情”，这时要注意鉴别，以防发生错配以致流产。其鉴别方法是：假发情的牛一般发情症状不强烈或持续时间短，阴户肿胀不明显，黏液量不多或没有黏液，直肠检查没有成熟卵泡。

总之，母牛外阴肿胀、有黏液又愿接受爬跨并爬跨其他牛，这是母牛发情的明显标志；当母牛外阴部肿胀消失且出现皱纹时，由接受爬跨又回到拒绝爬跨，这是发情结束的标志。

2. 试情法

利用切断输精管的或切除阴茎的公牛进行试情，效果较好，具体做法是将一半圆形的不锈钢打印装置(在其下端有一自由滚动的圆珠，其打印原理与圆珠笔写字同)，固定在皮带上，然后像驾具一样，牢牢戴在公牛下颚部，当公牛爬跨发情母牛时，即将稠的墨汁印在发情母牛的身上，这种装置叫下颚球样打印装置。为了减少公牛切除输精管等手术的麻烦，可选择特别爱爬跨的母牛代替公牛，效果更好，因为切除输精管的公牛仍能将阴茎插入母牛阴道，可能引起污染。

试情法是根据母牛爬跨的情况来发现发情牛，这是最常用的方法。此法尤其适用于群牧的繁殖母牛群，可以节省人力，提高发情鉴定效果试情法有两种：一种是将结扎输精管的公牛放入母牛群中，日间放在群牛中试情，夜间公、母分开，根据公牛追逐爬跨情况以及母牛接受爬跨的程度来判断母牛的发情情况；另一种是将试情公牛接近母牛，如母牛喜靠公牛，并作弯腰弓背姿势，表示该母牛可能发情。

另外，还可将试情公牛胸前涂以颜色或安装带有颜料的标记装置，放在母牛群中，凡经爬跨过的发情母牛，都可在尾部留下标记。

3. 阴道检查法

用开膣器使阴道开张，观察阴道黏膜、分泌物和子宫颈口的变化来判断母牛发情与否。操作方法是：将母牛保定在配种架内，用绳子将尾巴拴向一侧，外阴部清洗消毒。将开膣器清洗擦干并用 75%酒精消毒，涂上已灭菌的润滑剂。左手指将阴唇分开，右手持开膣器插入阴门。然后打开开膣器(图 5.5 和图 5.6)用光源照射，检查阴道和子宫颈变化情况，判断母牛发情与否，发情母牛的表现为，阴道黏膜充血滑润，子宫颈口充血，松弛，开张，有黏液流出。

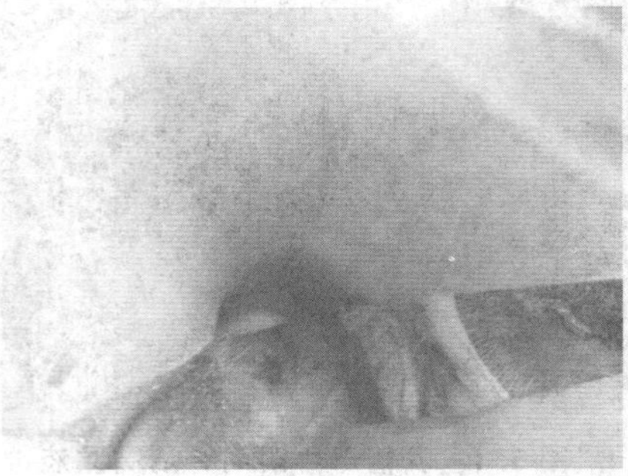

图 5.5　阴道检查

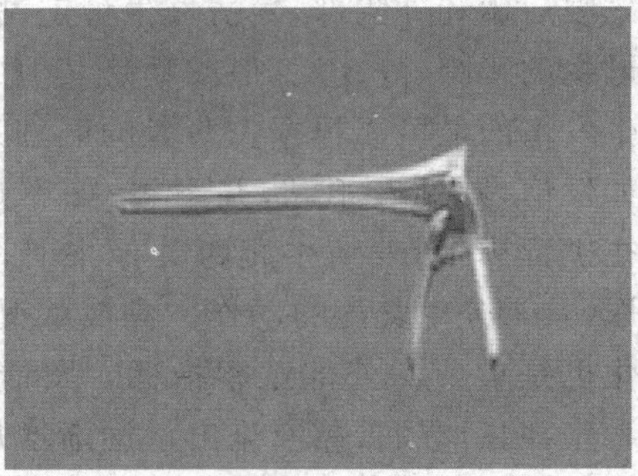

图 5.6　阴道开膣器

发情前期黏液较稀薄，随发情时间的推移而变稠，黏液量由少到多，发情后期黏液量逐渐减少。不发情母牛阴道黏膜苍白、干燥，子宫颈口紧闭。在操作过程中动作要轻，以免损伤阴道或阴唇。用开张器对发情母牛进行检查，主要检查阴道黏膜的颜色、润滑度，子宫颈口的颜色开张程度和黏液的数量、颜色、黏度等，来判断母牛的发情程度。

开张器检查发情牛时可看到母牛的子宫颈口充血开张松弛有大量透明黏液流出，阴道壁潮红。黏液最初稀薄，随着发情时间的推移，逐渐变稠，量也由少变多。到发情后期，量逐渐减少且黏性差，颜色不透明，有时含淡黄色细胞碎屑或微量血液。不发情的母牛阴道苍白、干燥，子宫颈口紧闭，无黏液流出(图 5.7)。

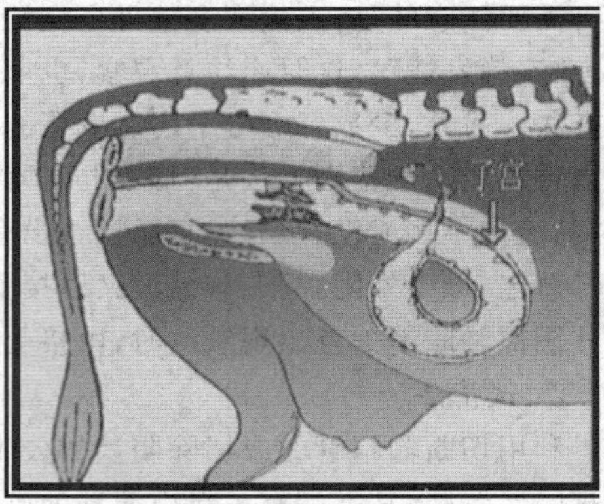

图 5.7　检查部位示意图

4. 直肠检查法

这是目前应用广泛且较为准确的发情鉴定方法，即用手经直肠壁触摸卵巢上卵泡发育程度，判断母牛发情所处时期。操作方法是，检查者将指甲剪短、磨光，手臂上涂润滑剂，先用手抚摸肛门，然后将手指排拢成锥形，以缓慢的旋转动作伸入肛门，排出粪便，再将手伸入肛门，手掌展开，掌心向下，按压抚摸，在骨盆腔底部，可摸到一个长圆形质地较硬的棒状物，即为子宫颈，再向前摸，在正前方可摸到一个浅沟，即为角间沟。沟的两旁为向前向下弯曲的两侧子宫角，沿着子宫角大弯向下稍向外侧，可摸到卵巢。

处于发情期的母牛，可触摸到突出于卵巢表面的卵泡；进行直肠检查法时，检查者须将手指并拢成锥形，以缓慢的旋转动作伸入肛门，掏出粪便。再将手伸入肛门，手掌展平，掌心向下，按压抚摸，在骨盆腔底部，可摸到一个长圆形质地较硬的棒状物，即为子宫颈。沿子宫颈再向前摸，在正前方可摸到一个浅沟，即为角间沟。沟的两旁为向前向下弯曲的两侧子宫角。沿着子宫角大弯向下稍向外侧，可摸到卵巢。

用手指检查子宫角的形状、大小、反应以及卵巢上卵泡的发育情况，来判断母牛的发情。发情母牛子宫颈稍大、较软，由于子宫黏膜水肿，子宫角体积也增大，子宫收缩反应比较明显，子宫角坚实。在子宫角的两侧，可摸到两个卵巢，卵巢上发育的卵泡突出卵巢表面，光滑，触摸时略有波动，发育最大时的直径为 1.8～2.5 cm，排卵前有一触即破感。

不发情的母牛，子宫颈细而硬，子宫较松弛，触摸不那么明显，收缩反应差。成年母牛的卵巢较育成牛大(因为经过多次发情，不少退化的黄体仍然存在)，卵巢的表面有小突起，质地坚硬。一般发情正常的母牛采用外部观察就可准确的鉴定发情，没必要采用直肠检查，特别是不熟练的技术人员，直肠检查很容易触破卵泡，影响牛受胎。

排卵后可触摸到卵巢表面的凹陷；黄体形成后可触摸到卵巢表面质硬形状不整齐的凸块。同时可触摸子宫，发情母牛子宫颈稍大、较软，由于子宫黏膜水肿，子宫角体积也增大，子宫收缩反应比较明显，子宫角坚实。不发情的母牛，子宫颈细而硬，而子宫较松弛，触摸不那么明显，收缩反应差。

牛卵巢的卵泡发育一般分为 5 个时期，如图 5.8 所示。

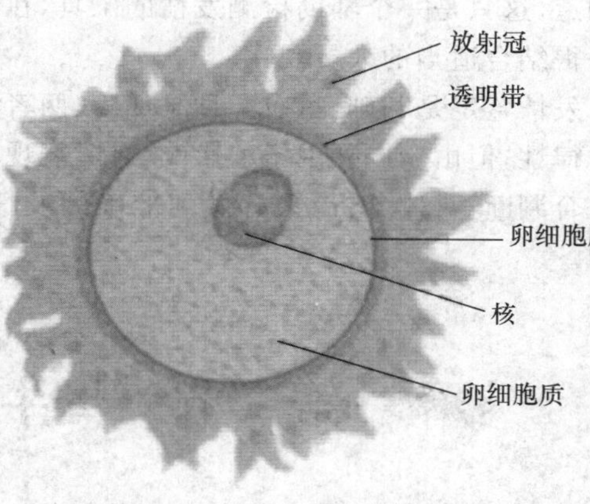

图 5.8 牛卵子结构图

第一期：卵泡出现期。卵巢稍增大，卵泡直径为 0.5～0.75 cm，触诊时为软化点，波动不明显。这时母牛开始发情。

第二期：卵泡发育期。卵泡增大到 1～1.5 cm，呈小球状，波动明显。这时母牛外部表现已不明显。

第三期：卵泡成熟期。卵泡仍保持第二期大小，但泡壁变薄，紧张度增强，有一触即破之感。这是人工授精的最佳时期。

第四期：排卵期。卵泡破裂，泡液流失，泡壁变松软，形成一个小凹陷。有时直肠检查，感觉到卵泡突然破裂，这种现象称为“手中排”。“手中排”的感觉似乎是一刹那的，但排卵过程仍旧是慢慢进行，延续数小时。

第五期：黄体形成期。排卵 6 h 后，原来卵泡破裂处，可摸到一个柔软的肉样组织，即黄体，以后黄体呈不大的面团状，突出于卵巢表面。

5. 其他鉴定法

(1)仿生法　摸拟公牛的声音和气味测试母牛发情与否。澳大利亚在养牛业中，用录音机记录种公牛叫声，每天在牧场播放，使发情母牛自己跑到配种室。

(2)孕酮含量测定法　通过测定血液、奶或尿中的孕酮含量来判断母牛发情与否。

(3)离子选择电极法　应用离子电极电位法测定子宫颈黏液中无机盐离子的浓度变化，判断母牛的发情状态。

(4)光感排卵记载法　用光电子仪测定输卵管是否有卵子排出,并自动记录。

爬跨发情检测贴的使用,这项技术已由法国卡苏公司引入中国市场。

爬跨发情检测贴是一种非常有价值的发情检测辅助工具,专门用来帮助鉴定母牛是否发情并可以进行人工授精。该检测贴对压力敏感,内置计时装置,静立发情可使之激活并产生反应。我们将它贴在发情母牛的荐骨(即尾根部)处。其他牛爬跨的时候胸部会对抵在下面母牛的荐骨处造成一定压力,使得检测贴在大约 3 s 后由白色变为红色方便从远处就可以观察到。3 s 的恒压之后,会有足够的颜料被释放,检测贴变成显眼的红色。这时表明,被爬跨的静立母牛已经达到发情状态,可以接受输精了。这种计时装置可以通过活化程度辨别出真假静立发情。而静立发情是鉴别母牛是否可以进行配种的标志。

配种后,再试用一个检测贴可以用来判断该母牛是否返情。发情检测贴的放置位置对产品的成功使用至关重要。通常情况下,检测贴的位置要以爬跨动物爬跨时胸部对发情动物压力达到最大为准。与爬跨动物相对应的,接受爬跨的动物大小也会影响到检测贴的最终位置。要知道,这只是一个辅助检测发情的工具,在一个成功的人工授精项目中,我们在运用的时候还是得结合适当的人员观察。

发情鉴定是基础,适时配种是保障,两者都是提高受胎率的保证。母牛的发情表现虽有一定规律性,但由于内外因素的影响,有时表现不大明显或欠规律性,因此在确定输精适期时,必须综合判断,具体分析,只有做到准确的发情鉴定,抓住适时的配种时机才能提高母牛的繁殖力。

第二节　母牛的人工授精技术

人工授精是采用假阴道人工采集公牛的精液,经检查并稀释处理和冷冻后,再用输精器将精液输入母牛的生殖道内,使母牛排出的卵子受精后妊娠。人工授精可提高优良公牛的配种效率,扩大与配母牛的头数。每年每头公牛自然交配时只能配 40～100 头母牛,而实行人工授精时则可达到 6 000～12 000 头母牛。人工授精可加速母牛育种工作进程和繁殖改良速度,加速高产、高效、优质养牛业的发展。人工授精减少了种公牛饲养头数,降低饲养管理费用。人工授精有利于扩大公牛配种地区范围和提高母牛的配种受胎率。通过人工授精还能及时发现繁殖疾病,可以采取相应措施及时进行治疗。

一、冷冻精液的保存与运输

一般牛的冷冻精液存放于添加液氮罐内保存和运输。液氮罐是根据液氮的性质和低温物理学原理设计的,类似暖水瓶,是双层金属(铝或不锈钢)壁结构,高真空绝热的容器,内充有液氮。液氮比空气轻,温度为－195.8℃,无色无味,易流动,可阻燃,易气化,在室温下出现爆沸现象,与空气中的水分接触形成白雾,迅速巨胀。液氮罐要放置在干燥、避光、通风的室内,不能倾斜,更不能倒伏,要精心爱护,随时检查,严防碰撞摔坏容器的事故发生。

将抽样检验合格的各种剂型的冷冻精液,分别包装妥善并做好标记(家畜品种、种畜号、冻精日期、剂型、数量等)，置入具有超低温的冷源液氮内长期保存备用。在保存过程中，必须坚持保存温度恒定不变、精液品质不变的原则，以达到冷冻精液长期保存的目的。

冻精取放时动作要迅速，每次控制在 5～10 s，应及时盖好容器塞，以防液氮蒸发或异物进入。冷冻精液的运输应有专人负责，采用充满液氮的容器来运输，其容器外围应包上保护外套，装卸时要小心轻拿轻放，装在车上要安放平稳并拴牢。运输过程中不要强烈震动，防止曝晒，长途运输中要及时补充液氮，以免损坏容器和影响精液质量。

精液在保存过程中，要密切注意液氮的消耗量，一般在液氮容量减少到容器的 60%～70%时就应补充。为减少液氮消耗，在非必要情况下不要随便开盖；取用精液时要迅速准确，提筒和纱袋提出的程度不能超过颈口基部，以免温度变化影响贮存质量。实验表明，用液氮保存 25 年以上的冻精，活力有受胎率未发现有明显下降。

二、冷冻精液的解冻

(1)颗粒冻精的解冻　将 1 mL 解冻液(2.9%二水柠檬酸钠溶液或经过消毒的鲜牛奶、脱脂奶)置入试管中，在 40℃水浴中加温，从液氮中迅速取出 1 粒冻精，立即投入试管中，充分摇动，使之快速融化。将解冻精液吸入输精器中待用。如有条件，最好检查一下解冻后活率，活力检查在 0.3 以上者方可用来输精。已解冻的精液应注意保温，

避免阳光直射，需尽快使用，不可久置。一般要求在 1 h 内输精。如在解冻后需要保存一段时间才能输精，可采用 5℃以下解冻的方法，并在 5℃下保存运输，但解冻后也不要超过 2 h。2.9%的柠檬酸钠溶液配制后宜在 5℃下保存，可保留使用 1 周，若过长则应重新配制(图 5.9)。

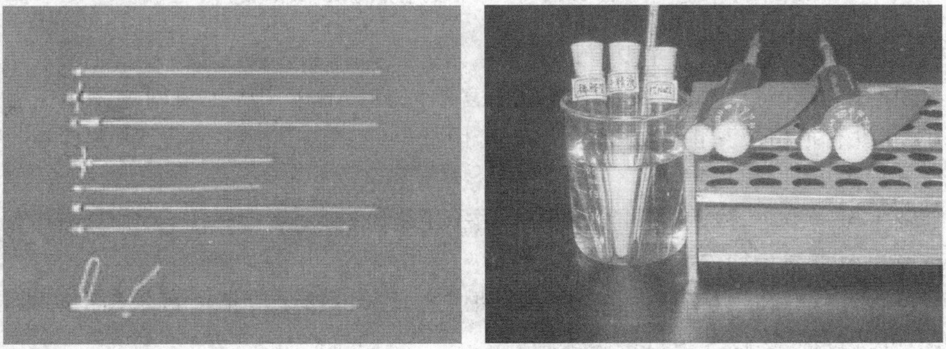

图 5.9　冷冻精液的解冻

(2)细管精液的解冻　把水浴控制在 40℃，从液氮罐中迅速取出细管精液立即投入水浴中使之快速解冻，剪去细管封口，再装入输精枪中待用。

(3)精液的质量标准　冷冻精液的精子活率都不低于 0.3。颗粒精液的输量为 1 mL。细管精液有两种规格，一种是 0.5 mL，另一种是 0.25 mL。只要按照技术规程保存和解冻精液，一般能够达到输精对精液质量的要求。

三、母牛输精方法

牛的输精方法有开膛器输精法和直肠把握输精法两种。由于开膛器输精法缺点较多，已

逐渐被直肠把握输精法所代替。直肠把握输精法是目前比较常用的较为先进的方法。

操作方法与直肠检查母牛发情操作方法相类似，通过检查者的手辨别是否处于适宜输精的时机。然后把子宫颈后端轻轻固定在手内，手臂往下按压或助手协助使阴门开张；另一只手把输精管自阴门向斜上方插入 5～10 cm，以避开尿道口，再改为平插，把输精管送到子宫颈口；然后两手互相配合，调整输精管和子宫颈管的相对方向，使输精管徐徐越过子宫颈管中的皱襞轮，把输精管送至子宫颈深部(过 2～3 个皱褶)；推动输精枪的活塞把精液注入子宫颈管中，然后抽出输精枪。输精结束后，最好轻轻按摩阴蒂数秒钟，可以提高受精效果。输精时要轻插、适深、缓注、慢出，防止精液逆流。

此法特点是用具简单，操作安全，母牛无痛感，初配牛也适用，输精部位较开膣器法深，受胎率高。此外，手伸入直肠可做妊娠检查，避免误配而造成的流产。故目前各地广泛采用(图 5.10)。

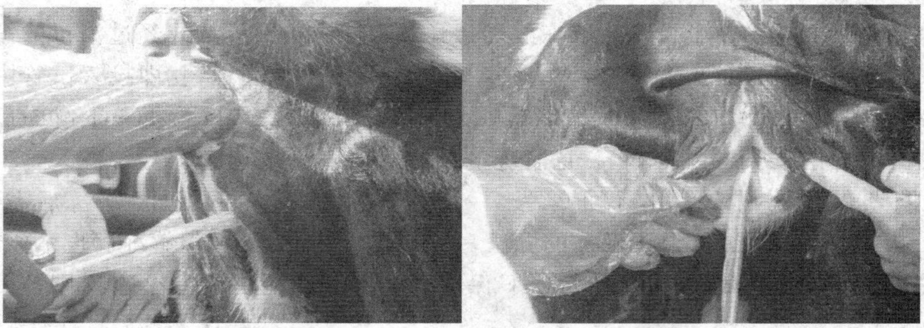

图 5.10　直肠把握输精方法

输精过程中应注意的问题主要有以下几点。

①必须严肃认真对待，切实将精液输到子宫颈内。目前生产中主要问题是由于输精技术掌握不好，并没有把精液真正输到指定的部位，因此严重影响受胎率的提高，尤其在推动冷冻精液输精过程中更是如此。

②个别牛努责厉害、弓腰，应由保定人员用手压迫腰椎，术者握住子宫颈向前推，使阴道弛缓，同时，停止努责后再插入。

③输精管进入阴道后，当往前送受到阻滞时，在直肠内的手应把子宫颈稍往前推，使阴道拉直，切不可强行插入，以免造成阴道破损。

④输精器达子宫颈口后，向前推进有困难时，可能是由于子宫颈黏膜皱壁阻挡，子宫颈开张不好，有炎症，子宫颈破伤结疤所造成。遇到这种情况，应弄清楚原因移动角度，并进行必要的耐心按摩，切忌用力硬插。

⑤进入直肠的手臂与输精管应保持平行，不然人体胸部容易碰上注射器内栓，造成精液中途流失。

⑥输精时如用球式输精器，不得在原处松开捏扁的橡皮球，而应退出阴道外才松开，否则引起精液回收，影响输精量。

⑦排粪时一手遮掩，不使粪便流落外阴部。

⑧如母牛过敏、骚动，可有节奏地抽动肠内的左手，或轻骚肠壁以分散母牛对阴部的注意力。

⑨插入要小心谨慎，不可用力过猛，以防穿破子宫颈或子宫壁。为防折断输精管需轻持输精管随牛移动，如已折断，需迅速取出断端。

⑩遇子宫下垂时，可用手握住子宫颈，慢慢向上提拉，输精管就容易插入。

⑪母牛摆动较剧烈时，应把输精管放松，手应随母牛的摆动而摆动，以免输精管断裂和损伤生殖道。

⑫直肠把握输精所用器械，必须经过严密消毒。直肠把握输精的技术性较高，比较难以掌握。但熟练以后，可获得较好的受胎效果，一般受胎率比开膣器输精可提高10%～18%，比较节省精液。

四、适宜的配种时机

母牛配种适宜时机包括产后第一次配种适宜时机和发情期中配种的适宜时机两个方面。这些配种时机选择合理与否，将直接或间接影响牛群的繁殖率、生产性能的发挥及个体牛的正常生长发育和健康等。因此，掌握适时配种是防止漏配、提高受胎率的重要技术措施。

(1)产后第一次配种的适宜时机　母牛产后配种，应考虑如下问题：①有利于提高牛的经济利用性(产奶量和产犊数)；②不影响母牛健康；③能持久而正常地生产。因此，产生配种过早或过晚都是不适宜的。

无论肉牛、乳牛还是役牛，产犊的成绩往往和生产性能的发挥有着密切的联系，其中肉牛更是如此，所以产犊后应尽可能提早配种。

母牛产后一般在30～72 d就会有发情表现，产后第一次发情时期受个体牛子宫复原、品种、挤奶次数或哺乳牛犊等因素的影响，也受产犊前后饲养水平的影响。肉牛产前饲喂低能量，产后以中等能量与产后以高能量比较，后者可以缩短第一次发情间隔。对产前饲喂中等能量的母牛，产后喂给高能量时，缩短第一次发情间隔不明显或不能缩短。若产前喂给高能量而产后喂给低能量，则产后第一次发情时间延长。为缩短产后第一次发情的间隔时间和发情周期时间及使不发情的母牛发情，可采取加强饲养和早期断奶等措施，使母牛早发情、早配种。

母牛产后第一次配种时间既不宜过早又不宜过晚，如配种过早由于子宫的内环境还没完全恢复，机体对疾病的抵抗能力差，配种时易因消毒不严而感染子宫疾病，引起今后的难孕；如配种过晚不仅延长了产犊间隔，降低了经济利用率而且也容易造成母牛不易受孕。根据牛的生殖特点，最好能一年产一次犊牛，所以必须加强配种前的饲养，这对恢复和增加体重是十分必要的。实践证明，肉牛在产后60～90 d配种比较适宜且受胎率最高，对少数体况良好，子宫复原早的母牛要在40～60 d内配种。若发现母牛产后超过72 d仍不发情，应及时进行检查，以便尽早治疗。

(2)情期中配种的适宜时机　在母牛发情后适时配种，可以节省人力、物力和精液，并提高受胎率。

母牛排卵后，使卵子立即遇到活力旺盛的精子，就可保证较高的受精率。这要求确定排卵时间和配种适宜时间。母牛情期配种时间主要由以下因素决定：①排卵时间，母牛一般发情结束后5～15 h排卵；②卵子保持受精能力的时间，排卵后6～12 h；③精子在母牛生殖道内保持受精能力的时间为24～48 h。

在生产中排卵时间的确定，完全依靠频繁的直检是困难的，必须从外阴部肿胀度、阴道黏膜的变化、黏液量和质的变化、子宫颈开张的程度、是否接受公牛的爬跨、直肠检查卵巢卵泡的变化等方面综合分析，才能找出最适宜的输精时间。

有经验表明，在发情症状结束前 1 h 到结束后 3 h 范围内输精，其受胎率最高可达 93.3%，同时可见输精的最适期只有 3～4 h，因此要使受胎率高，必须要使卵子和精子的新鲜度高，也就是说排卵后不久就使精子到达输精管。以下几种情况之一应予以输精。

①母牛神态不安转向安定，发情表现开始减弱。

②外阴部肿胀开始消失，子宫颈稍有收缩，黏膜由潮红变为粉红或带有紫褐色。

③黏液量少，混浊状或透明，有絮状白块。

④卵泡体积不再增大、皮变薄、有弹力、泡液波动明显。

在生产中，如果在一个发情期输精一次，一般在母牛拒绝爬跨后的 6～8 h 内输精受胎率较高。如上午发现母牛接受爬跨安定不动，应于晚上或第 2 天清晨进行配种；如下午发现母牛接受爬跨，安定不动，应于第 2 天清晨或傍晚进行配种。

如果在一个发情期输精两次，可在母牛接受爬跨后 8～12 h 进行第一次输精，间隔 8～12 h 后再进行第二次输精。若上午发现母牛发情，则下午 4～5 h 进行第一次输精，第 2 天上午进行第二次输精；若下午发现母牛发情，则在第 2 天上午 8:00 左右进行第一次输精，下午进行第二次输精。一般年老体弱母牛或夏季炎热天气，因发情持续时间较短，配种时间要适当提早，所以常说"老配早，少配晚，不老不少配中间"就是这个道理。

为了做到适时配种，应仔细观察牛群，及时检出发情牛，最好能掌握每头牛的发情规律（发情周期、发情持续期和排卵时间），使输精时机更合适，受胎率更高。

第三节　母牛的妊娠与分娩助产技术

配种后的母牛一般在经过一个发情期后，未出现发情的，可能已怀孕；而出现发情的，则未怀孕。这对发情规律比较正常的母牛，有非常重要的参考价值和实用价值，但不能作为主要的根据。因为，当母牛饲养管理不当或利用不当时，生殖器官不健康，性激素作用紊乱及有其他疾病发生时，虽未怀孕，也可能不表现发情。而少数已怀孕的母牛也会出现假发情。因此，及时准确地对配种后的母牛进行妊娠诊断，特别是早期诊断，对提高母牛的繁殖率有重要意义。对已确定妊娠的母牛，注意加强饲养，防止流产发生。对配种后的未孕母牛，可以及时进行下一情期的配种。

在生产实践中，妊娠母牛的检查方法，常用的有外部观察法、阴道检查法、直肠检查法及其他检查方法。

一、妊娠期和预产期

（一）妊娠

母牛配种后，精子与卵子在输卵管结合形成合子（受精卵），叫做受精。从受精开始到胎儿孕育成熟的过程叫妊娠，又称怀胎、怀孕。所经历的这段时间称为妊娠期。母牛的妊娠期一般为 280～285 d。妊娠期的长短，依品种、个体、年龄、季节及饲养管理条件的不同而异。一般早熟品种比晚熟品种短；奶牛比肉牛短，黄牛比水牛短；怀公犊比怀母犊长 1 d 左右，冬季分娩的牛比夏季分娩的牛长，平均差异约 3 d；双胎比单胎短 3～7 d；育成母牛妊娠比成年母牛短 1 d 左右；饲养管理条件较差的牛妊娠较长(图 5.11)。

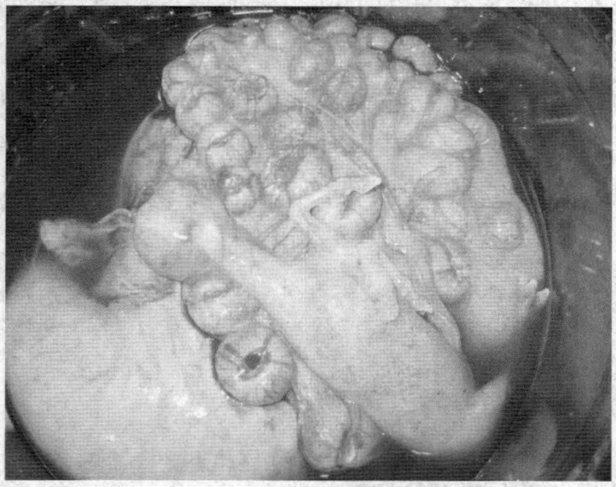

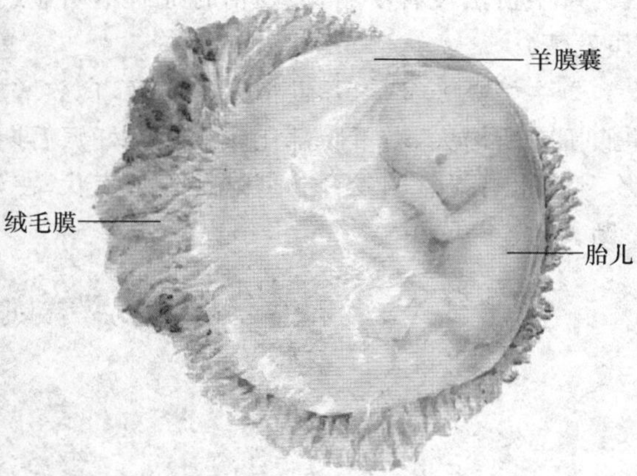

图 5.11 胎盘

(二)预产期的推算

母牛怀孕后，为了做好分娩前的准备工作，应准确地推算产犊日期。推算方法如下：如按 280 d 的妊娠期计算，配种时的月份减 3，日数加 6，即得到预计分娩期。

例如，某牛 6 月 20 日配种，则预产期为：

$$预产月份=6-3=3(月)$$
$$预产日期=20+6=26(日)$$

即：该牛预计下年 3 月 26 日产犊。

当配种月份小于 3 时，预产月份的计算方法是，配种月份加 12 再减 3；当配种日期加 6 大于当月天数时，则将该月份的天数减去，余数就是下个月份的预产期。

例如，某牛 1 月 28 日配种，则预产期为：

$$预产月份=(1+12)-3=10(月)$$
$$预产日期=(28+6)-31=3(日)(后延 1 个月)$$

即该牛预计下年 11 月 3 日产犊。

如按 282～283 d 计算，可用月份加 9，日数加 9 的方法来推算，此法适用于肉牛。如按妊娠期 285 d 推算，则将配种月份减 3，配种日数加 10。如按 313～315 d 计算，可用月份减 2，日期加 9 的方法推算，此法适用于水牛。例：1989 年 8 月 10 日交配，则其预产期为 1990 年 6 月 19 日。

二、妊娠诊断

及时准确地对配种后的母牛进行妊娠诊断，特别是早期诊断，对提高母牛的繁殖率有重要意义。对配种后的未孕母牛，可以及时进行下一情期的配种。在生产实践中，妊娠母牛的检查方法，常用的有外部观察法、阴道检查法、直肠检查法及其他检查方法。

(1)外部观察法　对配种后的母牛在下一个发情周期到来前，注意观察是否发情，如果不发情，则可能受胎。这种方法对发情规律正常的母牛有一定的参考价值，但不完全可靠，因为有的母牛虽然没有受胎，但发情时症状不明显或不发情，有的母牛虽已受胎但仍有表现发情的(假发情)。

母牛妊娠3个月后，性情变得安静，食欲增加，体况变好，毛色光润。妊娠5～6个月后，母牛腹围有所增大，右下腹部比较明显。妊娠后期腹围明显增大，在右下腹部腹壁外常可见到胎动，乳房也有显著的发育。但这些外观症状，在妊娠后期才比较明显，所以不能做到早期妊娠诊断。

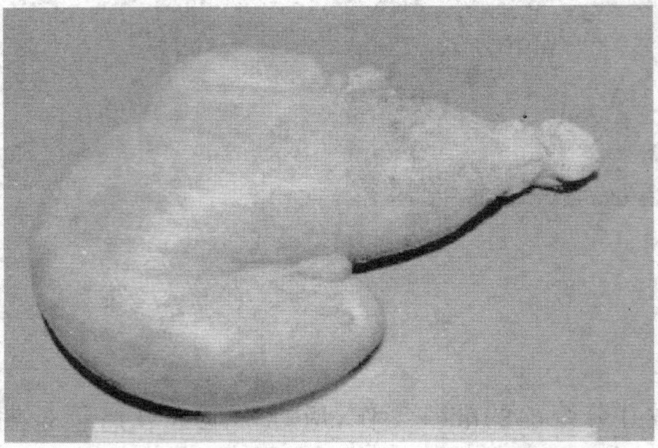

图5.12　妊娠期的子宫孕角体积明显变大

(2)阴道检查法　阴道的某些变化，常作为妊娠诊断的重要依据之一，主要观察阴道黏膜色泽、黏液性状及子宫颈的形状和位置等(图5.12)。

①阴道黏膜色泽　妊娠后，阴道黏膜由未妊娠的粉红色变为苍白，无光泽，表面干燥。在检查时，观察要迅速，打开阴道的时间不宜过长。

②阴道黏液性状　妊娠2个月后，子宫颈口附近即有浓稠黏液，妊娠3～4个月后，黏液量增多并更为黏稠似糊状。同时阴道收缩，插入开膣器有阻力；有干涩感。子宫颈口被灰暗浓稠的液体所封闭。

③子宫颈的变化　妊娠母牛的子宫颈口紧闭，有糊状黏液堵塞，形成子宫栓。子宫颈口的位置，随着妊娠时间的增加，从阴道端的正中向下方移位，有时也会偏向一侧。这是由于子宫膨大、下沉，牵引子宫颈而造成的。

阴道检查法虽有一定的准确性，但是空怀母牛卵巢上有持久黄体存在时，阴道内也有妊娠时的症状表现。另外，对于妊娠母牛孕后发情，患有子宫疾病、阴道炎症，以及妊娠时间短不易确诊，所以只能作为一种辅助的检查方法。操作时要严格消毒，防止动作粗暴。

(3)直肠检查法　直肠检查法是目前判定母牛是否妊娠的可靠方法，同时通过检查还可以确定妊娠大致日期、妊娠内的发情、假妊娠、某些生殖器官的疾病及胎儿的死活等，所以这种方法在生产上得到了广泛的应用(图5.13)。

直肠检查应根据子宫角的形状、质地、胚泡的大小、部位、卵巢的变化位置及宫中动脉妊娠脉搏的出现等来判定母牛妊娠的孕前期、中期、孕后期。

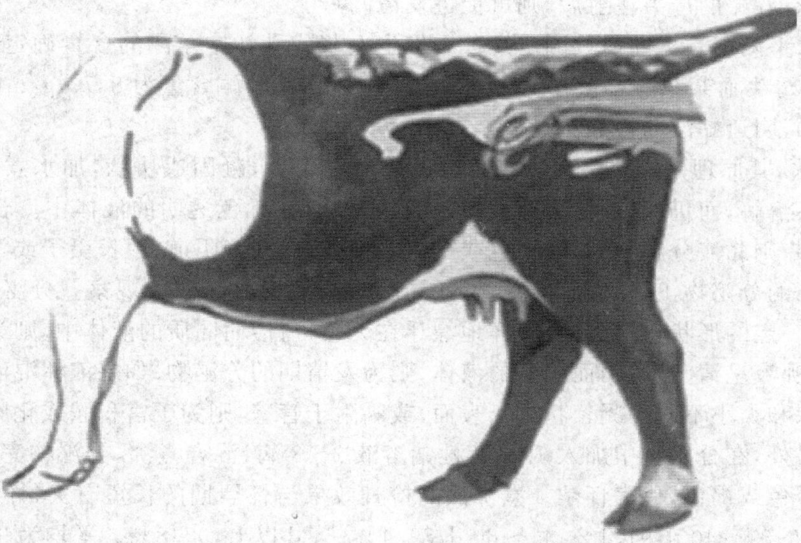

图 5.13 直肠触诊孕脉

直肠检查操作要细心，严禁粗暴。检查时要迅速、准确，不要拖太长时间。检查顺序，可先从骨盆底部摸到子宫颈，再没子宫颈向前触摸子宫角、卵巢，然后检查子宫角、卵巢，再后检查子宫中动脉(图 5.14)。

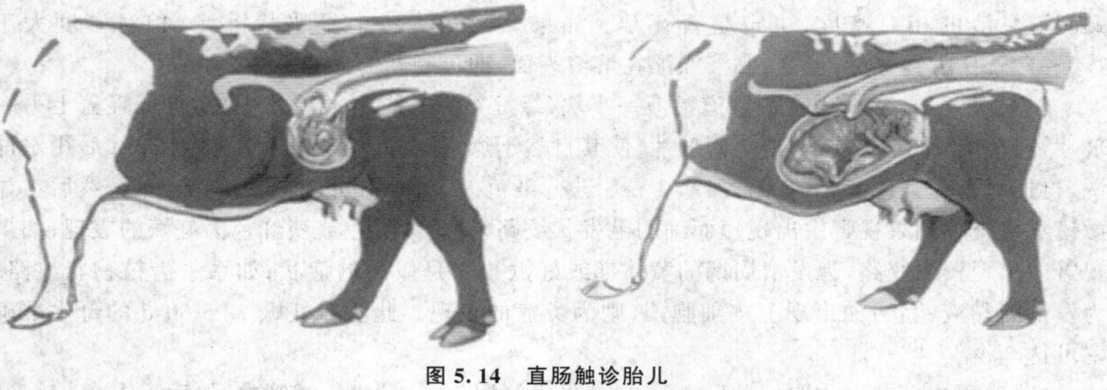

图 5.14 直肠触诊胎儿

在母牛妊娠 1 个月时，孕侧卵巢有较大的黄体突出于表面，卵巢体积增大，孕侧子宫角增粗，质地松软，不收缩或收缩微弱，稍有波动，未孕侧子宫角收缩反应明显，有弹性，角间沟清楚。

在母牛妊娠 2 个月时，孕角显著增粗，约为空角的 1 倍，有波动，角间沟不清楚，但两角分岔处尚能分辨。

在母牛妊娠 3 个月时，子宫颈已移到耻骨前缘，子宫开始垂入腹腔，孕角波动明显，可摸到如蚕豆大小的子叶，角间沟已摸不清楚。孕侧子宫中动脉开始有特异搏动。

(4)其他检查法

①激素反应法。具体做法是，牛于配种后 18～22 d，肌肉注射合成雌激素(苯甲酸雌二醇、己烯雌酚等)2～3 mg，注射后 5 d，不出现发情时为妊娠。其原理是，母牛妊娠后，母体内占主导地位的激素是孕酮，它可以对抗适量的外源性雌激素，所以，妊娠牛注射雌激素后，不表现发

情症状；而没有妊娠的母牛注射后，则可促进发情。

②孕酮水平测定法。即通过测定配种后母牛血浆或乳汁中孕酮的含量确定妊娠与否，怀孕 9～24 d 的母牛血浆孕酮含量在 1 μg/mL 以上，乳汁中孕酮含量为 8.7 μg/mL。

③子宫颈、阴道黏液的检查。

a. 煮沸法：其原理是，孕牛子宫颈、阴道的黏液黏性大，凝固成块状，加水煮沸时，在很短时间内黏液不溶解，而仍保持一定形状，似云雾状，漂游在无色透明的液体中。若在碱性水溶液中加热煮沸，则黏液分解，变为淡褐色或褐色。检查时，开张阴道，用长镊子或特制的长匙采取小米粒大小的分泌物 1 块，加蒸馏水 4～5 mL，混合后煮沸 1 min 观察。分泌物浓而黏，呈微白色，保持一定的形状，好像云雾一样地漂浮在无色、清洁而同质的液体中，则为妊娠牛的分泌物；如果煮沸液呈清洁、透明而同质的液体，则为发情期的分泌物；如果液体混浊，呈微白色，并有小泡沫状和大小不同的凝絮状游于表面，或黏附于管壁，则为子宫积脓或化脓性子宫内膜炎的表现。另外，在分泌物中加入 10％苛性钠溶液 2～3 滴，混合煮沸，分泌物完全分解，颜色由淡褐色到橙色或褐色，代表怀孕。煮沸法的检查效果与怀孕期的长短有关；怀孕 10～13 d，准确率 83.0％；31～40 d，91.1％；41～60 d，89.4％；61 d 以上，97.8％。平均为 91.9％。有人用此法检查，患子宫内膜炎的病牛中，仍有一部分怀孕，这就说明在液体混浊的情况下亦可判断怀孕。为减少误差，应该进行两次检查，阴道炎的母牛虽有轻微混浊，但黏液保持成团漂浮的状态。

b. 相对密度测定法：1～9 个月怀孕的母牛子宫颈阴道黏液的相对密度为 1.013～1.016，未孕母牛的相对密度不到 1.008。因此，可利用相对密度为 1.008 的硫酸铜溶液来测定子宫颈阴道黏液的相对密度，决定是否怀孕。如果黏液在溶液中呈块状沉淀（相对密度大于 1.008），就认为是怀孕；反之，黏液漂浮在溶液表面，即可判断为未孕。

c. 抹片检查法：取子宫颈阴道黏液一小块（绿豆粒大），置于载玻片中央，再轻轻盖上另一玻片，轻轻旋转 2～3 转，取走上面玻片，使其自然干燥，加上几滴 10％硝酸银，1 min 后用水冲洗，再加姬姆萨染色液 3～5 滴，加水 1 mL 进行染色 30 min，用水冲洗后使其干燥，然后在显微镜下检查。如果视野中出现短而细的毛发状纹路，并呈紫红色或淡红色为妊娠的表现；如果视野中出现较粗纹路，为发情周期的黄体期或妊娠 6 个月以后的症状；如系平齿植物状纹路，为发情的黏液性状；如出现上皮细胞团，则为炎症的表现。此法对妊娠 23～60 d 的母牛准确率可达 90％以上。

（5）碘酒法　首先收取配种后 20～30 d 母牛鲜尿 10 mL，盛入试管内，然后滴入 2 mL 7％碘酒溶液，充分混合，待 5～6 min 后，在亮处观察试管中溶液的颜色，呈暗紫色为妊娠；不变色，或稍带碘酒色为未妊娠。

另外还有尿道检查法、牛奶检查法、超声波探测法、血液孕酮水平测定法等。

（6）免疫学诊断法　母牛怀孕后，胚胎、胎盘及母体组织能分泌出带有抗原性的物质，因此可利用特异性抗原，制备出特异性抗体，再通过测定抗原体与抗体的特异性结合反应，就可以判断母牛妊娠与否。

常用的方法是红细胞凝集抑制试验。抽取配种后 21 d 的母牛血液制成的血清，稀释 5 万倍，取 0.5 mL，加入抗透明质酸酶抗血清，然后加入两滴致敏性绵羊红血细胞，在 37℃下静置 60 min，最后观察结果。

怀孕牛由于血液中含有大量透明质酸酶，能与特异性血清结合，而使致敏性绵羊红细胞不凝集，而呈阳性。

未孕牛血液中不含透明质酸酶，而使吸附在红血细胞上的透明质酸酶与特异性血清结合，红细胞凝集在一起，而呈阴性。

(7)超声波探测法　就是运用先进的B超设备检查母牛怀孕与否和胎儿的发育状态。

(8)眼睑法　就是根据眼球巩膜上小血管的充血情况，来判断母牛妊娠与否。据江西省畜牧良种场研究报道，母牛妊娠期瞳孔上方巩膜上出现3根特别显露而竖立的粗血管，呈紫红色，称之为“妊娠血管”。这一症状自妊娠产生，产犊后7～15 d消失。随着妊娠月份的增加，其变化情况也越来越明显。

三、分娩

母牛分娩时的准备、助产和产后的护理，对保证母牛的正常分娩、健康、以后的繁殖力、犊牛的成活率和健康等极为重要。

(1)临产预兆

①乳房膨大，产前半个月左右，乳房迅速膨大，到产前2～3 d乳房体发红、肿胀，乳头皮肤绷紧，临产时有些母牛从乳房向前到腹、胸下部还可出现浮肿，用手可挤出初乳，有些甚至出现漏乳现象(图5.15)。

图5.15　乳房膨大

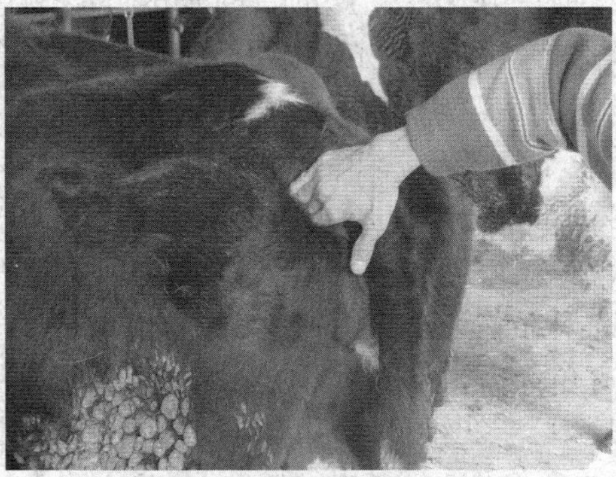

图5.16　荐坐韧带松弛

②外阴部肿胀，产前一周外阴部开始松软、肿胀，阴唇皱褶消失，阴道黏膜潮红，黏液增多而湿润，阴门因水肿而裂开。

③子宫颈变化，子宫颈扩张、松弛、肿胀，颈口逐渐开张，颈内黏液变稀流入阴道。子宫栓溶化成透明黏液，在分娩前1～2 d由阴门流出。子宫颈扩张2～3 h后，母牛开始分娩。

④骨盆韧带松弛，临产前1～2 d荐坐韧带松弛，荐骨活动范围增大，外观可见尾根塌陷，经产牛更明显。行为变化，临产母牛表现为活动困难，食欲减退或消失，起卧不安，尾部不时高举，常回首腹部，频频排粪、排尿，但量很少(图5.16)。

(2)正常分娩过程　分娩是借子宫和腹肌收缩，将胎儿及其附属膜产出的过程，可分三个阶段：

①开口期：即从子宫间歇性收缩起，到子宫颈口完全开张，与阴道的界限完全消失为止。母牛表现不安、走动、摇尾、踢腹等。开口期约为6(1～12)h。

②胎儿产出期：即从子宫颈完全开张起，到胎儿产出为止。此时阵缩努责都将出现。母牛

表现烦躁，腹痛，呼吸和脉搏加快。牛在努责出现后自行卧地，经多次努责，胎儿由阴门露出，羊膜破裂后，经强烈努责，胎儿排出。

③胎衣排出期：即从胎儿排出到胎衣完全排出为止。胎儿排出后，母体安静下来，几分钟后又出现阵缩，伴有轻微努责，将胎衣排出。需 2～3 h。分娩结束。如超过 10 h 仍未排出或未排尽按“胎衣不下”处置。

四、助产

一般情况下，不需要助产而任其自然产出。但在胎位不正、胎儿过大、母牛分娩无力等情况下，母牛自动分娩有一定的困难，必须进行必要的助产。

(1)助产前准备　在预产期 15 d 应对产房和产床清扫消毒，并将临产母牛转入产房饲养。产房要求宽敞、清洁、保暖，环境安静，并于产前 2～3 d 在地面铺以清洁干燥、卫生(日光晒过)的柔软垫草。在产房可取掉缰绳，让牛自由活动，喂易消化的饲草饲料，如青干草、苜蓿干草和少量精料；饮水要清洁，冬季最好饮温水。

产前准备好助产用药品和器械，主要包括：肥皂、毛巾、刷子、消毒液、产科绳、镊子、剪子、脸盆、水桶、手电筒、结扎脐带用的丝线、绷带、食油等，助产员要剪齐磨光指甲，并对手臂和母牛的外阴部做消毒处理。

(2)助产方法　助产的目的是尽可能做到母子平安，仅在不得已时才舍子保母，同时还必须力求保持母牛的繁殖力。因此，在进行产道检查和助产时，术者的手臂、母牛的外阴及周围，必须进行严密消毒。

胎膜小泡露出后 10～20 min，母牛多以卧下，应帮其向左侧卧，以免胎儿受瘤胃压迫而难以产出。正常分娩是胎儿两前脚夹着头先出来，这属于正常胎位，一般以自然产出为原则；如胎儿头、鼻露出后羊膜仍未破，可以用手扯破；如破水时间长或胎儿露出时间较长，而母牛努责微弱，则要抓住两前肢，并用力拉出胎儿。倒生时更应及早拉出。拉出胎头时，要捂住阴唇及会阴，避免撑破。胎头拉出后，应放慢动作，以免子宫内翻或脱出。正常产出一般需要 0.5～4 h。

如母牛努责无力，需要拉出胎儿时，应与母牛的阵缩同步，牵引方向与母牛的骨盆轴方向一致。矫正胎儿异常时应在母牛努责间歇期进行。破水过早，产道狭窄，胎儿过大时，可向阴道灌注肥皂水或植物油润滑产道。

胎儿产出后，先用毛巾擦干胎儿口腔中和鼻腔中的黏液，并用 5%～10%的碘酒消毒脐带断口。若脐带未自行脱断，应在距胎儿腹部 4～5 cm 处结扎剪短或扯断。若为双胎，应在第一胎出生后对脐带做两道结扎，从中间剪断。若胎儿吸进羊水可倒提后肢，拍打胸部使吐出即可恢复呼吸，胎儿身上黏液母牛会自行舔干，若母牛无力时，也可人工擦干。

胎衣应在胎儿产出后 2～8 h 排出，超过 10 h 不排出时，按胎衣不下处置。即使胎衣排出，也要检查是否完整，如子宫有残留部分，应及时处置。要及时取走胎衣，防止被母牛吃掉，引起消化机能紊乱。母牛产后还会从阴道排出恶露，这是正常生理现象，一般 15～17 d 即可停止。

为防止产道感染，产后一段时间需用来苏尔擦洗外阴。做好产后子宫净化工作，一般采用抗菌、防腐消毒药液冲洗，也可根据情况辅助使用激素治疗。子宫净化时应注意冲洗液和冲洗的器械一定要消毒彻底，防止治疗过程中的重新感染。

第四节　现代繁殖技术

动物繁殖技术是生物技术的重要分支。繁殖技术从20世纪50年代人工授精技术到20世纪70年代胚胎移植技术的应用,似乎才真正开始动物繁殖技术的新纪元。牛的繁殖技术在过去的50年里取得了显著进展,这是一个以人工授精起始的连续过程。现代繁殖技术的应用,不仅对养牛业生产具有重大意义,它的更为巨大的意义还在于能直接应用于育种和改良工作中,利用此技术,可使生产性能低的粗放的原始品种的牛群,直接产出生产性能和经济价值极高的优秀后代,大大扩大了优秀母牛对牛群的影响,争取了时间,提高了养牛业的高效益,大大加快了育种工作和改良工作的进程。

繁殖新技术,既是提高母牛繁殖力的超常规的新技术,又是育种和改良工作中的先进有效手段。现已在生产中广泛使用的新技术有同期发情技术、诱发发情技术、超数排卵技术、性别控制技术、胚胎移植技术、牛胚胎生物工程技术。

一、同期发情技术

同期发情是一种人为控制动物发情的方法,通过利用激素处理牛,可以使一群不同时期发情的母牛能在大致相同时间内发情。

(1)一次PG法　对进行直肠检查有功能性黄体的牛,一次性肌肉注射前列腺素2 mL或子宫注射1 mL。

(2)二次PG法　在被处理母牛注射前列腺素2 mL或子宫注射1 mL。后10～12 d,统一第二次注射同样剂量的前列腺素。

(3)孕酮栓＋PG法　母牛群放孕酮栓后第14天注射氯前列腺素2 mL(图5.17、图5.18)。

(4)复合孕激素法　孕激素能够使卵巢上的卵泡发育和母牛发情。持续给母牛提供孕激素,这样即使母牛黄体退化后也不能发情。同时撤除孕激素后,由于大部分母牛卵巢上已没有黄体,所以抑制被解除后,母牛群同时卵泡发育和发情,从而达到同期发情的效果。

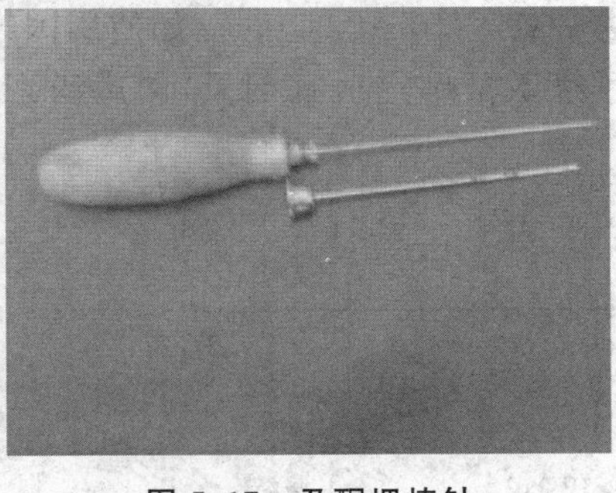

图5.17　孕酮埋植针

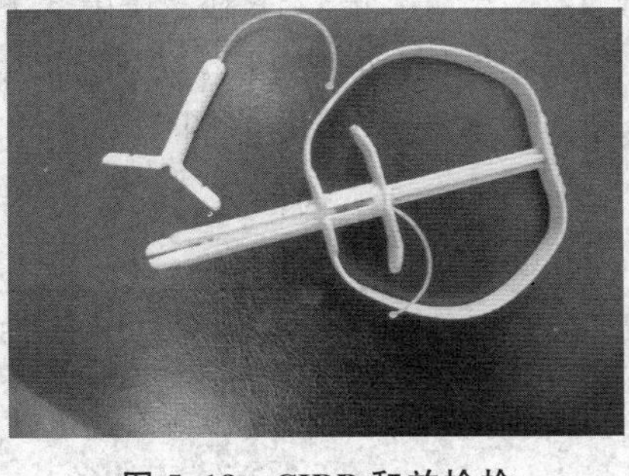

图5.18　CIDR和放栓枪

二、诱导发情技术

诱导发情是指人工引起发情，即在母牛乏情期，借助外激素引起正常发情并进行配种，缩短母牛的繁殖周期，使之比在自然发情的情况下能提前配种，增加胎次，产生较多的后代，以提高繁殖率。另外，对于某些因病理原因（如存在持久黄体）而使卵巢机能减退，长期不发情而需利用人工方法引起发情的，亦称之为诱发发情。诱发发情还可应用于初情期前的青年母牛，使之性成熟提前，从而提早进行配种，繁殖后代。具体方法有：

(1)孕马血清　孕马血清中的促性腺激素具有促黄体素和促卵泡素活性，可促进卵泡的发育、成熟、发情和排卵。每头乏情母牛一次注射 1 000～1 500 IU。

(2)孕马血清与三合激素联用　乏情母牛每 100 kg 体重注射三合激素 0.6～0.8 mL，注射后 2～4 d 发情率 90%，可起到同期发情作用，情期受胎率 44%以上。第一情期受胎率偏低，但恢复正常发情周期后受胎率提高。三合激素与孕马血清联用，效果好于二者单用。

(3)孕马血清与新斯的明联用　新斯的明使平滑肌兴奋，可刺激子宫、输卵管和卵巢活动。乏情母牛肌肉内注射新斯的明 3 次，每次 10 mL，每次间隔 3 d。第三次同时注射孕马血清（1 000～15 000 IU），可使受胎率提高 40%。

(4)孕马血清与前列腺素合用　前列腺素有促进黄体退化和卵泡发育的作用。在母牛注射孕马血清后，往其子宫内注入 0.5～1 mg 国产前列腺素，具有明显的催情和受胎效果。

(5)宫注抗菌素　在生产中对屡配不孕、子宫轻微感染的母牛，以 7%葡萄糖液 50～100 mL 稀释青、链霉素各 50～100 万 IU，在输精后注入子宫，受胎率可有明显提高。

诱导发情，应根据母牛所处的生理状态不同而采取不同的处理方式。如对产后长期不发情的母牛，可用孕激素处理 1～2 周，即可发情，若在处理结束时注射 PMSG 1 000 IU，效果更好；对因有持久黄体而长期不发情的母牛可注射前列腺素 $F_{2\alpha}$ 或其类似药物，使黄体溶解，即可发情。人工诱发发情处理后，母牛第一次发情不配种，第二次发情开始正常配种。

三、超数排卵技术

超数排卵是指将供体母牛经激素处理，使其发情，并能排出数量较多的发育成熟的卵子，适时输精，以获得数量稳定的可移植的胚胎。

(1)促卵泡素（FSH）减量注射法　供体牛在发情后的 9～13 d 肌肉注射 FSH，早晚各一次，间隔 12 h，分 4 d 减量注射。在第 3 天时同时宫注 $PGF_{2\alpha}$ 2.0～2.4 mg。如使用国产 FSH 总剂量为 325 U 时，处理方法。超排剂量根据不同厂家激素确定适宜剂量，国产激素 320～360 U，进口激素 28～36 mg(图 5.19)。

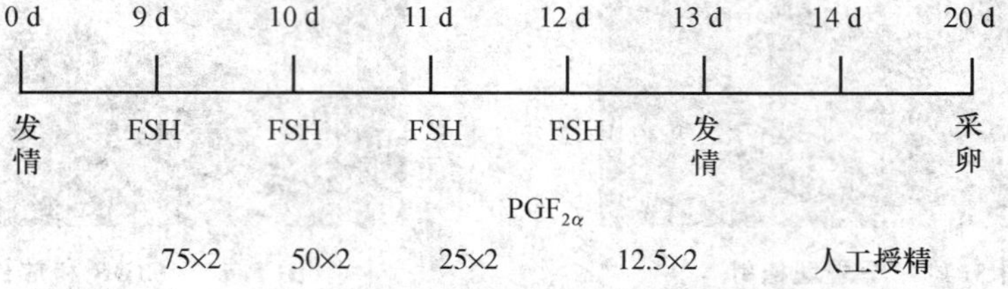

图 5.19　FSH 超排处理方法示意图

(2)孕马血清促性腺激素(PMSG)处理法　在情期的 11～12 d,一次肌肉注射 PMSG 2 500～3 000 IU,48 h 后宫注 $PGF_{2\alpha}$ 2.4 mg。发情后约 18 h 肌肉注射等量的抗 PMSG。

(3)发情观察和人工授精　$PGF_{2\alpha}$ 处理后 40～48 h,大部分处理牛发情。通常要求从宫注 $PGF_{2\alpha}$ 第 2 天傍晚开始观察发情,至少早晚各观察一次。在观察到接受爬跨后 4～6 h 进行第一次输精,间隔 12 h 后第二次输精。每次有效精子数不得少于 50×10^6,输入两侧子宫角或子宫体。注意输精时不得触摸卵巢。

四、性别控制技术

家畜胚胎的性别鉴定和后代性比例的控制,是现代畜牧科学研究和生产的重大课题之一。它对提高畜牧生产的经济效益有着十分重要的意义。

(1)胚胎的性别鉴定　目前,胚胎性别的鉴定主要是通过细胞学方法和免疫学方法两条途径。

①细胞学方法。用显微外科手术将胚胎内的细胞取出一些,在体外培养来观察 X、Y 染色体。10～12 d 的牛胚胎性别鉴定可靠性可达 70%左右。多态性(简称 RSP),利用性染色体 DNA 酶谱进行性别的鉴定。RSP 对遗传育种水平的提高、缩短后裔测定的时间,具有重要意义。

②免疫学方法。用特异抗体来测定雄性胚胎细胞表面上的 H-Y 抗原(一种组织相容性抗原)。它是只有雄性细胞才能产生的特异蛋白抗原,这种特异蛋白是由 DNA 翻译在 Y 染色体上,而且是每个雄性细胞膜上有成千上万个这种翻译过来的复本。所以,测定这种蛋白比观察性染色体(DNA)更为灵敏,因为 DNA 只有一个复本。

(2)性别比例的控制　近年来人们在控制后代性别比例方面,进行了一系列研究。大致可分为:处理精液(分离 X 精子、Y 精子)和控制环境因素使其有利于所需要的精子受精。分述如下:

①处理精液(分离 X 精子、Y 精子):近代研究证明,X 精子与 Y 精子在许多方面存在着一定差异。如 X 精子比 Y 精子头部大而圆,体及核也较大,Y 精子头部小而尖;X 精子与 Y 精子的 DNA 有含量差异,在牛方面差异为 3%～9%;精子膜的分布也有差异,Y 精子尾部膜电荷量较高,X 精子头部膜电荷量较高;Y 精子带有 H-Y 抗原,X 精子则无;Y 精子对 H-Y 抗原的抗力有反应,X 精子则无。利用 Q-M 法,发现染色体长臂末端的强荧光点,这些亮点称为荧光小体。用这种方法可以分离精子,也可用以鉴定其他方法分离的精子。但经过 Q-M 法处理的精子已被破坏而无受精能力。X 精子与 Y 精子的运动能力也不相同,Y 精子运动能力较强,在含血清蛋白的稀释液中呈直线前进运动。Y 精子较耐弱碱而不耐酸性,X 精子则较耐弱酸性而不耐碱性等。

其主要方法有:离心法、沉降法、过滤法、荧光色素标记法、电泳法、免疫法、流式细胞光度法等。但总结以上精子的各种分离方法,均尚未达到实用阶段。在有些方法及理论上也有争议。目前,国内外的研究正在继续开展,期待有较大突破。

②利用配种受精环境条件控制后代性别比例

a. 精氨酸法　日本黑木常春 1978 年以生理盐水稀释精氨酸分为高、中、低浓度,输精前 20～30 min 向阴道输入某一浓度溶液 1～2 mL,结果高、低浓度产雄性多,中等浓度的产雌性多。该方法具有取材容易、方法简单、操作方便、成本低廉、效果稳定等优点,便于在基层大面积推广。

b. pH 与性别比例的关系　由于决定雄性的基因位于 Y 染色体上，含有 Y 染色体的精子耐酸性差，在微酸环境中精子活率很快下降；含有 X 染色体的精子，其耐酸能力相对较强。当解冻液的 pH 低于 6.8 时，含有 Y 染色体的精子活力减弱，运动缓慢，在它还未到达受精部位并经获能后具有受精能力时，卵子可能已与含有 X 染色体的精子结合，故母牛妊娠后就多产母犊。如果解冻液 pH 高于 7 时，则含有 Y 染色体的精子活力增强，运动迅速，能较快地到达受精部位，与卵子结合的机会增多。所以，母牛妊娠后多产公犊。

五、胚胎工程技术

1. 胚胎移植技术

胚胎移植又称受精卵移植，也称为"借腹怀胎"或"人工授胎"，其含义为将一头良种母牛的早期胚胎用冲洗子宫的方法取出，或是经体外受精获得的胚胎，移植到另一头生理状态相同的母牛体内，使之继续发育成为新个体的技术。提供胚胎的个体称为"供体"，接受胚胎的个体称为"受体"，通常仅将优良的母牛作为"供体"。

胚胎移植的基本过程包括：供体和受体的选择、供体和受体的发情同期化、供体母牛的超数排卵和受精、以及胚胎的采集、检出、鉴定、保存和移植等。

2. 胚胎生物工程

胚胎生物工程是胚胎移植技术的延伸，包括胚胎冷冻、胚胎分割、胚胎融合、核移植、胚胎性别鉴定、卵母细胞的体外培养与体外受精及基因导入等。这些技术的出现不仅大大扩展了胚胎移植的研究与应用领域，而且展现出促进畜牧业发展的广阔前景，具有重大的理论意义和经济效益。

(1)胚胎冷冻保存技术　要建立胚胎库或长途运送胚胎，就需要解决胚胎冷冻保存问题。冷冻保存的方法大体可分为缓慢冷冻、快速冷冻和玻璃化冷冻三类。

(2)胚胎分割技术　胚胎分割就是用显微外科方法将胚胎分为两个或多个，目前已被用于增加牛的胚胎来源，并且可以产生许多同卵双生后代。分割后的两枚半胚，即使性别不明，也可移植给同一头受体牛，而不必担心造成异性孪生母犊不育问题(图 5.20)。

图 5.20　胚胎分割

胚胎分割前，一般均需先准备好空透明带，然后将分割后的胚细胞团移入空透明带内。牛分割后的两枚半胚，还可以移植一枚，冷冻储存一枚。如果所移植的半胚获得一头公牛，家畜改良站即可进行半胚公牛的遗传性能测定。如果证明是优秀个体，数年后将另一半胚胎解冻，移植成功，可得到遗传性能完全相同的孪生公牛。

(3)卵核移植技术　就是将优良牛胚胎的卵裂球分离开来，获得几十个具有优良遗传基因的供体核，然后将这些供体核分别注入一般牛的去核卵子中，产出遗传素质相同的后代。其目的是由一个优良胚胎(同卵)生出更多的优良后代，进一步提高优良牛的繁殖潜力。

(4)胚胎性别鉴定技术　胚胎性别鉴定就是在胚胎移植之前对胚胎进行性别鉴定，来控制下一代的性别，使之达到理想的性别比例，或者让母牛只怀同性双胎，避免产生异性孪生母犊。

第五节　繁殖管理技术

奶牛繁殖管理的重要性“抓奶先抓配”要想让奶牛高产，必须抓好配种关，否则品种再好的奶牛产犊第二年产奶量也会急剧下降。对于一个牛场来讲，繁殖技术管理的好坏将直接影响着整个牛群的生产水平，而繁殖水平的高低绝不是做好某一项工作而奏效。只有不断改善繁殖管理，提高繁殖技术水平，以及与繁殖技术有关的各个环节必须采取综合技术措施，才能取得预期的生产效果。

一、繁殖力指标及其统计方法

母牛的繁殖力是以繁殖率来表示的。繁殖率表示本年度内实繁母牛数占应繁母牛数的百分率。

繁殖率＝年实繁母牛头数÷年应繁母牛头数×100％
＝本年度内出生犊牛数÷上年度终适繁母牛数×100％

此项指标也是衡量牛场生产技术管理水平的指标之一。根据母牛繁殖过程的各个环节，繁殖率应该是包括受配率、受胎率、流产率、分娩率、产仔率及仔畜成活率5个内容的综合反映。

(1)受配率　指本年度内参加配种的母牛占适繁母牛的百分率。不包括因妊娠、哺乳及各种卵巢疾病等原因造成空怀的母牛。主要反映牛群内适繁母牛发情配种的情况。

受配率＝配种母牛数/适繁母牛数×100％

适繁母牛是指达到适配年龄后一直到丧失繁殖能力的母牛。

(2)受胎率　指本年度内受胎母牛数占配种母牛数的百分率。在受胎率统计中又分为总受胎率、情期受胎率、第一期情受胎率和不返情率。

①总受胎率。表示年内妊娠母牛数占配种母牛数的百分率。

总受胎率＝ 年受胎母牛数÷年配种母牛数×100％

②情期受胎率。表示妊娠母畜数与配种情期数的比率。

情期受胎率＝ 妊娠母畜数÷配种情期数×100％

③第一情期受胎率。表示第1次配种受胎母牛数，占第一情期配种母牛总数的百分率。包括青年母牛第1次配种或经产母牛产后第1次配种后的受胎率。

第一情期受胎率＝第一情期受胎母牛头数÷第一情期配种母牛总数×100％

④不返情率。表示配种后一定时间内未再表现发情的母牛头数占配种母牛总头数的比率。统计的时间有配种后30 d、60 d、90 d等。

不返情率＝配种后未再发情的母牛数÷总配种母牛数×100％

(3)分娩率　指本年度内分娩母牛数占妊娠母牛数的百分比，反映维持妊娠的质量。

$$分娩率=分娩母牛数/妊娠母牛数\times 100\%$$

(4)流产率　表示流产的母牛数占受胎母牛数的百分率。

$$流产率=流产母牛头数\div 受胎母牛头数\times 100\%$$

牛在统计流产率时应包括妊娠未满7月龄的死胎，凡满7月龄而未足月分娩的应称早产。

(5)产犊间隔　指母牛两次产犊平均间隔天数。产仔间隔短，繁殖率就高。

$$产犊间隔=\sum 胎间距\div n\times 100\%$$

式中：n 为头数；胎间距为当胎产犊距上胎产犊的间隔天数；$\sum$ 胎间距为 n 个胎间距的合计天数。

统计方法：①按自然年度统计。②凡在年内繁殖的母牛，除一胎牛外，均应进行统计。

(6)犊牛成活率　表示出生后3个月时犊牛成活数占产活犊牛数的百分率。

$$犊牛成活率=生后3个月犊牛成活数\div 总产活犊牛数\times 100\%$$

二、影响牛繁殖力的主要因素

1. 遗传因素

繁殖力受遗传的影响，牛品种之间有差异，就同一品种间也存在差异。在生产中可以选留一些繁殖能力强的母牛作为种母牛来进行繁殖。

2. 环境因素

季节、温度、湿度和日照等都会影响到牛的繁殖力。温度过高或过低都可降低繁殖效率。在我国多数地区，夏季炎热，冬季寒冷，牛的繁殖率包括发情率与受胎率都比较低，而春、秋两季温度适宜，牛的繁殖率也都较高。因此，为了提高牛的繁殖率，必须具备理想的环境条件，尤其是在炎热的夏天要注意防暑降温，而在寒冷的冬天则要注意防寒保暖。

3. 营养因素

营养是影响牛繁殖力的重要因素，两者间的关系日益受人们的重视，尤其对母牛的发情、配种、受胎以及犊牛成活起着决定性的作用。低营养水平饲喂的泌乳母牛，其卵巢不活动期长，如成年母牛营养不良，会造成安静发情，特别是在繁殖季节开始前更为显著。营养过度必引起肥胖，也会影响牛的繁殖机能。

4. 管理因素

家畜繁殖主要受人类活动的控制。良好的管理工作应建立在对整个畜群或个体繁殖能力全面了解的基础上，合理的放牧、饲养、运动或调教、使役、休息、牛舍卫生设施和配种制度等管理措施，均影响家畜繁殖力。管理不善，不但会使一些家畜的繁殖力降低，也可能造成不育。管理因素对牛繁殖力的影响十分重要，但又是最容易受到忽视，管理涉及的内容较多，但对牛繁殖力有直接影响的是繁殖管理。

5. 繁殖技术因素

牛场繁殖技术水平的高低与母牛的繁殖力密切相关。

三、提高牛繁殖力的技术措施

1. 改善饲养管理，实行科学养牛

科学的饲养管理对牛的发情、配种、受胎及犊牛成活起决定性作用。

能量不足会推迟后备牛的性成熟和适配年龄；延迟产后发情，严重时会出现发情周期停止，或有发情周期但不表现发情症状；对于妊娠的母牛，能量不足会造成胎儿早期死亡或流产、分娩无力、生出弱犊等。而能量过高又会使奶牛肥胖，使生殖道周围脂肪沉积过多，卵巢周围脂肪浸润，阻碍卵泡发育，甚至阻塞或压迫输卵管，影响受精。

蛋白质不足会导致生殖器官发育受阻和机能紊乱，后备母牛发情推迟，成年母牛发情失常，出现死胎、流产。而蛋白质水平过高，会使尿素或氨的水平升高，推迟产后发情。

矿物质中，磷对奶牛的繁殖力影响最大。缺磷会推迟性成熟，性周期停止，影响成年母牛的受胎率，还会出现死胎、弱胎等。缺钙会造成母牛胎衣不下，影响产后怀孕。每头成年母牛需日补磷 10～12 g(一般日补 50～70 g 的磷酸氢钙即可)，钙、磷比例以 2∶1 为好。此外，一些微量元素，如硒、钼、铜、镁、碘、钴、锰等对奶牛的繁殖和健康都有一定的影响，不可忽视。如硒的缺乏，除了胎衣不下发病率升高之外，牛群患子宫内膜炎、卵巢囊肿、不发情以及胚胎死亡的发病率也上升。

在维生素中，对繁殖影响最大的是维生素 A。维生素 A 缺乏会导致母牛不孕、流产、死胎、弱胎，或产出瞎眼的犊牛。避免维生素缺乏的最好方法是补饲青饲料或直接补充维生素添加剂。据资料报道，通过青饲或放牧条件下比在舍饲(既无青饲又不补充维生素添加剂)的条件下受胎率高 17.5%。

对初情期的牛，更应注意蛋白质、维生素和矿物质的供应，以满足其性机能和机体发育的需要，但需提醒的是，过高的营养水平，常可导致公牛性欲及母牛发情的异常。

运动和日光浴对增强牛的体质、提高繁殖机能有着密切的关系。牛舍内的通风排水不良、过度潮湿、空气污浊、含氨量超过 0.02 mg/L，夏季闷热，冬季酷冷，这样的恶劣环境，容易危害牛的健康，一部分敏感的个体，很快便停止发情。因此，改善卫生管理条件也很重要。

2. 搞好发情鉴定，适时输精

牛发情的持续时间短，并且接受爬跨的时间多在 18:00 至翌日 6:00，特别集中在晚上 20:00 到凌晨 3:00 之间，因此不易观察。为尽可能提高发情母牛的检出率，每天早、中、晚要进行定时观察，具体时间可安排在早晨 7:00、中午 13:00、晚上 23:00，每次观察时间不少于 30 min。按上述时间安排观察母牛发情，一般发情检出率可达 90%以上，同时，应采用直肠检查法进行发情鉴定，以便准确判断卵泡发育程度，适时输精，提高受胎率。目前许多输精站所采取的是两次直检，两次输精的办法，效果较好。

值得注意的是，奶牛产后一旦发情，要适时配种，不可拖配。据研究，奶牛产后 20 d 内发情的配种受胎率最低，60 d 左右最高，80～100 d 以后也较低，因此，最好在产后第 1～2 个情期将牛配准，以免久配不孕。

3. 养好种公牛，保证精液质量

优质精液对于保证母牛受胎起着重要作用。尤其冷冻精液人工授精的推广，对公牛精液品质的要求就更高了。生产中所出现的精子活率低、畸形率高、死精等异常现象，主要是种公牛的饲养管理不当所致。因此，必须要养好种公牛，为种公牛提供充足优质的营养。还要注意运动,以保持牛旺盛的活力和健康的体质,也有利于预防牛蹄病。

4. 重视早期妊娠检查,狠抓复配

母牛配种后的18～20 d应及时进行第一次妊娠检查。如确定没有妊娠,要查出配不上的原因,采取相应的措施,及时补配。

另外,母牛妊娠后,还可能会产生胚胎早期死亡的现象。这种现象多发生在受胎后的16～40 d。所以,即使第一次检查受胎,隔20～30 d仍需再进行第二次检查。

5. 加强疾病防治,培育健康牛群

(1)克服繁殖障碍性疾病　生产中由于繁殖障碍性疾病导致不孕的现象较为普遍,值得重视。如不发情、持续发情(又叫常发情或慕雄狂)、先天性不育(如宫颈狭窄或位置不正、阴道狭窄、两性畸形、异卵双胎母犊、种间杂交的后代、幼稚病)、子宫内膜炎及卵巢疾患等。要注意预防和治疗这些疾病。对于先天性不育,除幼稚病外,多数是属于永久性的,应该及早地从牛群中淘汰。异性双胎中90%以上母犊先天不孕,应及早淘汰。

对患传染性疾病如布鲁氏菌病牛或滴虫病牛,应严格执行传染病的防疫和检疫规定,按规定及时处理。对疑因传染病引起的难孕牛或流产牛,应尽快地查明原因,采取相应措施,以减少传染病的蔓延。对于子宫或卵巢炎症等一类非传染性疾病,应根据发病的原因,从管理、激素治疗等方面着手,做好综合防治工作。

(2)应用激素或药物治疗生殖疾病　配种前后,给母牛施用某些激素或药物,可有效地改变子宫内环境,促进排卵,治疗疾病,提高受胎率。

6. 做好防流保胎工作,提高产犊率

奶牛场的怀孕母牛都有固定槽位,比较安全。但也应注意挤奶后不要把孕牛与其他牛同时放行,一般在其他牛放走后再放孕牛,以免抢道而挤伤。肉用品种的怀孕母牛舍要比肥育牛舍宽敞,以防挤、压、相互顶撞。

7. 利用高新科技,提高优良母牛的繁殖力

利用超数排卵、一卵双胎、性别控制及胚胎移植、冷冻、切割技术等,可以极大地提高优良母牛的繁殖力,具有广阔的发展空间。

知识拓展　奶牛繁殖技术指标

年总受胎率≥90%	情期受胎率≥60%
年流产率≤6%	年繁殖率≥85%
年空怀率≤5%	年漏情率≤15%
胎间距400 d	初产月龄≤30月龄
产犊后50 d内出现第一次发情的母牛比率≥75%	
正常发情周期的比率≥85%	
半年以上未妊牛只比率≤5%	

目标检测

一、填空

1. 母牛的发情周期平均为(　　)d,发情持续时间短,平均(　　)h,妊娠期平均(　　)d。

2. 育成母牛初配年龄,具体应看个体的生长发育状况,以成年牛为标准,当个体的体重达到成年的(　　)%、体高达(　　)%、胸围达(　　)%时为初配适龄。

3. 如果在一个发情期输精两次,可在母牛接受爬跨后(　　)h 进行第一次输精,间隔(　　)h 后再进行第二次输精。若上午发现母牛发情,则(　　)进行第一次输精,(　　)进行第二次输精;若下午发现母牛发情,则在(　　)进行第一次输精,(　　)进行第二次输精。

二、判断对与错

1. 大型、晚熟品种,性成熟需长到 12 月龄或更晚,一般公牛较母牛为晚。
2. 母牛性成熟后即可以进行配种参加生产。
3. 发情初期时滤泡发育缓慢,性激素含量增加,母牛静立不动接受公牛爬跨。
4. 发情盛期的时候滤泡壁变薄,触之波动性强。
5. 母牛的排卵时间通常发生在发情结束后 10～12 h。

三、简答

1. 简述母牛发情特点。
2. 母牛卵泡发育分为哪几个时期?
3. 简述母牛发情鉴定的方法
4. 如何进行直肠把握输精?
5. 奶牛的人工授精有哪些优越性?
6. 提高母牛受胎率的管理技术措施。
7. 如何判断母牛是否妊娠?
8. 牛的分娩步骤有哪些? 接产时要注意那些问题? 处理难产应注意哪些方面?

四、计算

甲乙两头荷斯坦母牛分别于 2012 年 10 月 1 日和 2013 年 1 月 25 日配种受胎,它们的预产期为何时?

第六章

挤奶岗位技术

知识目标

1. 了解奶牛挤奶原理。
2. 了解挤奶机的结构和工作原理。
3. 了解乳腺炎病因。

技能目标

1. 掌握手工挤奶方法。
2. 掌握规范的挤奶技术操作规程。熟练操作挤奶设备,能够周期性清洗、维护及保养设备。
3. 能够及时诊断乳腺炎并采取相应处置手段治疗和预防。

第一节 手工挤奶

手工挤奶是一种传统的挤奶方式,也是挤奶效果较好的方法之一。即使采用机械挤奶,也需要与手工挤奶相配合。手工挤奶可以直接观察挤出乳汁的形态,容易发现乳房的异常情况。母牛产犊后1周以内乳房水肿严重,必须采用手工挤奶。当母牛患乳腺炎时也必须采用手工挤奶。手工挤奶比较灵活,可根据乳房的具体情况进行挤奶操作,能有针对性地对乳房进行照顾。因此,作为挤奶厅工作人员必须熟练掌握手工挤奶技术。

乳头的开口处有一组环状肌肉(括约肌),使乳头保持关闭状态。通常若外界压力不超过括约肌收缩压,牛奶不会从乳腺池和乳头池流出。然而,一些奶牛由于排乳反射过强或括约肌松弛会引起漏乳。原因是挤奶前乳房压力升高,超过乳头括约肌的强度。乳头内外的压力差是括约肌放松及排乳的先决条件。牛奶常通过哺乳小牛、手工挤奶和机械挤奶手段排出乳房。

一、排乳反射

按摩或犊牛吸吮乳房时,母牛乳头和乳房皮肤的神经受到刺激,传至神经中枢,导致垂体后叶释放催产素，经血液循环到达乳腺，从而引起乳腺泡的肌上皮细胞收缩，与此同时来自大脑的神经冲动使大的乳导管和乳池周围的平滑肌松弛，使乳腺泡腔内和末梢导管内贮存的乳汁受挤压而排出，迅速进入乳池，此过程称排乳反射（图 6.1）。

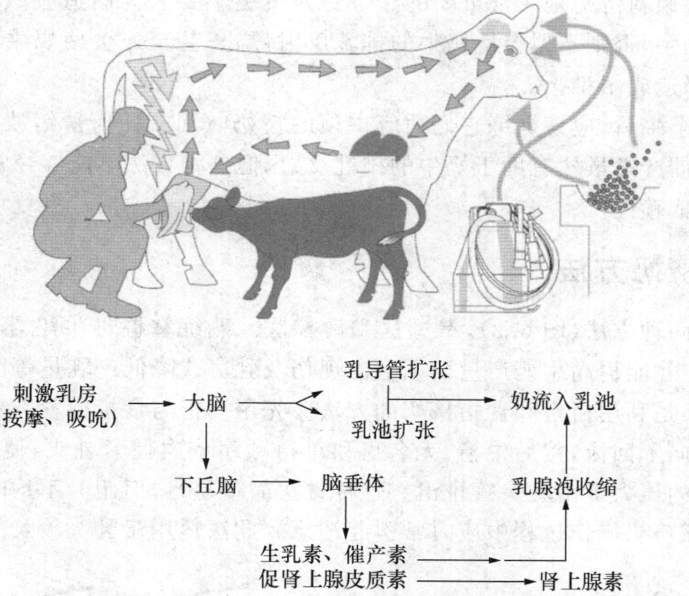

图 6.1 排乳反射示意图

排乳反射对挤奶是非常重要的。奶牛在两次挤奶之间分泌的乳，60%的乳汁储存于乳腺泡及与其相连的小乳导管内，其余 40%存在于大乳导管和乳池内，只靠挤奶操作的物理机械作用（外界对乳头的压力和乳房内外的压力差），只能挤出乳池中及一小部分导管系统中的奶，而大部分贮存于乳腺泡及导管系统中的奶不能被挤出，只有靠排乳反射才能挤出乳房内大部分（或全部）的奶。引起排乳反射的刺激包括对乳房和乳头的按摩刺激和挤奶的环境条件等。例如，母牛看到小牛的存在；小牛吸吮或挤奶员清洁乳头的接触；挤奶前听到经常发出的声响（音乐或挤奶机运作声音）。

血液中的催产素浓度在开始刺激的 2 min 内达到最高峰，随后急剧下降并很快结束。乳汁流向乳头的速度因而显著减缓。若长时间地擦拭按摩乳房可能错过最佳挤奶时机，而降低产量。虽然可能有第二次的催产素释放，但其作用效果通常都比第一次弱得多。因此，正确的刺激是用手轻轻按摩刺激乳房约 30 s，之后立即开始挤奶。所以在清洗和消毒乳房时，只把乳房上面粘有的污物去掉并进行适当的按摩即可。擦拭按摩时间过长有时也会伤及乳头口，进而发生乳腺炎。严格按照泌乳生理规律进行挤奶操作，可在预防乳腺炎发病的同时降低牛奶中细菌和体细胞数量。

二、排乳抑制

奶牛的排乳反射在生产上称为放乳。在放乳过程中，如果奶牛受到不良的外界刺激，引起儿茶酚胺分泌增加，肾上腺素和去甲肾上腺素分泌加强，导致乳腺导管系统和血管平滑肌细胞张力增大，血管收缩，减少乳房血液来源，使到达乳腺泡肌上皮细胞的催产素减少，并直接阻止催产素与肌上皮细胞结合,使乳房处于缺乏足够催产素的状态下,排乳反射受到抑制或停止。干扰如果发生在排乳反射之前,也可能产生妨碍垂体后叶释放催产素的作用。

由此可见,在挤奶过程中保持环境的安静,避免挤奶母牛受到外界的不良刺激,对于保持良好的排乳反射,顺利挤奶是非常重要的。挤奶人员更不要人为制造应激因素,如操作粗鲁,甚至恐吓、打骂奶牛,否则不但会使奶牛的排乳反射停止,甚至还会使奶牛形成不良的条件反射,给以后的挤奶造成困难。

奶牛产头胎小牛后,应该训练它们适应拱顶的挤奶时间。任何情绪波动均可抑制奶牛的排乳反射。注射催产素虽然有助于奶牛的排乳反射,但这种方法不能够经常使用,因为它可导致奶牛对催产素依赖性。

三、手工挤奶方法

手工挤奶有两种方法(图 6.2),拳握法和滑榨法。熟练掌握母牛泌乳的基本生理过程以及挤奶操作方法,才能提高牛奶产量而不会出现伤及乳房或降低产乳量等问题。

(1)拳握法　是利用拇指和食指挤奶的方法。先用拇指与食指握紧乳头上端基部,使乳头乳池中的奶不能向上回流,然后中指、无名指和小指顺序依次握紧乳头,使乳头乳池中的奶在手掌和手指形成的压力下由乳头管排出。这种方法简单易行,但用力不均时,久而久之容易使乳头拉长,所以在挤奶操作过程中应时常引起注意。此法适用于乳头较长的奶牛。

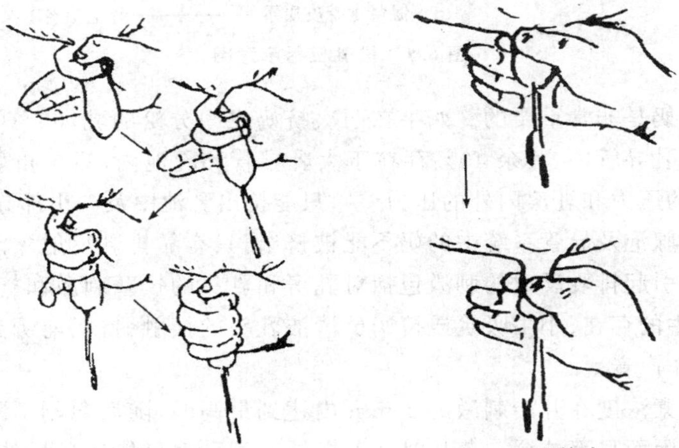

一、拳握法　　二、滑榨法

图 6.2　手工挤奶

(2)滑榨法　是利用拇指和食指先压紧乳头根部,然后用中指、无名指及小指的先后顺序挤压乳头,把乳汁挤压出来的方法。操作时两手交替进行不能减缓,保持一定的匀速,一气完成挤奶。此法适用于乳头较短的奶牛。滑榨法易对乳头皮肤造成伤害,因而如果乳头长度允许应尽量采用拳握法挤奶。

手工挤奶开始时,挤奶工通过手按摩乳房和模仿犊牛吮吸乳汁的动作促使母牛做出排乳准备。当观察到母牛有了排乳反应时就可以开始挤奶,一般熟练的挤奶员用两手同时抓住对角的乳头一前一后地交替挤出乳汁。当挤干这对乳头乳汁后,换另一对对角乳头进行挤奶,直到乳汁全部挤干为止。挤奶员将牛奶挤入奶桶中后,经纱布或滤网过滤集中至 30 kg 或 50 kg

装量的奶桶中进行冷却。

第二节 机械挤奶操作

机械挤奶是提高奶品质量和工作效率，减轻工人劳动强度的关键技术措施之一，可以保证牛奶清洁、卫生，减少奶牛的患病率。机械挤奶设备包括真空系统、挤奶器（包括乳头杯、脉动器、集乳器及连接软管）、各种管道和其他辅助设备，按照不同方式组装，形成能够完整地完成挤奶作业的整体。

挤奶机可以在几分钟内将乳房内80%～90%的牛奶挤出，而不需增加挤奶杯的质量或额外的人工辅助。遵循操作程序可以获得高效挤奶。挤奶过程中的每一步骤都必须小心操作以免奶牛受到惊吓或伤害。只有奶牛放松时其排乳反射才更加明显自然，相反，奶牛若在挤奶期间受到惊吓或感到疼痛，产乳量可降低20%以上。

采用固定式挤奶设备的牛场在挤奶前要认真清洗挤奶厅，并将待挤的奶牛通过牛只走廊引导到挤奶厅外面的待挤奶厅内。采用管道式和移动式挤奶设备的牛场在挤奶前要仔细清扫牛舍，并注意防止空气中的尘埃过多浮起。

操作人员、环境（栏杆或挤奶厅）以及奶牛的总体清洁卫生程度的提高有助于减少乳腺炎的传播并能保证牛奶质量。例如，奶牛乳房上的长毛应用剃刀剃除，以减少粘在毛和皮肤上的脏物、粪便及垫草。为了保障挤奶的卫生和便于评价卫生状况，Reneau 等(2005)开展了一项奶牛挤奶卫生状况的评价标准，见图6.3。

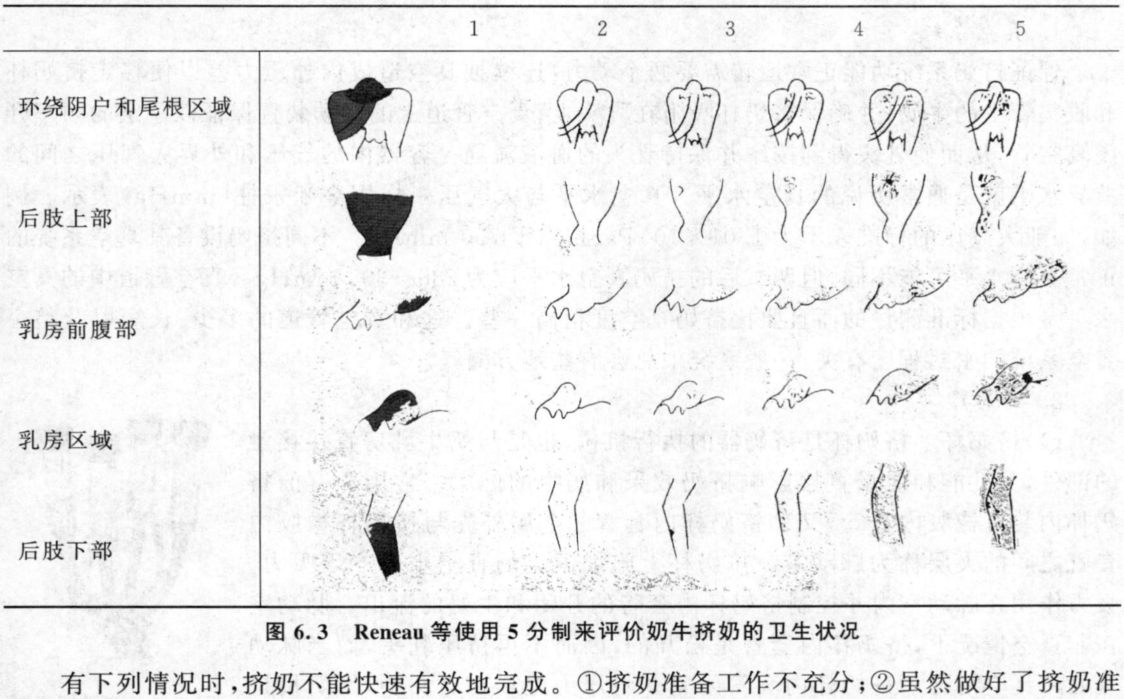

图6.3 Reneau等使用5分制来评价奶牛挤奶的卫生状况

有下列情况时，挤奶不能快速有效地完成。①挤奶准备工作不充分；②虽然做好了挤奶准备工作，但未能及时开始手工挤奶或接上挤奶杯；③导致奶牛疼痛（如受伤）或恐惧（如大声哞叫)的反常环境条件;④挤奶机不能正常工作。

一、挤奶机结构原理

机器挤奶设备的种类和样式很多,但各种设备的结构和工作原理基本相同,主要由真空系统、奶杯组、脉动器、牛奶收集系统和设备清洗系统等组成(图 6.4)。其工作的基本原理可以概括为:

①利用真空系统在整套设备作业过程中建立起稳定的真空环境。

②通过脉动器,将真空系统提供的稳定真空转换为脉动真空,并传送到乳头杯的脉动室,使乳头杯有规律地吮吸和挤压。

③通过集乳器将从 4 个乳头吸出的牛奶汇集起来,由牛奶收集系统输送到贮奶罐内,做暂时保存。

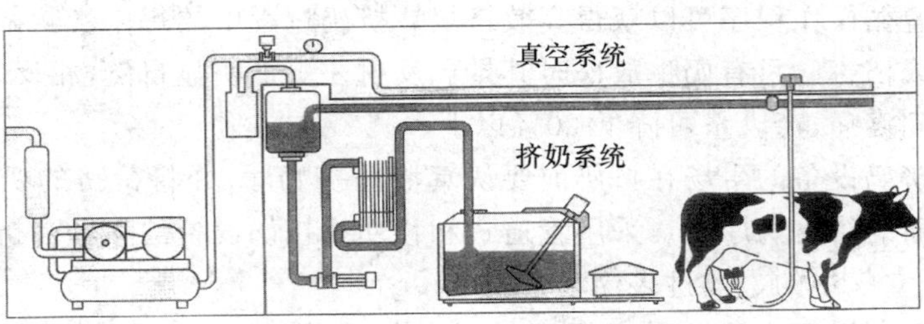

图 6.4 机械挤奶(引自《利乐手册》)

二、挤奶机结构构成

1. 真空系统

保证挤奶系统功能正常运转需要两个动力:连续抽真空造成内外压力差以便移走挤奶杯和收集管中的牛奶,并确保挤奶杯吸附在乳头上;真空管道上的脉动装置保证以一定的频率开闭真空管,从而使乳头得到按摩并保持乳头的血液流通。容器内的气压和外界大气压之间的差异水平就是通常所说的真空水平。真空水平与大气压一样用毫米汞柱(mmHg)表示。例如,一般大气压的标准表示为 1.01×10^5 Pa、相当于 760 mmHg。不同挤奶设备其真空系统的正常真空水平可能不同,但调试后的挤奶真空水平应为 280～305 mmHg。真空管道中的真空水平是根据标准测量的而且要比挤奶真空度稍高一些。这和真空管道的多少、长短以及整个真空系统的密封程度有关,一般系统中总会有些地方漏气。

2. 挤奶器

(1)挤奶杯　挤奶杯是挤奶器的执行机构,也是与奶牛乳房直接接触的部件,其性能和质量直接影响挤奶效果和奶牛的健康。常用金属的挤奶杯内装有橡胶内套管,又称挤奶杯内套管。金属外壳与挤奶杯橡胶内套管之间的夹层称为脉动室。挤奶杯上施加恒定的真空水平产生吸力。吸力作用在脉动室内并控制挤奶杯内套管的开闭和牛奶的流出。脉动室在非真空情况下,挤奶杯内套管是松开的,因而不再挤压乳头,而当脉动室处在真空情况下挤奶杯内套管闭紧并将压力施加在乳头上,挤奶机挤奶杯有节奏地变换(非真空和真空状态)以产生按摩乳头的效应(图 6.5)。

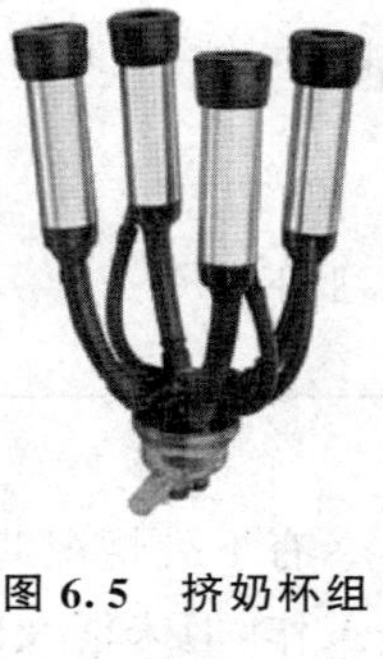

图 6.5 挤奶杯组

挤奶杯内壳应该按时更换。如果挤奶杯内壳破损，则应立即更换。更换挤奶杯内壳的一般建议：合成橡胶，挤奶 1 000～1 200 次；天然橡胶，挤奶 500～700 次；硅胶内套管，挤奶 5 000～10 000 次。

(2)脉动器　是一种将系统中稳定真空变为乳头杯所需的脉动真空的装置，控制着整个系统的作业节奏，直接影响着挤奶设备的性能，因此被称为挤奶设备的“心脏”(图 6.6)。

①脉动周期：一个脉动周期指脉动器完成一次挤奶相和一次按摩相所需要的时间。

②脉动频率：指脉动器 1 min 内完成的脉动周期数。市场上出售脉动器的脉动频率为 40～70 次/min。例如脉动频率为 60 意味着乳头内套管打开 60 次并且关闭 60 次。一般挤奶器的脉动频率定在 45～75 次/min。挤奶速度在脉动频率 60 时比脉动频率 40 时稍快一点。脉动频率不能过高也不能过低，过高容易导致乳头括约肌过于松弛而闭合不严，使病菌进入乳头，诱发乳腺炎；过低时将延长每个循环中吮吸节拍所占的时间，易使乳头充血，诱发乳房疾病。

③脉动比率：指每个脉动循环中吮吸节拍与挤压节拍相比所占用的时间百分比，通常为 50%～65%。脉动比率过低时，挤奶速度显著减慢，过高时虽能加快挤奶速度，但很容易引起乳头充血，进而诱发乳房疾病。脉动比率也可以表示成抽真空状态(关闭挤奶杯内套管)与不抽真空状态(打开挤奶杯内套管)的时间比。典型的比值一般是 60∶40，也就是说有 60%的时间处在抽真空状态。

一些挤奶机被设计为 4 个挤奶杯同时挤奶，然后 4 个挤奶杯同时按摩。一些挤奶机被设计为交互挤奶，当两个挤奶杯膨胀元件正在挤奶时，其他两个挤奶杯膨胀元件正在按摩。

(3)集乳器　集乳器是用来将 4 个乳头杯的牛奶汇集起来，再迅速地输送出去的装置，还兼有将脉动器输出的脉动真空分配给各个乳头杯的作用，见图 6.7。

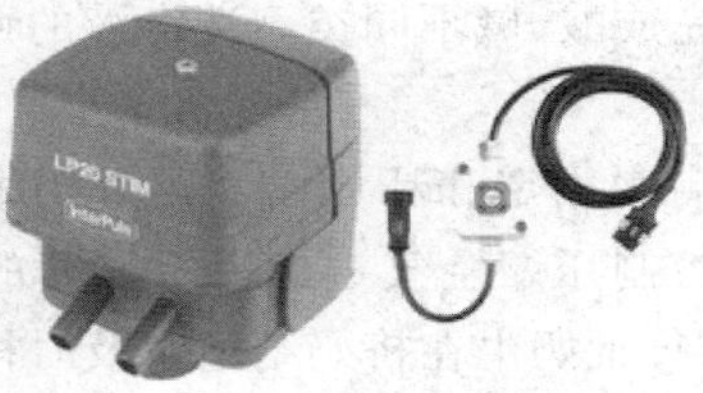

图 6.6　脉动器

图 6.7　集乳器

如果乳头室内真空度波动较大时很容易造成回奶，进而诱发乳房疾病。而集乳器的容积大小则直接影响乳头室真空度的稳定性。要求其有效容积不小于 80 mL。目前使用的集乳器的有效容积多为 240 mL 以上，有的先进挤奶设备的集乳器容积已经扩增到 400 mL 以上。

3. 牛奶收集输送系统

牛奶收集系统包括从集乳器直到贮奶罐之间所有的设备和管道，主要有计量器、集奶罐、奶泵、输奶管和贮奶罐。收集到挤奶杯内的牛奶应尽快输送。输送系统必须设计适当，使得牛奶流动既快又不阻塞管道或倒流回挤奶杯内。

(1)牛奶计量器　牛奶计量器是一个有计量刻度的玻璃瓶，安装在集乳器和输奶管道之间，用来计量个体奶牛一次的挤奶量。常用的牛奶计量器有计量瓶和比例分流计量器两种。

传统的计量瓶一般容积为 20～30 L,每头奶牛在整个挤奶过程中所被挤出的牛奶暂存于计量瓶内,待该头奶牛的挤奶作业完成以后,直接读出牛奶液面位置(奶量)。人工记录时采用目测方式,而自动记录时则采用超声波测出(图 6.8)。

(2)集奶罐、奶泵及贮奶罐　集奶罐用于汇集输奶管路流出的牛奶并由此通过奶泵将牛奶输送到牛奶预冷却器和牛奶冷却贮存罐。集奶罐上装有自动控制内部奶液平面高度的装置,底部通过管道与奶泵的吸入管相通。当集奶罐内的奶量达到设定值时,液位检测及控制装置启动奶泵,将集奶罐内的牛奶泵入贮奶罐。贮奶罐用来暂存已经冷却的新鲜牛奶并在 4℃下保存直至运出,其容积根据奶牛场牛群规模而定,一般总容积最多可贮存 2 d 的产奶量(图 6.9)。

图 6.8　计量瓶

图 6.9　直冷式贮奶罐

4. 清洗系统

挤奶设备的清洗系统用于清洗挤奶后残留在输奶管道壁上和容器内表面上的奶垢,以及杀死残留在上面的细菌和微生物。清洗系统由乳头杯冲洗架、冷热水供给系统、洗涤剂供给系统、程序控制系统等组成,整个清洗过程在程序控制系统的控制下进行。

清洗时,首先利用系统真空将输奶管道内残留的牛奶清理出来,然后可按要求在一定时间内冷热水清洗并用药剂消毒整个系统,并能自动完成酸、碱不同类型洗涤液的调配。

5. 奶牛的固定和释放系统

挤奶厅内,通常由控制挤奶栏门的关闭和开启来固定和释放以及驱赶奶牛。挤奶栏门一般由压缩空气作动力,通过活塞连杆机构操纵。控制压缩空气进出活塞缸筒的阀门操纵杆设在挤奶厅的操作坑道内,由挤奶员操纵,使每头或每批奶牛在挤奶结束时及时按正确的方向走出挤奶栏,同时让待挤的奶牛进入挤奶栏。

三、挤奶机的类型和适用条件

不同类型的挤奶设备适合不同的饲养方式和牛群大小。一般可分为提桶式挤奶设备、管道式挤奶设备、厅式挤奶设备和移动式挤奶设备,近几年还出现了机器人全自动挤奶设备。

1. 提桶式挤奶设备

提桶式挤奶设备适用于只有 15～20 头奶牛的小型奶牛场。这种挤奶设备劳动生产率低,牛奶易受牛舍内空气的污染(图 6.10)。

2. 管道式挤奶设备

管道式挤奶设备多用于规模化的拴系式牛舍中。牛舍内要安装固定的真空管道和输奶管道,并配有若干套挤奶器。输奶管道较长,安装要求较高(图 6.11)。

图 6.10 提桶式挤奶设备

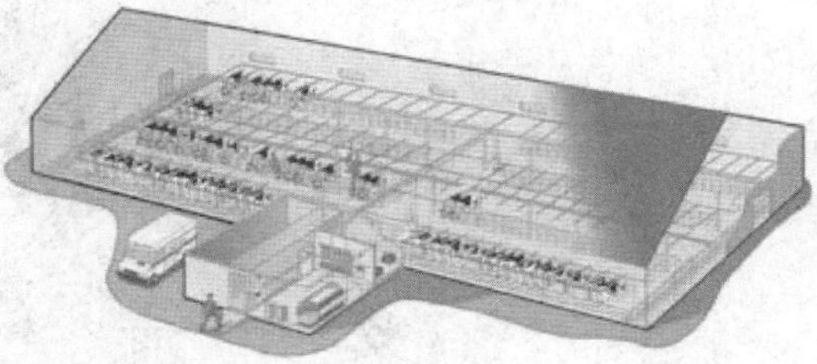

图 6.11 管道式挤奶设备

3. 厅式挤奶设备

挤奶厅是采用散栏式饲养方式的奶牛场和奶牛养殖小区的重要配套设备。根据挤奶设备的不同布置,可以分为多种类型;在生产实际中,最常用的有并列式挤奶厅、鱼骨式挤奶厅和转盘式挤奶厅。

(1)并列式挤奶厅　并列式挤奶厅中央设置挤奶员工作坑道,挤奶栏位设在坑道两侧,挤奶员站在坑道内工作,如图 6.12 所示。挤奶时,奶牛尾部朝向挤奶坑道,垂直于坑道站立,挤奶员从奶牛后腿之间将乳头杯套在乳房上,每个挤奶周期为 5～8 min。挤奶结束后,奶牛从两侧通道返回。这种挤奶厅造价低,但奶牛进出及挤奶操作不够方便。

(2)鱼骨式挤奶厅　鱼骨式挤奶厅是最常用的形式。如图 6.13 所示,挤奶厅的中央设置挤奶员工作坑道,两排挤奶机排列形状如鱼骨,与坑道形成 30°～45°的角,挤奶员从奶牛侧后部将乳头杯套上。

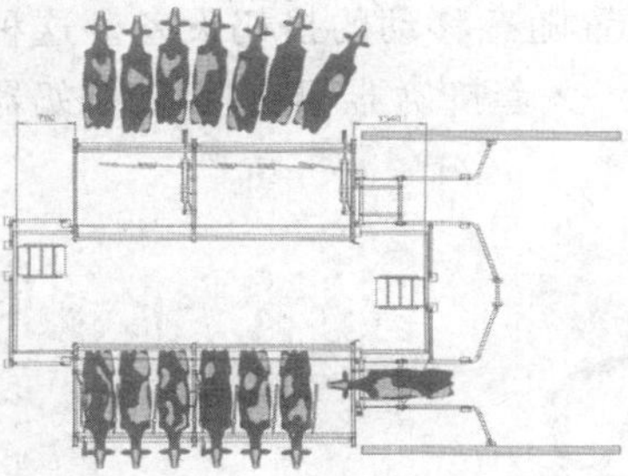

图 6.12 并列式挤奶厅

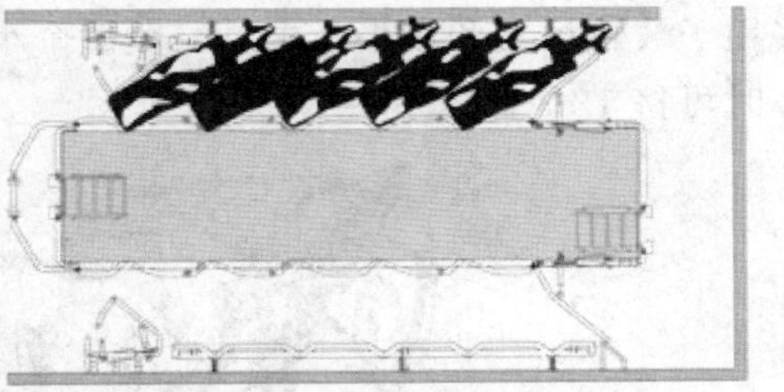

图 6.13 鱼骨式挤奶厅

每个挤奶周期(进牛、擦洗乳房、套杯并开始挤奶、结束到下批牛进来)8～10 min。有的挤奶厅只在一侧设返回通道,有的则两侧都设返回通道。这种挤奶厅奶牛是按组而不是单个进出的,因此,牛群移动和周转效率较高。但是,每批奶牛中,如果某头奶牛出奶较慢的话,就会影响整批奶牛的挤奶时间。为提高挤奶效率,最好将出奶慢的奶牛淘汰或单独组成一个牛群进行挤奶。

(3)转盘式挤奶厅　转盘式挤奶厅是利用旋转的挤奶台进行流水作业,每个转台能提供的挤奶栏位多达 80 个,适用于较大规模的奶牛场。转盘式挤奶厅分坑道内挤奶和坑道外挤奶两种基本形式,如图 6.14 所示。

目前,我国安装的转盘式挤奶台多为坑道外挤奶。采用这种挤奶厅,奶牛逐个进入挤奶台,面向转盘中央站立,挤奶员在转盘入口处将乳头杯套在牛乳房上,不必来回走动,操作方

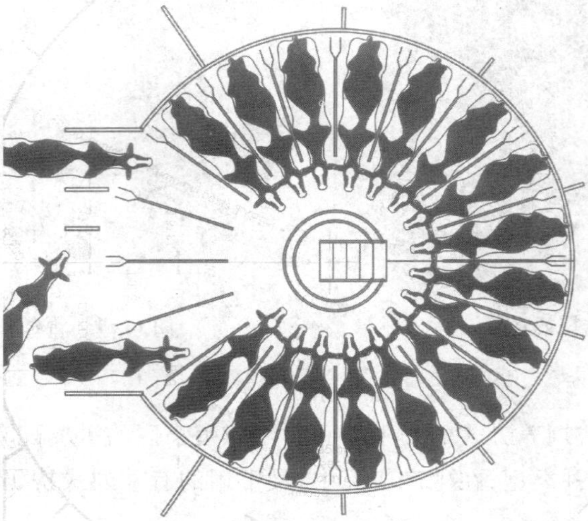

图 6.14　转盘式挤奶厅

便，每转一圈需 7～10 min，转到出口处时挤奶已完成，奶牛离开转台。

每个转盘一般配置 3 名挤奶员，分别负责挤奶前乳房的清洗消毒、套杯和挤奶后消毒。使用这种挤奶厅，挤奶员的劳动强度低，作业质量高，但要求挤奶员的工作节奏必须符合转盘的旋转速度，否则，挤奶将无法正常进行。此外，转盘式挤奶厅结构复杂，造价高，制造和维修也比较困难。

(4)移动式挤奶设备　移动式挤奶设备是将真空装置、挤奶器和奶桶(或奶罐)等都组装在一个手推的小车上(图 6.15)，可根据奶牛停留的不同位置随意移动的挤奶设备。这种挤奶设备多用于放牧场上和产牛舍中。一般每个小车上配备 1～2 套挤奶器，配有 2 套挤奶器的小车每小时可挤 12～15 头奶牛。

图 6.15　移动式挤奶设备

(5)机器人全自动挤奶系统　机器人全自动挤奶系统的最大特点是当奶牛想挤奶时，就自愿进入挤奶系统，系统就模仿人类手臂的活动范围和动作，完成挤奶。这种系统能适应各种不规则的乳房和乳头，能为各种形状的乳头提供恰当的清洗与完美的按摩，并自动记录每头奶牛的挤奶时间和产奶量(图 6.16)。

但机器人挤奶系统价格十分昂贵，目前，只有少数发达国家拥有这种设备。蒙牛澳亚国际示范牧场引进的此设备是中国第一套高智能全自动机器人挤奶设备。

图 6.16 机器人全自动挤奶系统

四、挤奶间隔和频率

1. 挤奶时间

即每日 2 次或 3 次挤奶的时间安排或时间间隔。牛奶的分泌是不间断的，随着牛奶在腺泡和腺管内的不断聚积，内压上升将减慢泌乳速度。因此，如果每天挤两次乳，每次间隔 12 h 应当能够获得最高产乳量。对大多数奶牛来说，即使挤奶间隔 8 h 和 16 h，产乳量的下降也不明显。然而，挤奶间隔时间不等对头胎奶牛(由于乳房体积小)和高产奶牛(由于泌乳速率高)的影响极大。因此，早上应当最先挤这类奶牛，晚上则要最后挤这类奶牛。这样有助于维持最高产乳量。

平均分配每次挤奶的间隔时间对于每天挤奶两次来说不存在很大困难，但对于每天挤奶 3 次来说，就不太容易实现。人习惯于夜伏昼行，如果每天 3 次挤奶，每次挤奶时间持续 2 h，假定晚上 8:00 挤奶，10:00 结束，那么下一次的挤奶时间应在第二天早上 4:00，这对于挤奶员来说是非常辛苦的。因此，应根据牛场的实际情况科学安排挤奶时间。

2. 挤奶频率

即奶牛每天挤奶的次数。一般情况下每日挤奶 2～3 次，通常是早、晚各一次。

提高挤奶频率(即增加每日的挤奶次数)会降低乳房内压，刺激与泌乳有关激素的分泌，降低牛奶成分对乳腺细胞合成乳成分的负反馈作用。因此提高挤奶频率会提高产奶量。一般情况下，由每日 1 次挤奶变为 2 次挤奶产奶量可提高 40%；由每日 2 次挤奶变为 3 次挤奶产奶量可提高 10%～20%；由每日 3 次挤奶变为 4 次挤奶产奶量可提高 5%～10%。但增加挤奶次数在提高产奶量的同时也增加了挤奶的成本，如人工成本，能耗成本，乳头药浴和设备清洗成本、设备维护成本等，因此，对于高产奶牛可采用每日 3 次的挤奶频率，当奶牛的产奶量低于 20 kg/d 时，每日 2 次挤奶已足够，再增加挤奶次数所获得的多余奶量已不足以抵消由此提高的挤奶成本。

五、挤奶操作程序

按照挤奶操作程序，将挤奶分成三部分，即挤奶前准备工作、挤奶过程中工作和挤奶后工作见挤奶操作程序(图 6.17)。

挤奶前			
1. 周期性监测乳房健康	2. 计划挤奶次序	3. 总是挤掉头把奶	4. 仔细清洁乳头
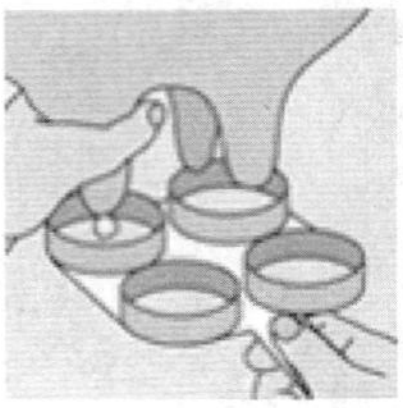		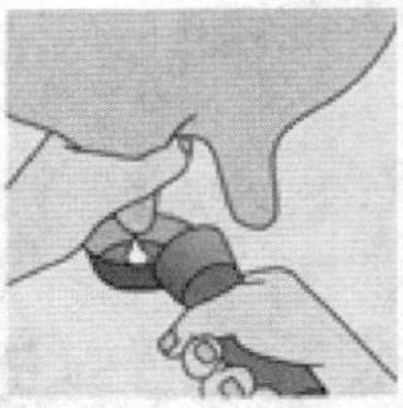	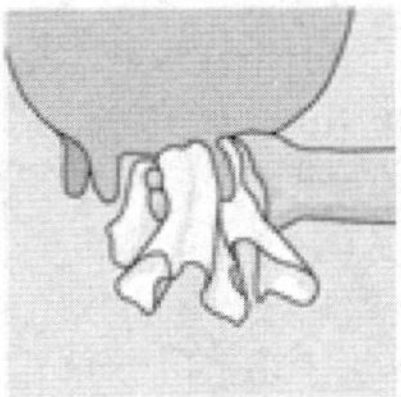
—每月用 California 乳腺炎测试工具包测试一次，记录下每头牛的测试结果 —不要交付检测结果呈阳性反应的牛挤下的奶	—先挤年轻的和健康的牛 —然后，再挤年老的牛 —最后才挤被处理过的牛，奶不能送到加工厂的牛	—不要将奶挤到地上 —将每个乳头的头 2～3 把奶挤入一个初乳控制杯 —观察牛奶是否呈絮状或颜色有变化或有无结块。如果牛奶看上去已经结块就不能送到乳品厂	—挤奶后清洁乳头并消毒，只能用合适的并被认可的消毒液 —使用一次性的乳头清洁纸巾，最好使用温湿的毛巾 —注意：一条毛巾清洁一头牛 —非常脏的乳头要先用大量的温水清洗。干乳期的乳头需要特别小心处理
不要在清洁乳头时开始挤奶！结果将导致微生物在乳头沟槽里滋长并更进一步浸入乳房。总是在清洁乳头后挤掉头 3 把奶。			

挤奶期间			
5. 检查挤奶真空	6. 完成乳房准备工作后，迅速套杯	7. 避免过度挤奶	8. 检查收杯装置
	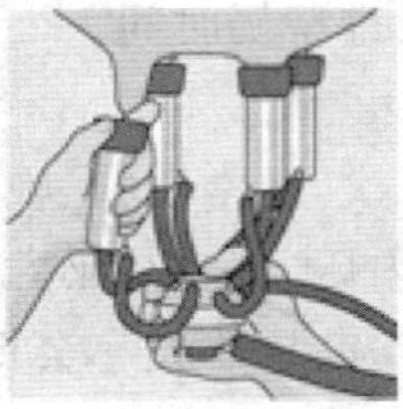		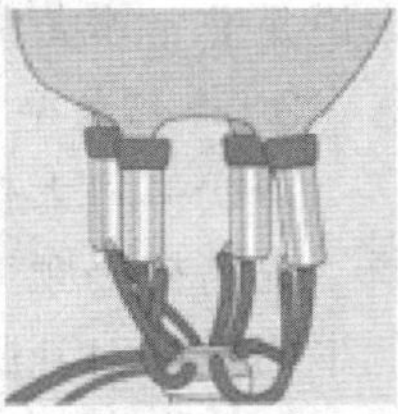
—由厂商规定的最佳真空 —总是在挤奶前检查挤奶真空 —脉动频率和比率必须符合标准	—避免空气进入系统 —检查挤奶杯组的位置 —将长奶管和脉动管排列整齐 —清洁挤奶机组外表面	—观察挤奶过程，奶流量计会很有帮助。使用由奶流量控制挤奶的机器，可以减少过度挤奶的发生 —挤奶时，不要同时做其他工作	—脱杯前检查乳房余奶情况 —按挤奶机上的收杯装置 —切断真空后开始脱杯，同时取下所有 4 个奶杯

挤奶结束后			
9. 马上用消毒剂浸沾乳头	10. 挤奶结束后，马上清洗挤奶机器	11. 冷藏牛奶，防止细菌繁殖	12. 周期性地维护挤奶设施
			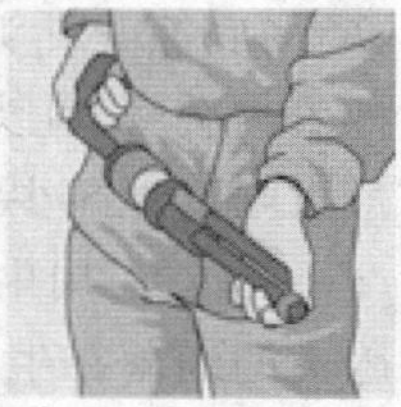
—脱杯后马上用消毒剂浸沾或喷浴乳头 —使用认可的消毒液 —脱杯后，延迟消毒乳头，消毒效果很低 —只有按规定进行乳头消毒才能成功控制细菌和疾病	—用温热的饮用水（35～45℃）予冲洗管道 —测量清洗剂剂量是否正确 —循环清洗至少 10～15 min（保持说明书要求的温度） —用清洁的饮用水进行后冲洗 —冲洗管道并干燥 —从清洗处移开挤奶机组，并将其晾干	—检查冷藏温度（依照乳品加工厂推荐的温度） —注意：制冷和冷藏缸在排空后都要立即清洗	—回顾来自乳品厂的关于牛奶质量和组分的参数 —交叉检查每月的乳腺炎检测数据 —按照建议更换奶衬和奶管 —每运行 1 000 小时或每隔 6 个月为挤奶设施维护周期

图 6.17　挤奶程序（引自《利乐手册》）

1. 挤奶前准备工作

(1)启动和检查设备　启动挤奶设备，对挤奶设备和贮奶设备进行认真的清洗，检查真空压力和脉动频率并适当调整挤奶设备，保证其运行状态正常平稳。

(2)赶牛进厅　奶牛在到达指定挤奶机位置过程中可以刺激奶牛排乳反射，促进泌乳。所以挤奶牛舍的先后顺序一经确定将不能再做调整更改。赶牛前检查赶牛通道、挤奶厅各栏杆是否畅通；是否处于指定位置；避免出现牛回跑现象；赶牛时从牛舍两端向中间赶牛通道方向驱赶，速度要慢。赶出去以后及时把门关好，做好回牛的准备工作；牛全部进入待挤厅，可关好进牛的门，打开回牛门，每人控制一个回牛道，确保每栏牛不能混群；回一栏牛群，关好一栏牛的门，并锁上锁扣，防止跑牛。驱赶待挤厅奶牛平缓逐个进入挤奶厅。禁止对奶牛鞭打等不良应激。

(3)清洗清洁工作　挤奶员着工作服装（工作衣、帽、靴、套袖、口罩），女性员工需将长发塞进工作帽内。剪短磨光指甲，不能佩戴戒指等尖锐饰物，以防伤及牛体及乳房，并用消毒液清洗手臂。

清洁母牛后躯，尽量减少环境中和牛体上的灰尘污染牛奶。轻摸奶牛的背部、侧身、乳房、对奶牛轻声讲话或播放音乐，以此表示挤奶员的到来和挤奶即将开始。诱导奶牛排乳反射，突然或粗鲁靠近会惊吓奶牛从而抑制排乳反射。

(4)检查奶牛乳房和以头 3 把奶判断是否患有乳腺炎　观察并按摩奶牛乳房，检测是否有红、肿、热、痛等症状或外伤。将前 3 把奶挤于专用容器内，检查奶中是否含有血凝块、凝结乳或水样乳。如发现异常，将牛赶下挤奶台，改用手工挤奶，并做进一步的检查及相关治疗。为了减少乳腺炎的传播，开始挤出的奶不应碰到手上。

(5)使用温热的消毒液清洗乳头　用40℃左右温水清洗或淋洗乳房和乳头，先清洗乳头，再洗乳房，然后擦洗乳房周边，最后用干毛巾擦干乳房。应用尽可能少量的清洗液湿润小面积的乳区，因为流到乳头上的清洗液会增加乳腺炎传播的危险，而且会使牛奶中细菌数量升高。

(6)彻底擦干乳头　乳头及乳房周围残留的水分中会含有细菌，这些细菌最终会污染挤奶杯的橡胶内套管、乳头以及牛奶，进而增加患乳腺炎的危险并且降低牛奶质量。此外，擦干乳头可最大限度地减少挤奶期间挤奶杯的滑脱。清洗后可采用适当的消毒液对乳头进行药浴，保持25 s左右后用牛号对应毛巾或一次性纸巾擦干。使用同一块布清洗多头奶牛会增加引起乳腺炎的细菌在牛群中的传播概率。最好是使用一次性的棉纸彻底擦干乳房，但通常成本较高。使用干净的布则要求每头牛使用单独的毛巾且每次用前必须洗净烘干。

清洁、按摩及擦干乳头的过程可激发奶牛的排乳反射。

2. 挤奶过程中工作

(1)检查挤奶设备　在每次挤奶之前和挤奶进行中，要检查挤奶机的真空水平和脉动系统，必要时可以按照说明书调整挤奶系统。

(2)尽快套上挤奶杯　一般在45 s内将挤奶杯套在奶牛乳头上。每个挤奶杯必须以滑动的方式套上并应尽量减少空气进入挤奶杯内。

套杯方法：一只手平托乳头杯组，另一只手打开真空，从最远的乳头开始以S形套杯，尽量减少空气进入系统。

(3)检查牛奶流速　在挤奶过程中注意观察集乳器的位置和每一个乳区流速情况，及时纠正乳头杯的上爬现象和异常脱杯。挤奶杯若安装不当常会导致奶杯滑脱和乳流受阻。这些因素均可引发乳腺炎。如有一个乳区不流奶时，应取下奶杯，刺激该乳区至流奶时重新套上，并开始挤奶。

(4)避免过度挤奶　挤奶不应过度，大多数奶牛都会在4～5 min内完成排乳。前两个乳区通常比后两个乳区产乳少。因此前面两个乳区会发生轻度的挤奶过度。一般来说，这种情况不会引起任何问题。若采用工作正常的挤奶机，挤奶时间超过1～2 min也不会造成乳腺炎；应避免使用挤奶机挤干最后一点牛奶。以前，人们习惯用挤奶机按摩乳房并挤出最后一滴牛奶(挤干牛奶)。这种方式被彻底淘汰，因为此方法增加了乳头组织的应激和空气进入挤奶机的机会，因此也会增加奶牛患乳腺炎的危险。

(5)正确移去挤奶杯　当奶汁流成线状或断流时，表示挤奶将结束，奶杯会自动脱落(绝对禁止人为卸杯，设备故障除外)。挤奶过程中，如遇奶杯脱落在地，应立即关闭真空，将奶杯用清水冲洗干净后再次套上挤奶，直到自动脱落为止。避免使用挤奶机挤干奶，从而增加乳房组织的应激和空气进入挤奶杯的机会，增加乳腺炎发生的可能。在真空状态下强行拔下挤奶杯会造成挤奶杯乳胶内套对乳头的严重摩擦，增加乳头受伤和感染的机会。

3. 挤奶后的工作

(1)消毒乳头　用安全和有效的消毒剂浸泡或喷洒乳头。消毒要尽快完成，因为当挤奶完毕的几十秒种内，乳头管是开放的，药浴后消毒剂将进入开放的乳头管内，还可使消毒液附着在乳头上，形成一层保护膜，可以大大降低乳腺炎的发生。乳头药浴可采用0.5%氯化碘、含低浓度磷酸的0.5%～1.0%碘溶液以及4%次氯酸(含低浓度的氢氧化钠)均为较安全的消毒剂，不会使乳头皮肤皲裂或刺激乳头。

(2)立刻清洗挤奶设备并彻底清洗奶厅 为防止乳腺炎在奶牛中传播,在准备挤下一头奶牛之前对挤奶杯橡胶内壳进行消毒。常用的办法是将挤奶杯橡胶内壳放在清洁的水里涮一下以冲掉残留的牛奶,然后将挤奶杯放在含有水及温和的消毒剂的桶中(每 1 kg 水加 15～25 mg 的碘溶液)浸泡 2.5 min。最后,橡胶内壳必须擦干后方可装上挤奶机为下一头奶牛挤奶。这一步骤若操作不当反而增加乳腺炎的传播。多数挤奶机都配备有自动清洗系统以快速有效地对挤奶杯橡胶内壳进行消毒(回流冲洗)。清洗奶台在挤奶后残留的粪污,保证奶台干净清洁,减少污染。

(3)设备清洗 保证设备内部管道、部件、容器等的清洁、无污染,减少细菌总数。严格按照"挤奶设备清洗操作说明" 进行清洗。及时观察清洗效果及注意清洗要素,清洗液浓度、时间、温度等。详细操作见挤奶设备建议清洗程序表 6.1。

表 6.1 挤奶设备建议清洗程序

循环	目标	水温	最佳管理实践
第一次,预先冲洗输奶管道	除去 90%～95%乳固体,预热输奶管道	循环开始水温 49～60℃,结束温度最低为 35℃	水不要重复使用,否则,奶片可能重新沉淀到系统中;确保水温不能过热,否则乳蛋白将被烤到管道内表面;降低废水系统中乳排风量(一些牧场主可以保留第一次冲洗管道用的水及乳,用于饲喂犊牛)
第二次,用氯化碱性去污剂清洗输奶管道	通过添加氯化碱性去污剂除去脂肪和蛋白质	开始最低温度为 71℃,循环结束时水温应高于 43℃,目的是预防脂肪重新沉淀到输奶管道上	根据用水的体积和质量(例如,水的硬度及铁离子含量)计算使用去污剂的数量;遵从挤奶设备制造商的建议;在清洗循环过程中,清洗溶液的 pH 必须在 11.0～12.0,溶液的碱含量在 400～800 mg/L,氯含量在 100～200 mg/L;确保循环清洗时间持续 5～10 min;确保管道内最小 20 滴液
第三次,用酸性溶液冲洗输奶管道	中和去污剂残留;预防金属碎屑沉积;低的 pH 可以抑制细菌生长;减少碱和氯洗对橡胶部件的破坏	核查制造商的建议,粘贴清洗图表	确保酸洗溶液 pH 低于 3.5;在每次挤奶之后,添加酸到酸性洗涤溶液中;千万不要将酸性去污剂与以氯为基础的产品混合,否则会产生有毒气体
第四次,用消毒杀菌剂冲洗输奶管道	在挤奶前,启动消毒系统	检查制造商建议(一般为 43℃)	使用 100～200 mg/L 氯的溶液;恰在挤奶前(20～30 min)运行此系统 3～4 min

(4)规律监控乳质量 对每头奶牛单班单产、每天的挤奶量及总挤奶量进行详尽记录和汇总统计。定时监控和有规律地回顾所有的乳质量、乳成分和挤奶中心性能信息,并与前面数据比较,这样可以明确此时采用的挤奶操作程序的正确与否,如果出现乳质量问题,可以及时改正,对保证乳质量起到重要的作用。

第三节　乳腺炎诊断及防治

奶牛乳腺炎是乳腺组织受到物理、化学、微生物刺激所发生的一种炎性变化。其特点是乳腺组织发生病理变化，乳的性状品质发生异常。乳腺炎是成年奶牛最常见的疾病，也是给奶牛生产造成经济损失最大的一种疾病，有效地控制乳腺炎的发病率是奶牛场一项非常重要的工作。由于奶牛乳腺炎的发生与挤奶密切相关，因此作为奶牛挤奶员应详细了解乳腺炎的相关情况。

一、乳腺炎病因

奶牛乳腺炎是因奶牛受到不良饲养管理或产后抵抗力下降时，病原微生物通过乳汁、血液和淋巴液侵入乳腺组织而造成。到目前为止，人们已从奶牛乳腺组织中分离出了 150 种病原微生物，最常见的有 23 种，其中细菌 14 种，支原体 2 种，真菌和病毒 7 种。其中发病率最高的是金黄色葡萄球菌、大肠杆菌、链球菌。链球菌属中主要是无乳链球菌，隐性乳腺炎以无乳链球菌为主，还有停乳链球菌、乳房链球菌、化脓链球菌；此外，物理化学原因也可引起乳腺炎，例如外伤、冻伤、化学刺激等。

附着在乳头管口的病原体经乳头管口和乳头管进入乳房是主要途径。主要是在两次挤奶间隔时侵入，病原体可经机体其他途径进入乳房，如胎衣不下、子宫炎、创伤性网胃炎等均可继发乳腺炎。

发病率受气候、饲养管理、挤奶方式、泌乳量、泌乳阶段、乳头形态、不同乳区、遗传等因素的影响，如气温高、雨季、运动场积水、环境卫生差、有异物等情况下，发病率高，挤奶技术不熟练、机器挤奶时负压过大、高产奶牛及产奶高峰期、乳头为皿形、口袋形和漏斗形发病率高，后乳区较前乳区发病率高。遗传与发病率有一定关系。以乳房和乳汁有无临床可见变化分为：临床型乳腺炎和隐性乳腺炎。

1. 临床型乳腺炎

乳房和乳汁均有肉眼可见的异常。轻度乳腺炎，乳汁中有絮片、凝块，有时乳汁呈水样。乳房轻度发热和疼痛，或不发热不痛，可能肿胀。重度乳腺炎，患病乳区急性肿胀、热、硬、痛。有时乳凝块阻塞乳导管系统，乳汁不易挤出。乳汁异常，产奶量急剧下降，甚至停止泌乳。可能出现高温、脉搏增数、病牛抑郁、衰弱、食欲衰失等全身症状。

2. 隐性乳腺炎

一般无明显的临床症状，因而不易被发现，常常被人们忽视。只是乳汁的性状和量发生潜在性的改变，如乳汁中白细胞数高于正常值，乳汁由正常的弱酸性变为弱碱性，通常需要理化检验才能确诊。如不及时治疗，则会转为临床型。

通过头 3 把奶或者挤取奶样，根据乳汁变化及乳房红肿热痛等症状判断乳房病理变化。隐性乳腺炎无临床症状，乳汁也无肉眼可见变化，但乳汁的 pH、导电率和乳汁中的体细胞数、氯化物的含量等都较正常的高，需通过乳汁的化验，才能做出诊断。必要时，作细菌学检查，为药物治疗提供依据。

(1)体细胞计数法　体细胞计数是诊断乳腺炎的基本方法。进入乳汁的各种白细胞和免疫细胞，脱落的乳腺上皮分泌细胞都称为体细胞。在正常情况下牛奶中体细胞数量很少，不高于 10 万个/mL。当乳汁中的体细胞数超过 50 万个/mL 时，则说明乳房已发生炎症。

乳汁的体细胞计数可采用显微镜进行测定，也可采用自动化仪器进行测定，前者效率低，但不需要特殊的设备，一般实验室就可进行；后者效率高，速度快，但仪器设备十分昂贵，只有专门的乳品检测中心才具备此条件。

(2)化学检验法　化学检验法检出率高，检验方便，但需一定的设备和试剂，适宜于有条件的单位。具体方法有：美国加州乳腺炎检验法（CMT 法）、日本乳腺炎简易检验法（PL 试验）、过氧化氢酶法（H_2O_2 玻片法）、苛性钠凝乳试验和 BTB 试验。

(3)物理学检验法　物理学检验法多以电导电极为传感器检测乳的电导率，如 AHI 乳腺炎检测仪；SX-I 乳腺炎诊断仪；CN 乳腺炎诊断仪；XND-A 型奶检仪。这些检验仪都有方法简便、快速。

二、治疗措施

1. 临床型乳腺炎

以治为主，杀灭侵入的病原和消除炎性症状。对乳腺炎的治疗，多采用抗生素，少用磺胺类和呋喃类药物，用复方中草药也有好的效果。

①常用的抗生素有青霉素类、链霉素、四环素、氯霉素、卡那霉素和磺胺类。常规方法是将药物稀释成一定浓度，通过乳头管直接注入乳池，可以在局部保持较高浓度。具体操作是，先挤净患区的乳汁或分泌物，碘酊或酒精擦拭乳头管及乳头，经乳头管口向乳池内插入带有胶管的灭菌乳导管，胶管另一端接注射器，将药液徐徐注入乳池，注完后取出导管，以手指捻动乳头管片刻，再用双手掌自下而上顺序轻度向上按摩，迫使药物上升扩散。每天如此作 2～3 次注入，一般抗菌药连用 3～4 d。临床症状消退后仍需用 1～2 d，停药后 10 d 天左右，作一次乳汁化验。如仍未愈，需更换药物治疗。注药前，可肌肉注射 10～20 IU 催产素，然后挤奶，可促使乳房内残留的乳汁和分泌物排出。中药可选用清热解毒活血化瘀的方剂，也可使用市场供应的如乳消灵等成药针剂。

②辅助疗法：具有缓解局部症状、改善食欲和精神等作用，对理化原因造成的乳腺炎有一定疗效，有的细菌性乳腺炎单用辅助疗法也可治愈。按摩乳房和增加挤奶次数，可以促使病原体排出，减少炎性对乳腺的刺激。按摩乳房应自上而下，强力粗暴地揉、捏、压、搓会增加组织损伤。出血性乳腺炎及急性发作期，禁止按摩。乳房高度肿胀，热痛时可冷敷、冰敷、冷淋，可以缓解局部症状；外敷药也可缓解肿胀和疼痛，如鱼石脂软膏、樟脑油膏等。

2. 隐性乳腺炎

以防为主，防治结合。隐性乳腺炎虽无乳房和乳汁肉眼可见的异常，但发病率高，影响产奶量和奶的品质，危及人的健康且容易转变为临床型。

①乳头药浴：挤奶结束后，立即用消毒药液浸泡一下乳头，可以杀灭乳头末端及周围和乳头管内的病原。药液要求为杀菌力强，刺激性小，价廉易得，常用的有洗必泰、次氯酸钠、新洁尔灭等。0.3%～0.5%的洗必泰效果最好，次氯酸钠次之。一般冬季停用，以防乳头皮肤皲裂。

②盐酸左旋咪唑具有免疫调节能力，按每千克体重 7.5 mg 拌精料中任牛自行采食，每天一次，连用 2 d，有预防隐性乳腺炎的效果。

③芸苔子(油菜籽)对隐性乳腺炎有一定疗效。按体重大小,生芸苔子 250～300 g 为一剂,拌精料内自食,隔一天一剂,三剂为一疗程。

在治疗隐性乳腺炎中逐头进行治疗有效,但因检出率高,需耗费大量人力,无法推广应用。

干奶期预防,停奶后头 3 周是乳腺炎重新感染的危险期,它会造成下个泌乳期高发生率。因此,在停奶后就行预防,可以减少停奶期乳腺炎,也可降低下个泌乳期隐性乳腺炎的发生率。可使用四环素和青霉素、新霉素或多种抗生素配合制成的油剂(可用煮沸的食物油),在于奶后当时注入乳房。

三、预防措施

1. 创造适宜环境,保持牛体卫生

乳腺炎大多是由于病原菌通过乳头,进入乳腺而引起感染。因此,改善牛场环境将有利于控制该病的发生。运动场保证排水通畅,保持平整、干燥,定期进行冲洗和消毒。圈舍里应保持空气新鲜、凉爽和正常的温、湿度。经常刷拭牛体,保持乳房清洁。特别注意奶牛卧床垫料的选择和保持卧床以及运动场中凉棚下的清洁干燥。

2. 规范挤奶程序,及时维护设备

挤奶机械是接触奶牛乳房最频繁的设备,挤奶机械质量低下、保养不良、工作状态不佳、清洗消毒不彻底、挤奶操作不当等因素都会给乳腺炎的发生提供条件。

由挤奶机原因引发的乳腺炎:①真空度不稳定。真空度过高会使乳头皮肤和乳头括约肌受损,乳头外翻的情况也会加重,使奶牛乳房受细菌感染的机会增多,也容易使乳头壁肿胀,进而挤压乳头管使牛奶流出缓慢或引起乳头阻塞,延长挤奶时间。真空度过低则经常使挤奶速度减慢或挤奶不完全,同样会增加乳腺炎的发病率。真空度过低还会致使挤奶杯脱落,甚至漏气而导致完全没有真空。此外,乳头室内真空度波动较大,很容易造成回奶,增加外界微生物进入乳房的机会,进而引发乳腺炎。②脉动性能不佳。脉动频率过高会导致乳头括约肌过于松弛而闭合不严,使病菌进入乳头的机会增多,增加乳腺炎的发病率。相反,脉动频率过低将延长每个循环中的吮吸节拍所占的时间,易使乳头充血,同样能诱发乳腺炎。③过吸现象。由于乳房的 4 个乳区的产奶量和排乳速度不一样,挤奶时很容易造成过吸现象,即乳房内或某个乳区内的牛奶已经排空,而乳头杯没有及时取下还在吸奶。轻度过吸一般不会引起乳腺炎,但反复长时间过吸,会使乳头内组织和括约肌受损,往往会引起乳腺炎。④挤奶杯内套老化。内套使用时间过长会使张开较慢或不完全、搏动变弱。也会导致杯内套突然滑落,使牛奶从乳头末端高速回流到乳头管中,这样很容易将外界的细菌携带入乳头内引发乳房感染。

严格执行挤奶操作程序,擦洗乳房的毛巾和水桶保持干净,定期消毒,用水要勤换。乳腺炎牛的挤奶顺序放到最后,将奶妥善处理。若应用抗生素治疗,痊愈停药 4 d 后才能恢复机器挤奶。

3. 提高饲养管理水平,保证营养均衡

饲料单一,容易引起前胃迟缓、消化不良和其他代谢疾病,从而引起乳腺炎。饲料中缺乏胡萝卜素、维生素 A、维生素 E、锌、硒等微量元素时,也可诱发乳腺炎。补充矿物质等微量元素后,可增强机体对乳腺炎的抗病力,降低乳腺炎发病率。

4. 及时治疗临床型乳腺炎,必要时进行隔离

做好预防工作,推广乳头药浴和干奶期预防。定期监测隐性乳腺炎发病情况,根据结果采

取相应的措施。

5. 利用乳腺炎预防措施评估表判断和控制牧场乳腺炎(表 6.2)

表 6.2 乳腺炎预防措施评估表("√"表示正确)

环节	项目	是	否
母牛个体	有明显临床型乳腺炎的牛只 干奶期奶牛______高产奶牛______刚刚分娩后的奶牛______ 个别奶牛______头胎母牛______所有不同时期的奶牛______		
畜舍环境	牛床类型 水泥地面______沙土地面______三合土地面______ 稻草刨花______锯末______其他______		
	牛床是否干燥清洁无粪便?	√	
	是否在挤奶后立即饲喂以保证奶牛在挤奶后站立至少 1 h?	√	
	全部奶牛在进入干奶期之前是否使用缓释抗生素药物?	√	
挤奶机	挤奶设备是否安装正确?	√	
	真空泵、真空分流罐以及输送管道是否与挤奶器数目相配合?	√	
	脉冲器和真空调节器①是否干净正常工作?	√	
	挤奶机是否得到彻底的清洗?	√	
	挤奶设备中的橡胶部件有无老化?是否定期更换?	√	
挤奶程序	是否经常检验和观察头 3 把乳?	√	
	是否做了预先浸泡乳头的措施?浸泡乳头的时间是否足够?浸泡之后是否擦干净?	√	
	挤奶时是否有水积存在乳头杯的内沿上?		√
	是否及时防止乳头杯滑脱?	√	
	是否避免彻底挤净乳头?	√	
	是否在 3~6 min 内完成挤奶并取下挤奶器?	√	
	挤奶之后是否进行乳头消毒?	√	
	是否做到 2/3 乳头末端消毒?	√	

注:引自米歇尔·A·瓦提欧贝比考克研究所的乳腺炎部分。

知识拓展 挤奶设备的维护保养

挤奶设备是一个整体,任何零部件的磨损和功能不正常都会使整个系统的工作效率下降,甚至使挤奶作业不能进行以及伤害奶牛的乳房和乳头。定期进行挤奶设备的系统检测及维护保养,才能保证挤奶机始终处于良好的工作状态,提高挤奶系统工作的有效性和降低奶牛乳房患病率(表 6.3)。

表 6.3　常规挤奶机器的维护保养

检查时间	检查项目
每次挤奶检查事项	检查真空泵水平以及正常速率的恢复。真空泵启动后应当在 5 s 内达到正常真空水平(0.05 NPa)。如过快应当检查调节阀;如过慢应降低恢复速率并检查是否漏压 挤奶结束后,让压力泵继续工作 10 min 以便清除残留的水分并使管道干燥 每次挤奶后都需要检查截留开口是否关闭,并检查是否有牛奶进入真空管道;如果真空管道内有牛奶应当检查橡胶内套管是否受损
每天挤奶检查事项	检查输奶管道贺阀门是否无乳且无水;如有液体应当有氯化水溶液冲洗 检查挤奶杯的奶衬及长奶管,有无龟裂和破损。内壳是否有水,若有水,应当清理 检查真空泵机油水平及油耗,及时添加机油 在挤奶过程,通过注意听空气吸入的声音来调整调节阀 检查抓手的空气洞是否干净并畅通 注意听检查脉动频率是否正常(60 次/min),用拇指检查挤奶杯脉动是否正常 集乳器下盖侧面小孔是否通畅
每周检查内容	检查脉动器和脉动频率并判断其是否正常 检查所有内套管并根据厂商要求及时更换 检查真空泵机油水平和皮带磨损程度,及时添加更换 检查脉动器和真空调节器内的空气过滤膜是否干净 检查奶泵止回阀膜片是否正常。如断裂,空气会进入奶泵,应有一个奶泵止回阀备用
每月检查内容	拆开真空泵调节器进行清洗,然后重新安装 使用清洁剂和低浓度的氯化钠(250 mg/L)清洗真空管道及阀门,清除系统内所有水分 检查脉动器并及时更换磨损的零部件 检查牛奶输送泵并判断是否漏乳 消音器的排油螺栓是否紧密
年检内容	更换牛奶输送管道内的橡胶管及其他橡胶垫片或连接垫片 空转整个挤奶系统并判断工作是否正常,及时检修

专项实训八　挤奶厅岗位技术实训

一、实训目的

通过牛乳化验、手工挤奶及机械挤奶关键步骤要领,掌握挤奶厅机械挤奶程序及相关仪器设备的操作。

二、实训条件

泌乳奶牛、保定栏、温水、毛巾、奶桶、工作服、挤奶厅内设备、乳房消毒杯及消毒液、三角瓶、蒸馏水、酒精、试管、量筒、乳密度计、乳成分分析仪、体细胞仪、待检牛乳、待测奶样皿、抗生素检测试剂、水浴锅、恒温培养箱、冰箱等。

三、实训内容

手工挤奶;机械挤奶;牛乳抗生素检测。

四、操作要点

1. 手工挤奶

具体操作方法和要点参考第六章第一节相关内容。

2. 机械挤奶

具体操作方法和要点参考第六章第二节相关内容。

3. 牛乳抗生素检测

采用牛奶抗生素检测试剂盒,操作方法及步骤参照试剂盒说明书。

五、实训作业

规范挤奶技术操作规程,记录牛奶检测程序及结果,书写实训报告。

目标检测

一、填空

1. 一些奶牛由于(   )或(   )会引起漏乳。
2. 乳头内外的(   )是括约肌放松及排乳的先决条件。
3. 手工挤奶方法有(   )和(   )。
4. 在挤奶前观察并按摩奶牛乳房,检测是否有(   )、(   )、(   )、(   )等症状或外伤,弃掉(   )。

二、判断对与错

1. 靠挤奶操作的物理机械作用可以挤出乳房内大部分的乳汁。(   )
2. 擦拭按摩乳房时间过长会伤及乳头口,进而发生乳腺炎,所以挤奶前禁止按摩乳房。(   )
3. 在放乳过程中,如果奶牛受到不良的外界刺激,挤奶会被抑制或停止。(   )
4. 滑榨法易对乳头皮肤造成伤害,因而如果乳头长度允许应尽量采用拳握法挤奶。(   )
5. 调试后的挤奶真空水平应为 280～305 mmHg。(   )
6. 脉动频率过高容易导致乳头括约肌过于松弛而闭合不严,使病菌进入乳头,诱发乳腺

炎。(　　)

7. 脉动频率过低时将延长每个循环中吮吸节拍所占的时间，易使乳头充血，诱发乳房疾病。(　　)

8. 一般情况下，由每日1次挤奶变为2次挤奶产奶量可提高40%；由每日2次挤奶变为3次挤奶产奶量可提高10%～20%，生产中尽量增加挤奶次数，越多次越好。(　　)

9. 前两个乳区通常比后两个乳区产乳多。(　　)

三、名词解释

排乳反射　排乳抑制

四、简答

1. 排乳反射示意图。
2. 挤奶厅机械挤奶操作程序。
3. 简述按摩对挤奶的重要性。
4. 简述乳腺炎综合防治措施。
5. 简述乳腺炎预防措施评估方法。
6. 挤奶机的类型有哪些？各自的适用条件是什么？
7. 挤奶厅划分为几个功能区？各区有哪些主要设备？

第七章

经营管理岗位技术

知识目标

1. 熟悉牛场岗位设置。
2. 熟悉牛场劳动定额。

技能目标

1. 掌握牛场生产计划的编制。
2. 能够制定岗位责任管理制度,并进行劳动定额管理。
3. 能协助场长做好牛场生产管理和经营工作。

第一节　编制生产计划

为了提高效益,减少浪费,各牛场均应有生产计划。制定生产计划,首先要考虑完成生产任务,力争超额并提前完成生产指标和提高产品质量。牛场生产计划主要包括:配种产犊计划、牛群周转计划、产奶计划、育肥计划、生长计划和饲料供应计划。

针对奶牛场重点做好配种产犊计划、牛群周转计划、产奶计划、饲料供应计划。针对肉牛场重点做好配种产犊计划、育肥计划、生长计划、饲料供应计划。可以针对区域内规模化牛场生产实际开展训练。注意使用 Excel 工作表或者使用现代牛场生产系统管理软件进行分析。

一、配种产犊计划的编制

(一)奶牛配种产犊计划

配种和产犊是奶牛生产的重要环节,奶牛没有产犊也就没有产奶。配种产犊计划是奶牛场年度生产计划的重要组成部分。是完成奶牛场繁殖、育种和产奶任务的重要措施和基本保证。同时,配种产犊计划又是制定牛群周转计划、牛群产奶计划和饲料供应计划的重要依据。

1. 编制计划的必备资料

①上年度经产、初产、初配母牛最后一次实际配种日期和产后未配种的经产、初产母牛的产犊日期。查出各月份配种妊娠牛的头数。即上年度母牛分娩、配种记录。

②上年度的育成母牛出生日期、月龄及发育等情况。即前年和上年度所生的育成母牛的出生日期记录。

③本牛场配种产犊类型及历年的牛群配种繁殖成绩。

④计划年度内预计淘汰的成母牛和育成母牛的头数和时间。

⑤上年度繁殖母牛的年龄、胎次、营养、健康、繁殖性能等情况。

⑥当地气候特点、饲料供应、鲜奶销售情况及本场牛舍建筑设备情况，特别是产房与犊牛培育设施等方面的条件等。

2. 确定与编制计划有关的规定与原则

①经产、初产母牛产犊后的配种时期。

②育成母牛的初配年龄和其他有关规定。

③牛只淘汰原则和标准。（如凡年龄超过 10 产，305 d 产奶量低于 4 500 kg，患有严重乳房疾病、生殖疾病而又屡治无效者均加以淘汰。）

④牛群的情期受胎率、配种受胎率、情期发情率、流产死胎率与犊牛成活率等。

3. 编制计划的方法与步骤

假设该场各类牛的情期发情率为 100%，流产死胎率为 0，并且本年度没有淘汰母牛。其编制方法及步骤如下：

①将 2006 年各月受胎的成母牛和初孕牛头数分别填入“上年度受胎母牛数”栏相应项目中。

②根据受胎月份减 3 为分娩月份，则 2006 年 4—12 月份受胎的成母年和初孕牛将分别在本年度 1—9 月份产犊，则分别填入“本年度产犊母牛数”栏相应项目中。

③2006 年 11—12 月份分娩的成母牛及 10—12 月份分娩的初产牛，应分别在本年度 1—2 月份及 1—3 月份配种，并分别填入“本年度配种母牛数”栏的相应项目内。

④2005 年 8 月份至 2006 年 7 月份所生的育成母牛，到 2007 年 1—12 月份年龄陆续达到 16 月龄，须进行配种，分别填入“本年度配种母牛数”栏的相应项目中。

⑤2006 年底配种未受胎的 20 头母牛，安排在本年度 1 月份配种，填入“本年度配种母牛数”栏“复配牛”项目内。

⑥将资料中提供的 2007 年度各月估计情期受胎率的数值分别填入“本年度估计情期受胎率”栏的相应项目中。

⑦累加本年度 1 月份配种母牛总头数（“成母牛＋初产牛＋初配牛＋复配牛”之和），填入该月“合计”中，则 1 月份的估计情期受胎率乘以该月“成母牛＋初产牛＋复配牛”之和，即 $53\% \times (29+5+20)=28.62 \approx 29$ 头，即为该月这三类牛配种受胎头数。同法，$53\% \times 4=2.12 \approx 2$ 头，计算出该月初配牛的配种受胎头数为 2，分别填入“本年度妊娠母牛数”栏 1 月份项目内和“本年度计划产犊母牛数”栏 10 月份项目内。

⑧本年度 1—10 月份产犊的成母牛和本年度 1—9 月份产犊的初孕牛，将分别在本年度 3—12 月份和 4—12 月份配种，则分别填入“本年度配种母牛数”栏相应项目中。

⑨年度 1 月份配种总头数减去该月受胎总头数得数 27，即 $58 \times (1-53\%)=27$，填入 2 月

份“复配牛”栏内。

⑩按上述第 8 和第 10 步骤，计算出本年度 11—12 月份产犊的母牛头数及本年度 2—12 月份复配母牛头数，分别填入相应栏内。本年度 1—3 月份的妊娠母牛数，即为本年度 10—12 月份的计划产犊母牛数。

⑪编制出成母牛和初孕牛 1—12 月份的妊娠头数，分别填入各月相应的栏目中。即完成了 2007 年全群配种产犊计划编制工作(表 7.1)。

表 7.1 某奶牛场 2007 年度配种产犊计划

项目		月份											
		1	2	3	4	5	6	7	8	9	10	11	12
上年度受胎母牛数/头	成母牛	25	29	24	30	26	29	23	22	23	25	24	29
	初孕牛	5	3	2	0	3	1	5	6	0	2	3	2
	合　计	30	32	26	30	29	30	28	28	23	27	27	31
本年度计划产犊母牛数/头	成母牛	30	26	29	23	22	23	25	24	29	29	28	31
	初产牛	0	3	1	5	6	0	2	3	2	2	4	5
	合　计	30	29	30	28	28	23	27	27	31	31	32	36
本年度配种母牛数/头	成母牛	29	24	30	26	29	23	22	23	25	24	29	29
	初产牛	5	3	2	0	3	1	5	6	0	2	3	2
	初配牛	4	7	9	8	10	13	6	5	3	2	0	1
	复配牛	20	27	29	34	35	34	27	23	23	22	22	26
	合　计	58	61	70	68	77	71	60	57	51	50	54	58
本年度估计情期受胎率/%		53	52	50	49	55	62	62	60	59	57	52	45
本年度妊娠母牛数/头	成母牛	29	28	31	29	37	36	33	31	28	27	28	26
	初孕牛	2	4	5	4	6	8	4	3	2	1	0	1
	合　计	31	32	36	33	43	44	37	34	30	28	28	26

4. 资料计算的方法

某奶牛场 2006 年 1—12 月份受胎的成母牛和初孕牛头数分别为 25、29、24、30、26、29、23、22、23、25、24、29 和 5、3、2、0、3、1、5、6、0、2、3、2；2006 年 11—12 月份分娩的成母牛头数为 29、24；10、11、12 月份分娩的初产牛头数为 5、3、2；2005 年 8 月份至 2006 年 7 月份各月所生育成母牛的头数分别为 4、7、9、8、10、13、6、5、3、2、0、1；2006 年底配种未孕母牛 20 头。该牛场为常年配种产犊，规定经产母牛分娩 2 个月后配种(1 月份分娩，3 月份配种)，初产牛分娩 3 个月后配种，育成牛满 16 月龄配种；2007 年 1—12 月份估计情期受胎率分别为 52%、52%、50%、49%、55%、62%、62%、60%、59%、57%、52% 和 45%(一般是以本场近几年各月份情期受胎率的平均值来确定计划年度相应月份情期受胎率的估计值)。

(二)肉牛配种产犊计划

生产中根据品种的繁殖特性，如开始配种的年龄、产犊间隔等，按年编制或按月编制计划。

在计划期内使母牛群和育成牛群适时配种分娩，这是肉牛场的重要生产环节。配种产犊计划是编制牛群周转计划的重要依据，搞好选种选配，有计划地安排分娩产犊，有利于提高生产性能。编制配种产犊计划的依据：上年度配种母牛的受胎和繁殖情况，进行统计分析；本年度牛群品质，饲养管理水平，人工授精员的技术熟练程度等，进行评价。

二、牛群周转计划的编制

牛群在一年中，由于犊牛的出生、后备牛的生长发育和转群、各类牛的淘汰和死亡，以及牛只的买进、卖出等，致使牛群结构不断发生变化。在一定时期内，牛群结构的这种增减变化称为牛群周转。牛群周转计划是牛场的再生产计划，是指导全场生产、编制饲料供应计划、牛群产奶计划、劳动力需要计划和各项基本建设计划的重要依据。

(一)奶牛牛群周转计划

1. 编制计划必备的资料

①上年度年末各类奶牛的实有头数、年龄、胎次、生产性能及健康状况。

②计划年度内牛群配种产犊计划。

③计划年度淘汰、出售或购进的牛只数量及计划年度末各类牛要达到的头数和生产水平；

④历年本场牛群繁殖成绩，犊牛、育成牛的成活率，成母牛死亡率及淘汰标准。

⑤明确牛场的生产方向、经营方针和生产任务。

⑥了解牛场的基建及设备条件、劳动力配备及饲料供应情况。

2. 确定与编制计划有关的规定与原则

一般来说，母牛可供繁殖使用 10 年左右。成年母牛的正常淘汰率为 10%，外加低产牛、疾病牛淘汰率 5%，年淘汰率在 15%左右。所以，一般奶牛场的牛群组成比例为：成年牛 58%～65%，18 月龄以上青年母牛 16%～18%，12～18 月龄育成母牛 6%～7%，6～12 月龄育成牛 7%～8%，犊牛 8%～9%。牛群结构是通过严格合理选留后备牛和淘汰劣等牛达到的，一般后备牛经 6 月龄、12 月龄、配种前、18 月龄等多次选择，每次按一定的淘汰率如 10%选留，有计划培育和创造优良牛群。

成年母牛群的内部结构，一般为一至二产母牛占成年母牛群的 35%～40%，三至五产母牛占 40%～45%，六产以上母牛占 15%～20%，牛群平均胎次为 3.5～4.0 胎(年末成母牛总胎数与年末成母牛总头数之比)。常年均衡供应鲜奶的奶牛场，成牛母牛群中产乳牛和干乳牛也有一定的比例关系，通常全年保持 80%左右处于产乳，20%左右处于干乳。

3. 编制方法与步骤

以某奶牛场为例：某奶牛场计划经常拥有各类奶牛 1 000 头，其牛群结构比例为：成母牛占 63%，育成牛 24%，犊牛 13%。已知计划年初有犊牛 130 头，育成牛 310 头，成母牛 500 头，另知上年 7～12 月份各月所生犊牛头数及本年度配种产犊计划，试编制本年度牛群周转计划。

①将年初各类牛的头数分别填入表 7.2“期初”栏中。计算各类牛年末应达到的比例头数，分别填入 12 月份“期末”栏内。

②按本年度配种产犊计划，把各月将要出生的母犊头数(计划产犊头数×50%×成活率%)相应填入犊牛栏的“繁殖”项目中。

表 7.2 某奶牛场牛群周转计划

头

月份	犊牛								育成牛								成牛							
	期初	增加		减少				期末	期初	增加		减少				期末	期初	增加		减少				期末
		繁殖	购入	转出	出售	淘汰	死亡			转入	购入	转出	出售	淘汰	死亡			转入	购入	转出	出售	淘汰	死亡	
1	130	20		20				130	310	20		15				315	500	15					5	510
2	130	20		20				130	315	20		15	2			318	510	15						525
3	130	20		15				135	318	15		10	10	5		308	525	10						535
4	135	20		15	2			138	308	15		10	15	5		293	535	10			10			535
5	138	15		10				143	293	10		20	5		2	286	535	20			10			545
6	143	15		10			3	145	286	10		20	5			271	545	20						565
7	145	20		20		2	2	141	271	20		10		3		278	565	10						575
8	141	20		20		5	2	134	278	20		10		2	2	284	575	10						585
9	134	20		20		3	2	129	284	20		15		2		287	585	15						600
10	129	20		20			1	128	287	20		15	5	5	1	281	600	15						615
11	128	15		15				128	281	15		15	15	5		261	615	15				5		625
12	128	15		15				128	261	15		15	15	3	1	242	625	15			5	5		630
合计		220		200	2	10	10			200		170	72	30	6			170			25	10	5	

③年满6月龄的母犊应转入育成牛群中，则查出上年7～12月份各月所生母犊头数，分别填入母犊"转出"栏的1～6月份项目中(一般这6个月母犊头数之和，等于期初母犊的头数)。而本年度1～6月份所生母犊头数对应地填入育成牛"转出"栏7～12月份项目中。

④将各月转出的母牛犊数对应地填入育成牛"转入"栏中。

⑤根据本年度配种产犊计划，查处各月份分娩的育成牛数，对应地填入育成牛"转出"及成母牛"转入"栏中。

⑥合计母犊"繁殖"与"转出"总数。要想使年末牛只数达128头，期初头数与"增加"头数之和等于"减少"头数与期末头数之和。则通过计算：(130＋220)－(220＋128)＝22，表明本年度母犊可出售或淘汰22头。为此，可根据母犊生长育情况及该场饲养管理条件等，适当安排出售和淘汰时间。最后汇总各月份期初与期末头数，"母犊"一栏的周转计划即编制完成。

⑦同法，合计育成母牛"转入"与"转出"栏总头数，根据年末要求达到的头数，确定全年应出售和淘汰的头数。则通过计算：(310＋200)－(242＋170)＝98，表明本年度育成母牛可出售或淘汰98头。在确定出售、淘汰月份分布时，应根据市场对鲜奶和种牛的需要及本场饲养管理条件等情况确定。汇总各月期初及期末头数，即完成该场本年度牛群周转计划。

(二)肉牛牛群周转计划

肉牛场规模和经营活动决定牛群周转。根据牛群周转计划组织饲料供应，制定劳动力计划、建设棚圈计划、物资采购计划。牛群周转计划是做到有计划生产的保证。编制牛群周转计划的依据：

①牛群结构。由生产规模确定年内牛群数量的变动情况，如牛群存栏头数、淘汰牛头数、分娩牛头数以及按计划应出售的幼牛、育肥牛头数。

②牛群繁殖情况。牛群繁殖情况与牛群结构紧密联系。根据参加种配种牛头数，计算分娩母牛数和犊牛数。对于育肥肉牛场，根据生产规模购进育肥牛数。

③基础母牛使用年限。根据体质和繁殖性能，决定基础母牛使用年限和淘汰牛头数。同时，决定育成母牛的预留比例，这也与牛群结构互为联系。

④育肥计划。由牛群产犊数确定各期育肥牛数及相应的产肉计划。

三、产奶计划的编制

产奶计划是制定牛奶供应计划、饲料计划、联产计酬以及进行财务管理的主要依据。奶牛场每年都要根据市场需求和本场情况，制定每头牛和全群牛的产奶计划。编制牛群产奶计划，必须具备下列资料：

①计划年初泌乳母牛的头数和去年母牛产犊时间；

②计划年成母牛和育成牛分娩的头数和时间；

③每头母牛的泌乳曲线；

④奶牛胎次产奶规律。

由于影响奶牛产量的因素较多，牛群产奶量的高低，不仅取决于泌乳母牛的头数，而且决定于各个体的品种、遗传基础、年龄和饲养管理条件，同时与母牛的产犊时间、泌乳月份也有关系。因此，制定产奶计划时，应考虑以下情况：

①泌乳月：母牛现处于第几泌乳月，前几个月及本月的平均日产奶量。在正常饲养管理条

件下，大多数母牛分娩后的奶量迅速上升，到第 2～3 个月达最高，以后逐渐下降，每月降 5%～7%，到泌乳末期逐月下降 10%～20%。但有的母牛在分娩后 2 个月内泌乳量迅速上升，以后便迅速下降，而有的母牛在整个泌乳期内能保持均衡的泌乳。因此，编制产奶计划时，必须考虑每头母牛的个体特性。

②年龄和胎次：荷斯坦牛通常第二胎次产奶量比第一胎高 10%～12%；第三胎又比第二胎高 8%～10%；第四胎比第三胎高 5%～8%；第五胎比第四胎高 3%～5%；第六胎以后奶量逐渐下降。即荷斯坦牛 1～6 胎的产奶系数分别为：0.77、0.87、0.94、0.98、1.0、1.0。

$$\text{预计本胎次产乳量}=\frac{\text{上胎产乳量}\times\text{本胎产奶系数}}{\text{上胎产奶系数}}$$

③干奶期饲养管理情况以及预产期。

④母牛体重、体况以及健康状况。

⑤产犊季节，尤其南方夏季高温高湿对奶牛产奶量的影响。

⑥考虑本年度饲料情况和饲养管理上有哪些改进措施。

例如：9903 号母牛上胎次（3 胎）产奶量为 7 000 kg，其 1～10 泌乳月的产奶比率分别为：14.4%、14.8%、13.8%、12.6%、11.4%、10.1%、8.3%、6.2%、5.1%及 3.3%。则该牛在计划年度产奶量估计为：7 000 kg×0.98（第四胎产奶系数）/0.94（第三胎产奶系数）＝7 298 kg，第一泌乳月产奶量为 7 298 kg×14.4%＝1 051 kg，第二泌乳月产奶量为 7 298 kg×14.8%＝1 080 kg，其余各月依次为 1 007 kg、920 kg、832 kg、737 kg、606 kg、452 kg、372 kg、241 kg。若该牛在计划年的 3 月份以前产犊，泌乳期产奶量在计划年度内完成；如若其于上年度 11 月份初产犊，则在计划年度 1 月份为其第三泌乳月的产奶量，其余类推。如若母牛不在月初或月末产犊，则需计算月平均日产奶量，然后乘以当月产奶天数。将全场计划年度所有泌乳牛的产奶量汇总，即为年产奶计划。

若本奶牛场无统计数字或泌乳牛曲线资料，在拟定个体牛各月产奶计划时，可参考表 7.3 和母牛的健康、产奶性能、产奶季节、计划年度饲料供应等情况拟定计划日产奶量，据此拟定各月、全年、全群产奶计划（表 7.4）。

表 7.3　计划产奶与各泌乳月日平均产奶量分布　　kg

305 d 产奶量	泌乳月									
	1	2	3	4	5	6	7	8	9	10
4 200	17	19	17	16	15	14	13	11	10	9
4 500	18	20	19	17	16	15	14	12	10	9
4 800	19	21	20	19	17	16	14	13	11	10
5 100	20	23	21	20	18	17	15	14	12	10
5 400	21	24	22	21	19	18	16	15	13	11
5 700	22	25	24	22	20	19	17	15	14	12
6 000	24	27	25	23	21	20	18	16	14	12
6 600	27	29	27	25	23	22	20	18	16	14

续表7.3

305 d 产奶量	泌乳月									
	1	2	3	4	5	6	7	8	9	10
6 900	28	30	28	26	24	23	21	19	17	16
7 200	29	31	29	27	25	24	22	20	18	16
7 500	30	32	30	28	26	25	23	21	19	17
7 800	31	33	31	29	27	26	24	22	20	18
8 100	32	34	32	30	28	27	25	23	21	19
8 400	33	35	33	31	29	28	26	24	22	20
8 700	34	36	34	32	30	29	27	25	23	21
9 000	35	37	35	33	31	30	28	26	24	22
9 300	36	38	36	34	32	31	29	27	24	23
9 600	37	39	37	35	33	32	30	28	25	24

表 7.4 年度产奶计划 kg

奶牛号	计划年各月份产奶量												全年总计
	1	2	3	4	5	6	7	8	9	10	11	12	
1													
2													
3													
*													
*													
总计													

四、育肥计划的确定

育肥计划由牛群产犊数确定各期育肥牛数及相应的产肉计划。肉牛饲养场，一般出售育肥活牛，不计算牛肉产量。如果牛场设有屠宰车间，也应根据牛的屠宰率、净肉率预计产肉量。肉牛产肉计划是根据牛群周转计划的幼牛育肥头数、成年淘汰头数、易地育肥时购入的牛数，并预计平均日增重和育肥期限。我国地域辽阔，各地自然条件、生态条件、饲草料条件不同，养牛业基础与水平及社会化的畜牧业服务体系和产品销售渠道也存在很大差异。因此，根据当地的实际情况来选择适宜的肉牛育肥项目，育肥计划的项目的确定要充分考虑选择适宜的肉牛养殖品种、生产计划、生产规模、饲养管理方式等条件，能起到节约资源、提高生产效率和生产效益的双重作用。

(一)选择适宜肉牛品种

1. 地域因素

山区养牛宜以饲养繁殖母牛、生产育肥架子牛为生产计划核心。在交通运输条件便利、当地活牛交易兴旺的地区,应以选择利用大型西门塔尔牛对当地牛进行杂交改良,饲养一二代杂种牛,饲养至12～24月龄出售,作为架子牛供易地育肥。二代以上杂种牛可选择夏洛来牛、利木赞牛等作杂交父本。如果还需要利用牛进行耕地等役用作业,则以利用西门塔尔杂种牛间相互交配,生产乳肉役兼用犊牛饲养为宜,不宜进行多元杂交。在还非常需要畜力耕地拉车的山区,则以引进利用中小型品种利木赞牛、安格斯牛作杂交父本,或引进我国的五大良种黄牛饲养为好。

农区养牛业的特点是饲草料资源比较丰富,肉牛杂交改良率的高低与当地政府对养牛业的重视程度密切相关。有的地方,牛杂交改良率高;有的地方杂交改良推广慢。绝大多数农户养牛都是以母牛自繁为主。农户养牛一般都是养母牛繁殖小牛,靠卖小牛赚钱;但专业型只育肥、不繁殖的肉牛育肥户、育肥场、育肥企业,已在一些养牛发达地区形成一定的规模。在中原肉牛带、东北肉牛带、华南肉牛带,已出现一批规模养牛专业户、重点户和育肥及屠宰销售龙头企业,肉牛业正向科技型、效益型和高档优质产品化方向发展。因此,农区养牛,品种应选择饲养杂种牛。利用引进的国外优良肉牛品种西门塔尔、利木赞、夏洛来、安格斯为父本与当地母牛杂交;一代杂交宜选择西门塔尔、利木赞为父本。在已有杂交改良基础的地方,可选择进行三元杂交和四元杂交,提高牛的生长、育肥速度,增加高档优质牛肉比例,提高养牛的生产和经济效益。

草原地区养牛,因为既要满足牧民的乳食需要,又要满足牧民的肉食和皮、毛需要,加之草原地区多处于寒冷地带,草地普遍存在超载过牧,优良草场不多,因此,牧民养牛近期应以利用我国的优良地方牛种为主,如乌珠穆沁牛、复州牛、延边牛等作为杂交父本与当地牛杂交提高生产性能。在草场状况较好的地区,如内蒙古东部的呼伦贝尔地区,新疆的农牧交错区及毗邻农区的草原地带,可实行放牧加补饲育肥,后期集中育肥,或向农区提供育肥架子牛,因此养牛品种可选择西门塔尔、短角牛、安格斯、海福特作杂交父本与当地牛杂交。杂种后代既适于向农区提供育肥架子牛,也可在当地进行放牧育肥,获得较好的生产效果。

2. 杂交改良水平

购牛应选择在当地普遍的牛品种,母牛配种父系则应选择当地政府大力支持引进的杂交父系公牛。这样在当地具有生产性能良好、品种一致的普遍牛群,有利于通过规模和广告效应吸引外来客户,提高当地肉牛的生产效益。肉牛育肥企业无论在什么情况下,都应以组织杂交组合生产商品育肥牛为基本宗旨,育肥架子牛的购进,应选择纯种肉牛品种、国外良种肉牛与我国地方黄牛的杂交种,至少也应选择具有较好肉用性状的我国良种地方黄牛,以提高育肥生产效益。对于架子牛生产企业和育肥企业的架子牛培育基地,由于我国目前还没有国产的肉牛品种,因此架子牛生产的组织最好采用饲养国外肉牛品种,如夏洛莱、皮埃蒙特、利木赞等;商品架子牛杂交组合的组织,杂交一、二代以选择西门塔尔或利木赞对地方黄牛改良为主。西门塔尔为乳肉兼用大型品种牛,体型大,产奶量高,由于我国黄牛普遍泌乳量少,杂交之后能迅速提高母牛的产奶量,犊牛的生长速度提高,加上奶水充足,其增重速度要明显快于地方黄牛;利木赞是纯肉用品种,对肉用性能较好的我国地方黄牛,如鲁西牛、南阳牛等杂交都具有很好的效果。

3. 经营规模

大型的肉牛生产企业可以自己进行不同牛品种杂交组合生产性能的研究试验，筛选与饲料条件、饲养水平相配套的最佳杂交组合方式；可以自己饲养杂交父系公牛，建立育肥架子牛生产基地，组织商品架子牛生产，以使育肥的效果达到最佳。从种牛饲养到肉牛屠宰全部经营的一体化肉牛生产企业，还可通过对牛肉终产品的分等分级和分割、包装、销售，提高肉牛生产的整体效益，更容易将肉牛生产的效益落实到每一个生产环节。

(二)肉牛生产计划

生产计划指养牛者出栏商品牛的生产计划，即养牛户或养牛场将牛养至什么阶段使其进入交易市场。生产计划一般有5种：纯种母牛的饲养繁育；生长牛的饲养；架子牛的生产；育肥牛的生产；小牛肉的生产。

1. 纯种母牛的饲养繁育

饲养母牛以繁育犊牛出售是目前我国农牧民饲养肉牛的主要方式。然而饲养犊牛出售的时间在不同的养牛者那里相差很大，有断奶出售的，1岁龄出售的，也有作为架子牛出售或自己肥育后出售的。总的来说，母牛饲养者的饲养管理水平对养牛业的总体生产效率影响很大。由于肉牛的产业化程度在我国还非常低，母牛饲养繁育的标准化还没有提到议事日程，生产者的生产效率普遍不高。

2. 生长牛的饲养

生长牛的饲养一般指幼牛在1岁或1岁以下，身体较瘦，饲养者利用牧地或利用低廉粗料养牛，以后在对牛进行育肥，或母牛作为繁殖牛。生长牛的饲养一般不超过1年。目前，我国农牧民对生长牛的饲养绝大部分是与母牛混养在一起。在养牛业较发达的华北、东北和华南肉牛带地区，已出现为了提高优质牛肉出产率而将生长牛单独组群进行专门化配方饲养的方式。所谓小牛肉，指犊牛在12月龄以内，在特殊的饲养条件下，育肥至450～500 kg时屠宰所产的牛肉。有些国家则指犊牛生后6～8个月内育肥至250～300 kg时屠宰所产之肉。如果犊牛生后完全用乳和代乳喂养至3月龄、体重达到约100 kg时屠宰，而始终不喂草料，这样的牛所产之肉称白牛肉。

3. 架子牛的生产

架子牛生产计划主要适于牧区和半农半牧区无精料或精料供应较贫乏的地方。我国的草原地区和半农半牧区出产的青年牛基本都为该类个体。农区出产的青年牛尽管营养水平稍好，但牛的肥度也远没有发挥出来，所以有进行短期强度肥育的必要。架子牛生产的益处是：①犊牛生后至出售或转场需要投资较小，只要有充足的粗料即可。放牧地区可采用犊牛春季出生后随母牛放牧，秋季断奶后作为生产小牛肉的架子牛出售，或依靠干草继续养犊牛越冬，下一年再经春夏秋三季放牧后，出售供肥育。②架子牛计划容易配合市场需求。因为犊牛可随时依市场需求变化而出售，饲养数目多少也容易调整。③需要的设备较少，架子牛的死亡率也较低。架子牛生产的缺点是牛买卖时，对牛的品质优劣和健康状况要作精确的判断，才能得到合理的收益。由于我国目前还缺乏其他类型的架子牛后续服务生产方式，因此架子牛只有出售和自肥育两条途径。

4. 育肥牛的生产

肉牛育肥，由于性能、目的及对象的不同，一般可分为四大体系：①按性能，分为普通肉牛育肥和高档肉牛育肥；②按年龄，分为犊牛育肥、育成牛育肥（包括幼年牛育肥和青年牛育肥）、成年牛育肥（淘汰牛育肥）；③按性别，分为公牛育肥、母牛育肥和阉牛育肥；④按饲料类型，分为精料型育肥和前粗后精型育肥等；⑤根据饲养方式，可分为舍饲育肥和放牧育肥等。

目前，我国育肥牛生产主要有三种方式：①短期快速育肥。主要是针对 2 岁以上成年牛，包括淘汰牛、老弱残牛。利用牛的补偿生长特性和年龄越大贮脂能力越强的特性，使生长期发育不充分的牛只在短期内取得较大的增重。育肥期较短，一般 3～6 个月。②育成牛育肥，包括幼年牛育肥和青年牛育肥。前者主要指对 12～14 月龄、体重 250 kg 左右，或 8～10 月龄、体重 150～200 kg 幼龄牛的育肥，育肥期较长，一般为 12～15 个月，或 8～10 个月，育肥结束时，牛年龄不超过 24～26 月龄。后者指对 18～24 月龄育成牛的育肥。

育成牛育肥有两种方法：一为持续育肥法，又称精料型育肥法。育肥期耗精料较多，牛只生长快，要求日增重在 0.85 kg 以上，屠宰率不低于 63%，胴体等级和牛肉大理石纹等级均达到 1～2 级。二为后期集中育肥法，又称前期多粗料育肥模式。

育肥分为两个阶段或三个阶段。前期给粗料较多，限制精料喂量，目的是锻炼牛的消化器官，使牛的骨骼、体型充分发育；后期饲喂精料较多，可使牛的肌肉、脂肪充分发育，日增重可达到最佳状态。分为三个阶段的，则最后 150 d 为肉质改善期，给予相对较高的能量水平和较低的蛋白水平，以有利于脂肪沉积并渗透到肌纤维间，形成肌肉的大理石纹。育肥一般在牛 27～29 月龄时结束。

③放牧育肥，或放牧加补饲育肥。这是我国草原地区基于当地条件进行牛育肥的主要方式。

肥育牛的收益主要来源有二：一是牛的出售价高于购入价，二是牛增重的价值高于饲料的成本。因此，易地育肥架子牛的收购必须有买卖差额，无此差额，易地育肥就不能进行；而在育肥期，则应通过加强饲养管理，实行配方饲养，尽量降低生产成本。

（三）肉牛生产规模

适度规模饲养是目前我国发展较快的养牛方式，生产单位在一定的内外环境条件下，通过对资金、劳力、饲养、技术、设备等生产要素扩大投入和合理配置，在稳定提高生产效率的基础上，适度扩大养殖规模，以获取规模效益。规模养牛有利于促进科学养牛技术的推广应用，能提供批量商品，保证市场均衡供应；可以提高土地、人工、设施的利用率，节省资金投入。规模养牛已成为我国华北、东北和华南肉牛带农民养牛的重要方式，占养牛农户的 10%以上，而且产品率高。大规模专业饲养场养牛是美国肉牛生产的主要模式。

在美国，每户养 2 000～5 000 头肉牛只能算是中等规模，超级专业大户养牛达 30 万～50 万头，提供美国市场上 75%以上的牛肉。这种现代化的大牛场日常操作已实现工厂化生产，从投喂饲料、供给饮水、清洗粪便、疾病诊断与预防到饲料配合、营养分析、配方制定和日常管理等已实现自动化或机械化操作，从事养牛生产的人员已不再是普通的农民，而是受过高等教育的专业人员。

专业饲养肉牛的大型、中型肉牛肥育企业也已在个别发达地区出现，如河北的李福成牛场、万裕隆牛场，北京刑永贵牛场，他们年上市的牛头数都在万头以上，有的甚至达 10 多万头。

建立大型专业肉牛养殖企业的优点是：它的存在可以带动为其提供架子牛的产地的牛种改良和养牛业发展，有利于推行科学养牛技术，为市场均衡、批量提供优质牛肉。但总的来说，由于我国人多地少，精饲料不足，土地分户、联产承包是国家农业的基本政策，因而，建立大型肉牛场并不符合我国的国情。对其建立宜采取任其发展的态度，政府不提倡、不反对，只作平衡分布指导。中等规模的肥育场和养牛企业应成为我国生产高档、优质、批量均衡化供应牛肉养牛体系的中坚模式。

(四)肉牛饲养方式

肉牛规模饲养方式可分为放牧饲养、舍内饲养和场户结合饲养三种方式。

1. 放牧饲养

放牧饲养是将牛群置于牧场之内，让牛自由采食青草，以促使其生长的饲养方式。这种饲养方式需要有大面积的牧场作为保障。根据英国的经验，每头牛占用人工草场牧地至少需要 0.7 hm^2。我国由于人多地少，平原农区不可能建立人工草场放牧养牛；放牧饲养方式主要在北方草原地区和南方草山草坡地区利用。目前我国北方牧区如内蒙古、新疆、甘肃、青海等地的草地均存在不同程度的超载过牧，因此应逐渐压缩、减少牲畜饲养数量。草原的人工改良应有计划，妥善谨慎，逐渐进行，防止由于操作失误造成草地的退化、沙化。放牧饲养应采取分区轮牧方法，并按照草地的产草量进行载畜量核定。在冬季枯草季节，由于单纯依靠放牧不能满足牛的最低营养需要，所以应该放牧与补饲相结合。

2. 舍内饲养

舍内饲养是指将牛拴系于牛舍之内，通过人工定时填料的方法予以集中饲养。这是目前我国农区肉牛育肥和农户养牛采用的主要方式。该方式的优点：一是可以解决大牛群集中饲养所需的大量饲料问题，特别是农作物秸秆作为饲料不但在数量上可以保证，而且成本也较低；二是便于工厂化管理，各项生产活动都可按照比较严格的程序和标准进行。但这种饲养方式也存在缺点，一是舍内饲养环境较差，二是所需劳动力数量较多，饲养成本较高。因此可对舍饲方式进行改进，具体做法是：在保留牛舍的情况下，在原有的运动场上设置牛槽。在气候比较温和、雨量较少的春秋季节，将牛牵拴在运动场饲喂，在气温较高的夏季和较为寒冷的冬季则集中于舍内饲养，并随天气的变化及时调整饲养位置。这样既可以改善肉牛的饲养环境，又会节省牵牛时间，减轻劳动强度。

3. 场户结合饲养

场户结合饲养，指肉牛在吊架子阶段由农户散养，待养至成年牛以后，由牛场收购集中育肥。这种饲养方式的优点是可以大大缩短肉牛的场内饲养周期，降低饲养风险，加快牛场资金周转；而且农户在饲养当中，可以充分利用闲置的劳动力和作物秸秆，饲养成本较低。但这种饲养方式不利于出产高档牛肉。

五、奶牛生长计划编制

(一)后备牛生长计划编制

后备牛主要包括犊牛、育成牛、青年牛，加强后备牛的培育是提高牛群质量、创建高产牛群的重要环节。下面以中国荷斯坦奶牛为例进行说明后备牛生长计划编制情况如表 7.5 至

表 7.7 所示。

表 7.5 犊牛生长计划

时间	生长指标
1～7 d	初生重占成母牛体重的 7%～8%，一般为 35 kg 左右，有的犊牛超过 50 kg；胸围一般在 70～75 cm，体高在 69～74 cm。第一周平均日增重 500～600 g，一周后体重为 38 kg 以上
8～14 d	小型奶犊牛理想增重率 0.5 kg/d，大型奶犊牛理想增重率 0.75 kg/d
15～21 d	3 周龄犊牛平均日增重 350～400 g。体高一般为 71～76 cm，胸围一般为 73～78 cm
22～42 d	体重大约 77 kg，日增重 600 g 以上，体高大约 86 cm，胸围大约 91 cm
64～91 d	3 月龄达到成牛体重的 20%，犊牛断奶重 80 kg 左右，日增重 650～700 g，胸围 95 cm，体高 85 cm 左右
4～5/月龄	犊牛 6 月龄体重 165～174 kg，日增重 800～900 g，胸围 120～124 cm，体高 100～102 cm

表 7.6 育成牛生长计划

时间	生长指标
6～9/月龄	达到成年牛体重的 30%，应控制在日增重为 550～600 g 为好，最高不宜超过 670 g
10～12/月龄	达到成年牛体重的 50%，体重达到 280 kg，平均每月增高 1.89 cm
13～15/月龄	15 月龄达到成母牛体重的 70%，一般为 370～380 kg；胸围 165～170 cm，体高 120～125 cm。13～15 月龄，平均增高 1.93 cm

表 7.7 青年牛生长计划

时间	生长指标
16～18/月龄	18 月龄时体重 440 kg，占成年奶牛的 75%～80%；胸围 175～180 cm，体高 125～130 cm
19～22/月龄	到 22 月龄时体重 500 kg，胸围 180～185 cm，体高 130～135 cm。此时期牛胸围变化较大，体高变化不明显，体重变化较大
23～26/月龄	平均增高 0.74 cm，日增重 700～800 g，高的可达 1 000 g，至 5 岁时生长结束

(二)成年牛体重变化

成年母牛是指初次产犊后的母牛，从第一次产犊开始，成年牛周而复始地重复着产奶、干奶、配种、妊娠、产犊的生产周期。在不同时期，成年牛的体重变化情况，直观地反映了饲养管理水平。母牛在泌乳期的各阶段，应有一个合适的体重变化，即合适的体况，以使其产乳潜力能够最大限度地发挥，同时又能保证繁殖、消化机能的正常以及奶牛健康不受影响。

据测定，饲养得好的、体重较稳定的中国荷斯坦母牛，产后 0～70 d 体重共减少 35 kg，每天平均约减 500 g；其减重时间分布，前 30 d 平均每日每头减重 1.8～2.2 kg，后 40 d 仅为 30～100 g。产后 71～150 d 阶段，一般母牛和高产奶牛可保持体重不增不减，但中低产母牛此时日增重可达 150 g。产后 151～305 d 阶段，一般奶牛均能明显恢复原来体重，包括胎儿的生长发育，综合起来日增重可达 400～500 g。以后 60 d 的干乳期，其日增重为 350～600 g。

干奶前期的体重应该比泌乳盛期时增加10%左右，从而达到中上等膘情。

(三)奶牛场全年技术工作计划

1.1月份

①调查牛群的年龄、怀孕月份、胎次分布、体况及健康状况等，摸清底细，以便安排和指导全年生产；

②1月份是全年最冷时期，要做好防寒保暖工作，以防犊牛呼吸道疾病。牛舍要勤换垫草、勤清除粪便，保持清洁干燥，防止寒风和贼风侵袭。尽可能饮温水、喂粥料等，特别是对围产期牛、高产牛和犊牛的护理要精心、细致。

2.2月份

①安排好春节期间的生产，避免劳力、饲料脱节及人为灾害；

②继续搞好防寒越冬，积极开展春季防疫、检疫工作；

③检查配种工作及存在问题。

3.3月份

①防疫、检疫结束后，牛舍、运动场进行春季大消毒，并抓住时机搞好植树造林、美化环境；

②进行春季牛群修蹄工作；

③落实青贮玉米播种工作。

4.4月份

①做好牛群炭疽芽孢疫苗的注射；

②进行上半年布鲁氏菌病和结核病的防疫、检疫工作；

③预防过量饲喂青草而导致牛腹泻；

④检查青贮玉米播种的数量和质量。

5.5月份

①对不孕牛进行复查，并采取相应技术措施；

②露天干草要垛好，以防雨淋，霉烂变质；

③地沟、低湿处喷洒杀虫剂，以消灭蚊蝇的滋生；

④加强牛奶的初步处理，以防酸败；

⑤检查、维修青贮机械及青贮池(塔)。

6.6月份

①天气逐渐炎热，做好防暑降温准备，逐步变换饲料，增加青绿饲料；

②组织青贮工作临时班子，做好青贮的准备工作；

③加强监督挤奶器械、管道系统的清洗消毒工作，严把产品质量关。

7.7月份

①检查上半年生产任务完成情况及存在问题；

②搞好玉米青贮工作；

③进行防暑降温，以缓解奶牛热应激；

④继续加强督促挤奶和贮奶系统的清洗消毒，严把产品质量关。

8.8月份

①做好饲料青贮的收尾工作，对全场进行卫生消毒；

②进行不孕牛的普查及治疗工作；

③对工人进行技术培训。

9.9 月份

①整理产房、做好产犊高峰季节的准备工作；

②收贮青干草；

③检查玉米青贮窖的防漏水、漏气情况。

10.10 月份

①进行牛群普查鉴定工作；

②做好秋季牛群修蹄工作；

③进行下半年布鲁氏菌病和结核病的防疫、检疫工作；

④对牛群进行驱虫，成母牛在干乳期进行。

11.11 月份

①做好块根、块茎饲料以及其他饲料的青贮工作；

②总结年度配种工作；

③做好冬季防寒保暖的准备工作。

12.12 月份

①填报年度生产统计报表，总结全年工作，研究布置下年度生产计划；

②做好防寒保温完全越冬工作；

③调整牛群结构，淘汰老弱病残牛。

六、饲料供应计划编制

饲料是养牛生产的基础，编制饲料计划，是安排饲料生产、组织饲料采购的依据。规模较大的牛场，除年度计划外，应分别按季节或按月份制定饲料计划，以保证饲料的均衡供应。饲料计划主要包括饲料需要量计划和饲料供需平衡计划两部分。先计算出饲料需要量，然后与饲料供应量进行平衡。

(一)饲料供给计划的编制依据

①饲料需要量计划与牛群发展计划相适应。

②根据日粮科学配合的要求，按饲料的种类，分别计划各种饲料的需要量。

③牛场周围的自然资源，安排廉价丰富的饲料种植，建立饲料基地。

④根据市场可供应饲料量，安排饲料采购渠道和数量。

⑤饲料供应计划应根据牛群周转计划(明确每个时期各类牛的饲养头数)和各类牛群饲料定额等计划，制定饲料计划，安排种植计划和饲料储备计划(表 7.8)。

(二)饲料供应计划的编制

1. 粗饲料供应计划

①青贮玉米：成年母牛采食量 25 kg/(头·d)，育成牛采食量 15 kg/(头·d)，犊牛采食量 5 kg/(头·d)。

青贮玉米月供应量=(成年牛日采食量×成母牛头数+育成牛日采食量×育成牛头数+

犊牛日采食量×犊牛头数)×30 d

通过以上计算公式可得出月供应量,然后乘以12便可得出青贮玉米年供应量。

②干草:成年母牛采食量5 kg/(头·d),育成牛采食量3 kg/(头·d),犊牛采食量1.5 kg/(头·d)。干草年供应量计算方法同上。

表7.8 饲料供给计划

类别	平均饲养头数	年饲养头日数	精饲料	粗饲料	青贮料	青绿多汁料	矿物质	牛奶
成年公牛								
成年母牛								
青年公牛								
青年母牛								
犊公牛								
犊母牛								
总计								
计划量								

注:全年平均饲养头数(成年母牛、育成牛、犊牛)=全年饲养头日数/365;全年各类牛群的年饲养头日数=全年平均饲养头数×全年饲养日数;饲料需要量"计划量"是年需要量加上估计年损耗量,即为该年度实际需要计划的饲料量。一般为5%~10%的损耗量。精饲料和矿物质饲料按照5%计算,粗饲料、青贮、青绿多汁饲料的损耗按照10%计算。

2. 精饲料供应计划

①混合精饲料月供应量=[育成牛基础料量3 kg×育成牛数量+(成母牛基础料量3 kg×上年度奶牛头日产奶量/奶料系数比)×成年母牛数量]×30 d

奶料系数比为3,即每产3 kg奶增加1 kg精料。得出与供应量乘以12可得出年供应量。

②混合精料中的各种饲料供应量,可按混合精料配方中占有的比例计算。例如,成年母牛混合精料的配合比例为:玉米50%、豆饼或豆粕34%、麦麸12%、矿物质饲料3%、添加剂预混料1%,则混合精料中各种饲料供应量为:

玉米供应量=混合精料供应量×50%

豆饼供应量=混合精料供应量×34%

麦麸供应量=混合精料供应量×12%

添加剂预混料供应量=混合精料供应量×1%

矿物质饲料:一般按混合精料量的3%~5%供应

第二节 制定岗位责任管理制度

合理的规章制度是提高牛场生产管理水平和调动工人积极性的有效措施,也是办好养牛场的重要环节。

岗位责任制使每个工作人员都明确其职责范围，有利于生产任务的完成；制定简明的养牛生产技术操作规程，使各项工作有章可循，有利于互相监督，检查评比；养牛生产技术操作规程是各项规章制度的核心，是提高饲养管理技术水平，贯彻科学养牛，提高养牛生产，促进养牛业大发展不可缺少的有效措施和重要保证。定额是编制生产计划的基础，是组织计划实施的前提，同时也是管理的基础，为了增强管理的科学性，提高经营管理水平，取得经营的预期效果，应当在管理的全过程搞好定额工作，充分发挥定额管理的作用。此外，定额是检查计划执行情况的依据，定额是正确地考核职工的贡献大小，给予劳动报酬分配的依据；对于提高劳动生产率，搞好经济核算也是不可缺少的有效手段。

一、岗位设置

(一)奶牛场生产经营所需要的工作岗位

奶牛场生产经营所需要的员工种类及数量依奶牛场规模、饲养方式、机械化程度、人员的熟练程度而定，规模化的奶牛场员工，一般包括：

①管理人员：场长、生产主管、文秘等。

②技术人员：畜牧、兽医、人工授精、统计等。

③财务人员：会计、出纳。

④生产人员：饲养员、挤奶员、饲料加工调制人员、机械维修工、清粪工、清洁消毒工等；如果有饲料基地还包括从事农业生产的人员。

⑤后勤人员：司机、保管、采购、保安等。

所需要不同岗位的员工大部分是通过招聘的方式满足，招聘挤奶员工时要求核对是否有健康证明，其他员工根据岗位特点有不同要求，聘用从业人员要符合国家法规条例，签订劳动合同，约定雇佣双方的义务，并相应安排 3～6 个月的试用期。

(二)肉牛场生产经营所需要的工作岗位

肉牛场的组织机构应本着精简、责任明确的原则设置。人员编制本着高效高薪、鼓励兼职、以岗定编、以岗定薪的原则，采取岗位职责明确、聘任上岗、培训上岗的劳动组织形式，以确保牛场正常的生产组织形式和正常的生产秩序。

①领导机构：场长、副场长等。

②职能机构：生产、饲料加工、购销、后勤、财务等部门。

③人员组成：场长、副场长、畜牧技术员、兽医技术员、人工授精员、饲料加工员、饲养员、财务人员和后勤人员等。

肉牛养殖场的主要工作岗位：肉牛饲养工、精饲料加工工、架子牛采购和育肥牛销售、牛体保健和牛病防治、财务、青贮。其中架子牛采购和育肥牛的销售工作岗位可根据牛场饲养规模大小采取分别设置和单独设置的方式。青贮工作由于属于季节性活动，且时间较短，故应属于临时性岗位。规模较小的养牛场可采用直线制的组织形式，即一切指挥和管理职能基本上都由场长自己执行，一般不设专门的职能机构，只有少数职能人员协助场长进行工作。

二、各岗位责任管理制度的制定

(一)奶牛场从业员工岗位职责

1. 场长(经理)职责

①认真贯彻执行国家发展畜牧业的法规和政策,依法纳税,服从国家有关机关的监督管理。负责全场的日常工作,决定牛场的经营计划和投资方案,对外签订经济合同,负责向债权人提供牛场经营情况和财务状况。

②制定牛场的年度预算方案、决算方案、利润分配方案以及弥补亏损方案。

③制定牛场的基本管理制度,参与并协助债权人决定牛场的经营计划、市场定位及长远发展计划,审查生产基本建设和投资计划。

④决定内部管理机构的设置,与员工签订责任书,聘任或解聘牛场的员工和决定其报酬等事项。

2. 畜牧主管职责

①按照本场的自然资源、生产条件以及市场需求,组织技术人员制定全场各项规章制度、技术操作规程、生产年度计划,掌握生产进度,提出增产措施和育种方案。

②负责检查全场各项规章制度、技术操作规程、生产计划的执行情况,对于违反规章、规程和不符合技术要求的事项有权制止和纠正。

③负责拟订全场各类饲料采购、储备和调拨计划,并检查其使用情况。

④对全场技术人员的任免、调动、升级、奖惩,提出意见和建议。

⑤组织技术经验交流、技术培训和科学试验工作。对生产技术中的重大事故,要负责作出结论,并承担应负的责任。

3. 兽医主管职责

①负责制定本场消毒防疫检疫制度和制定免疫程序,并行使总监督,对于生产中兽医技术重大事故,要负责做出结论,并承担应负的责任。

②拟订全场兽医药械的分配调拨计划,并检查其使用情况,在发生传染病时,负责根据有关规定封锁或扑杀病牛。

③对全场兽医技术人员的任免、调动、升级、奖惩,提出意见和建议。

④组织兽医技术经验交流、技术培训和科学试验工作,并及时组织会诊疑难病例。

4. 畜牧技术人员职责

①根据奶牛场生产任务和饲料条件,拟订奶牛生产计划。

②制定各类牛只更新淘汰、产犊和出售以及牛群周转计划。

③按照各项畜牧技术规程,拟订奶牛的饲料配方和饲喂定额。

④制定育种和选种选配方案,组织力量进行牛只体况评分和体型线性评定。

⑤负责牛场的日常畜牧技术操作和牛群生产管理。

⑥配合场长(经理)制定、督促、检查各种生产操作规程和岗位责任制贯彻执行情况。

⑦总结本场的畜牧技术经验,传授科技知识,填写牛群档案和各项技术记录,并进行统计整理。对生产中出现畜牧技术事故,要及时报告,并组织相关技术人员及时处理,同时承担相应的责任。

5. 人工授精员的职责

①每年末制定翌年的逐月配种繁殖计划，每月末制定下月的逐日配种计划，同时参与制定选配计划。

②负责牛只发情鉴定、人工授精(胚胎移植)、妊娠诊断、生殖道疾病和不孕症的防治，以及奶牛进出产房的管理等。经常注意液氮存量，做好奶牛精液(胚胎)的保管和采购工作。

③及时填写发情记录、配种记录、妊娠检查记录、流产记录、产犊记录、生殖道疾病治疗记录、繁殖卡片等。按时整理、分析各种繁殖技术资料，并及时、如实上报。

④普及奶牛繁殖知识，掌握科技信息，推广先进技术和经验。

⑤经常注意液氮存量，做好奶牛精液(胚胎)的保管和采购。

6. 兽医的职责

①负责牛群卫生保健，疾病监控和治疗，贯彻防疫制度，制定药械购置计划；每天巡视牛群，发现问题及时处理，填写病历和有关报表。

②认真细致地进行疾病诊治，充分利用化验室提供的科学数据。遇疑难病例及时汇报。组织力量检修牛蹄，监测乳腺炎，检查蹄浴情况。

③普及奶牛卫生保健知识，提高员工素质，开展科研工作，推广应用先进技术。

④兽医应配合畜牧技术人员，共同搞好牛群饲养管理，减少发病率。

7. 饲养员的职责

①按照各类牛饲料定额，定时、定量顺序饲喂，少喂勤添，让牛吃饱、吃好。

②熟悉牛只情况，做到高产牛、头胎牛、体况瘦的牛多喂；低产牛、肥胖牛少喂；围产期牛及病牛细心饲喂，不同情况区别对待。

③细心观察牛只食欲、精神和粪便情况，发现异常及时汇报，并协助配种员做好牛只发情鉴定。

④节约饲料，减少浪费，并根据实际情况，对饲料的配方、定额、采食情况及饲料质量及时向技术人员提出意见和建议。

⑤负责牛体、牛舍清洁卫生，做到“三勤”，即勤走、勤看、勤扫；每次饲喂前应做好饲槽的清洗卫生工作，以保证饲料新鲜，提高牛只采食量。经常刷拭牛体，做好后备牛调教工作。

⑥保管、使用喂料车和工具，节约水电，并做好交接班工作。

8. 挤奶员的职责

①熟悉所管理的牛只，遵守操作规程，定时按顺序进行挤奶。不得擅自提前或滞后挤奶或提早结束挤奶。

②挤奶前应检查挤奶器、挤奶桶、纱布等有关用具是否清洁、齐全，真空泵压力和脉动频率是否符合要求，脉动器声音是否正常等。

③做好挤奶卫生工作，并按挤奶操作要求，热敷按摩乳房，检查乳房并挤掉第一二把奶，发现乳房异常及时报告兽医，做好乳头药浴，及时更换药液。发现乳房异常及时报告兽医。

④含有抗生素的奶以及乳腺炎的奶应单独存放，另作处理，不得混入正常奶中。

⑤挤奶机器要定期清洗及维护。

(二)肉牛场从业员工岗位职责

各个机构必须明确责任范围，科学安排和使用劳动力，合理组织劳动分工和协作，提高生产效率。各个人员实行岗位责任制尽可能做到人尽其力、物尽其用，不折不扣地完成规定的劳动任务。

1. 场长的主要职责

贯彻执行国家、地方的有关养牛生产的路线、方针、政策，制定全盘计划，包括年度生产计划和肉牛场的长远规划；审查本场基建规模和投资计划；组织各部门制定或修订技术操作规程；检查各部门的工作及计划执行情况，负责包括肉牛场生产、销售和人事劳资等重大问题。

2. 畜牧技术人员的主要职责

组织制定配种产犊计划、牛群周转计划、牛肉生产计划、饲草料使用计划等；做好生产测定工作，如体尺测量、各阶段体重、日增重、饲料转化率的测定等；做好饲料原料采购计划和制定日粮配方，检查配方生产情况和使用效果；做好档案记载，制定选种、选配方案，收集并记录最基本的育种材料；积极参加科研或配合科研工作，不断推广新的、实用的科学技术。

3. 兽医职责

负责全场疾病的监控和治疗；定时进行检疫和免疫注射；制定药品和器械的采购计划；定时到牛舍巡视，密切与饲养员的联系及时发现病牛，及时治疗；做好疾病的诊治记录和总结经验；培训饲养员最基本的预防疾病的知识，降低医疗费用；刻苦钻研业务，不断提高业务水平。场内兽医人员不应对外诊疗牛及其他动物的疾病，牛场配种人员不应对外开展牛的配种工作。

4. 人工授精员的职责

制定精液、液氮及配种器械的采购计划和配种产犊计划；做好发情鉴定、妊娠鉴定工作，及时输精，严格按技术操作规程输精；定时检查生殖系统的疾病，做好记录，会同兽医治疗产科病；做好选配工作；统计受胎率、繁殖率等资料，通知或发放产犊通知单；定时到运动场、牛舍巡视，以便发现发情牛。

5. 饲料加工员的职责

能按配方要求准确配合精饲料，定时定量完成工作；做好饲料原料的保管工作，做到防火、防鼠和防潮，堆放整齐、有序，节省空间；捡出原料中的异物，如铁钉、铁丝、塑料膜、石块和玻璃碴等，捡出霉变原料；原料与包装袋要相符，把配合料准确无误地发放下去，禁止出现母牛采食育肥料或育肥牛采食母牛料等诸如此类的错误。

6. 饲养员的职责

应一切行动听指挥，一切行动从牛体着想，体贴、关心、爱护牛，不允许虐待、打骂牛；按时作息，遵守劳动纪律，按劳动操作规程工作；勤添饲草，勤给水槽放水；注意检查饲草料中有无铁钉、铁丝、碎玻璃、塑料等，一经发现，立即拣掉；做好牛舍及牛体的清洁卫生工作，清除粪便，清换牛床，对每一头牛按一定顺序（按牛号等）刷拭；发现牛发情、产犊、发病等异常情况，立即报告有关人员，并协助有关人员解决；做好牛场及牛舍的安全工作，下班前关灯、关窗，经过检查后方可离开牛舍。

三、饲养管理制度

养牛生产技术操作规程是各项制度的核心，它主要包括：成年奶牛饲养管理操作规程、犊牛及育成牛的饲养管理操作规程、防疫卫生的操作规程、人工授精操作规程、牛乳处理室的操作规程、饲料加工室的操作规程等。现列举几项，仅供参考。

1. 成年奶牛饲养管理操作规程

①根据饲养标准供给营养。首先用粗饲料满足其需要，不足部分由精料供给。青贮饲料和干草是日粮的基础。一般每天 100 kg 体重给予 3～4 kg 青贮料，不低于 0.5 kg 的干草；精料按 100 kg 体重，控制在 1 kg 左右，最大量为 1.5 kg。

②实行 3 次上槽 3 次挤奶，工作日程和挤奶次数不得随意更改。

③饲喂次序按粗—精—粗顺序进行。运动场设粗饲料和矿物质补饲槽，自由采食。

④手工挤奶采用拳握式，要求坐姿自然，两腿夹桶，尾稍固定。挤奶速度按慢—快—慢程序进行，先挤后乳头，再挤前乳头，挤奶时中间不得中断，注意力要集中。

⑤机械挤奶前，先检查挤奶机和乳房情况，挤奶时注意挤奶频率，每分钟 70～80 次，第一二把奶挤到固定的容器里。

⑥注意牛奶品质，异常牛奶、乳腺炎奶、初乳和清洗设备的奶水，不得混入挤奶桶。挤奶时不得沾奶、涂油，挤奶前要洗手，注意修剪指甲。

⑦挤奶前要擦洗牛只乳房，水温 45～50℃，每洗 1～2 头牛更换一次温水。挤奶的全过程需按摩乳房 2～3 次。

⑧每班挤奶，应按固定顺序进行，换人挤奶时，在挤一奶前要介绍个体情况，做好每天各班产奶量记录。

⑨保持正常蹄肢，每年春、秋做好修蹄护蹄工作，个别异常蹄肢应及时处理。

⑩保持牛体、后躯、尾、乳房清洁。冬季干刷，夏季可湿刷，不得用水管直接冲。

⑪干乳期 60 d，个别高产牛可延至 70～75 d。干乳方法，采取快速停奶法，1 周内把奶停住。中低产牛到干乳时，采用快速干乳法。

⑫停奶应根据配种受孕日期，按时停奶。干乳期饲养以优质粗饲料为主，防止饥饿停奶办法，停奶后立即恢复正常饲养定额。

⑬产前 10～15 d 经全身刷洗、消毒，送产房饲养管理。

⑭在产房期间采取丰富饲养管理，产前维持干乳期饲养水平，产后根据个体食欲、体质、产奶增加饲料，提高饲料营养。

⑮母牛在产房期，对个体产奶、体质、食欲、分娩期、停奶和乳房情况，以及上胎分娩情况予以了解并做好记录。

⑯母牛分娩应在产床或固定的产栏内进行，有分娩征候，做好产床消毒，备好消毒药和常用器械。尽量采取自然分娩，不宜过早地用人工破水，发现异常及时请兽医诊治。分娩环境保持肃静，非工作人员禁止围观。

⑰母牛产前、产后的牛体、后躯、外阴部、尾部，用干刷和消毒水洗刷干净（1%来苏儿或 0.1%高锰酸钾）。

⑱母牛分娩后，产床要铺垫褥草使产牛安静休息。犊牛擦干全身，除掉口、鼻腔黏液，去掉软蹄，对脐带做好消毒，不要结扎，称好犊牛初生重后，放置固定牛栏或运动圈内。

⑲母牛分娩后，应立即饮用温麸皮盐水 1～2 桶，夏季饮 1～2 d，冬季连续饮 3～4 d；同时要注意母牛的食欲。

⑳产后第一次挤的奶要立即喂给犊牛，并认真检查乳房情况，发现异常立即请兽医诊治。

2. 犊牛、育成牛饲养管理操作规程

①犊牛出生后用毛巾清除口、鼻、身上的黏液，断脐，注射疫苗。出生 1 周内犊牛注意保

温，保持犊牛栏清洁干燥。

②犊牛出生后 1 h 内哺喂初乳，第一次 1.5 kg，然后按体重的 8%～12% 供给初乳，保持温度 35～38℃。

③按犊牛体重的 6%～10% 供给常乳，对早期断奶犊牛按犊牛培育方案操作。

④出生 2 周后补喂精料 20～50 g/d，补喂 7～10 d 后逐渐增加，以不下痢为原则，1 月龄 0.25 kg；2 月龄 0.5 kg；3 月龄 0.75 kg。7 d 后补给优质幼嫩青干草，让其自由采食。

⑤哺乳期 90～100 d，全程喂奶量在 300～400 kg。

⑥断奶后逐渐增加开食料 0.75～2.3 kg，以不下痢为原则：第 6 个月逐渐减少开食料，改为混合饲料。

⑦每天刷拭 2 次，保持体躯清洁，每月称重 1 次。1 个月后放入运动场，让其自由活动，防止阳光暴晒。

⑧保持牛体、圈舍、哺乳用具清洁卫生，饲喂后用干净毛巾擦净牛嘴，防止舔癖。

⑨12 月龄前和 12 月龄后的牛分群饲养。

⑩饲喂制度实行 3 次上槽或 2 次上槽，并在运动场设饲槽，自由采食干草。一般在 12 月龄开始按摩乳房，妊娠后每天 2 次用温水按摩，不得进行试挤奶。

⑪15～16 月龄体重达到 350～400 kg，进行配种。

⑫日粮以干草、青贮料为主。根据粗饲料质量，饲喂精料，一般每天 2～3 kg，注意补充蛋白质饲料。

⑬妊娠 3 个月后，应加强管理，观察食欲，注意生理变化，体质不宜过肥。

3. 肉牛饲养管理技术操作规程

肉牛饲养企业应从各地实际出发，以调动职工生产积极性、维持正常的生产秩序、提高饲养管理水平和经济效益为原则，制定一整套规章制度，其核心应是“量化责任制”。现介绍某牛场的操作规程，供参考。

(1)饲喂肉牛必须做到定时、定量、定序、定人，并掌握以下要点

①饲喂次数：日喂 2 次，早晚各 1 次。

②喂料顺序：先喂粗料，再喂精料，最后饮水。每班工喂料前后要清洗食槽。

③喂量：按不同饲养阶段设计饲料配方。精料定量，粗料可酌情放开，少喂勤添，真正做到使每头牛吃饱、饮足。

④饲料加工调制：稻麦草必须铡短后氨化或与酒糟类拌匀发酵。玉米秸秆青贮后饲喂。注意配合比例，谨防杂物混入饲料。

⑤饮水：每班工喂精料后必须让牛饮足清洁水；晚间增加饮水 1 次；炎热夏季要保持槽内有充足的饮水；饲料中添加尿素时，喂料前后 0.5～1 h 杜绝饮水。

(2)管理上做到以下几点

①五看五注意：看牛吃料注意食欲；看牛肚子注意吃饱；看牛动态注意精神；看牛粪便注意消化；看牛反刍注意异常，发现情况及时向技术员汇报。

②凡购进牛必须全部换缰绳，编号。并经常检查牛缰绳是否结实，随时更换。

③称重：购进牛 2 d 内称重入栏，以后每月定期抽样称重，最后称重出栏。称重应在早晨喂料前空腹进行。

④驱虫：包括体内、外驱虫，分观察期和育肥期前 2 次。

⑤清洁卫生做好以下几点

a. 每天上、下午刷拭牛体 1 次；

b. 牛粪及时清运到粪场，清扫牛床；清洗牛床，夏季上下午各 1 次，冬季上午 1 次；

c. 下班前清扫料道、粪道，保持清洁整齐；

d. 工具每天下班前应清洗干净，集中到工具间堆放整齐，清粪、喂料工具应严格分开，定期消毒；

e. 牛舍周围应保持整洁，定期清扫，清除杂草；

f. 夏季做好防暑降温工作，冬季做好防寒保暖工作；

g. 保持牛舍环境安静。

(3)观察适应期饲养　新进肉牛第一天喂清洁水，并加适量食盐(每头牛约 30 g)；第二天喂干草，最好饲喂青干草，并逐渐开始加喂酒糟或青贮料，使用少量精料，至 5～7 d 时，可增加到正常量。2～3 周观察期结束，无异常时调入育肥牛舍。

牛在观察期内要特别注意食欲、饮水、大小便情况，发现异常及时报告。

(4)严格遵守作息时间(表 7.9)　作息时间可根据冬夏季节作适当调整。除上班时间外，肉牛场应留专人值班。

表 7.9　肉牛场作息时间

工种	上午	傍晚	工作内容
饲喂工	6:00～6:30	17:00～17:30	清洗牛槽，检查牛缰绳
	6:30～8:30	17:30～18:30	运、喂粗料，并逐渐添加
	8:30～9:30	19:30～20:00	拌、运、喂精料，喂水
	9:30～10:00	20:30～21:00	清扫过道，交接班
辅助工	6:00～6:30	15:00～16:30	清运牛粪
	6:30～8:30	16:30～17:30	刷拭牛体
	8:30～9:30	17:30～18:30	牛床刮粪、清扫粪道
	9:30～10:00	—	牵牛下槽运动
	—	18:30～19:00	交接班

(5)操作要求上要做到六净　草料净，饲槽净，饮水净，牛体净，圈舍净，牛场净。

①喂料工：按规定顺序喂料、饮水，少喂勤添，不喂发霉变质饲料，及时发现和清除饲草中铁钉、铁丝，塑料绳、袋及畜禽毛等杂物，保证饮水清洁；做好牛槽、中间过道的清洁卫生工作和场区主干道保洁；注意牛缰绳松紧和牛采食草料情况，发现异常及时汇报技术员。

②辅助工：清除牛床牛粪，并装车运送到粪场，洗刷牛床，保持牛床清洁卫生，随时清粪，发现大小便异常及时汇报。牵牛下槽运动。

③每天上、下午定时梳刷牛体，方法是从左到右，从上到下，从前到后顺毛刷梳，特别注意背线、腹侧的刷梳，清理臀部污物。注意牛体有无外伤、肿胀和寄生虫。刷拭工具要定期清洗消毒；定期大扫除、消毒和清理粪尿沟。

④值班：负责本班的牛舍卫生，定时清理牛粪；观察牛群动态，检查缓绳，以防绞索和牛只跑出，确保牛群安全；保管好用具；保证牛槽内有充足饮水；夏季中午做好防暑降温工作，定时

给牛床、牛头淋水。

⑤拌料工：要求各种饲料称重准确，按配方比例，搅拌均匀；对用量较少的矿物质和添加剂等，采用逐级混合方法充分拌匀。

⑥交接班内容：肉牛动态要交接，清洁卫生要交接，工作用具要交接，安全保卫要交接。若交接不清，双方共同承担责任。

⑦根据工作情况，采取适当的奖惩措施。

四、生产定额

定额是编制生产计划的基础，是组织计划实施的前提，同时也是管理的基础，为了增强管理的科学性，提高经营管理水平，取得经营的预期效果，应当在管理的全过程搞好定额工作，充分发挥定额管理的作用。此外，定额是检查计划执行情况的依据，定额是正确地考核职工的贡献大小，给予劳动报酬分配的依据；对于提高劳动生产率，搞好经济核算也是不可缺少的有效手段。

(一)制定奶牛生产定额

奶牛场计划中的定额种类很多，劳动定额、人员配备定额、饲料贮备定额、机械设备定额、物资贮备定额、产品定额、财务定额等。

奶牛生产中制定科学、合理的生产定额至关重要。如果生产定额不能正确反映牛场的技术和管理水平，它就会失去意义。定额偏低，用以制定的计划，不仅是保守的，而且会造成人力、物力及财力的浪费；定额偏高，制定的计划是脱离实际的，也是不能实现的，且影响员工的生产积极性。

1. 人员配备定额

(1)牛场人员组成　奶牛场人员由管理人员、技术人员、生产人员、后勤及服务人员等组成。包括场长、畜牧人员、兽医人员、人工授精员、统计员、会计、出纳、饲养员、挤奶员、饲料加工人员、奶处理人员、锅炉工、夜班工、司机、维修工、仓库管理、食堂及服务人员等。

(2)人员配备定额　某规模为 1 000 头的奶牛场，其中成母牛 600 头，拴系式饲养，管道式机械挤奶，平均单产 7 500 kg，需要 59 人。其人员配备为：管理 5 人(其中：场长 1 人、生产主管 2 人、会计 1 人，出纳 1 人)占 8.5%；技术人员 5 人(其中：人工授精员 2 人，畜牧 1 人，兽医 2 人)占 8.5%；直接生产人员 39 人(其中：饲养员 9 人、挤奶员 14 人、清洁工 7 人、接产员 2 人、饲料加工及运送 5 人、夜班 2 人)占 66.1%；间接生产人员 10 人(其中：机修 2 人、仓库管理 1 人、锅炉工 2 人、保安 2 人、洗涤 3 人)占 16.9%。

另一规模为 2 400 头的奶牛场，其中成母牛 1 600 头，散放式饲养，挤奶厅机械挤奶，传统饲喂方式，平均单产 6 500 kg，需 110 人其人员配备为：管理 7 人(其中：场长 1 人、场长助理 1 人，生产主管 2 人、行政主管 1 人，会计 1 人，出纳 1 人)占 6.4%；技术人员 14 人(其中：人工授精员 6 人，畜牧 2 人，兽医 6 人)占 12.7%；直接生产人员 77 人(其中：饲养员 22 人、挤奶员 22 人、清洁工 20 人、接产员 3 人、饲料加工及运送 8 人、夜班 2 人)占 70%；间接生产人员 12 人(其中：机修 3 人、仓库管理 1 人、锅炉工 2 人、保安 3 人、洗涤 3 人)占 10.9%。

每个奶牛场均应根据各自的实际情况，合理制定定额，配备人员，提高劳动生产效率。

(3)定员计算方法　牛场对牛应该实行分群、分舍、分组管理，定群、定舍、定员。分群是按牛的年龄和饲养管理特点,分为成年母牛群、育成牛群和犊牛群等;分舍是根据牛舍床位,分舍饲养;分组是根据牛群头数和牛舍床位,分成若干组。然后根据人均饲养定额配备人员。其他人员则根据全年任务、工作需要和定额配备人员。

2. 饲料消耗定额

饲料消耗定额是生产单位重量牛奶或增重所规定的饲料消耗标准,是确定饲料需要量、合理利用饲料、节约饲料和实行经济核算的重要依据。

(1)饲料消耗定额的制定方法　奶牛维持和生产产品,需要从饲料中摄取营养物质。由于奶牛品种、性别和年龄、生长发育阶段及体重不同,其营养需要量亦不同。因此,在制定不同类别奶牛的饲料消耗定额时,首先应查找其饲养标准中对各种营养成分的需要量,参照不同饲料的营养价值确定日粮的配给量;其次以日粮的配给量为基础,计算不同饲料在日粮中的占有量;最后再根据占有量和牛的年饲养头数,即可计算出年饲料的消耗定额。由于各种饲料在实际饲喂时都有一定的损耗,尚需要加上一定损耗量。

(2)饲料消耗定额　一般情况下,奶牛每头每天平均需 5 kg 优质干草,鲜玉米(秸)青贮 25 kg;育成牛每头每天平均需干草 3 kg,玉米青贮 20 kg。成母牛精饲料除按 2.5～3.5 kg 奶给 1 kg 精饲料外,每头每天还需加基础料 2 kg;怀孕青年母牛平均每头每天 2.5～3 kg 精料;育成牛为 2.5 kg;犊牛为 1.5 kg。

3. 成本定额

成本定额通常指生产单位奶量或增重所消耗的生产资料和所付的劳动报酬的总和,其包括各龄母牛群的饲养日成本和牛奶单位成本。

牛群饲养日成本等于牛群饲养费用除以牛群饲养头日数。牛群饲养费定额,即构成饲养日成本各项费用定额之和。牛群和产品的成本项目包括:工资和福利费、饲料费、燃料费和动力费、医药费、牛群摊销、固定资产折旧费、固定资产修理费、低值易耗品费、其他直接费用、共同生产费、企业管理费等。这些费用定额的制定,可参照历年的实际费用、当年的生产条件和计划来确定。

(二)制定肉牛生产定额

对肉牛场进行定额管理,是加强牛场经营管理,提高生产水平,调动劳动生产积极性的有效措施。定额管理就是对牛场工作人员明确分工,责任到人,以达到充分合理地利用劳动力,不断提高劳动生产率的目的。对主要生产实行定额管理,包括人员及主要劳动定额、饲料消耗定额和成本定额。

牛场以牛舍和班组为单位,按不同工种和技术环节核定劳动用工量,进行定员。在核定劳动量时要充分考虑肉牛生产的特点,不同畜群的特点,生产条件和机械化程度等。也要考虑员工的实践经验和技术水平,综合分析作出合理的劳动定额,以鼓励员工充分发挥劳动积极性。

饲料消耗定额是根据肉牛的营养需要供给的合理日粮。因此,在制定饲料消耗定额时,要考虑牛的性别、年龄、生长发育阶段、体重或日增重、饲料种类和日粮组成等因素。全价合理的饲养是节约饲料和取得经济效益的基础。对班组或定员进行成本定额是计算生产作业时所消耗的生产资料和付出劳动报酬的总和。肉牛生产成本主要有饲养成本、增重成本、活重成本和牛肉成本。

五、牛场生产工艺设计

奶牛根据生理阶段可以分为犊牛(0～6月龄)、青年牛(7～15月龄)、后备牛(16～24月龄)和成年牛(24月龄以上)。成年牛又可以根据繁殖阶段划分为妊娠期、泌乳期和空怀期。一般来说,奶牛场基础母牛应占60%,犊牛应占12%～15%,青年牛和后备牛各占8%～12%。牛舍一般分为成年牛舍、青年(后备)牛舍和犊牛舍(产房)。一般奶牛场不饲养种公牛。

肉牛场可以分为原种场、繁殖场和商品场。原种场主要任务是对父本品种和母本品种进行选育提高,同时为繁殖场提供纯种种牛。繁殖场的主要任务是繁殖提供杂交用的纯种母牛,向商品场或农户提供母本种牛。商品场的主要任务是繁殖和饲养杂交牛,经肥育后向市场提供商品肉牛。肉牛场的种牛,也可以分为犊牛(0～6月龄)、青年牛(7～15月龄)、后备牛(16～24月龄)和成年牛(24月龄以上)。肉牛的肥育可以分为犊牛肥育(0～8周龄短期肥育或0～12月龄强度肥育)、青年牛肥育(对0～12月龄强度肥育的犊牛延长饲养期直至体重达到400～500 kg上市)和成年牛肥育(对淘汰的役用牛、奶牛、肉用种牛经过驱虫后进行2～3月龄肥育后上市)。

1. 养牛生产经营方向的确定

养牛业作为一项产业,包括几种生产方向,从主要方向上来讲有3个:一是奶牛生产,二是肉牛生产,三是种公牛生产。目前,我国的种公牛站一般都是由国家投资兴建,种质较好,技术水平高,一般牛场饲养种公牛的已十分少见。所以,在投资养牛业时主要是从前两者中选择。

要确定养牛场的生产方向,首先,要了解市场的需求信息和国家有关宏观政策信息,以此为依据,预测国内外牛乳、肉、皮及其加工产品的市场发展情况及价格。其次,要根据场地、资金状况、饲料资源状况、产品销售渠道、品种资源情况、技术力量、生产设备、劳动者的职业和技术素质、防疫条件、机械化程度、社会化服务水平及信贷条件等情况来进行综合分析比较。

2. 奶牛的饲养方式

奶牛在舍饲条件下,主要有以下三种饲养方式:

(1)拴系饲养　作为较为传统的饲养方式,在我国应用非常普遍,尤其是中小型奶牛场。这种饲养方式的主要特点是每头牛都有固定的牛床,除运动外,饲喂、饮水和挤奶都在此牛床位完成。这种饲养方式的优点是,可以针对个体进行细致的。饲养管理、繁殖配种,疾病的发现和治疗等非常方便,容易发挥奶牛个体的生产潜力,对饲养人员定额管理也比较容易。缺点是不利于机械化,劳动生产率低,劳动强度大,每个饲养员只能管理10～15头奶牛,在我国目前劳动力成本较低的情况下有一定优势。而在劳动力成本较高的英美等发达国家,拴系式饲养仅对少于70头奶牛的小牧场最为合适,超过这个规模,散放或散栏饲养则更为经济。

(2)散放饲养　20世纪60年代,欧美国家开始出现一种完全散放式的饲养方式。这种饲养方式比较适合干燥温暖地区。奶牛可以完全自由活动,采食、运动在同一区域。采用这种饲养方式的优点:牛群规模容易调整,奶牛容易获得新鲜的空气和充足的光照;牛舍造价较低,设备投资少,劳动力需求少。其缺点:管理粗放,尤其是牛体卫生较差,生产效率不高,效益并不理想。

(3)散栏饲养　随着饲养设备的机械化,饲料供应、粪便处理及挤奶等工艺环节均可依靠设备自动处理。结合拴系式饲养和散放饲养的优势,出现了散栏饲养(即隔栏式散放饲养)。

这种方式是将奶牛的生产区划分为饲喂区、休息区、待挤区和挤奶区等，用于集中进行某一生产环节。根据生产阶段和生产性能将奶牛分群，除了在挤奶和饲喂时根据需要对奶牛进行一段时间的固定外，其余时间均任其自由活动。散栏饲养的最大特点是在奶牛休息区设置自由卧栏，牛舍空间利用更合理高效。散栏式饲养的优点是，便于针对群体饲养，便于实行机械化和自动化，养殖规模容易调整，易于保持牛体干净。同时，也更有利于控制环境温度。缺点是在强调了群体生产水平发挥的同时，不易做到个别饲养。因此，对体型外貌、生产力水平相对一致的牛群最为有利。

3. 肉牛的饲养方式

选择肉牛饲养方式要根据饲养规模及现有基础条件因地而宜。主要有以下 3 种方式。

(1)舍饲方式　舍饲饲养根据拴系与否又有下面两种喂养形式：

①拴系饲喂方式。是用缰绳将牛在舍内拴成一排，位置固定，食槽是连续式的通槽。优点是能造成牛的错觉而竞争采食，同时减少运动，有利于牛增重。

②散放饲喂方式。以 10～15 头牛为一圈散放在舍内，每头牛占有面积 4 m^2 左右，多头牛一共用一个食槽，昼夜有料，自由采食和饮水。其优点是省劳力，易管理，牛易争食，增重效果较好。

(2)半舍饲半放牧方式　多用于繁殖母牛群，可利用春、夏、秋季节放牧饲养，冬季改为圈养。育肥牛一般在前期放牧育肥，后期圈养强化育肥。该方式适于家庭小规模饲养。

(3)放牧饲养方式　主要适于大饲养场和广大牧区。利用天然草场、草山和草坡放牧饲养，不喂或少喂精料，降低饲养成本，节省人工。放牧一般主要是在春、夏、秋三季进行。牛群大小应根据地区特点和条件而定，宽敞草场以 100～120 头为宜，山区草场以 20～30 头为宜。

放牧饲养方法主要有固定放牧和轮牧两种。①固定放牧是最粗放的饲养方法，春季将牛群赶进牧场，一直到秋季。②轮牧是先将草场划成放牧场和割草场，再将放牧草场划分为若干小区，然后依小区的数目和放牧的持续时间在各小区轮流放牧。轮牧次数应根据草场类型、气候和管理条件而定，一般草场每年可轮牧 2～4 次，差的草场可轮牧 2 次。

六、牛场劳动定额

劳动定额是在一定生产技术和组织条件下，为生产一定的合格产品或完成一定的工作量，所规定的必要劳动消耗量，是计算产量、成本、劳动生产率等各项经济指标和编制生产、成本和劳动等项计划的基础依据。奶牛场应根据不同的劳动作业、每个人的劳动能力和技术熟练程度，机械化、自动化水平以及其他设备条件，规定适宜的劳动定额。

1. 人工授精员

可繁母牛定额 250 头。按配种计划适时配种，保证受胎率在 96%以上，受胎母牛平均使用冻精不超过 3 粒(支)。

2. 兽医

定额 200～250 头，手工操作。检疫、治疗、接产，医药和器械的购买、保管，修蹄、牛舍消毒等。

3. 挤奶工

负责挤奶、牛体刷拭、护理奶牛乳房以及协助观察母牛发情、部分牛场还要负责精料饲喂。

手工挤奶每人可挤12头泌乳牛；小型机器挤奶，可挤20～25头；管道式机械挤奶时，每人可管理30～40头；挤奶厅机械挤奶时，每人可管理60～80头。

4. 饲养工

成母牛每人可管理100～200头；犊牛2月龄断奶，哺乳量300 kg，成活率不低于95%，日增重700～750 g，每人可管理25～30头；断奶后犊牛可管理35～40头；14～16月龄体重达360～380 kg，可管理60～70头；产房分娩牛可管理10～12头；种公牛可管理3～5头；肥育牛50～70头。

5. 清洁工

负责牛床、牛舍、运动场以及周围环境的卫生。每人可管理各类牛120～150头。

6. 饲料加工工

定额120～150头，手工和机械操作相结合。饲料称重入库，加工粉碎，清除异物，配制混合，按需要供应各牛舍等。

知识拓展　奶牛场技术经济效益评价

经济效果是人们在物质生产经营活动中投入的劳动消耗或劳动占用与所产出的有用效果之间的比较，用有用效果/劳动消耗之比来表示。这个比值越大，经济效果也就越大，反之则小。技术经济效果是技术效果与经济效果的统一。经济指标是反映一定经济内容的数值形式，也是衡量经济效果的尺度。

一、技术经济效果指标类

①全员劳动生产率，即产品产量（牛奶或其加工产品）或产值与年平均在册职工总数之比。

②直接劳动生产率。即产品产量或产值与年均直接生产职工人数之比。

③全员劳动利润额。即年总产值减去全年消耗的生产资料价值（产品销售成本）及税金所留余额与年均在册职工总数之比。

④成年母牛头年均创造的产值。即全年成年母牛所创造的产值（奶或所生犊牛）与成年母牛年均头数之比。

⑤成年母牛头年均牛奶利润额。即牛奶总收入减去成年母牛生产总费用的余额与成年母牛年均总头数之比。

⑥成年母牛年均总利润额。即成年母牛总收入（奶、犊牛和粪便副产品收入）减去成年母牛生产总费用的余额与成年母牛年均总头数之比。

⑦每千克牛奶成本。即成年母牛全年饲养费用－副产品价值/[全年产奶总量(kg)＋(产犊牛数×100)]。

⑧幼牛每千克增重成本。即该牛群饲养费用减去副产品价值的余额与该增重总量(kg)之比。

⑨成年母牛群饲养日成本。即成年母牛群饲养费用总额与成年母牛群总饲养日之比。

⑩百元产品销售收入占用流动资金。即流动资金额与产品销售收入（百元）之比。

⑪百元定额流动资金利润额。即产品利润总额与定额流动资金(百元)之比。

⑫百元固定资金利润额。即产品利润总额与固定资金(百元)之比。

⑬百元牛奶销售收入实现利润。即牛奶利润与牛奶销售收入(百元)之比。

⑭投资回收期。即投资总额与年均利润增加额之比。

⑮投资效果系数。即年平均利润额与投资总额之比。

二、技术经济分析指标类

①劳动力利用率。即全年参加养牛生产的人数与劳动力年均总人数之比。

②职工年人均负担养牛头数。即牛年均总头数与职工年均总人数之比。

③其他指标(饲料利用指标、牛生产力指标、繁殖率指标等)。

对牛产品加工生产分析可采用产品产量、产品销售量、产品总产值、净产值、产品品种数量、新产品比重、质量合格率、产品优质率等指标。

三、奶牛场生产成本核算

奶牛生产的主要目的,是组织各种资源产出一定数量合格的肥牛,提供适时商品牛,并利用奶牛价格创造价值。为产品的产出而花费的资源价值称为投入;而生产的产品所创造的价值称为产值,即产出。经营得体,一年或一个生产周期的产出应大于投入,即从所得的产值中扣除成本后,应获得较多的盈余。只有这样生产才得以维持并不断扩大再生产。

成本是指组织和开展生产过程所带来的各项经费开支。各项经费开支,分现金开支和非现金开支。现金开支是成本的一部分,它是为进行生产购买资源投入时发生的,如购入架子牛、饲料、药品、用具等所支付的现金。成本的另一方面,还包括非现金开支或隐含的开支项目,如原有的畜舍、不计报酬的家庭劳力、利息、折旧费等,它们也是生产开支,实行成本核算时也应记入成本账。现金开支和非现金开支的总和,构成奶牛养殖场(户)经营的总成本,也只有包括这两类开支,才能充分如实地表述从事养牛经营所投入的成本。

盈利是对养牛场(户)的生产投入、技术和经营管理的一种报偿,是销售收入减去销售成本、税金之后的余额。销售收入的计算原则是:

①实际销售的产品,如牛奶,是构成销售收入的第一要素。

②自销的产品值。

③其他销售值,如粪肥出售应计入销售值。

④对存栏的产奶牛、犊牛等不能计入本年度的销售收入,也不能作价计算收入,应按实际成本结转在下年度。

一个养牛场(户)的盈利可能是正值,也可能是零甚至负值。负值说明其投入的报偿低于当时市场上的平均报偿率;零或负值时,连所耗费的实际成本也无法支付,其结果便等于破产,盈利是正值,说明所投入的生产要素得到了令人满意的报偿,要计算投入产出或利润率=利润/投入量×100%,是比较客观地反映效益。

养牛场(户)的经营核算,是经常持久的经营管理活动,它是提高经营管理水平、正确执行国家有关财经政策和纪律、获取盈利、进行扩大再生产必不可少的重要环节。不仅应认识其重要性,而且应求其准确性和经常性。为此,养牛场(户)都应建立必要的账目。一般有一定规模的养牛场或农牧场都有会计人员,并建立了相应的会计业务和经营核算体系,但养牛户和小型养牛场多无专管会计员，有的账目不全或不准确，甚至经营管理者不重视，这都不利于经营核算。

根据养牛户的经济活动，其会计科目大体内容可分支出类（包括"固定资产"和"原材料"）、收入类（主要是"销售"）等作为设置账目的依据。

所谓"固定资产"，一般分为生产用与非生产用固定资产。前者包括：畜舍、仓库建筑物、拖拉机、水电设备、种畜、农具等，即直接参加或服务于生产经营的固定资产。后者指不是直接用于生产或其他经营活动的固定资产，如住房等。

所谓"原材料"，是指能生产牛奶或其他副产品的各种原料和材料。如饲草料等主要原料，疫苗、药品等辅助材料，还有燃料、维修材料、各种装物的器具、低值易耗的生产工具等。

养牛场账户可设下列主要科目：收入类，包括牛奶收入、奶牛收入、淘汰牛收入、粪肥收入、贷款、暂收款等。

支出类有，饲料支出、买牛支出、死亡支出、医疗费支出、配种支出、人工支出、运费支出、用具支出、其他支出、税利支出、暂付款、集体提留及公益支出等，固定资产、折旧、其他及周转资金预留及其利息等。

结存类科目为，现金、银行（信用社）存款、固定资产、库存、其他物资等。

四、经营活动分析

奶牛场的经营活动分析是不同阶段研究奶牛养殖企业经营效果的一种好办法，是为了通过分析影响效益的各种因素，找出差距，提出措施，巩固成绩，克服缺点，使经济效益更好。分析的主要内容有对生产实值（产量、质量、产值）、劳力（劳力分配和使用、技术业务水平）、物质（原材料、动力、燃料等供应和消耗）、设备（设备完好率、利用、检修和更新）、成本（消耗费用升降情况）、利润和财务（对固定资金和流动资金的占用、专项资金的使用、财务收支情况等）的分析。

开展经营活动分析，首先，收集各种核算的资料，包括各种台账及有关记录数据，并加以综合处理，以计划指标为基础，用实绩与计划对比、与上年同期对比、与本企业历史最好水平对比、与同行业对比进行分析。至于开展经营活动分析的形式，可分为场级分析、车间（牛舍）分析、班组分析。在分析中，要从实际出发，充分考虑市场动态、场内的生产情况以及人为、自然因素的影响，从而提出具体措施，巩固成绩，改进薄弱环节，达到提高经济效益的目的。

其次，依据经营分析和主客观情况，做好计划调整与调度，安排与调整生产计划。第一，要关注市场变化，尽可能做到以销定产，在考虑国内市场时，要特别注意安排季节性生产，尽可能在重大节日的市场需求旺盛期多出好牛，以获取更好效益；第二，依据本场现有条件和可能变化的情况（如资金、场地、劳力）挖潜增效；第三，考虑架子牛的供应和饲料供应，做到增产节约、产供协调。

最后，有条件的要用文字形式写出分析报告，包括基本情况、生产经营实绩、问题以及建议等，以利于进一步提高业务管理水平、经营水平和企业综合决策水平，不断增长单位效益。

专项实训九 结合实际编制牛场生产计划

一、实训目标

通过实训,要求学生熟练掌握编制奶牛场各类生产计划。

二、实训基地和材料

校外实训基地现代化奶牛场饲养规模成年奶牛 500 头以上,电脑,记录本。

三、技术路线和要求

1. 技术路线

具体如图 7.1 所示。

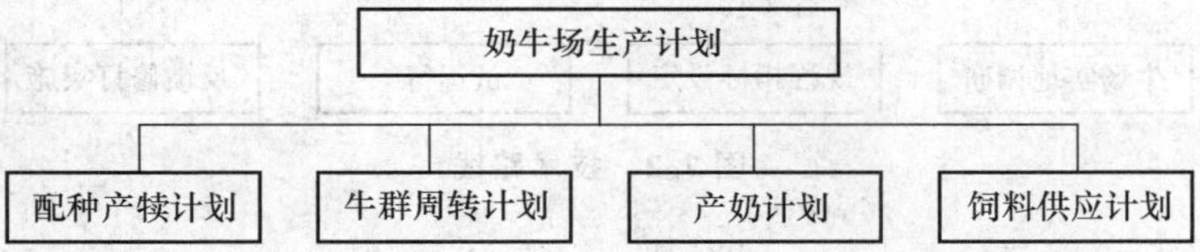

图 7.1 技术路线

2. 要求

①加强对学生的组织纪律管理与量化考核管理。

②必须要有"双师型"教师与牛场经营管理人员共同指导学生实训。

③要求每个单项技术必须有足够的重复,达到熟练掌握。

四、实训内容

①配种产犊计划。

②牛群周转计划。

③产奶计划。

④饲料供应计划。

详见第七章第一节

五、注意事项

保证生产计划符合牛场生产实际,能充分调动员工生产积极性。

六、实训报告

结合实训的实际情况及个人的实习经历,写出各实训内容体会,体会中应体现出实训中出现的问题及处置方案。

专项实训十 牧场管理规程调研分析

一、实训目标

调研分析牛场的基本资料。现代化奶牛场饲养规模成年奶牛 500 头以上，牛场挤奶员、饲养员、技术员、兽医、育种员的岗位管理规程目标及奖惩办法。

二、技术路线和要求

1. 技术路线

具体如图 7.2 所示。

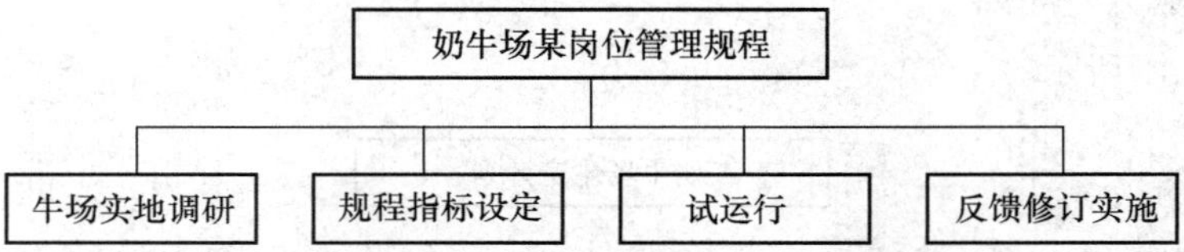

图 7.2 技术路线

2. 要求

(1)加强对学生的组织纪律管理与量化考核管理。

(2)必须要有“双师型”教师与驻场兽医共同指导学生实训。

(3)保证岗位管理规程符合牛场生产实际，能调充分动员工生产积极性。

三、主要任务

①挤奶员年度目标及奖惩办法。

②饲养员年度目标及奖惩办法。

③技术员年度目标及奖惩办法。

④兽医年度目标及奖惩办法。

⑤育种员年度目标及奖惩办法。

四、实训作业

结合实习实训的实际情况，总结对本场各管理规程的优缺点，提出建议和意见。

目标检测

一、填空

1. 牛场生产计划主要包括：(　　)、(　　)、(　　)、(　　)、(　　)、(　　)。

2. 成年母牛群的内部结构，一般为一、二产母牛占成年母牛群的（　　）%，三至五产母牛占（　　）%，六产以上母牛占（　　）%，牛群平均胎次为（　　）胎。

3. 成牛母牛群中产乳牛和干乳牛也有一定的比例关系，通常全年保持（　　）%左右处于产乳，（　　）%左右处于干乳。

4. 粗饲料供应计划中青贮玉米储备粮按照成年母牛采食量（　　）kg/(头·d)，育成牛采食量（　　）kg/(头·d)计算。干草按成年母牛采食量（　　）kg/(头·d)，育成牛采食量（　）kg/(头·d)，犊牛采食量（　　）kg/(头·d)计算。

二、简答

1. 规模化养牛场的组织机构一般如何设置？其各自工作岗位的主要职责有哪些？
2. 奶牛场生产定额种类和奶牛场从业员工种类有哪些？
3. 简述奶牛场全年技术工作计划。

三、实践

调研一个中型的奶牛场，详细了解该场的有关生产和繁殖数据并为其编制下年度生产计划。

附录　中国荷斯坦牛体形线性鉴定规程

1. 前言

饲养奶牛是为了获取更高的经济效益，要达到此目的，一是提高奶牛生产性能，二是提高奶牛健康水平和延长利用年限。奶牛的体形不仅与其健康水平和使用年限紧密相关，而且决定着本身的生产能力和生产潜力。所以做好奶牛的体型线性鉴定，为正确评价奶牛经济价值提供科学依据。

鉴于我国奶牛体形线性鉴定工作尚不完善，缺乏统一组织和评定方法。为加速荷斯坦牛的育种进展，结合我国奶牛业育种实践，特制定中国荷斯坦牛体形线性鉴定规程。

2. 组织和人员

2.1　成立由中国奶业协会育种委员会领导的奶牛体型线性鉴定专业组，在全国范围内开展奶牛体形线性鉴定工作。

2.2　在全国奶牛饲养比较集中的省、市、自治区，由中国奶业协会考核、聘任 15 名国家级奶牛体形线性鉴定员，组成奶牛体形线性鉴定专业组。

2.3　国家奶牛体形线性鉴定员标准

2.3.1　热爱奶牛体形线性鉴定工作，具有吃苦耐劳，工作认真负责，敬业精神强的畜牧技术人员。

2.3.2　经过奶牛体形线性鉴定专业系统培训，充分掌握线性鉴定评分标准，并能独立熟练地进行奶牛体形线性鉴定工作的人员。

2.3.3　必须独立鉴定牛只达 5 000 头以上。

2.4　每年全国奶牛体形线性鉴定员召开 1～2 次专业研讨会，主要讨论工作中存在的问题，统一线性评分标准，不断提高鉴定水平或修改线性评分的性状及标准。

3. 鉴定方法、时间与区域

3.1　全国统一执行中国荷斯坦牛体形线性鉴定 9 分制评分法。

3.2　鉴定员对自己所辖区域的牛群中第一胎母牛进行体形鉴定，其他胎次的母牛，若牛场要求鉴定，可同时进行。

3.3　鉴定时间：被鉴定牛只应在产犊后 30～150 d 进行。

4. 奶牛线性鉴定资料的收集与处理

4.1　鉴定员每次鉴定的牛只资料除牛场存留外，并报中国奶业协会数据处理中心。

4.2　中国奶业协会数据处理中心依据各地区鉴定员报送的资料，计算出各部位、性状评分的全国基数(或地区)和每头公牛的估计育种值，并绘制柱形图，定期予以公布。

4.3　线性鉴定员有义务依据中国奶业协会数据处理中心所公布的全国公牛体形估计育种值和柱形图，指导本地区制定改良计划，加速本地区中国荷斯坦奶牛的改良。

5. 中国荷斯坦牛体形线性鉴定的性状和标准及体形各部位评分和体形、外貌总分计算办法

一、中国荷斯坦牛体形线性鉴定性状及评分标准

1. 结构与容量

本部位包括 6 个描述性状，9 个缺陷性状，占牛只体型总评分的 18%。

1.1　体高

测定部位为十字部到地面的垂直高度，本性状为可度量性状，部位评分中权重为 15%，评分标准见表 1，图 1。

表 1　体高评分标准

cm

评分	1	2	3	4	5	6	7	8	9
标准	≤130	132	135	137	140	142	145	147	≥150

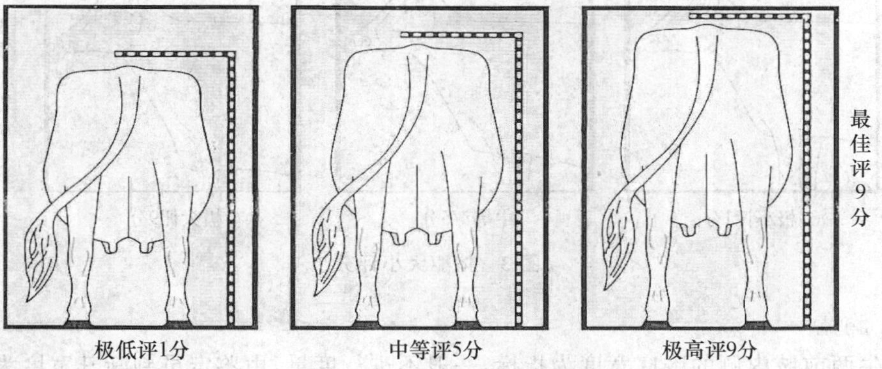

图 1　体高评分

1.2　前段

观察部位为奶牛的鬐甲部相对十字部的高度差。注意不因奶牛的背腰不平而误判。部位评分中权重为 8%，其评分标准见表 2，图 2。

表 2　前段评分标准

评分	1	2	3	4	5	6	7	8	9
标准	极低 前低 5 cm		低 前低 3 cm		平		高 后低 3 cm		极高 后低 5 cm

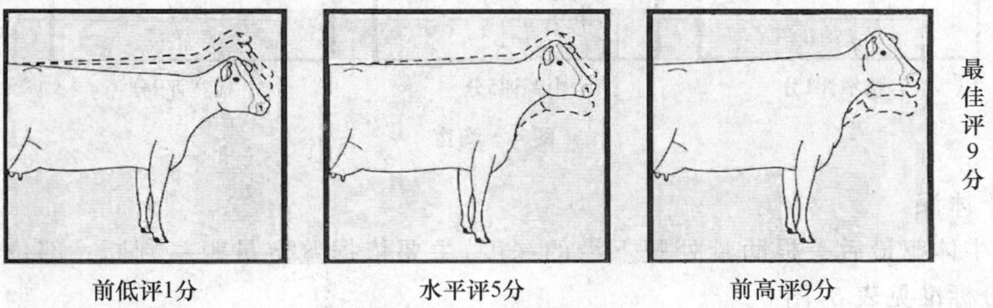

图 2　前段评分

1.3　体躯大小

即被鉴定牛只的体重，可依据被鉴定牛的胸围估计体重。在部位评分中权重为 20%，评分标准见表 3，图 3。

表 3　体躯评分标准

	评分	1	2	3	4	5	6	7	8	9
一胎	体重/kg	410	434	456	478	500	522	544	566	590
	胸围/cm	173	178	181	184	188	191	194	197	200
三胎	体重/kg	454	476	500	522	544	576	590	612	635
	胸围/cm	181	184	188	191	194	197	200	203	206

图 3　体躯大小评分

1.4　胸宽

以奶牛两前肢内侧的胸底宽度为指标，一般不进行度量，由鉴定员判断其宽度为主。部位评分权重 29%；评分标准见表 4，图 4。

表 4　胸宽评分标准

评分	1	2	3	4	5	6	7	8	9
标准	极窄(13 cm)		窄(19 cm)		中等(25 cm)		宽(31 cm)		极宽(37 cm)

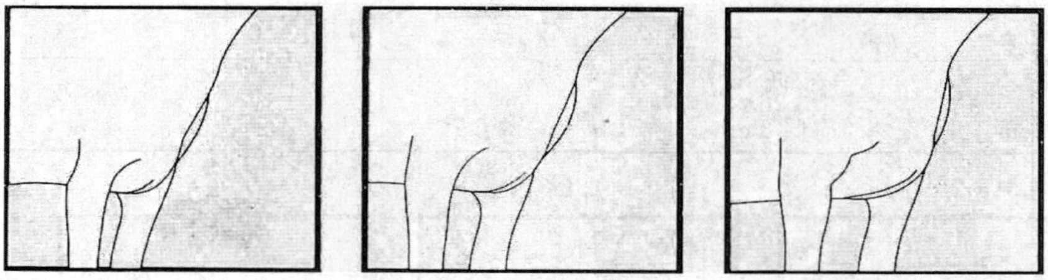

图 4　胸宽

1.5　体深

为奶牛体躯最后一根肋骨处腹下沿的深度，主要依据鉴定员观察判断。部位评分权重 20%，评分标准见表 5，图 5。

表 5　体深评分标准

评分	1	2	3	4	5	6	7	8	9
标准	极浅		浅		中等		深		极深(腹下垂)

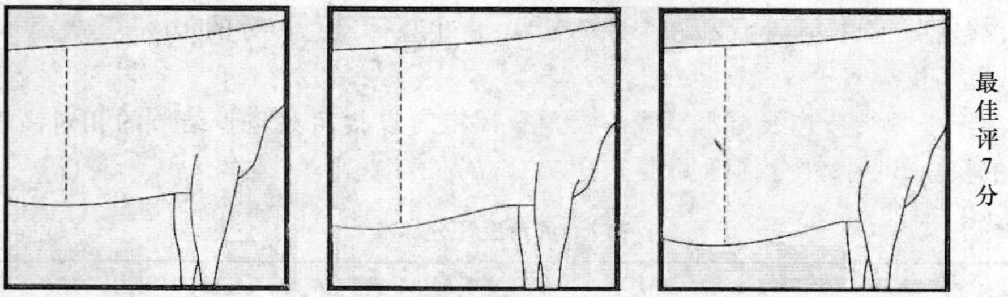

极浅评1分　　中等评5分　　极深评9分

图 5　体深评分

1.6　腰强度

主要观察被鉴定牛只的臀(十字部)与背之间腰椎骨的连接强度及腰椎两侧之短骨发育状态。极强个体背部之腰椎骨微有隆起,其短骨发育长、平;极弱个体腰部下凹,其短骨发育短而细。部位评分权重 8%;评分标准见表 6,图 6。

表 6　腰强度评分标准

评分	1	2	3	4	5	6	7	8	9
标准	极弱		弱		中等		强		极强

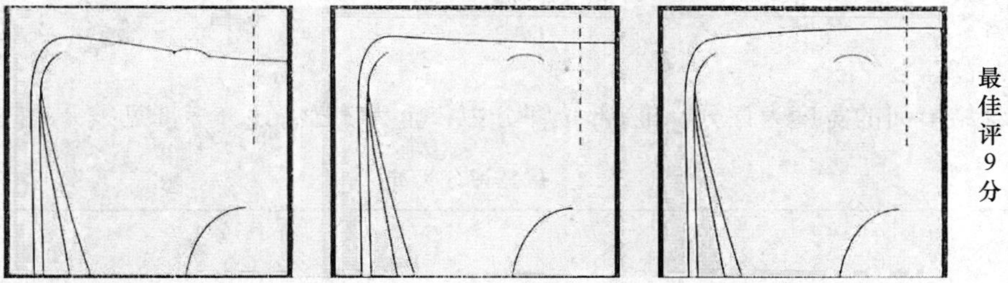

极弱评1分　　中等评5分　　极强评9分

图 6　腰强度评分

1.7　缺陷性状(一般和严重):

①面部歪:弯曲的下颌,扭曲的鼻梁骨,影响咀嚼和呼吸。

②头部不理想:缺少品种特征,如头短、口笼窄、两眼太近或太远。

③双肩峰:指鬐甲和肩后相连成凹形。

④背腰不平。

⑤整体结合不匀称:一个部分与另一个部分连接不紧凑,整体结合不好。

⑥肋骨不开张:从牛的后面观察,其肋骨应该呈长、平、弧形开张,而不开张个体无弧形态。

⑦凹腰:腰椎骨和髋骨之连接应是高的,宽的;连接点不好的个体呈下凹状态,此缺陷应与

腰强度评分区别。

⑧窄胸：胸应是大而深；在肘部有很好的开张前肋，并平滑地充满肩部。而窄胸则在肘部很窄。

⑨体弱。

2　尻部

本部位包括3个描述性状和6个缺陷性状；占牛只体型总评分的10%。

2.1　尻角度

指腰角至坐骨结节连线与水平线的夹角。评定时以腰角对坐骨结节的相对高度为指标。部位评分中权重36%；评分标准见表7，图7。

表7　尻角度评分标准

评分	1	2	3	4	5	6	7	8	9
标准	－5 cm 腰角低	－3 cm	－1 cm	0 cm 前后等高	＋4 cm	＋5 cm	＋6 cm 深	＋7 cm	＋8 cm 腰角高

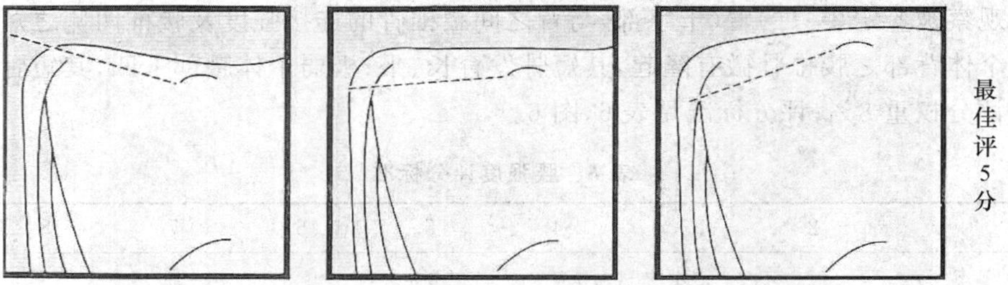

图7　尻角度评分

2.2　尻宽

以坐骨结节间的宽度为评分标准；部位评分中权重为42%；评分标准见表8，图8。

表8　尻宽评分标准

cm

评分	1	2	3	4	5	6	7	8	9
标准	10	12	14	16	18	20	22	24	26

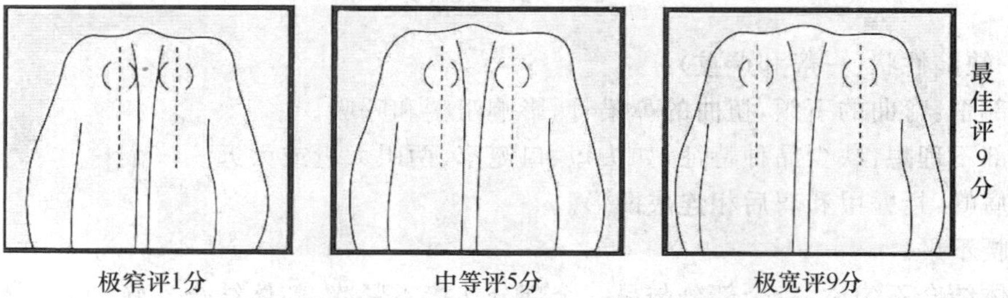

图8　尻宽评分

2.3　腰强度

和体躯结构与容量中之腰强度评分相同；部位评分中权重为 22%。

2.4　缺陷性状(一般和严重)

①肛门向前：阴门和肛门应承垂直状态，若肛门在尾根下前置，其排泄物会污染生殖道，引起生殖系统疾病。

②尾根凹：尾根在臀骨间陷入。

③尾根高：尾根位于臀骨的顶上。

④尾根向前：尾根的起始点应是在离臀角 2.5 cm 处，如果它的距离超过 2.5 cm 即为尾根向前。

⑤尾歪：尾应和背线呈一条直线，如果与背线弯曲则为尾歪。

⑥髋位偏后：髋部应是高和宽的，位于腰角和臀角之间，臀部偏后则会影响臀端的位置和后肢结构。

3. 肢蹄

本部位包含 6 个描述性状和 9 个缺陷性状。占牛只体型总评分的 20%。

3.1　蹄角度

指后蹄外侧壁与地面所形成的夹角。但易受修蹄因素的干扰，现改为观察蹄壁上沿的延伸线到前肢的位置进行评分，部位评分中权重为 20%；其评分标准见表 9，图 9。

表 9　蹄角度评分标准

评分	1	2	3	4	5	6	7	8	9
标准	15° 蹄上沿延伸线到前肢肘部	25°	35°	40°	45° 到前肢膝关节	55°	65°	70°	75° 到前肢膝关节以下

极低评1分　　中等评5分　　极陡评9分

图 9　蹄角度评分

3.2　蹄踵深度

主要观察鉴定牛只的后蹄之蹄踵上沿与地面之间的深度。部位评分中权重为 20%；其评分标准见表 10，图 10。

表 10　蹄踵深度评分标准　　cm

评分	1	2	3	4	5	6	7	8	9
标准	0.5		1.5		2.5		3.5		4.5

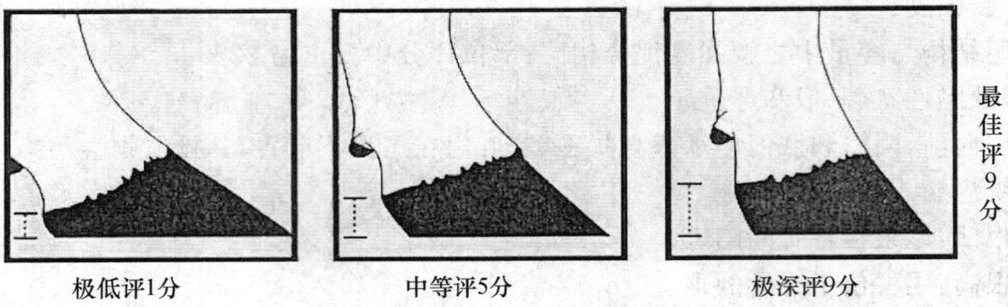

图 10　蹄踵深度评分

3.3　蹄瓣均衡

主要观察牛只四个蹄子蹄瓣的完好程度和磨损程度。属部位评分参考研究性状，不计分，作为缺陷性状在部位评分中扣分。

3.4　骨质地

主要观察牛只的后肢骨骼的细致程度与结实程度。部位评分中权重为 20%；其评分标准见表 11，图 11。

表 11　骨质地评分标准

评分	1	2	3	4	5	6	7	8	9
标准	极粗、圆疏松		粗、圆疏松		中等		宽、扁平细致		极宽、扁平、细致

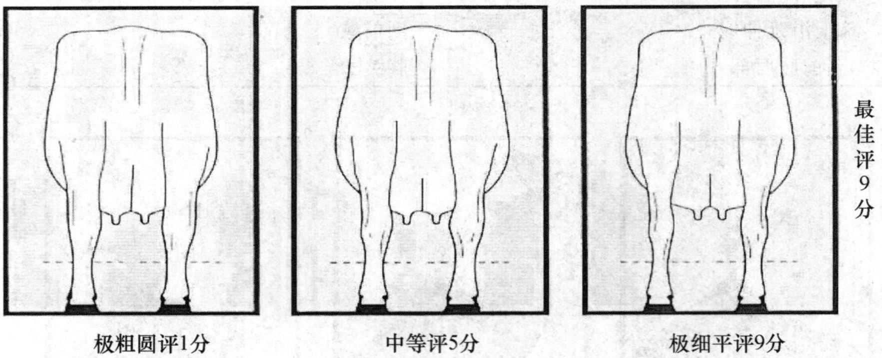

图 11　骨质地评分

3.5　后肢侧视

从侧面观察被鉴定牛只后肢飞节的弯曲程度。部位评分中权重为 20%；其评分的标准见表 12，图 12。

表 12　后肢侧视评分析标准

评分	1	2	3	4	5	6	7	8	9
标准	165° 直飞节		155° 较直飞		145°		135° 较曲飞		125° 极曲飞节

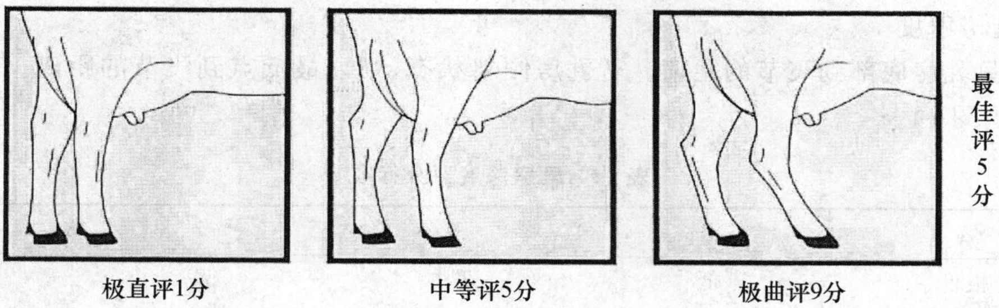

图 12　后肢侧视评分

3.6　后肢后视

从后面观察后肢飞节的内向程度进行评分，部位评分中权重为 20%；其评分的标准见表 13，图 13。

表 13　后肢后视评分标准

评分	1	2	3	4	5	6	7	8	9
标准	飞节内向 后肢 X 状				中等				飞节间宽 后肢平行

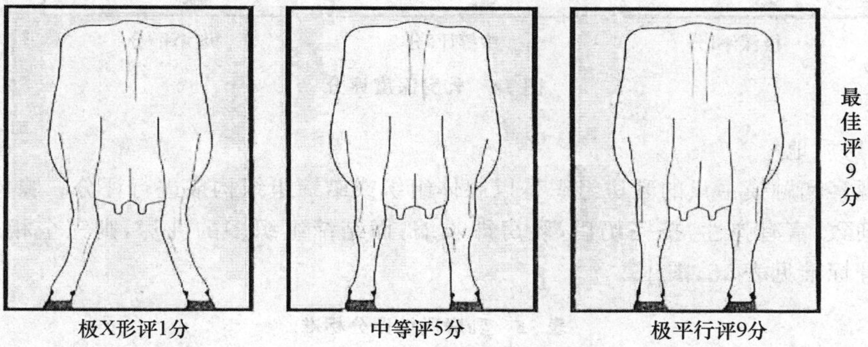

图 13　后肢后视评分

3.7　缺陷性状（一般和严重）

①卧系：指系部软，悬蹄接近地面。

②后肢抖：有关节炎症状或神经症状，后肢在站立或走动时，有痉挛或发抖现象。

③飞节粗大

④蹄叉开张：蹄两趾间的间隙较大。

⑤后肢前踏或后踏

⑥过于纤细：指后腿骨骼纤细。

⑦前蹄外向

4. 乳房

本部位评分为两个系统，即：前乳房、后乳房，占牛只体型总评分的 40%。

此 3 个描述性状和 3 个缺陷性状，共同参与前乳房和后乳房评分。

(1)乳房深度

指牛只乳房底部到飞节的距离。若乳房倾斜状态,则以最低点到飞节的距离。其评分标准见表 14,图 14。

表 14　乳房深度评分标准　　cm

评分		1	2	3	4	5	6	7	8	9
标准		极低		低		适中		高		极高
	一胎	飞节平	飞节上 3 cm	飞节上 6 cm	飞节上 8 cm	飞节上 12 cm	飞节上 14 cm	飞节上 16 cm	飞节上 18 cm	飞节上 20 cm
	三胎	低于飞节 6 cm	飞节下 4 cm	飞节下 2 cm	飞节平	飞节上 5 cm	飞节上 7 cm	飞节上 9 cm	飞节上 12 cm	飞节上 15 cm

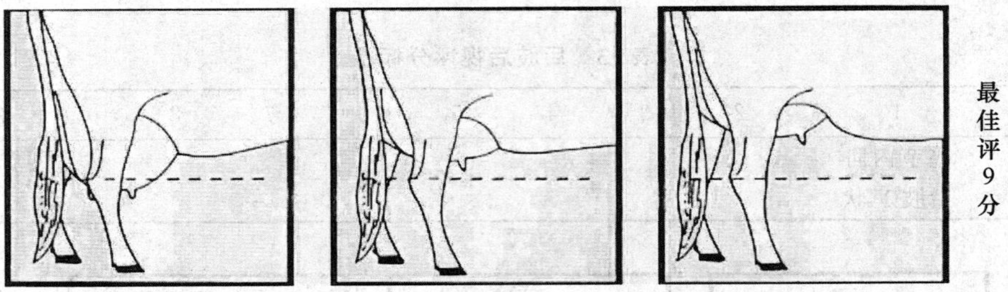

极深评1分　　中等评5分　　极浅评9分

图 14　乳房深度评分

(2)乳房质地

通过观察和触摸牛只的乳房组织是以腺体组织或结缔组织构成进行评分。腺体组织乳房质地柔软细致,富有弹性,挤完奶后,乳房即收缩;而结缔组织多的乳房,则完全相反,即肉乳房。其评分标准见表 15,图 15。

表 15　乳房质地评分标准

评分	1	2	3	4	5	6	7	8	9
标准	结缔组织				半腺体组织				全腺体组织

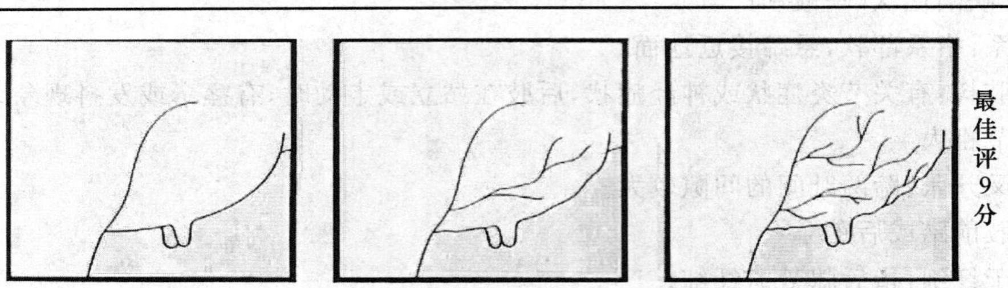

肉质评1分　　半肉质评5分　　腺质评5分

图 15　乳房质地评分

(3)中央悬韧带

主要以乳房底部中隔纵沟的深度为衡量标准,其评分标准见表 16,图 16。

表 16　中央悬韧带评分标准

cm

评分	1	2	3	4	5	6	7	8	9
标准	乳中沟极浅 0 cm	0.6 cm	浅 1.5 cm	2.1 cm	中等 3 cm	3.7 cm	深 4.5 cm	5.2 cm	乳中沟极深 6 cm

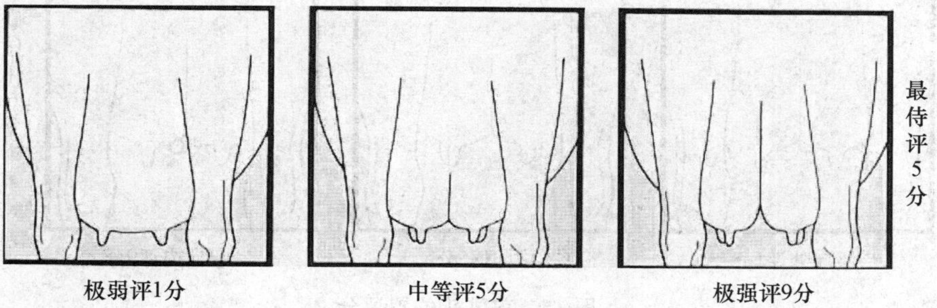

图 16　中央悬韧带评分

(4)缺陷性状(一般和严重)

①乳房前吊:乳房底部向前倾斜。

②乳房后吊:乳房底部向后倾斜。

③乳房形状差:指乳房整体形状不匀称,如袋状乳房等。

4.1　前乳房

本系统鉴定性状 3 个,缺陷性状有 7 个。占乳房评分的 45%。

4.1.1　前乳房附着

从牛体侧面观察,借助触摸,看前乳房与体躯腹壁连接附着程度进行评分。本性状之权重为 45%,评分标准见表 17,图 17。

表 17　前乳房附着评分标准

	1	2	3	4	5	6	7	8	9
标准	极弱		弱		中等		强		极强

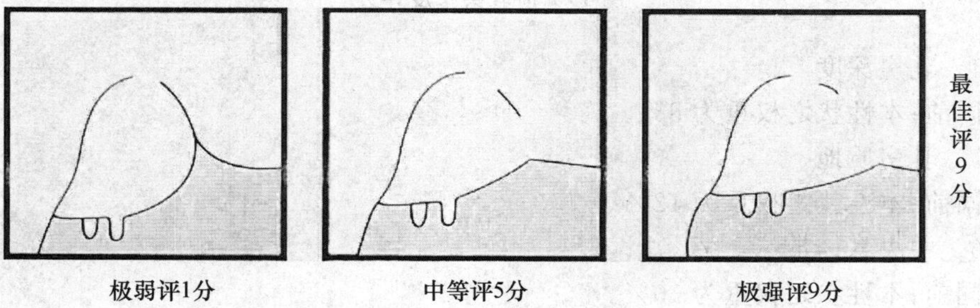

图 17　前乳房附着评分

4.1.2　前乳头位置

以前乳头在乳房基部的生长位置进行评分。本性状之权重为 20%,其评分标准见表 18,图 18。

表 18　前乳头位置评分标准

评分	1	2	3	4	5	6	7	8	9
标准	极外		偏外		中间		偏内		极内

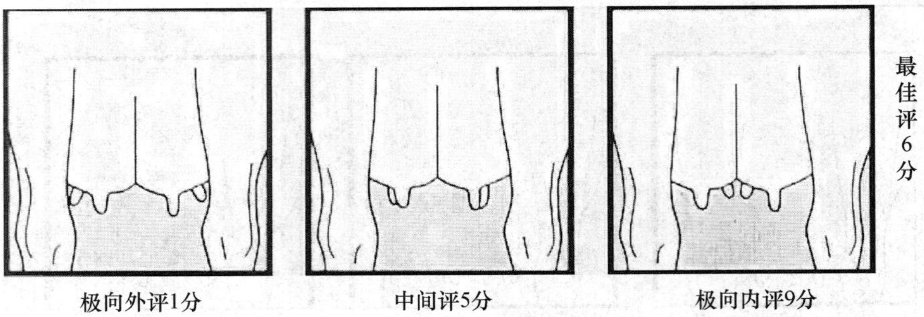

图 18　前乳头位置评分

4.1.3　前乳头长度

以前乳头之长度进行评分。本性状之权重为 5%，其评分标准见表 19，图 19。

表 19　前乳头长度评分标准

评分	1	2	3	4	5	6	7	8	9
标准	极短 2.5 cm		短 4 cm		适中 5 cm		长 7.5 cm		极长 10 cm

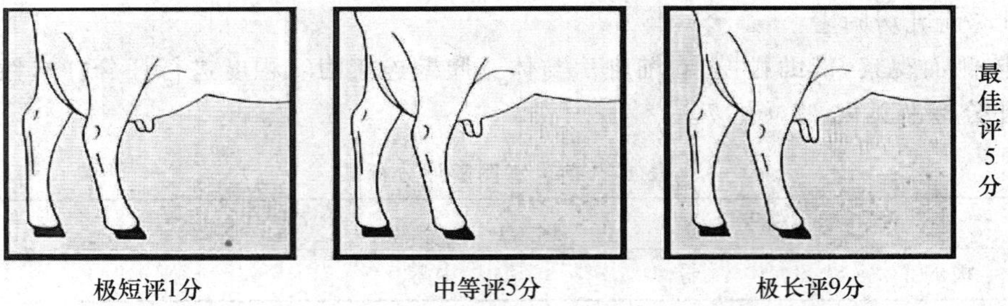

图 19　前乳头长度评分

4.1.4　乳房深度

评分同前；本性状之权重为 8%。

4.1.5　乳房质地

评分同前；本性状之权重为 12%。

4.1.6　中央悬韧带

评分同前；本性状之权重为 10%。

4.1.7　缺陷性状（一般和严重）

①前乳房膨大：指前乳房附着松懈向前突出。

②前乳房肥赘：前乳房左右膨大。

③左右不均衡：左右乳区大小不一致。

④前乳房短：前乳房没有足够的长度。

⑤前乳头不垂直。

⑥前乳头有附乳头：乳头上面长有小乳头。

⑦前乳房有瞎乳区

4.2　后乳房

本系统鉴定性状3个，缺陷性状6个。在乳房评分中权重55%。

4.2.1　后乳房附着高度

即后乳房乳腺之最上缘与阴门基底部之间的距离。本性状之权重为23%；其评分标准见表20，图20。

表20　后乳房附着高度评分标准

评分	1	2	3	4	5	6	7	8	9
标准	极低 32 cm		低 28 cm		中等 24 cm		高 20 cm		极高 16 cm

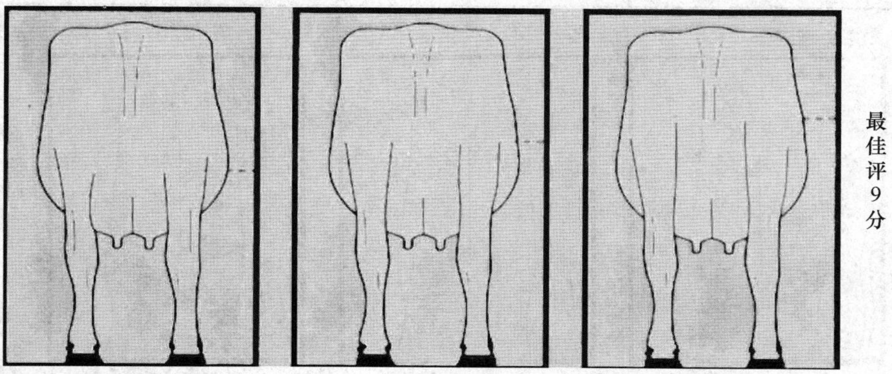

极低评1分　　中等评5分　　极高评9分

图20　后乳房附着高度评分

4.2.2　后乳房附着宽度

即后乳房乳腺组织的最上缘在后裆间的附着宽度。本性状之权重为23%；其评分标准见表21，图21。

表21　后乳房附着宽度评分标准

评分	1	2	3	4	5	6	7	8	9
标准	极窄 7 cm		窄 11 cm		中等 15 cm		宽 19 cm		极宽 23 cm

注：三胎牛其标准提高3 cm。

4.2.3　后乳头位置

以后乳头在乳房基部的生长位置进行评分，本性状权重为14%，其评分标准见表22，图22。

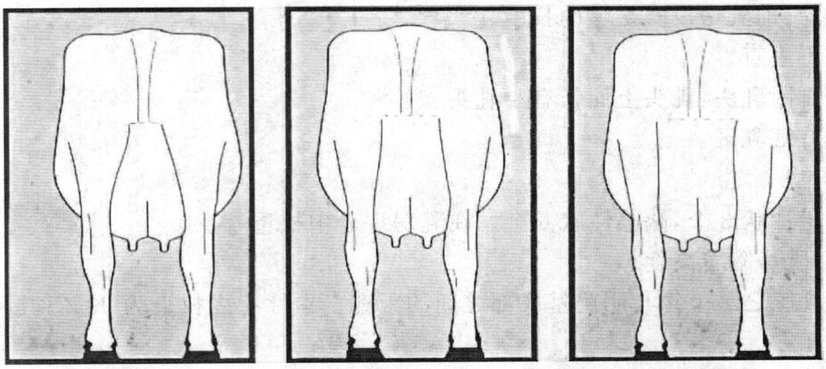

最佳评9分

极窄评1分　　中等评5分　　极宽评9分

图 21　后乳房附着宽度评分

表 22　后乳头位置评分标准

评分	1	2	3	4	5	6	7	8	9
标准	极外		偏外		中间		偏内		极内

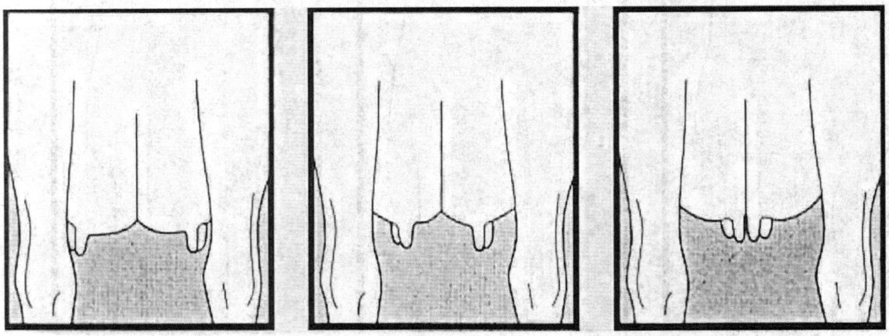

最佳评5分

极向外评1分　　中间评5分　　极向内评9分

图 22　后乳头位置评分

4.2.4　乳房深度

评分同前；其权重为 12％。

4.2.5　乳房质地

评分同前；其权重为 14％。

4.2.6　中央悬韧带

评分同前；其权重为 14％。

4.2.7　缺陷性状（一般和严重）

①后乳房左右不匀称：两个乳区大小不匀称。

②后乳房短。

③后乳头不垂直。

④乳头位置向后：后乳头生长位置靠后。

⑤后乳头上有附乳头：后乳头上生长有小乳头。

⑥后乳房有瞎乳区

5. 乳用特征

本部位评分鉴定性状有 1 个，其他部位评分中有 3 个性状参与本部位记分。共同构成乳用特征评分；缺陷性状有 1 个。在奶牛外貌总分中本部位评分占 12%。

5.1　棱角性

主要观察奶牛整体的 3 个三角形是否明显，骨骼的轮廓是否清晰，平直、肋骨开张程度和肋间距之大小，尾巴的粗、细，股部大腿肌肉的凸凹程度以及髻甲棘突的高低等。其权重为 60%；其评分标准见表 23，图 23。

表 23　棱角性评分标准

评分	1	2	3	4	5	6	7	8	9
标准	极差		差		中等		明显		极明显

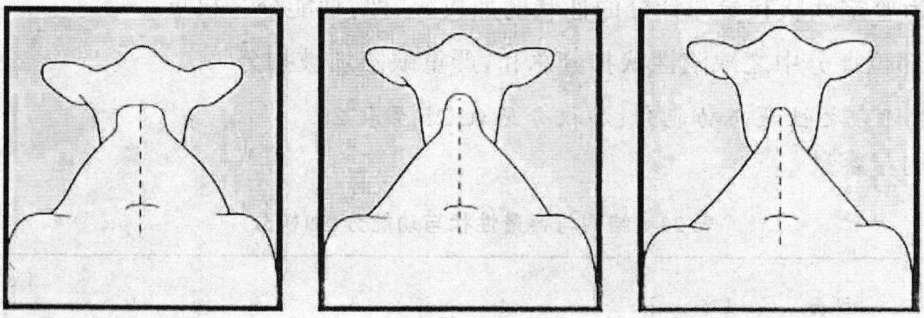

最佳评9分

极差评1分　　中等评5分　　极明显评9分

图 23　棱角性评分

肢蹄部位的骨质地，乳房部位的乳房质地与体躯结构/容量部位的胸宽 3 个描述性状也参与乳用特征部位的评分。

5.2　骨质地

评分以肢蹄部位中之骨质地评分为准；其权重为 10%。

5.3　乳房质地

评分以乳房部位中的乳房质地位评分为准。其权重为 15%。

5.4　胸宽

评分以结构与容量中之胸宽评分为准。其权重为 15%。

5.5　缺陷性状(一般和严重)

肋间近：如果肋骨间的间距＞1 指，则为肋间近。

6. 体型外貌等级的划分

①优秀　　(EX)　　90～100

②很好　　(VG)　　85～89

③好＋　　(GP)　　80～84

④好　　(G)　　75～79

⑤一般　　(F)　　65～74

⑥差　　(P)　　65 分以下

二、中国荷斯坦牛体型线性鉴定部位评分与体型外貌总分计算方法

(一)部位评分计算方法

1. 计算公式

$$\text{部位评分}=\sum\nolimits_{1}(\text{功能分}\times\text{权重})-\sum\nolimits_{2}(\text{缺陷性状扣分})$$

$$=\sum\nolimits_{1}(\text{加权分})-\sum\nolimits_{2}(\text{缺陷性状扣分})$$

$\sum_1$：为该部位评定的若干个鉴定性状和参与计算的性状。

功能分:为鉴定性状线性评分的功能分。

权重：为鉴定性状在部位评分中之权重。

加权分:为鉴定性状和参与计分的性状的加权分,即:功能分×权重

$\sum_2$：为部位评分中之缺陷性状扣分总和,严重缺陷加被扣分。

2. 各部位评分之性状与功能分、加权分见表24至表29

2.1　结构与容量

表24　结构与容量性状与功能分、加权分

线型形状	权重/%	评分	1	2	3	4	5	6	7	8	9	缺陷性状 序号	缺陷性状 一般	缺陷性状 严重
体高	15	功能分	55	65	70	75	85	90	95	100	95	1	3	6
		加权分	8.25	9.75	10.5	11.3	12.75	13.5	14.25	15	41.25	2	2	4
前段	8	功能分	55	65	70	75	80	90	100	90	85	3	2	4
		加权分	4.44	5.2	5.6	6	6.4	7.2	8	7.2	6.8	4	2	4
体躯大小	20	功能分	55	60	65	75	80	85	90	95	100	5	2	4
		加权分	11	12	13	115	16	17	18	19	20	6	2	4
胸宽	29	功能分	55	60	65	70	75	80	85	90	95	7	2	4
		加权分	15.95	17.4	18.85	20.3	21.75	23.2	24.65	26.1	27.55	8	2	4
体深	20	功能分	55	65	70	75	80	90	95	90	85	9	2	4
		加权分	11	13	14	15	16	18	19	18	17			
腰强度	8	功能分	55	60	65	70	75	80	85	90	95			
		加权分	4.4	4.8	5.2	5.6	6	6.4	6.8	7.2	7.6			

2.2　尻部

表25　尻部性状与功能分、加权分

线型形状	权重/%	评分	1	2	3	4	5	6	7	8	9	缺陷性状 序号	缺陷性状 一般	缺陷性状 严重
尻角度	36	功能分	55	65	70	80	90	80	75	70	65	10	4	8
		加权分	19.8	23.4	25.2	28.8	32.4	28.88	27	25.2	23.4	11	2	4

续表25

线型形状	权重/%	评分	1	2	3	4	5	6	7	8	9	缺陷性状 序号	一般	严重
尻宽	42	功能分	55	60	65	70	75	79	82	90	95	12	2	4
		加权分	23.1	25.2	27.3	29.4	31.5	33.18	34.44	37.8	39.9	13	2	4
腰强度	22	功能分	55	60	65	70	75	80	85	90	95	14	2	4
		加权分	12.1	13.2	14.3	15.4	16.5	17.6	18.7	19.8	20.9	15	3	6

2.3　肢蹄

表26　肢蹄性状与功能分、加权分

线型形状	权重/%	评分	1	2	3	4	5	6	7	8	9	缺陷性状 序号	一般	严重
蹄角度	20	功能分	55	65	70	76	81	90	100	95	85	16	2	4
		加权分	11	13	14	15.2	16.2	18	20	19	17	17	3	6
蹄踵深度	20	功能分	55	65	70	75	80	85	90	95	100	18	2	4
		加权分	11	13	14	15	16	17	18	19	20	19	1	2
												20	2.5	5
蹄瓣均衡		评分3～4分，扣3分，1～2分，扣6分										21	2	4
骨质地	20	功能分	55	65	70	75	80	85	90	95	100	22	2	4
		加权分	11	13	14	15	16	17	18	19	20			
后肢侧视	20	功能分	55	65	75	80	95	80	75	65	55			
		加权分	11	13	15	16	19	16	15	13	11			
后肢后视	20	功能分	55	60	65	70	75	80	87	95	100			
		加权分	11	12	13	14	15	16	17.4	19	20			

2.4　乳房

乳房评分＝前乳房评分×0.45＋后乳房评分×0.55

2.4.1　前乳房

表27　前乳 房性状与功能分、加权分

线型形状	权重/%	评分	1	2	3	4	5	6	7	8	9	缺陷性状 序号	一般	严重
乳房附着	35	功能分	55	60	65	70	75	80	85	90	95	乳房评分中扣分		
		加权分	24.75	27	29.25	31.5	33.75	36	38.25	40.25	42.75	23	2.5	5
乳头位置	20	功能分	55	65	75	80	85	90	85	80	75	24	2.5	5
		加权分	11	13	15	16	17	18	17	16	15	25	2.5	5
乳头长度	5	功能分	55	60	65	75	90	75	70	65	55	前乳房评分中扣分		
		加权分	2.75	3	3.25	3.75	4.5	3.75	3.5	3.25	2.75	26	2	4
乳房深度	8	功能分	55	65	75	85	95	85	75	65	55	27	2	4
		加权分	4.4	5.2	6	6.8	7.6	6.8	6	5.2	4.4	28	3	6

续表27

线型形状	权重/%	评分	1	2	3	4	5	6	7	8	9	缺陷性状		
												序号	一般	严重
乳房质地	12	功能分	55	60	65	70	75	80	85	90	95	29	2	4
		加权分	6.6	7.2	7.8	8.4	9	9.6	10.2	10.8	11.4	30	2	4
中悬韧带	10	功能分	55	60	65	70	75	80	85	90	95	31	2.5	5
		加权分	5.5	6.	6.5	7	7.5	8	8.5	9	9.5	32	5	10

2.4.2 后乳房

表 28 后乳房性状与功能分、加权分

线型形状	权重/%	评分	1	2	3	4	5	6	7	8	9	缺陷性状		
												序号	一般	严重
后房高度	23	功能分	55	65	70	75	80	85	80	95	100	后乳房评分中扣分		
		加权分	12.65	14.95	16.1	17.25	18.4	19.55	20.7	21.85	23	33	3	6
后房宽度	23	功能分	55	65	70	75	80	85	90	95	100	34	2	4
		加权分	12.65	14.95	16.1	17.25	18.4	19.55	20.7	21.85	23	35	2	4
乳头位置	14	功能分	55	60	65	75	90	75	70	65	55	36	2	4
		加权分	7.7	8.4	9.1	10.5	12.6	10.5	9.8	9.1	7.7	37	2.5	5
乳房深度	12	功能分	55	65	75	85	95	85	75	65	55	38	5	10
		加权分	6.6	7.8	9	10.2	11.4	10.2	9	7.8	6.6			
乳房质地	14	功能分	55	60	65	70	75	80	85	90	95			
		加权分	7.7	8.4	9.1	9.8	10.5	11.2	11.9	12.6	13.3			
中悬韧带	14	功能分	55	60	65	70	75	80	85	90	95			
		加权分	7.7	8.4	9.1	9.8	10.5	11.2	11.9	12.6	13.3			

2.4.3 乳用特征

表 29 乳用特征与功能分、加权分

线型形状	权重/%	评分	1	2	3	4	5	6	7	8	9	缺陷性状		
												序号	一般	严重
棱角性	60	功能分	55	65	70	74	78	81	85	90	95	39	2	4
		加权分	33	39	42	44.4	46.8	48.6	51	54	57			
骨质地	10	功能分	55	65	70	75	80	85	90	95	100			
		加权分	5.5	6.5	7	7.5	8	8.5	9	9.5	10			
乳房质地	15	功能分	55	60	65	70	75	80	85	90	95			
		加权分	8.25	9	9.75	10.5	11.25	12	12.75	13.5	14.25			
胸宽	15	功能分	55	60	65	70	75	80	85	90	95			
		加权分	8.25	9	9.75	10.5	11.25	12	12.75	13.5	14.25			

(二)体型外貌总分计算方法

1. 计算公式

体型外貌总分＝ $\sum$(部位评分×加权系数)

$\sum$：体型线性鉴定之五个分类部位

部位评分：体型线性鉴定之分类部位评分的得分

加权系数：部位评分在体型外貌总分中之权重

2. 各分类部位在体型外貌总分中之权重(表 30)

表 30　各部分在体型外貌总分中之权重　　%

分类部位	结构与容量	尻部	肢蹄	乳房	乳用特征
权重	18	10	20	40	12

参考文献

[1]莫放.养牛生产学.北京:中国农业大学出版社,2003.

[2]莫放,李强,赵德兵.肉牛育肥舒畅技术与管理.北京:中国农业大学出版社,2012.

[3]宋连喜.牛生产.北京:中国农业大学出版社,2008.

[4]昝林森.牛生产学.北京:中国农业出版社,2007.

[5]刘太宇.养牛生产技术.北京:中国农业大学出版社,2013.

[6]曹玉凤,李秋凤.规模化生态肉牛养殖技术.北京:中国农业大学出版社,2013.1.

[7]任建存,杨艳玲.牛羊生产.郑州:河南科技出版社,2012.8.

[8]薛增迪,任建存.牛羊生产与疾病防治.杨凌:西北农林科技大学出版社,2005.

[9]李伟.TMR饲喂技术问答.北京:金盾出版社,2013.

[10]中国奶业协会.全混合日粮(TMR)操作员.北京:中国农业出版社,2011.

[11]侯俊财,杨丽杰.优质原料奶生产技术.北京:化学工业出版社,2010.

[12]罗伯特·A·路宁.奶牛场经营与管理.北京:中国农业大学出版社,2009.

[13]方天堃.畜牧业经济管理.北京:中国农业出版社,2012.

[14]靳胜福.畜牧业经济与管理.北京:中国农业出版社,2009.

[15]张绍军.奶牛.北京:中国农业大学出版社,2006.

[16]王振来.肉牛.北京:中国农业大学出版社,2006.

[17]覃国森.养牛与牛病防治.北京:中国农业出版社,2006.

[18]王根林.养牛学.北京:中国农业出版社,2006.

[19]杨和平.牛羊生产.北京:中国农业出版社,2001.

[20]张玉海.牛羊生产.重庆:重庆大学出版社,2007.

[21]李建国.现代奶牛生产.北京:中国农业大学出版社,2007.

[22]李建国,安永福.奶牛标准化生产技术.北京:中国农业大学出版社,2003.

[23]刘强.牛饲料.北京:中国农业大学出版社,2007.

[24]孙国强,李金林.养牛手册.北京:中国农业大学出版社,2007.

[25]韩友文.饲料与饲养学.北京:中国农业出版社,1997.

[26]柳楠,牟永义.牛羊饲料配制和使用技术.北京:中国农业出版社,2003.

[27]胡朝阳.规模奶牛场新式污粪处理一体化方案探讨.中国乳业,2010,(5)21.

[28]刘延鑫,刘太宇,邓红雨.规模化牛场环境污染的综合防治.中国奶牛,2006,(4)51.

[29]李兵.牛粪发电站.可再生能源,2004,(3):69.

[30]刘延鑫,刘太宇.牛场环境污染的管理对策.畜牧与饲料科学,2006,(2):304

[31]章保.规模化奶牛养殖场粪污处理应用研究.武汉:华中科技大学,2007.

[32]陈伟旭,马君等.黑龙江省奶牛养殖小区的环境问题与治理措施.中国奶牛,2010,(2)49.

[33]李继连,王丽,李忠浩.一种新的畜禽粪便污染处理方法.河北北方学院学报,2010,

(2)60.

[34]侯俊财,杨丽杰.优质原料奶生产技术.北京:化学工业出版社,2010.1.

[35]邱怀.养牛学.中国农业出版社.北京:中国农业出版社,2001.

[36]张申贵.牛的生产与经营.北京:中国农业出版社,2001.

[37]赵光永.肉牛规模养殖技术.北京:中国农业科学技术出版社,2003.

[38]中国农业大学.家畜繁殖学.北京:中国农业出版社,2000.

[39]靳胜福.畜牧业经济与管理.北京:中国农业出版社,2001.

[40]李培合.农村养牛实用新技术.北京:中国农业出版社,2003.

[41]王加启.现代奶牛养殖科学.北京:中国农业出版社,2006.

行业相关网站

中国畜牧业协会(http://www.caaa.org.cn/)

中国奶业协会(http://www.dac.com.cn/)

河南畜牧业信息港(http://www.hnxmy.gov.cn/)

荷斯坦(http://www.hesitan.com)

中国牛网(http://www.chinacattle.com)

中国牛业商务网(http://www.taoniu.com)